现代大气科学丛书

现代气候学概论

王绍武　赵宗慈
龚道溢　周天军　编著

气象出版社

内容简介

本书共分四部分:(1)气候学总论:包括气候学学科的现状及中国气候,共两章;(2)气候变化:包括各种时间尺度的气候变化,重点是中国的气候变化,共两章;(3)短期气候变率与预测:重点讲述厄尔尼诺及季度气候预测,也包括海气相互作用及气候模拟研究,共三章;(4)长期气候变化成因分析及预测:讲述了太阳活动、火山活动及人类活动对气候变化的影响,又专门讲述了近年来才开始研究的十年~百年尺度气候变化,共三章。全书十章,用较通俗的语言,介绍现代气候学的现状,重点是与中国有关的研究。但是气候是全球性的,因此,在必要时,也介绍了国外的研究,以及气候学在世界范围的现状。本书可供气象、农业、林业资源与环境等科技人员、干部阅读,也可作为有关院校教材或参考书。

图书在版编目(CIP)数据

现代气候学概论/王绍武等编著.
—北京:气象出版社,2005.10(2009.7重印)
ISBN 978-7-5029-4026-3

Ⅰ.现… Ⅱ.王… Ⅲ.气候学-概论 Ⅳ.P46

中国版本图书馆 CIP 数据核字(2005)第 111351 号

Xiandai Qihouxue Gailun

现代气候学概论

王绍武 赵宗慈 龚道溢 周天军 编著

气象出版社 出版

(北京市海淀区中关村南大街 46 号 邮编:100081)
总编室:010-68407112 发行部:010-68409198
网址:http://www.cmp.cma.gov.cn E-mail:qxcbs@263.net
责任编辑:李太宇 袁信轩 终审:章澄昌
封面设计:张建永

*

北京中新伟业印刷有限公司印刷
气象出版社 发行

*

开本:787×1092 1/16 印张:16 字数:410 千字
2005 年 10 月第一版 2009 年 7 月第三次印刷
印数:4001~7000 定价:40.00 元

本书如存在文字不清、漏印以及缺页、倒页、脱页等,请与本社
发行部联系调换

《现代大气科学丛书》
编辑委员会

主　编　黄荣辉
副主编　李崇银　王绍武　黄美元
编　委　（以姓氏笔画为序）
　　　　王明星　刘式适　孙淑清
　　　　朱瑞兆　邱金桓　陈洪滨
　　　　郑循华　徐华英　高守亭
编　辑　耿淑兰

作者简介

王绍武,男,汉族,1932年11月出生,河北省束鹿县人。早年就读于天津耀华中学及南开中学。1951年入清华大学气象系,1952年转入北京大学物理系气象专业。1954年留校工作。北京大学物理学院大气科学系教授、博士生导师。曾任气象学会常务理事、《气象学报》副主编、政府间气候变化协调委员会(IPCC)科学报告主要作者。主要从事气候学研究,重点为古气候,气候诊断及气候预测。至今发表科学论文180余篇,专著及主编文集十余部。曾多次出访美、日、英、德等国家参加学术会议或讲学。两次在美国华盛顿大学及纽约州立大学任访问学者。三次赴台湾访问、讲学。1986年至今指导硕士生、博士生及博士后共约30名。

序

　　大气科学是研究地球大气圈及其与陆面、海洋、冰雪、生态系统、人类活动相互作用的动力、物理、化学过程及其机理。由于人类的生产和生活活动离不开大气，因此，这门科学不仅在自然科学中具有重要的科学地位，而且在国家的经济规划、防灾减灾、环境保护和国防建设中都具有重要的应用价值。

　　随着人类生产活动的发展和科学技术水平的提高，特别是电子计算机和气象卫星及太空遥感探测大气技术的提高，大气科学得到了迅速的发展，它已形成了诸多分支学科，如大气探测学、天气学、气候学、动力气象学、大气环境学、大气物理学、大气化学等分支学科。为了回顾近百年来大气科学的发展成就以及展望21世纪初大气科学的发展、创新与突破，我们编写了这套《现代大气科学丛书》。它包括《大气科学概论》、《大气物理与大气探测学》、《大气化学概论》、《大气环境学》、《动力气象学导论》、《现代天气学概论》、《现代气候学概论》、《应用气候学概论》共八卷。本书是其中的一卷。

　　在编写这套丛书时，内容力求简明扼要、通俗易懂，每部书的内容结构力求全面、系统。各卷还包括了对各分支学科的发展历程、研究方法和对今后的展望，以使读者对现代大气科学各分支学科有一个全面的了解。

　　由于我们学识有限，加之本套丛书涉及的内容较为广泛，书中难免有不妥之处，希望读者给予指正。

　　本套丛书得到了中国科学院大气物理研究所的大力支持和资助，在此表示衷心的感谢。

　　此外，《中国现代科学全书》编辑工作委员会对本套丛书的组稿和书稿的排版做了不少工作，在此给予说明。王磊和刘春燕两同志对于本套丛书书稿做了许多工作，鲍名博士在此套丛书出版的联系方面付出许多精力，也在此表示感谢。

《现代大气科学丛书》编辑委员会

主编　黄荣辉[*]

2005 年 5 月 18 日

---

[*] 黄荣辉，中国科学院院士

前　言

作为《现代大气科学丛书》其中的一卷来编写气候学有很大的难度,主要体现在三个方面:第一、中国与全球,第二、经典与现代,第三、通俗与准确。

第一个方面是显而易见的。如果只限于讲述中国的研究,不仅不能反映现代气候学的水平,从现代气候学研究的是全球气候系统这个概念来看也是不合适的。但是,也不能只讲全球气候的行星尺度问题。因此,有关中国与全球的材料份量就是一个关键。我们的作法是在讲气候模拟,成因分析等问题时,国外的有关全球的内容多一些,因为确实成果较多。但在讲气候的特征、诊断、预测等问题时则以中国的内容为主。

第二个方面是经典与现代的问题。例如,关于气候分类,物理气候等研究在气候学史中占有一席之地,但从现代气候学的发展来看,是属于古典或经典的研究。因此,一般情况下,本卷不再介绍这方面的内容。但是什么问题是属于经典的,自然会有不同的见解。例如,本卷中就一再谈到沃克(Walker)在 20 世纪 20~30 年代的研究,并认为在现代气候学发展中仍有重要的现实意义。这反映了本卷主编及作者们的思想。类似的例子很多,就不一一列举了。

第三个方面是技术性的。但是,也是学术性的。要做到通俗易懂,同时要照顾到非专业读者的接受能力。一方面要比较准确地反映气候学的最新研究成果,一方面又要使有大学程度但非气候(或大气科学)专业的读者能读懂,这的确是一件不容易做到的事情。因此,本卷基本上不包括任何公式或方程式,也不采用任何理论推导。有一些理论性内容,也一律采用语言描述。但是,终究气候学是大气科学的一个分支。因此,在讲述气候学的内容时,不可能对一些气象名词如气旋、反气旋等再作解释。不熟悉的读者可略去这些内容,或者最好也能读一读《现代大气科学丛书》的其他卷。

20 世纪气候学有了飞跃的发展,或者说发生了一次科学革命。这个革命就产生于最近的 20 年。这 20 年的发展使气候学以崭新的面貌呈现于世界科学之林。所以,我们从制定本卷大纲开始,就致力于反映这次气候学的革命。并且认为,只有这样才能与"现代科学"的名称相适应。

此外,应该说明气候学的内容是十分广泛的,例如,全球气候监测系统,就是气候学革命的基础,又如气候模式也是现代气候学研究的主要工具。各种气候学理论、假说,都要得到气候观测的支持,也要用气候模式做气候模拟来检验。但是由于专业性过强,我们并没有给这两个题目设一章,而只是在有关的章节作扼要的介绍。所以,显然本卷书不是一本包罗气候学各个方面内容的丛书,而是一本有选择地阐明作者们对现代气候学发展及成就见解的书。

综上所述,本卷书的编写反映了作者们的见解。这些见解是否正确,只能由读者来评议。因此,敬请各位读者对本卷书的编写提出宝贵的意见,

由于这是一本通俗性的书,因此不可能给出完整的文献。所以,在行文中提到一些作者,但是并没有给出文献。有时也不可能把所有的作者都列出来,只是把引用的图、表来源注出原作者。

各章作者:第一章,王绍武;第二章,周天军;第三章,龚道溢;第四章,王绍武;第五章,王绍武;第六章,王绍武;第七章,周天军;第八章,王绍武;第九章,龚道溢;第十章,赵宗慈。龚道溢对各章的文字提出不少宝贵意见,做了大量工作,并帮助各章选择适合的图例;陈振华为不少章节的文字录入作了很多工作,在此一并表示感谢。

王绍武
2005 年 5 月于北京
swwang@pku.edu.cn

目 录

序
前言
第一章 概论 1
　第一节 气候与气候系统 1
　第二节 气候系统的研究 6
　第三节 现代气候学革命 13
　第四节 20世纪气候学理论研究的成就 17
　第五节 21世纪气候学研究展望 22

第二章 中国气候与东亚大气环流 28
　第一节 中国的气候特征 28
　第二节 东亚大气环流 32
　第三节 季风 37
　第四节 梅雨 42
　第五节 寒潮 46
　第六节 台风 49

第三章 20世纪全球与中国气候变率 53
　第一节 近百年全球气候变暖 53
　第二节 20世纪全球降水状况 57
　第三节 中国气温变化 60
　第四节 中国降水变化 63
　第五节 中国的气候灾害 66

第四章 气候变迁 72
　第一节 第四纪气候变迁 72
　第二节 全新世气候 77
　第三节 全新世大暖期 82
　第四节 中世纪暖期及小冰期 87
　第五节 500年旱涝研究 93

第五章 ENSO系统 99
　第一节 厄尔尼诺的概念 99
　第二节 ENSO系统 105
　第三节 ENSO的气候影响 110

第四节　ENSO 机制与模拟研究 ……………………………………………… 115
　　第五节　ENSO 预测 …………………………………………………………… 120

第六章　短期气候预测 ……………………………………………………………… 126
　　第一节　短期气候预测历史及现状 …………………………………………… 126
　　第二节　用 GCM 作月平均环流预测 ………………………………………… 129
　　第三节　季度预测 ……………………………………………………………… 135
　　第四节　中国汛期降水预报 …………………………………………………… 139
　　第五节　气候可预报性 ………………………………………………………… 143

第七章　气候系统内的相互作用 …………………………………………………… 149
　　第一节　海气相互作用 ………………………………………………………… 149
　　第二节　大洋环流对气候的影响 ……………………………………………… 153
　　第三节　冰雪圈对气候的影响 ………………………………………………… 158
　　第四节　高原积雪与暖池对气候的影响 ……………………………………… 161
　　第五节　气候系统相互作用的模拟研究 ……………………………………… 165

第八章　10 年～100 年尺度气候变率 …………………………………………… 171
　　第一节　大气环流的年代际变率 ……………………………………………… 171
　　第二节　北太平洋的年代际变率 ……………………………………………… 176
　　第三节　北大西洋涛动与温盐环流 …………………………………………… 179
　　第四节　热带大西洋偶极型 …………………………………………………… 185
　　第五节　10 年～100 年气候变率的可预报性 ………………………………… 190

第九章　影响气候系统的外强迫因子 ……………………………………………… 194
　　第一节　太阳活动 ……………………………………………………………… 194
　　第二节　太阳活动对气候的影响 ……………………………………………… 198
　　第三节　火山活动 ……………………………………………………………… 202
　　第四节　火山活动对气候的影响 ……………………………………………… 206
　　第五节　外强迫作用对气候学影响的模拟 …………………………………… 210

第十章　人类活动对气候的影响 …………………………………………………… 214
　　第一节　人类活动 ……………………………………………………………… 214
　　第二节　全球气候变暖的检测 ………………………………………………… 218
　　第三节　全球气候变暖的模拟研究 …………………………………………… 220
　　第四节　全球变暖对人类与社会发展的影响 ………………………………… 225
　　第五节　全球气候变暖的对策 ………………………………………………… 230

参考文献 ……………………………………………………………………………… 234

第一章 概 论

第一节 气候与气候系统

一、气候概念的发展

什么叫气候？长期以来人们都把气候看作气象要素的平均。因此,月平均气温、月总降水量及月平均气压就构成了气候的三大要素。而且直到本世纪初还有人认为,假如有了 30 a 的观测值,就可以得到一个稳定的平均值。所以,至今还把气候要素平均值称为标准值(normal)。但是,后来人们逐渐认识到,30 a 平均值也不是一成不变的,承认气候也有变化。不过提到气候,人们首先想到的还是温、湿、压三个要素。这就是经典的气候概念。

然而,近 20 年的科学发展,使得气候系统的概念逐渐取代了经典气候的地位。因为,人们认识到要解释气候的形成,探讨气候变化的原因,并进而预测气候变化,就绝对不能仅限于研究地面气候这三个要素,甚至也不能仅限于研究大气本身,而是要研究包括大气、海洋、冰雪、陆面及生物圈的整个系统。因此,就形成了全球气候系统的概念。

大概有三个因素推动了从经典气候到全球气候系统概念的发展。

第一,从 20 世纪 50 年代末到 70 年代短期数值天气预报取得了巨大的进展。人们开始研究逐日天气预报向中期延伸的可能性,并试作 5 d、10 d 乃至月平均环流长期数值预报。但是研究表明,为了提高预报水平,特别是为了延长预报时效,必需考虑下边界:海洋、陆面(包括地形)及冰雪的影响。进一步也许还要考虑这些下垫面状况的变化,这就要求建立海气或地气耦合模式。所以,需要考虑气候系统。

第二,20 世纪 60 年代、70 年代以来,世界上陆续出现了许多气候异常现象,有的持续一二十年,如西非干旱,有的持续一二年,如 1982～1983 年的厄尔尼诺事件。这些气候异常对农业、经济乃至社会造成巨大影响。但是,这些气候异常现象又不是大气本身所能解释的。据信西非的干旱,与南、北大西洋的海温异常分布有关。而厄尔尼诺事件则本身就是海洋事件。这也是促使大家从气候系统来研究气候的重要原因。

第三,从 19 世纪至今,先是砍伐森林,后来更主要是燃烧矿物燃料:煤、石油、天然气,估计已使大气中二氧化碳(CO_2)的浓度增加了 1/4 以上。再加上甲烷、氧化亚氮、氯氟碳化物等微量气体,很可能在下一个世纪中叶之前,大气中的 CO_2 浓度将达到比工业前增加 1 倍的程度。那时,即使有海洋的延缓作用,到 2100 年气温也可能上升 1.4～5.8 ℃。人类活动对气候的影响已经达到了不可忽视的地步。显然,对这个问题的研究,也不可能只限于大气这一个成员,而必需扩展到整个气候系统。由于气候系统不是局地的,而是全球性的,所以经常称为全球气候系统。

二、气候系统的成员

气候系统包括五个成员。

1. 大气 这是气候系统的主体部分,大气环流是严冬、酷暑、干旱、洪涝等气候异常发生的直接原因。在经典气候学中与太阳辐射、海陆分布并列为气候形成的三个因素。但是从能量学角度来看,大气是非常脆弱的。即使认为气候系统只包括表层100 m深的海洋,大气所具有的热量也只占系统总热量的3.4%,因此,大气对气候系统其他成员的影响多与动力学有关。而大气以外的其他成员,如海洋、冰雪、陆面等对大气的影响则主要是热力作用,这是需要注意的。此外,由于自然或人为的原因,大气成分及其悬浮物能产生激烈的变化,改变气候系统的热量平衡,从而改变气候。在自然原因中主要是火山活动造成平流层气溶胶,散射太阳辐射,减少地面接收到的太阳能。这种作用称为"阳伞效应"。人为的因素主要是大气中CO_2等温室气体浓度增加,使"温室效应"加剧,这是当前气候研究中的一个重要课题。

2. 海洋　海洋约占地球表面积的70.8%,仅只考虑100 m深的表层海水,即占整个气候系统总热量的95.6%。因此,可以认为海洋是气候系统的热量储存库。穿过大气到达地球表面的太阳辐射,约有80%被海洋吸收,然后,通过长波辐射、潜热释放及感热输送的形式传输给大气。所以,很容易理解海洋在气候系统中占有多么重要的地位。由于海洋热惯性大,海温异常不仅空间尺度大,持续时间也长,在中高纬一般可持续数月之久,低纬则持续性更大,表征厄尔尼诺的赤道太平洋海温正或负距平经常可保持1 a以上。对CO_2增加造成温室效应的估计,就与海洋对CO_2的溶解及向深海的输送有密切关系。因此,海洋对气候变化与气候异常的形成有重要意义。

3. 冰雪圈　指大陆冰盖、冰川、海冰、永冻土及季节性雪盖。目前全球陆地约有10.6%被冰覆盖。海冰的面积比陆冰要大,但由于世界海洋广阔,仅占海洋面积的6.7%。无论海冰还是陆冰对地表热平衡均有很大影响。主要有两方面的作用,即增加反照率,以及阻止地表与大气间的热量交换。反照率与辐射成正反馈。因此,在气候模式中考虑冰雪覆盖的变化,往往可以增加模式的敏感度。

对月、季尺度来讲,冰雪圈与大气则是相互作用的。经验资料与气候模拟都证明,高纬海冰增多如北大西洋的重冰年。春夏融冰季节的气候与轻冰年显著不同。但同时也有资料证明,冰雪的面积、持续时间与同期及前期的大气环流有密切关系。

在研究几十年到几百年的气候变化时,人们经常把冰川进退当成一个重要的指标。但由于惯性作用,冰川的变化常落后于气候变化。落后从几年到几十年,视冰川大小及具体环境而异。

4. 陆面　有时亦称岩石圈。当然,古代大陆漂移、造山运动这些岩石圈的巨大变化,对地质时期的气候变化影响巨大。但是对于月到几十年,最多几百年的气候变化,全球海陆分布可以认为是定常的。这时,陆面对大气的影响主要有两个方面:即动力学的与热力学的。海陆分布与山脉大地形是大气环流形成的重要因素。另外,一般认为陆面对大气的热力影响不及海洋,但近来观测事实及数值模拟均证明,土壤温度及干湿对大尺度及局地环流与气候均有相当的影响。因此,陆面也是一个气候研究中不可忽视的因素。

5. 生物圈　实际上影响较大的是世界范围的植被。植被的变化与人类活动有密切关系,主要是砍伐森林及过度放牧,开垦农田等。自然植被如森林的反照率一般仅有土壤的1/2,植被破坏就减少对太阳辐射的吸收,同时还会影响水分循环。大范围的植被变化甚至可能影响全球的热量平衡及水分平衡。对局部地区更容易使气候恶化。西非萨赫勒近20年的持续干旱就可能与环境破坏的恶性循环有关。

植被的破坏,如砍伐森林,是19世纪大气中CO_2增加的主要原因。自然植被的含碳量为农业用地的20~100倍。破坏自然植被释放出大量的CO_2,又减少了吸收CO_2的源,至今仍然

是大气中 CO_2 增加的一个因素,虽然 20 世纪以来燃烧矿物燃料逐渐占据了压倒优势。因此,生态系统的变化也是在研究气候变化时一个不可忽视的因素。当然,问题是很复杂的,绝不仅限于以上指出的这两个方面。

三、气候变化与变率

愈来愈多的证据表明,气候变化有一个非常宽的时间谱。如果气候变化的最短时间尺度为 1 个月的话,往前可以一直延伸到万年为单位的变化。但是这个谱不是一个均匀的谱,而是在某些频率振幅特别强,换句话说,气候变化集中在几种不同的时间尺度(见表 1.1.1)

表 1.1.1　不同时间尺度的气候变化(王绍武,1994)

气候变化类型	时间尺度(a)	振幅(°C)	变化原因	检测手段
(1)地质时期				
a. 大冰期	$10^7 \sim 10^8$	10	大陆漂移,造山运动	地质证据
b. 冰期-间冰期	$10^4 \sim 10^5$	10	地球轨道要素	地质证据
c. 气候振荡	10^3	$5 \sim 7$	热盐环流	地质证据,深海沉积,冰芯
(2)冰后期-历史时期	$10^2 \sim 10^3$	$1 \sim 2$	太阳活动、火山活动、热盐环流	冰芯、年轮、孢粉、珊瑚、史料
(3)现代气候变化	$10^1 \sim 10^2$	0.5	太阳活动、火山活动、人类活动	观测资料
(4)气候振动	$10^0 \sim 10^1$	$1 \sim 2$	系统内部相互作用	观测资料
(5)气候异常	$10^{-1} \sim 10^0$	$3 \sim 5$	大气环流异常系统内部相互作用	观测资料

1. **地质时期气候变化**　很长时间以来,人们谈论较多的是大约 650 MaBP(六亿五千万年前)的震旦纪大冰期,270MaBP 石碳—二叠纪大冰期,以及最后开始于 2.4MaBP 的第四纪大冰期。但实际上,近 1000Ma 就可能发生过 $6 \sim 7$ 次大冰期。大冰期常持续几十个 Ma。大冰期之间约隔 $200 \sim 300$ Ma,为大间冰期。大冰期中又可分为若干冰期与间冰期旋迴,例如第四纪中每 $100\,000 \sim 200\,000$ a 就出现 1 次冰期、间冰期旋迴。冰期中最冷也就是冰盖最盛时,全球平均气温约比现今低 $10 \sim 12\ ℃$。间冰期则与目前相当或比目前气候稍暖。关于地质时期为什么发生大冰期,至今尚无完善的解释。但至少有一点可以肯定,那时地球上的海陆分布,山脉隆起与现代大有不同。这显然对大冰期及大间冰期产生影响。而第四纪大冰期中的冰期与间冰期交替则可能从地球轨道要素的变化得到解释。图 1.1.1 左边两条曲线给出近 900 000 a 的冰量及近 150 000 a 温度变化,由此可以对第四纪大冰期及最近 1 次冰期-武木冰期有一个概括的了解。近年来,学者们指出,无论在冰期或间冰期均有平均周期约 1.5 ka(千年)的气候振荡,其形成原因可能与热盐环流的变化有关。

2. **冰后期的气候变化**　大约 18 000 aBP 冰期达到最盛(见图 1.1.1 中间一条曲线)。从 14 000 aBP 冰盖开始迅速融化,到 10 000 aBP 进入冰后期,即全新世。这段时间是气候回暖时期,全球冰盖消融,大陆冰川后退。在大约 $5\,000 \sim 7\,000$ aBP 形成冰后期中的最暖时期:全新世大暖期,大暖期后,气候逐渐变冷,最冷的一段时期约出现于公元 $1550 \sim 1850$ 年之间,称为"小冰期"。图 1.1.1 中从右数第 2 条曲线就示意性地画出小冰期的两个冷期。

3. **现代气候变化**　一般指 100 a 至多不超过 200 a 间的气候变化。其主要特点是从 19 世纪末的冷期逐渐回暖(见图 1.1.1 最右边一条曲线)。这段时期开始于小冰期末期的冷期中,气候比较寒冷。以后气温上升,在 20 世纪 40 年代变暖达到高峰。以后气温略有下降。从 1970 年

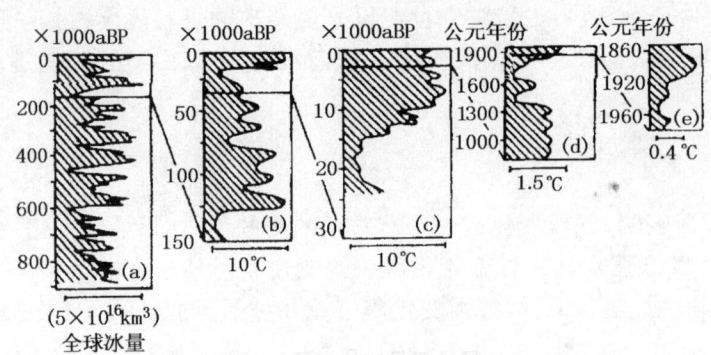

图 1.1.1　各种时间尺度气温变化示意图(Goudie,1992,引自黄春长,1998)
(a)近 900 000 年全球冰量；(b)近 150 000 年气温；
(c)近 30 000 年气温；(d)近 1 000 年气温；(e)近 100 年气温

代末到 1980 年代初又一次变暖,1990 年代已经成为近 100 a 最暖的 10 a。由于变暖主要发生在 20 世纪,有时亦称 20 世纪变暖。

研究现代气候变化以观测资料为主。其他如树木年轮、冰芯、史料、冰川进退、海平面高度变化均可作为旁证。虽然利用观测资料研究气候变化较用其他资料精度要高得多,但在 19 世纪末到 20 世纪初,资料的复盖面还很不完整。因此,研究气候变暖有时亦需要使用代用资料。

4. 气候振动　这里指时间尺度为几年到几十年的气候变化,主要包括年际变化及年代际变化。由于这些变化大都是循环性的,冷暖、旱涝阶段交替出现。所以人们有时称之为气候振动。振动形成的原因可以分为两类:一类是气候系统以外的因子,强迫气候系统产生振动响应；另一类则是气候系统内部各成员之间的相互作用而产生的振动。很可能现在观测到的年际及年代际气候变率大都是气候系统内部的振动。一些外部因子如太阳活动 11 a 周期是否可能强迫大气产生 11 a 及其谐波 5~6 a 周期,尚有争议。

5. 气候异常　这是指月、季尺度气候状况与平均值的巨大偏差。干旱、久雨、夏季低温、冬季严寒都是气候异常。不过,究竟与平均值的偏差大到什么程度才可视为异常需要有一个标准。世界气象组织(WMO)把距平达到方差两倍的情况称为异常,这大约相当 2.3% 的概率。所以在实际工作中有时也把大约 30~40 a 一遇的现象称为异常。

四、气候变化的原因

我们可以把能造成气候变化的因子分为两类,一类称为外部因子,一类称为内部因子。外部因子不受或者基本上不受气候系统状况的影响,也可以说,气候系统对这些因子没有反馈作用。而内部因子主要指系统内部各成员之间复杂的反馈作用。外部因子主要有以下几种:

1. 太阳变率　太阳辐射的各种形式,包括光辐射及粒子辐射,可能在 $10^0 \sim 10^9$ a 内变化,也可以说从地球形成以来就没停止过变化。但人们了解比较多的只是近 5 000 年的情况。这又可以分成 3 种时间尺度:(1)根据 ^{14}C 的变化推测出太阳活动的增强减弱时期,同时发现增强期气候偏暖,减弱期气候偏冷。例如,小冰期、(1550~1850 年)就可能与太阳活动的一个极弱期—蒙德尔极小期(1645~1715 年)对应。这种增强,减弱期可持续数十年以上到数百年；(2)太阳活动准周期振荡,如 80~90 a 周期、20~30 a 周期、11 a 周期、5~6 a 周期；(3)太阳自转,有证据表明随 27.5 d 周期而转动的太阳扇形磁场,对地球高层大气环流有影响。也有人发现磁爆后3~5 d海平面气压场有反映。

2. **地球轨道要素** 米兰科维奇(1941)证明,用地球环绕太阳运行轨道要素的变化可以解释第四纪的冰期、间冰期。轨道要素主要包括公转轨道偏心率,地球自转轴对黄道面的倾斜度,以及岁差,即二分点的运动。这3个要素各有不同的周期。由于周期均在万a以上,所以主要用来解释第四纪的气候变化。

3. **火山活动** 火山爆发造成平流层气溶胶激烈增加,削弱了到达地球表面的太阳辐射。按气溶胶在大气中的存留时间计算,单个火山爆发的影响一般不超过1~2a。但火山活动集中时期以及火山活动沉寂时期,当会影响10 a或甚至100 a尺度的气候变化。地质时期火山活动也有激烈变化。因此,可能影响到大冰期及大间冰期的交替。例如,20世纪20年代到40年代是火山沉寂期。因此,有人认为这段时期气温上升可能与此有关。1991年皮纳图博火山爆发,造成了1992年夏季欧亚大陆的低温。火山活动的影响是比较明显的。

4. **人类活动的影响** 可能一直到19世纪中人类对地球环境还没有产生显著的影响,但是随着社会的发展,人口的增长,特别是工业化,地球表面及大气的自然状态受到破坏。主要是由于砍伐森林和燃烧矿物燃料,大气中的CO_2浓度迅速增加造成温室效应加剧。1960年代以来氯氟碳化物等微量气体的增加又加速了这一过程。同时由于过渡放牧,破坏原始森林及自然植被改变了地表的物理状况,城市的扩展造成热岛效应、大气污染、平流层臭氧受到破坏使南极臭氧洞扩大。这些都直接或间接地改变了气候系统的状况。因为人类活动的影响有一定独立性,在一定程度上亦可视为气候系统外部的影响。

系统内部因子主要指系统各成员之间的相互作用。这些相互作用可以分为两类,即正反馈与负反馈过程。所谓正反馈过程是成员之间相互作用使得已经出现的气候异常增强,而负反馈过程则使气候异常减弱。如果只有正反馈过程,气候异常会无限增大。同样,假如只有负反馈过程,则气候异常又无法发展。因此,我们观测到的各种各样的气候异常,形成、消失、彼此交替,正是气候系统中复杂的正、负反馈过程相互作用的结果。气候系统内各成员的相互作用是年际及年代际气候变率形成的主要原因。这在以下各章中均有涉及,这里就不再讲述了。

五、气候与人类

气候环境是人类赖以生存的地球环境的一部分,也是最重要的部分。人类的文明史一般只有5 000~7 000 a。也就是说,文明的发展出现于冰后期的大暖期。显然,这与当时气候温暖、湿润有利于人类生活有关。

以后,随着生产与社会的发展,特别是农业生产需要,天文学知识以及物候知识积累起来。我国诗经中就有一年四季十二个月物候的记载,何时气候严寒,何时准备春耕讲得井井有条。所以,最早的气候概念是与物候密切联系在一起的。

国外有一种理论认为,社会的发展程度愈高,对环境(其中包括气候)的依赖性愈大。例如,社会发展程度不高时,播种面积主要限于适合耕作的地区。扩大播种面积就增加了对气候的敏感度。同时,采用高产品种也会增加对气候的敏感度。工业、交通运输的发展对天气气候灾害的敏感度是不言而喻的。古代一次登陆台风,与现在一次登陆台风所造成的破坏是不可同日而语的。

按照这个理论,社会的发展及其对环境的依赖与日俱增。但是,当社会发展到较高程度之后,对环境的依赖就会逐渐减小。这表明社会已经有了足够的能力来抵御或削弱环境的不利因素所带来的影响。从理论上讲，这个看法可能是正确的。但是，在实践中，特别是关系到气候环境，则距离能够抵御、削弱气候灾害的影响，人类还有很长的道路要走。

所以，当前气候科学的任务，主要是预测气候变化，气候异常与气候灾害的发展，使得人类有所预防，从而尽量减少对农业、工业、交通运输、乃至整个社会的影响。当前人们面对的气候灾害主要来自两个方面：一种如干旱，洪涝、暑夏、严冬。由于其成因主要是气候系统各成员之间的相互作用，所以称为自然气候变率。对这些灾害的预测时效一般为1个月以上到1年左右。因为时间尺度较短。所以称为短期气候预测。另一种气候变化，时间尺度较大。如全球气候变暖，其形成原因，主要是人类活动的影响。由于影响的不是一时一地的气候，所以主要影响气候趋势，造成气候变化。这种预测称为长期气候变化预测。20世纪气候学的发展，基本上就是围绕这两种预测发展的。

各种时间尺度的气候变化，对社会发展的影响都是巨大的。例如，大家知道厄尔尼诺是一种海洋事件，能造成重大的气候灾害，如印度尼西亚的干旱、澳大利亚干旱、秘鲁洪水等。1982～1983年的强厄尔尼诺事件造成的经济损失估计在120～200亿美元之间。全球气候变暖使海平面上升，过去100年已经上升了15～20 cm，今后还要继续上升，对世界各国的沿岸低地，特别是低地国家如荷兰、孟加拉国有很大的威胁。因此，气候学的研究已经到了与社会发展息息相关的程度。1980年代末建立了政府间气候变化专门委员会（IPCC），并于1990年秋在日内瓦召开的第2次世界气候大会上分3个组提出报告，即科学评价组、影响评价组及对策组分别出版了IPCC 1990版报告。以后1992年出版了补充报告，1995年出版了第2版报告。2001年出版了第3版报告。在科学分析的基础上，1992年4月于巴西里约热内卢召开了世界环境与发展大会。提出了"世界气候框架公约"准备逐步限制温室气体排放，保护大气环境。可见气候学研究与现代社会的发展有多么密切的关系。

第二节 气候系统的研究

一、气候监测

这是20世纪70年代提出来的一个名词。其意义是对整个气候系统进行全面的观测，以便及时发现气候系统状况的任何值得注意的变化。所以，气候监测是气候系统研究的基础。下面分3个方面介绍气候监测的内容。

1. **大气常规观测**　从19世纪后期直到20世纪30年代，世界范围的气候观测仅限于地面气温、降水量及气压。美国最早绘制了20世纪以来北半球月平均海平面气压图。不少国家绘制了北半球月平均气温距平图。对流层气温序列较短，最早开始于1958年，而且仅限于北半球。1978年以来有了卫星观测，这是一个覆盖最完整分辨率最均匀的序列，并且包括南北两个半球。但是，直到最近才建立了全球降水量的格点序列，而且主要限于全球陆地。因为这3种要素观测序列长，而且是反映气候状况的基本量。所以，至今仍是气候监测的最主要内容。

20世纪30年代之后，逐渐有了高空探测。前苏联曾率先绘制了1930年代500 hPa高度周期平均图。但大多数记录是用地面观测外推的，精度较差。美国从1940年代开始作5 d（天）及30 d 700 hPa高度平均图。但主要限于西半球北美及邻近海域。日本绘制了世界上最早的北半球500 hPa高度月平均图，序列开始于1946年。西德的序列开始于1949年，且早期仅限于以欧洲为中心的一个正方形区域，缺亚洲及太平洋。中国的北半球500 hPa高度月平均图序列开始于1951年,比较完整,南部达10°N。从第二次国际地球物理年(1957~1958年)开始,西柏林自由大学气象研究所绘制出版了一系列平流层环流图,包括逐日及月平均50 hPa,30 hPa及10 hPa高度及温度图,对推动平流层的研究作出了巨大贡献。目前NCAR等单位初步完成了1958年以来的再分析资料,包括各等压面层的高度、温度、风以及地面的气温、降水量的格点资料。由于是逐日资料,不仅对气候学,对天气学与数值天气预报等均有重要意义。

2. 海洋及系统其他成员的常规观测 要对全球气候系统进行监测,海洋是一个重要组成部分。但至今资料最丰富的还是海面温度(SST),过去SST主要靠商船观测。CODAS资料库收集了1850年以来的资料,但1949年之前,特别在20世纪末之前,资料覆盖面很小。目前,由于卫星观测精度的提高,已经可以提供SST的格点资料。但与船舶观测还有一定差异,所以多用混合资料绘制SST的距平图。

当然,海洋观测不只是海面温度,还有盐度、洋流及深海海温等。但大部分均无系统观测资料,只是近年来才给出赤道太平洋混合层深度(用20 ℃等温线的深度表示)及800 m深至海面的温度距平。日本在西太平沿137°E的经向剖面也积累了系统的观测资料。但从全球角度看,对盐度及深海海温还缺少系统的长期观测。

雪盖与海冰面积观测是对冰雪圈监测的主要内容。在卫星观测系统建立之前,除了个别站有局地雪盖观测之外,只有前苏联有目测海冰序列,它开始于1924年。目前在美国科罗拉多大学与美国国家海洋大气管理局联合,设立了全球冰雪分析中心,公布每周及月平均南北半球海冰及雪盖面积,雪盖序列从1966年开始,海冰序列从1974年开始。加拿大科学家已经重建了20世纪以来的雪盖资料。

过去土壤温度及湿度的大范围观测资料很少。近来已经开始有了比较系统的资料,全球植被也由于有卫星观测,而有了高分辨率资料,这些为气候系统模式提供了重要的基础。

3. 非常规观测 除了以上所列举的常规观测之外,目前还进行许多特殊观测,对监测气候系统的变化有非常重要的意义。太阳常数观测就是一个重要的项目,观测已经表明太阳常数是变化的,而且与太阳黑子11 a周期中的黑子数成正比。因此,反过来看近百年来以地面为基础进行的太阳常数观测,应该承认还是有一定意义的。特别对世界不同地区几十个站的平均,可能减少误差,并在一定程度上反映太阳常数真正的变化。不过,目前还缺少卫星观测与地面观测的详细比较。

大气中微量气体的观测也是很重要的,冰芯气泡提供了CO_2的长序列。其他微量气体如甲烷、氯氟碳化物(CFCs)大多数也建立了相应的序列。此外,如平流层气溶胶观测对研究火山爆发的气候影响很重要,也有了相应的卫星观测资料。

二、气候诊断

气候诊断即根据气候监测结果对气候变化与气候异常作出判断,这是当前气候系统研究中一个十分活跃的领域。至今有关气候监测与气候诊断的系统性出版物就有5种:

(1)美国气候预测中心(CPC)的气候诊断公报(Climate Diagnostic Bulletin),月刊。

(2)联合国世界气象组织(WMO)的气候监测公报(Climate System Monitoring Monthly Bulletin),月刊。

(3)英国东安吉利亚大学的气候监测(Climate Monitor),季刊,另有年的专号,即每年5期。

(4) 美国每年 10 月召开的气候诊断与预测年会（Annual Climate Diagnostics and Prediction Workshop），自 1976 至 2000 年已召开了 25 届,每届均有文集出版。

(5) 世界气象组织（WMO），世界气候资料计划（WCDP）每两年出版 1 期气候系统监测专集,题为全球气候系统。此外,如日本、中国近来也开始出版月气候监测公报,内容与 CPC 的公报大体相同,但均有本国的特色。人们可以从这些公报中及时获得有关全球气候系统的最新情报。

气候诊断的内容非常广泛,我们仅列举以下数端为例：

(1) 气候异常的诊断　气候总是在变化,严格地讲,也许没有哪一年或哪一个月称得上正常。但是如果说异常总要有一个标准。过去相当长时间以来人们多把要素的方差值作为衡量异常的标准。如果该要素接近正态分布的话,超过平均值一个方差,或低于平均值一个方差的概率应该分别为 15.9%,正负距平达到 2 个方差的则只有 2.3%。WMO 建议把达到 2 倍方差作为异常的标准。

(2) 气候变化的诊断　研究近百年气候变化时经常用 10 年平均作为分析的时间单位。如果序列足够长,有时也用 30 a 平均或 100 a 平均。但是,当对不同序列进行比较时,必须两个序列具有相同的分辨率。例如都是 10 a 平均,或都是 30 年平均。因为时间平均也是一种滤波,所以平均时间愈长,被滤掉的高频变化也就愈多,因而方差愈小。如我国东部冬季平均气温年序列方差为 0.84 ℃,10 年平均方差为 0.47 ℃,100 年平均方差为 0.25 ℃。因此,在利用一条曲线分析气候变化时,先要弄清这条曲线的分辨率。过去有的作者采用不同资料来源建立气温曲线,却未注意到各种资料分辨率的不同,这不能不说是一种缺陷。

分析气候变化也要有一个标准,即究竟气候平均值有多大差别时才能认为发生了气候变化。一般可用 t-检验,检查某个 30 a 平均与 100 a 平均或长时期平均的差异达到多高的信度,或者检查两段 30 a 平均的差异达到多高信度。通常至少要达到 95%,最好达到 99% 信度才能认为发生了气候变化。当然诊断气候突变还有各种各样的方法,例如曼-肯达尔(Mann-Kendall)方法。

(3) 气候异常事件的诊断　要诊断是否出现某一种气候异常事件,需要一个严格的定义。例如,在诊断厄尔尼诺事件时,要规定用那一个海域作为代表序列,同时要确定海温正距平达到多大的数值才能认为是厄尔尼诺事件。例如,CPC 规定了 4 个区,Niño 1+2 代表南美沿岸；Niño 3 代表赤道东太平洋；Niño 4 代表赤道中太平洋。但有时也采用安吉尔的定义,用 0～10°S，180～90°W 范围内海温平均,称为 Niño C。通常把月平均距平连续 3 个月在 0.5 ℃ 以上,或季平均达到 0.5 ℃ 作为厄尔尼诺事件。

(4) 气候变化原因的检测　在研究气候变暖中温室效应的作用时,人们多采用检测(detection)这个名词。其实质内容即分析气候是否变暖,以及这个变暖在多大程度上是由温室效应加剧造成的。因此,这一类工作原则上也可以归入气候诊断的范畴。对温室效应的检测可以从两个方面进行,一方面从气候变化本身来检测,例如把气温变化的曲线与 CO_2 浓度变化曲线比较,分析变暖的季节与地理分布,并与气候模拟的结果比较等,这后一种方法现在通称指纹法。另一方面也可以从气候变化的物理因子来检测,例如,首先排除或尽量减少城市热岛效应,观测技术改变的影响,然后估计太阳辐射变化(包括太阳活动)、火山活动等的影响,从原序列中把这些因素排除后,再进行滤波除去高频的气候异常的影响,最后有可能得到一条受温室效应影响的曲线。不过这种检测测方法也有许多困难。因为,至今我们还不能比较肯定地了解温室效应以外,究竟有几个因素在控制着气温的变化,以及控制程度有多大,但终究这也不失为一种检测手段。

三、气候重建

利用各种代用资料重建古气候序列称为气候重建。从原则上讲这应该属于气候诊断的范畴。不过我们现在谈到气候诊断,多指根据现代资料进行分析,而古气候的重建则只能应用各种代用资料。下面介绍几种最常用的代用资料。

(1) 树木年轮 这是一种广泛用来进行古气候重建的代用资料。树木生长受季节影响,春材细胞大而颜色淡,秋材细胞小而颜色深,一淡一深组成一圈年轮。当水份、营养、日照充足时,年轮宽,反之年轮窄。因此,可以从年轮宽窄的变化反推出古代的气候条件。

取得年轮序列后,要去掉生长趋势的影响。因为树木年轮宽度在前 20~40 a 一般呈上升趋势,以后转为平缓上升,随树木之变粗逐渐转为下降,这个变化趋势称为生长量。消除生长量后的年轮序列,即可用来作气候重建。不过通常树木生长不仅与当年气候条件有关,而且与前 1 年也有关系。且不同树种在不同的地区对气候敏感性也不同。所以一般是用邻近测站的观测资料,用统计方法确定用树木年轮拟合哪一个季节哪一种要素效果最好。

每棵树的树龄是有限的。为了得到较长的序列,有时可以把几棵不同时间的树木年轮序列拼接在一起。一般先用 ^{14}C 定年,然后根据年轮变化规律拼接。美国加利福尼亚的年轮序列已拼接到 8 000 aBP。近来已经开始测量木材的密度,用来作古气候重建,这是一个新的发展方向。

(2) 冰芯 格陵兰、南极至今还保存着千米以上厚度的大陆冰盖。冰盖是降雪积压形成的,水份子中的氧同位素与降雪时的温度有关。因此,可以根据同位素推算古代温度。氧同位素是稳定性同位素,用与标准值之差的千分数表示。下式中 R_S 及 R_N 分别为样品同位素 $^{18}O/^{16}O$ 比值,及标准比值。$\delta^{18}O$ 变化于 $+10‰ \sim -50‰$ 之间,由于冰盖所在地区气温较低,故一般均为负值。在中高纬温度下降 $1\ °C$,$\delta^{18}O$ 降低 $0.7‰$。

$$\delta^{18}O = \frac{R_S - R_N}{R_N} \times 1000.$$

为了建立气温序列,不仅要知道过去的温度,还要确定这温度出现的时间。由于积雪物理状况的季节变化,冰盖在垂直方向形成明显的层状结构,每年 1 层,犹如树木年轮。在表层 100~200 a 间用肉眼即可分辨年层,但在更早期的深层,则要借助仪器来分析,比较可靠的是用 $\delta^{18}O$。因为温度随季节变化,不同季节 $\delta^{18}O$ 也不同。故可以根据 $\delta^{18}O$ 变化定年,也可以根据冰层的可塑性从理论上推断,有时也可以参考其他指标。如我国甘肃敦德冰帽的冰芯就曾参照微粒量定年。近来取得了西藏高原西部古里雅的冰芯。南极冰芯 $\delta^{18}O$ 已经提供了过去 740 000 a 的温度变化曲线。

(3) 孢粉 各种植物在繁殖期间撒播大量的孢粉,这些孢粉埋藏在地下,亦可作为气候的代用资料。种子植物撒播花粉,苔藓、蕨类撒播孢子,合称孢粉。取来土壤样本后,一般要经过化学处理、煮沸、过滤、分离等过程。得到每 1 层土壤中各类植物孢粉的数量。最后,计算每 1 类植物孢粉数占总孢数的百分比。根据各类植物所占百分比的改变来判断气候条件的变化。

例如孢粉分析表明辽宁省南部 10 000 a 来植被状况发生了很大的变化。其中松属、桦属和阔叶树种花粉变化最明显。松属和桦属在一定程度上表示凉爽、干燥,阔叶树种表示温暖潮湿。

8 000～10 000 aBP 间桦属花粉比例达到 58%～89%，阔叶树花粉只占 11%～39%，这种植被成分与现代有很大差异，表明气候比现代冷干。而 5 000～8 000 aBP 间阔叶树花粉达到 62%～93%，表明气候温湿。

孢粉分析的最大缺点是时间分辨率低，不定量。一般只能达到百年以上，而且植物同时受气温与降水量影响。因此，很难准确的恢复温度或降水序列。但是，孢粉剖面的优点是连续性好，能提供均匀的序列。所以，适用于研究较大尺度的气候变化，如10 000 a气温变化。我国已经建立了 200 多个点的孢粉剖面序列，增加了我们对中国全新世气候变化的认识。

(4) 珊瑚 赤道近海中生长着大量的块状珊瑚。有的直径达到几米。从 1970 年代人们就发现珊瑚也有像树木年轮一样的密度带。因为海水温度与盐度随季节而变化。但珊瑚骨骼的密度受海温及盐度影响，形成有疏有密的带。所以，对珊瑚骨骼作纵向切片，就能看到厚度约 5～20 mm 的层，从外向内数即可知道每 1 层的年代，至今最大的 1 棵 8 m 高的珊瑚，其年层已向内数到公元 1479 年，即有 500 a。

珊瑚骨骼的年层宽度与营养及海温有关，营养又与流水的水质有关。因为许多珊瑚生活在岛屿的河流入海处，所以对岛屿上的气候条件十分敏感。例如，赤道太平洋的岛屿在厄尔尼诺时降水非常多，这就加大了河流的淡水径流量，因此，珊瑚的盐度就会降低。所以珊瑚的盐度曲线能很好地反映古代的厄尔尼诺及拉尼娜事件。

另外，海水中同位素受海温影响，所以珊瑚的氧同位素能较为准确地反映海温。氧同位素每减少 0.22‰，相当海温上升 1 ℃。聂宝符等利用中国南海的珊瑚建立了近 100 年海温序列，指出 20 世纪 20 年代与 40 年代海温高，50 年代到 70 年代海温低，近来海温又升高，与中国大陆的气温变化趋势基本一致。

(5) 史料分析 除了以上几种资料之外，史料也是一种重要的代用资料。我国有丰富的史料，因此，在这方面做的工作也最多。开发史料资源中心的问题之一就是定量化。过去相当长时间，人们一直用受旱涝县数研究历史时期的旱涝变化，由此当然可以大致了解旱涝演变趋势，但却无法得到降水量变化的定量的概念，也很难用现代数学工具去进行分析。汤仲鑫首创把史料定级，折合降水量的方法。以后中国气象局与许多单位合作，出版了五百年旱涝图，为研究历史时期降水变化提供了一份良好的基本资料。这份图是广泛收集了我国方志中关于旱涝的记载绘制的。主要技术是对全国 120 个以上的区进行分析。每个区约相当原来省下面的"地区"一级，一般约包括十几个县不等。综合每个区所包括的各个县的史料，定出 5 个级别：1 级——涝、2 级——偏涝、3 级——正常、4 级——偏旱、5 级——旱。所以，旱涝图就是旱涝级别图。自公元 1470 年至今每年 1 张，主要反映夏季的旱涝分布。

我国有关于气温变化或气温异常的史料，但是却不可能完全像旱涝图一样，逐年绘制出冷暖图，这有几方面的原因。首先冷暖不像旱涝一样对农业生产有那么明显的影响。所以，古代记载中有关冷暖的记录远不如旱涝多。其数量一般只有旱涝记载的1/10，因此不能构成连续的序列。其次旱、涝代表降水量的少与多两个方面，由于旱涝均能造成灾害，所以旱涝均有记载。但是，冷暖的记载中，以冷为主。因为暖往往并不造成灾害。所以记载较少。因此，在利用史料重建气温序列时，只做到重建 10 a 平均气温距平。不过，即使这样，也能对历史时期的气温变化，特别近百年的气温变化有一个较为定量的了解。近来把史料与冰芯、年轮资料结合，在重建古气候中取得了较好的成绩。

除了以上 5 种资料来源之外，在研究历史气候时，人们还广泛用冰川遗迹、考古证据、物候变化资料等。但所有这些代用资料，或者时间分辨率较低，或者无法定量，或者不能重建连续的序列，因此在气候重建中不如上述几种资料使用的多。

四、气候模拟

任何科学的发展均离不开理论的指导。但是，对于气候系统这样一个庞大而复杂系统，至今还没有任何统一的理论能说明其平均状态的形成及随时间的变化。因此，气候模拟就成为从理论上研究气候的重要手段。所谓气候模拟是根据一定的大气或海洋动力学、热力学定律，在给定边界条件下，采用数值计算的方法研究气候。早在1950年菲利普斯（Phillips）采用低纬加热，高纬冷却的热源热汇，同时考虑地面摩擦，成功地模拟出中纬度的西风急流和费雷尔环流。这是用数值实验的方法进行气候模拟的开始，在以后的50年中气候模拟工作大体上分为4个阶段。第1阶段自1950年代到1960年代初期，重点研究大气环流与地面气候平均状况的形成。在给定边界的条件下，算出了接近实际情况的全球海平面气压分布与气温分布及对流层中层环流特征。这可以看作启蒙阶段，对许多物理过程的考虑还是比较粗糙的，所模拟的平均场，如果仔细检查的话，也同观测资料有不少差异，特别大气活动中心的强度与位置模拟的不很好。

第2阶段大约自1960年代中到1970年代中，这时进一步改进了模式，提高了模式的水平及垂直分辨率，改进了辐射、凝结和对流参数化方法，引入更接近实际的下边界条件，如大地形、海面温度、冰雪分布等，因此，不但提高了模拟气候平均状态的能力，还能模拟其季节变化及二级环流，如亚洲季风。

第3阶段自1970年中到1980年代，主要做敏感性实验。劳伦兹（Lorenz，1969）曾把数值长期预报或气候预报分为两类：第一类气候预报像短期天气预报一样，预报气候状态的顺序发展。第二类气候预报为非同时耦合，改变边界条件计算达到平衡时气候状态变化。这就是敏感性实验，到1980年代末，人们已经用各种模式计算了大气CO_2加倍，太阳常数变化1%或2%，大范围海温正或负距平，冰雪覆盖面积最大与最小等情况下，可能发生的气候变化。

气候模拟的进步，依赖于气候模式，在此先概括介绍一下气候模式，按性质分为4类模式：（1）能量平衡模式（EBM）；（2）辐射对流模式（RCM）；（3）统计动力模式（SDM）；（4）总环流模式（GCM）。

EBM比较简单，从能量平衡方程出发，研究气候系统的形成因子及气候变化。由于模式过于简略，不适于考虑气候系统内部的各种反馈过程，但可以用来研究单个因子的作用。最简单的有把地球当成一个点的0维模式，也有较为复杂的三维模式。

RCM一般只考虑一维，即在垂直方向辐射的传输。适用于研究气候要素随高度变化，特别对研究全球分布均匀的大气CO_2浓度变化，O_3总量变化，总云量变化的影响比较方便。但近来多用于GCM，做为解决辐射在垂直方向传输的方案。

SDM还在发展中，最早的研究试图在动力学方程中计算每个变量时，同时也计算方差，但这样使得方程组不易闭合。近来又在气候预测中采用集合预报，不过这似乎也不是真正把统计方法与动力学方法结合。另有一些作者，设计了海气相互作用的SDM。这种模式的特点是可把一些复杂的物理过程参数化，例如，可以把热量输送参数化。通常多水平二维，或垂直方向与纬度二维模式。

GCM又可分为3种情况，即大气环流模式（AGCM）；海洋环流模式（OGCM）与海气或地气耦合模式(CGCM)。AGCM有时为了简单仅写做GCM，耦合模式已有美国国家大气研究中心(NCAR)的通用气候模式(CCM)，并且已经有了CCM1、CCM2及CCM3几种版本。此外，比较著名的有ECHAM3，即欧洲中心模式德国汉堡马科斯-普朗克气象研究所改进的方案。这个耦合模式目前广泛用于各种气候模拟研究。NCAR已建立了包括气候系统各成员的气候系统模式。

1989年世界气候研究计划提出建立大气模式比较计划(AMIP)，共有30个模式参加比较。1990年代前半为第1阶段，1990年后半为第2阶段。后来又组织了耦合模式比较计划(CMIP)及古气候模式比较计划(PMIP)等。应该说气候模式的研究在20世纪90年代有了蓬勃的发展，取得了丰硕的成果。

第4阶段自1980年代末至今，气候模拟的研究主要包括以下3个方面：(1)用观测SST强迫大气环流模式，进行几十到一百年的积分，看大气对SST变化的响应；(2)用耦合模式进行一百年乃至几百年的积分，研究自然气候变率，一方面分析气候变率的空间分布(如NAO)，另一方面分析气候振荡的时间变率；(3)用耦合模式，作渐变分析，研究CO_2每年增加1%，以及对流层气溶胶逐渐增加的影响。

五、气候预测

目前我国及世界上大多数国家均把月以上的预报称为短期气候预测。气候预测可以分为两类，一类采用统计方法，另一类为动力学数值预报。

大约100年前，有的国家已经开始用相关回归方法作长期预报。目前世界范围正式作月、季气候预报的大约有30多个国家。其中工作较多的除我国以外，有美国、日本、前苏联等国。但是，经验预报一般水平不高，用比较粗略的分级检查，大约预报准确率只有55%～60%。如果严格地逐月进行检查，甚至于还达不到这个水平。其中气温预测水平稍高，降水量预测准确率有时还不到55%。

另一条途径为动力学数值预报。经过大约30多年的努力，短期数值天气预报取得了巨大的进步。欧洲中期数值预报中心(ECMWF)按时发布10 d逐日预报。如果以预报场与实况之间相关系数达到0.6作为可以接受的标准，预报时效已超过1周。但是，逐日预报是不可能无限制地作下去的。逐日预报有一个不可逾越的鸿沟——可预报性(predictability)。理论分析及数值实验均证明，逐日预报可预报性大约是2～3周，这就是说要做2～3周以上的逐日预报是不可能的。

但是，1980年代初期的数值预报表明，如果不做逐日预报，而是做5天、10天、30天平均预报，则预报时效可超越可预报性界限，而且，所取平均时段愈长，预报时效也愈长，这意味着至少做1个月的月平均预报是可能的。但是，初始场的误差仍然困扰着气候预报工作者。1980年代中后期，人们采用了与统计方法结合，克服初始场误差的方法，这就是集合(ensemble)预报。一般采取每隔6 h(小时)或12 h重新开始1次积分，最后对6次或8次预报的未来1个月所测求平均。集合预报对10 d到30 d预报是有益的。有的研究证明，采用集合预报能使预报时效提高50%。数值长期预报还有一个问题，就是气候漂移，这实际就是系统误差。最常见的漂移是：在积分过程中高纬度高度愈来愈低，而低纬度高度愈来愈高，因此中纬度西风愈来愈强。但是，也有一些粗网格模式却没有明显的气候漂移。所以有人认为稍微粗略的模式反而更适宜长时间数值积分。

目前用 AGCM 采用固定下边界作 1 个月 500 hPa 高度月平均场预报,冬季能达到 0.35～0.40 相关系数。但是,对全年检查,相关系数可能下降到 0.30 以下,而且这还只是对北半球作检查。分析全球、全年的 500 hPa 月平均高度预测,相关系数约在 0.20～0.25 之间。为了去掉中期预报的影响,改为作 16～45 d 的 30 d 平均预报,相关系数下降到 0.10。因此,当前月平均环流预报的水平是不高的,而且在 1990 年代预报技巧提高不明显。

在这种情况下从 1990 年代后期开始,世界上不少国家致力于研究季平均高度场的数值预报。因为人们认为,时间愈长下垫面的作用愈大。有些模式如 ECMWF 模式用观测 SST 强迫 AGCM,或用持续 SST 预报西非萨赫勒的降水,得到了一定结果。美国 NMC 用预报的赤道太平洋 SST 强迫 AGCM 作北美月或季平均环流预测也有一定效果。中国科学院大气物理研究所,最早用 2 层模式采用持续 SST 作我国汛期降水预报,为业务预报提供了宝贵的参考。不过季预报还是不成熟的,这主要是因为还没有比较完善的耦合模式。也许这是下一个世纪初应集中解决的问题。近年来中国气象局、国家气候中心建立了自己的预测系统。

气候预报是否可能作到 2 个月或更长时间呢? 这里也有一个可预报性问题。实际上也是初始场对多长时间产生影响的问题。冯·纽曼(*von Neumann*,1955)早就指出,从预报角度看,大气运动可以分为 3 类,第 1 类运动主要决定于初始场,因此可以从初始场外推。第 2 类运动几乎完全与初始场无关,因此可以不考虑初始场做预报。而最困难的是第 3 类运动,即距初始时刻相当远,因此不可能完全从初始场外推。但初始场的影响又没有小到可以忽略不计的程度。第 1 类即目前的短、中期数值预报。第 2 类即目前的敏感性试验。第 3 类大约相当现在的短期气候预测。冯·纽曼认为最合理的途径是先做第一类预报,然后做第 2 类预报,最后再做第 3 类预报。30 a 来数值预报的发展完全证实了冯·纽曼的预见。但是第 3 类预报的上限究竟是多大呢? 据分析,预报时效大约是 6～12 个月。此外预报准确率也是有上限的,上限大约为 80%～85%。当然我们目前距这个上限还很远。但是,这主要是要说明,短期气候预测的时效与技巧也不可能无限制地增长,这是受科学本身限制的。

第三节　现代气候学革命

一、气候学革命的前夜

1979 年在日内瓦召开了世界气候大会,后来于 1990 年召开了第二次气候大会,所以把 1979 年的大会称为第一次世界大会。随着气候大会的召开,建立了世界气候计划。气候学的研究进入一个崭新的阶段。气候学也得到了前所未有的发展。所以可以把第一次世界气候大会视为现代气候学革命的号角。

谈到这次革命,就要谈到革命前的形势,以及革命的动力。20 世纪 70 年代之前气候学处于一个怎样的形势呢? 气候学的最主要成就是从描述气候学、统计气候学发展到物理气候学。由最初只是根据温、湿(降水)、压来描述各地的气候状况,进而研究地面的辐射平衡及热量平衡,探讨气候形成的物理原因。气候型与气候区划的研究也得到了发展。

但是,这时期对人们束缚最大的就是"气候"是不变的这个框框。当然,不少人早已对 30 a 平均即可得到"气候值",即多年平均值,这种说法产生了怀疑,但是气候究竟是怎样变化的,特别是除了冰期间冰期循环(现在称为旋迴)这种大的气候变动之外,在较短时间尺度上,例如,100 a、10 a、乃至 1 a 的时间内气候会有什么变化,还没有系统的认识。

现代气候学的革命有三个特点：(1)从气候变化来研究气候；(2)从气候系统来研究气候；(3)从气候动力学来研究气候。第1点十分重要，由于认识到气候变化有一个很宽的时间谱，长者在10 000年以上，短到1年、季尺度。所以，现代气候是从变动中认识气候，而不再仅仅局限于追求解释气候平均值。这也就推动了气候预测研究的发展。第2点是把研究范围扩大到整个气候系统，即包括大气、海洋、冰雪、陆地、生物圈。因为人们已经发现，仅仅研究大气，不可能认识气候形成的过程，也不可能对气候变化作出有成效的预测。第3点是现代气候学研究的灵魂。从统计学角度研究气候，有助于认识气候的特征。但不可能深入认识气候形成的过程。物理研究对辐射平衡及热量平衡进行了分析，但是只是一个静的一个地点对另一个地点的对比。这本身甚至与经典的气候形成三要素也是矛盾的。因为三要素即太阳辐射、海陆分布与大气环流。辐射平衡及相应的能量平衡模式的最大缺陷就是不能考虑大气环流这个因子。

二、气候学革命的动力与条件

为什么要进行气候学革命，就是因为经典的气候学不能满足现代社会发展的需要。如第一节所述，随着科学技术的发展，气候环境不是对社会愈来愈不重要，而恰恰是相反的，社会对气候环境的依赖性与日俱增。只要科学技术还没有发展到能够完全抵御气候灾害，人类社会就要时时刻刻与气候灾害进行斗争。

第二次世界大战之后，人们逐渐意识到全球气候变暖问题。从20世纪20年代开始到40年代，全球，特别是北半球气温有了明显的上升。海水温度也随之上升。这一变暖现象在北大西洋及其邻近地区十分明显，所以首先引起了前苏联科学家的注意。然而，从1950年代开始，北半球的气温又有所下降，这种下降在1960年代后期到1970年代中期达到了最大。如1968～1969年冬就是近来少有的冷冬。冷空气从高纬度沿三条路线南下到欧洲、北美、东亚。一时间有个别科学家惊呼，一个新的小冰期冷期可能已经到来。在这种形势下，气候变暖的问题又被束之高阁。但是，低纬度、南半球气温仍在缓慢地上升。所以，到了1970年代后半期，气候变暖问题再次引起了人们的关注，并且成为第一次世界气候大会的主题。

这次气候大会的标题是"气候与人类"。会议文件指出，当大气CO_2浓度加倍时，全球气温可上升1.5～4.5 ℃。这个著名的诊断至今仍时常被人引用。气候大会关心的问题是全球气候变暖。但是问题的背后是环境问题。因为当时明确提出气候变暖的原因是温室效应的加剧。而温室效应加剧是大气中CO_2浓度增加的结果。CO_2浓度增加则是大量燃烧煤、石油、天然气等化石燃料，以及砍伐森林，破坏植被造成的。

因此，第1次世界气候大会揭开了保护环境斗争的序幕。近20年的科学发展以及社会实践证明，无论怎样高度评价这次世界气候大会都不为过。

不过，这次气候革命之得以顺利发展，却依赖于气候学、大气科学、乃至整个科学技术的进步。没有这些进步，气候学的革命是不可能的。概括地讲气候革命的科学基础有三个方面：(1)短期天气预报的进步；(2)计算机的发展；(3)全球观测系统的建立。短期天气预报在第二次世界大战前后奠定了理论基础，从1950年代后期开始建立短期数值预报业务。到1970年代后期，数值预报时效已经从24 h达到96 h。这不仅改进了短期、中期预报业务，也提高了人们利用数值模式研究大气的信心。所以，开始作气候模拟的研究。应该指出大型电子计算机的能力的提高也是非常快的。到了1970年代末期，已经具备了模拟计算全球气候的能力。全球观测系统的建立具有特别重要的意义。因为，没有全球的观测不仅气候模拟缺少宝贵的初始条件，也缺少重要的对照物。而没有这些对照,科学家们无法选择适当的参数,调整自己的模式。

1970年代后期,基本上具备了这些条件,并在社会需要的推动下,气候学革命就蓬勃地展开了。

三、世界气候计划(WCP)

第一次世界气候大会的一个重要成果即建立世界气候计划(WCP)。WCP下设4个子计划:(1)WCRP:世界气候研究计划;(2)WCAP:世界气候应用计划;(3)WCIRP:世界气候影响研究计划;(4)WCDP:世界气候资料计划。

WCP有3个目标:(1)应用现有的气候信息为人类谋利益;(2)改进对各种气候过程的认识,加速发展长期数值天气预报(后来称为短期气候预测),以及确定气候能预报的程度和人类对气候影响的程度;(3)监测自然的或人为的显著气候变化,发展向政府报警的能力。

在WCP的4个子计划中WCRP占有最重要的地位。这个计划由国际科学联盟理事会(ICSU)和世界气象组织(WMO)共同支持。目标是确定气候可预报性程度及人类活动对气候的影响程度。增加和扩大对全球、区域气候特征的认识,包括对气候突变和重要的气候变化趋势的认识。设计和执行观测与理论研究研究计划。对重要的气候过程加深认识,包括海气间热量、动量、水汽的交换,云与辐射的相互作用,气候与地表特征的相互作用。研制和改进气候模式,确定气候对自然或人为因素的敏感性。这个计划确定了3个分支:(1)月、季尺度长期天气预报(现称为短期气候预测);(2)年际气候变率;(3)长期(10 a~100 a)气候变化。WCRP下面设立了一系列的专题研究计划,最著名的就是热带海洋与全球大气计划(TOGA),及气候变率与可预报性研究计划(CLIVAR),这在下面还要谈到。

WCAP由WMO主持,目的是推进已有气候知识的应用。长期目标:(1)帮助各国提高其国家机构应用气候知识的能力;(2)以用户需要的格式和便于应用的方法提供各区域已有的气候基本知识;(3)为应用气候知识提供实际技术;(4)促进气候应用技术的发展,知识转让和使用,优先领域是粮食、水和能源。

WCIRP,早期称为WCIP,由联合国环境计划署(UNEP)主持。目的是将气候知识引入合理的政策抉择,对自然的或人为的气候变化的社会经济影响发布警报。重点是评价CO_2及其他温室气体导致的气候变化给社会经济带来的后果;减少粮食系统随气候的波动;发展和应用气候影响评价方法;评价气候变率和变迁对那些对气候敏感的人类环境部门的影响。长期目标:(1)根据自然和人类社会的反应改进对气候变率和变迁影响的认识;(2)发展气候变率、变迁和人类社会经济活动相互关系的知识,提高认识;(3)改进方法,以加深对气候、环境和社会经济因子间相互作用的了解,改进对这种相互作用的模拟;(4)确定那些用于估计人类社会处于不同发展水平和处于不同自然环境的各种特征。

WCDP由WMO主持。目的是确保能及时得到可靠的,便于交换和使用的气候系统各成员的资料,以支持各种气候应用和研究。长期目标:(1)通过技术转让,重点是利用世界天气监视网的微机系统,帮助各国改进气候资料管理系统;(2)统一气候观测和资料交换的要求;(3)改进气候资料集、站网和出版物方面情报索引的可用性;(4)帮助各国建立气候数据库;(5)对可能影响人类活动的重要气候事件进行监测、诊断和信息传递。

这四个子计均建立了科学家指导组、或称顾问委员会,拟定每个子计划的执行计划,通过经费预算,检查计划执行情况,在计划建立后的大约20年里做了卓越的工作。

四、TOGA 计划

热带海洋和全球大气计划(Tropical Ocean and Global Atmosphere Progamme),缩写为 TOGA 是 WCRP 建立的许多研究计划中,最重要的计划。计划为 10 年(1985～1994 年),现已圆满完成。

这项计划的目的有 3 个:(1)为描述随时间变化的热带海洋和全球大气耦合系统,以便确定此系统月到数年时间尺度的可预报性,以及了解作为可预报性基础的机理和过程;(2)为研究此系统月到年际时间尺度的变化,人们用耦合海气系统模式进行模拟的可行性;(3)对业务预报来说,如果这种能力为耦合海气模式所证实,应提供一个适合于业务预测、观测和资料传递系统的科学背景。计划中心是研究热带上层海洋和全球大气,以便了解和最终预测热带海洋扰动的演变和全球大气响应。该计划总目标中也包括季风气候研究计划。即确定季风长期振动的性质及其与行星尺度环流的关系,了解季风的年际变率及其变化的可预报性。计划由 5 个部分组成:(1)海洋观测;(2)补充性的大气观测;(3)海气相互作用测量;(4)海洋模拟;(5)大气模拟。

为了实现计划的总目标,又建立了 TOGA-COARE 计划,COARE 即耦合海洋-大气响应试验(the Coupled Ocean-Atmosphere Response Experiment,)发展了一系列的热带太平洋耦合模式,通过 TOGA 数值试验组进行预测研究,对 ENSO 进行了分析和诊断研究,并把 ENSO 与其他热带地区,特别是季风区的季到年际尺度变率联系起来。这些研究都是在 TOGA 的科学指导组(SSG)指导下完成的。

1998 年在地球物理研究杂志(JGR)上发表了 10 篇总结性论文对热带全球大气观测系统,ENSO 的结构,ENSO 的理论,热带 SST 影响的模拟,ENSO 的海洋模式、耦合模式,ENSO 的可预报性,TOGA-COARE,及季风作了全面的总结。TOGA10 年的成绩确实是巨大的。下面将要谈到的 CLIVAR 计划就是在 TOGA 的基础上发展起来的。

五、WOCE 与模式比较计划

世界海洋环流试验(World Ocean Circulation Experiment),缩写为 WOCE 也是 WCRP 组织的一个重要计划。这个计划预计为 1990～2002 年。计划的目的是建立可用于预报气候的模式,并收集检验这些模式所需的资料,确定关于长期动态的 WOCE 专题数据集的代表性,并寻找确定海洋环流长期演变的方法。目前通过观测研究已经获得了世界海洋深海洋流多方面的新资料,对通量随时间变化、热盐环流、南半球海洋、大洋涡旋等均有了新的认识。在模拟研究方面,已经建立了海气耦合模式。这些成果,为建立 CLIVAR 计划打下了良好的基础。

AMIP 即大气模式比较计划(Atmospheric Model Intercomparison Project),WCRP 的数值试验工作组(WGNE)于 1989 年提出这个计划。目的是确认当前世界范围的各种大气模式的误差及其形成原因。1995 年召开了第 1 次 AMIP 国际科学讨论会。对过去一段时间的模式比较工作做了总结,目前已有 30 个模式参加了这个计划。为了与下一段工作区别,1990 年代前半这段工作称为 AMIP-I。开始时主要作 1987 年及 1988 年印度夏季季风降水的模拟。因为 1987 年干旱、1988 年多雨,前者为厄尔尼诺年,后者为拉尼娜年。后来,把研究的目标扩展到 10 年。规定每个参加比较的模式,均用统一提供的初始场作 1979 年到 1988 年 10 年的模拟。1995 年之后的模式比较计划称为 AMIP-II,把比较的时间又扩大到 1979 年 1 月到 1996 年 3

月。近来又建议再扩展到1998年,因为1997~1998年发生了本世纪最强大的厄尔尼诺事件。

后来WCRP又设立了耦合模式工作组(WGCM),提出了耦合模式比较计划(Coupled Model Intercomparison Project),缩写为CMIP。耦合模式比较计划的第1个阶段自1996年开始,称为CMIP-1的目的是比较对现代气候的模拟,研究通量订正的影响,分析对气候变率的模拟。与古气候模拟研究配合,已经有18个模式参加了比较。初步结果表明分歧较大。有的模式在有的季节完全没有海冰,有的没有温盐环流。这个计划的第2个阶段CMIP-2,要求在CO_2浓度每年增加1%的条件下积分80年,以便研究模式对温室效应加剧的响应。1998年可完成这个阶段的研究。再下一步就是考虑人类活动造成的气溶胶影响,并与观测对比(CMIP-3)。

法国气候模拟实验室与美国能源部气候模式诊断与比较计划(PCMDI)共同建立了古气候模式比较计划(PMIP),目前有18个模式参加比较。下一步工作是比较两段时间的气候,一个是6 000 aBP大暖期中间,另一个是21 000 aBP,即末次冰期最盛期。

当然,WCRP下面还组织了不少其他计划,如全球能量和水循环试验(GEWEX),中国也积极参加了这个计划,并在淮河等地组织一系列的试验,这里就不一一介绍了。下面一节介绍20世纪以来气候学研究中的一些有理论意义的成就。这里主要指气候学,特别是行星尺度气候动力学的成就。其他,如经典气候学、气候统计、气候监测等等各方面也有不少成就。下面为了集中,重点介绍国际上气候动力学的成就。中国在气候模式,气候预测方面也有不少有开创性意义的工作。这将在以下的各章中分别讲述。

第四节 20世纪气候学理论研究的成就

一、世界三大涛动

沃克(Walker)于1924~1937年发表了6篇《世界天气》的论文,给出了三大涛动的定义。他的基本思想是在月平均海平面气压图上,可以看到稳定的高压或低压区。这些高压或低压区被称为大气活动中心。但是,大气活动中心的变化不是孤立的,有时两个大气活动中心的气压有此起彼伏的现象。例如,北大西洋上的冰岛低压与亚速尔高压中心气压的变化就经常是相反的。当亚速尔气压高时,冰岛气压低;而亚速尔气压低时,冰岛气压高。沃克把这种翘翘板式的变化称为涛动。北大西洋上两个活动中心的变化称为北大西洋涛动,缩写为NAO。同样北太平洋上阿留申低压与夏威夷高压之间的涛动,称为北太平洋涛动(NPO)。沃克还指出,太平洋与印度洋气压变化相反,由于它主要发生于南半球所以称为南方涛动(SO)。对于NAO与NPO,在沃克之前已有一些作者指出这种现象,但是没有命名,也没有给出定义。而SO则主要是沃克的发现。三大涛动的研究在20世纪中期似乎被人遗忘。对厄尔尼诺的关心使SO的研究又恢复了青春。人们用精确的数学分析工具经验正交函数分析(EOF),再次证实了沃克提出的三大涛动在大气环流中的作用。建立了NAO、NPO及SO的百年以上的时间序列。研究了涛动的年际及年代际变化,近来龚道溢等又定义了南极涛动,填补了沃克时代由于资料不足而遗留下来的空白。对于涛动还进行了模拟研究,证明涛动是大气环流变化的固有特征。此外,华莱士(Wallace)等提出太平洋北美型(PNA)及北极涛动(AO)。但这两种涛动可能主要是NPO及NAO在对流层的表现。

二、大气环流

1939年罗斯贝(Rossby)发表了"纬向环流强度与大气活动中心移动之间的关系"一文。指出强纬向环流与强经向环流两种状态之不同,以及大气活动中心演变与纬向环流强度之间的关系。由于在实际天气分析中,往往用两个纬圈平均高度的差代表纬向环流强度,即地转西风的强度,所以强纬向环流也称为高指数,弱纬向环流或强经向环流也称为低指数。纳迈阿斯(Namias)提出了"指数循环"的概念。指出由一次高指数到下一次高指数一般为3~6周。由于强寒潮多发生于低指数时期,因此指数循环的概念很长时间以来,都是中期天气预报的主要依据。由于高指数时期对应中纬度暖,这时大气位能积聚。低指数时期,经向环流增强,大气有效位能释放,转换为大气动能。因此,指数循环有明确的物理意义,它伴随着大气的能量循环。

由大气长波理论可知,高指数与低指数是大气环流的两种极端的、也是有代表性的状态。实际上,强NAO涛动或NPO涛动,也就是高指数,弱涛动也就是低指数。大气长波理论,使人们从大气动力学角度,进一步认识了大气涛动的本质。

三、月平均环流

纳迈阿斯于1953年发表了"30天预报:10年经验总结"一文。系统地论述了月平均(30 d)环流预报的方法。在1958~1959年期间,中国也曾试用过这种方法。但是,从现代气候学角度看,其预报方法是不成功的。因为,方法本身并没能反映大气环流长期变化的实质,也没能考虑造成大气环流长期变化的主要物理因子。

但是纳迈阿斯的研究有三个重要意义。(1)他把长期预报的工具定为30 d平均图,这确实是一个巨大的贡献。比较一下,前苏联采用逐日天气图划天气型,未能与气候动力学的研究结合,早已被淘汰。(2)指出月平均环流与月平均天气,即月平均气温、月总降水量等气候要素有密切关系。为用大气环流模式作短期气候预测打下了基础。(3)指出月平均环流的发展有一定的规律性。从理论上论证了气候预测的可能性。因此,可以毫不夸张地说,纳迈阿斯的研究开现代气候预测之先河。尽管当时,他还没有意识到用大气环流模式作预测。因为那时,数值短期天气预报也仅处于萌芽时期。

四、大气环流试验

1956年菲利普斯(Philips)进行了著名的大气环流试验。采用数值模式模拟大气环流的气候学特征。尽管当时的模式十分简单,但这项工作开创了气候模拟研究方向,是气候学的试验性研究,也是理论性研究。通过这种途径人们可以研究地理条件,如太阳辐射、海陆分布等因素对气候的影响,也可以研究不同的外强迫因子,如太阳常数变化、火山爆发对气候的影响以及气候系统内部各成员之间的相互作用。

五、沃克环流

皮叶克尼斯(Bjerknes)于1969年发表了著名的论文,提出了沃克环流的概念。这篇论文打开了研究SO的新的一页。为此后30年来的ENSO研究热树立了里程碑。

在20世纪20~30年代,沃克提出了南方涛动的概念之后,似乎很少有人再提到这个名词。直到二次世界大战之后,贝尔拉日(Berlage)才在1954年及1966年两次发表文章,研究

SO 变化的周期性。但是,也没有引起读者的注意。皮叶克尼斯论文的重要性不只是因为他提出了沃克环流,而且还因为他通过沃克环流把厄尔尼诺与 SO 联系起来。1920~1950 年是厄尔尼诺的少发期,30 年期间总共才发生了 4 次厄尔尼诺(1925~1926 年、1930 年、1940~1941 年及 1944~1945 年),平均每 7 年多 1 次,与 1950~1970 年代完全不同,后 30 年共发生了 8 次厄尔尼诺,平均每 3 年多 1 次,频率提高了 1 倍。这也可能是为什么 1920~1940 年代没有人研究 SO 或厄尔尼诺的原因。

皮叶克尼斯指出由于赤道东太平洋为冷水域,空气下沉。而在西太平洋正是暖池的所在,是全球海水温度最高的地区,对流旺盛,也是北半球热带辐合带(ITCZ)与南半球辐合带(SPCZ)的交汇处。那里也正是全球降水量最多的地区。同时沿赤道低层盛行东风信风,而对流层上层为强劲的西风。所以形成一个从南向北看成为顺时针旋转的纬向环流。为了纪念沃克,皮叶克尼斯谦虚地把这个环流命名为沃克环流。

1957 年弗隆(Flohn)等把纬向环流的概念扩展到全球,认为可能存在 4 个纬向闭合环流。但是,后来人们多注意到,在赤道附近的纬向环流与经向或侧向环流的发展有密切关系。因此,至今仍是 CLIVAR 计划研究的中心问题。

六、温室效应

1979 年 2 月于日内瓦召开了世界气候大会。中心议题即研究由于人类活动造成大气中 CO_2 浓度增加,使温室效应加剧,全球气候变暖的问题。当时的形势是,19 世纪中叶工业化之前大气中 CO_2 浓度约为 $280×10^{-6}$。到 20 世纪 70 年代末已增加到大约 $335×10^{-6}$,即约增加了 20%。显然,这是一个不小的量。第一次世界气候大会的一个科学前提,即估计当大气中 CO_2 浓度增加 1 倍时,地球表面的平均温度可能上升 $3.0±1.5$ ℃,或写成 $1.5~4.5$ ℃。大约发生于 5 000 a 以前的大暖期气温估计比现代高 2.0 ℃,而出现于 100~400 aBP 前的小冰期也不过比现代气温低 0.5~1.0 ℃。可见如果气温上升 1.5~4.5 ℃,绝不是一个很小的量,它可能对社会的发展乃至人类的生存产生巨大影响。因此,大会的目的就是唤起整个人类及各国政府的注意。

为什么对 CO_2 浓度加倍的影响估计不是一个数字,而是一个范围。就是因为有很大的不确定性。各种模式的计算结果差异较大。在各种模式中,当时公认 Manabe(1980)等的大气环流模式较为可靠。他们所作的结果 3.2 ℃也接近 1.5~4.5 ℃范围的中值。这项工作在同类工作中属于较早的,在所谓敏感性实验中是代表作。在以后的将近 20 年中,几经波折,先是增加了甲烷等温室气体,后来又与海洋模式耦合,现改为 CO_2 每年增加 1%,最后又考虑了对流层污染物的"阳伞效应"。但是,到 1990 年代末,大多数情况仍采用 1.5~4.5 ℃的估计。不过更倾向于其低限而已。

七、月平均环流预测

从 1950 年代到 1970 年代中经过了 20 多年的发展,短期数值天气预报有了很大的进步。当时不仅 12 h、24 h 预报有了较高的准确率,有时 36 h 乃至 48 h 或更长时间的环流形势预报也有不错的结果。这对于立志作中期数值预报的科学家,是一个很大的鼓舞。但是,从 1950 年代中期,就有人开始探讨一个问题:逐日天气预报的时效有没有上限。从科学上讲,就是可预报性问题。实际上,到 1960 年代中后期,人们就基本达到了共识:逐日天气预报的上限为

2～3周。

既然逐日预报不能超过2～3周,我们是不是就不能作月预报或更长时间的预报了。恰尼(Charney)于1960年就指出长期预报要作时间平均预报。舒克拉(Shukla,1986)进一步指出,数值长期预报之可行主要依赖于两个条件:(1)作平均环流预报;(2)下垫面异常有持续性。由于当时只有大气环流模式,海洋只能作下边界来处理,所以后一个条件是必要的。

从1980年代中期开始到1990年代初期,是人们用大气环流模式试作月平均环流预报的兴盛时期。在此期间都田(Miyakoda,1986)作了比较多的工作,而且提出一些根本性问题,如时间平均的作用、气候漂移、集合预报等。这些是大部分模式都存在的普遍性问题。因此,都田的工作可以作为这一类工作的代表。

八、ENSO预报

1982～1983年发生了到当时为止最强的厄尔尼诺事件。但是,就在1982年10月召开的气候诊断年会上,几乎所有的作者都认为当年不可能出现厄尔尼诺。甚至如经验丰富的Quinn已经指出有10点类似于厄尔尼诺的特征出现,却仍然没有肯定当年会发生厄尔尼诺。这次预报的失败,给科学家很大的打击,也是很大的促进与挑战。凯恩(Cane)与兹比雅克(Zebiak)就是在这样潮流下设计了最早也可能是最简单的ENSO预测模式。通常称为Z-C模式这是一个赤道β平面的浅水方程与风应力耦合。所以是一个简化的海气耦合模式。Z-C模式成功地预测了1986～1987年厄尔尼诺,又成功地预测了1991～1992年的厄尔尼诺。特别是当1990年许多模式预报可能发生厄尔尼诺时,力排众议,认为当年不会出现厄尔尼诺。因此,这个模式得到了很高的声誉。

然而,好景不长。在1993年及1994～1995年两次厄尔尼诺事件预报失败。因此,陈(Chen)提出了改进方案,称为LDEO2。在这个方案中改进了初始场的同化。LDEO2能改进对后两次弱厄尔尼诺的预报。不过更大的考验在1997年,1997～1998年发生了在某些方面强度高于1982～1983年厄尔尼诺。但是无论原来的Z-C模式还是改进的LDEO2模式,均对这次暖事件无丝毫反映。现在又提出了新的改进方案,称为LDEO3。改进后的模式,可以预报出1997～1998年的厄尔尼诺。可以想象,下一次厄尔尼诺事件,将是一次对各种模式的新的考验。

九、时滞振子理论

从1960年代末到现在,ENSO研究已经进行将近30年。但是,时至今日仍不能用简单的语言,指出厄尔尼诺以及其对立物拉尼娜形成的原因。开始人们用暖的海温去强迫大气环流模式,得到的大气环流与气候特征与观测结果十分相似。后来又用风应力去强迫海洋环流模式,也得到类似厄尔尼诺或拉尼娜的海温异常。但是这只能说是大气与海洋两个媒介一方向另一方的适应。并不能揭示厄尔尼诺形成的原因。后来众多的海气耦合模式进行了模拟试验。许多模式也得到了与实际ENSO变化类似的振荡。但是,人们对厄尔尼诺形成的物理过程仍知之甚少。

于是出现了信风张驰理论、暖水回流理论,实际上这些只能认为是一些假说。1984年费兰德(Philander)等第一次进行了耦合浅水系统中线性稳定度的研究,发现在一定条件下SST异常增长,并沿赤道伸展。揭开了认识ENSO形成物理过程的序幕。后来,斯科普(Schopf)和苏瑞兹(Suarez)于1988年,巴蒂斯蒂(Battisti)和希尔斯特(Hirst)于1989年,分别独立地提出了"时滞振子理论"。根据这个理论,在西太平洋边界,罗斯贝波反射为开尔文波,但与前人不同,罗斯贝波仅限于赤道而不在赤道以外的较高纬度。与反射的开尔文波有关的斜温变化超前赤道东太平洋的海面温度异常。海温异常引起大气对流及风的异常。风的异常激发相反符号的赤道洋波。因此ENSO循环的时间尺度取决于局地正反馈及时滞负反馈的竞争。时滞振子理论可以很好地解释1980年代的两次ENSO循环。但是,却无法解释1990年代前半期接连出现的弱暖事件。

十、温盐环流(Thermohaline Circulation)

世界大洋环流实验(WOCE)的观测阶段(1990～1997年)已经结束了,下一阶段称为AIMS,即分析、解释、模拟及综合阶段,预计到2002年结束。观测阶段的一个重要成果就是对全球大洋的深层洋流有了一个概括的了解。这就是全球热盐环流(缩写THC)。在北大西洋北部下沉,向南一直到达环南极的海洋流,在南大西洋、南印度洋及南太平洋上升,在表层流向北大西洋、印度洋及北太平洋,并汇合成一支自热带太平洋向西穿过印度洋,绕过非洲南部的暖而盐度低的洋流。这支洋流在大西洋一直向北从而形成一个闭合的环流。在全球THC中,大西洋表层向北,深层向南的传送有着特别重要的意义,有时称为大传送带。两个半球间强度达到10^{12} kW的热量输送,主要就是在大西洋完成的。

北大西洋是一个气候敏感地区。大约出现在10 400 aBP的新仙女木时期,就是这个地区气候在回暖过程中又突然变冷。在现代气候变暖的研究中,人们又发现北大西洋是世界上很少几个没有随全球变暖而增温的地区。1993年德尔沃斯(Delworth等)用海洋-大气总环流模式,模拟出这个THC的关键部位,即大西洋的下沉支强度有明显的40～50 a周期。这个研究使人们看到年代际尺度上海气相互作用的可能性。格瑞(Gray)则把THC强度的变化与整个北大西洋的气候变化联系起来。他估计在19世纪末及20世纪中期大西洋THC较强,20世纪初期及晚期则较弱。虽然这种估计可能有很大的不确定性,但是这是朝着把THC变化与大气环流及气候变化联系起来迈出的重要一步。这对于研究气候的年代际变率有重要意义。近来更多的作者把千年尺度气候突变的原因归之于THC的变化。

十一、季平均环流预测

在作了气候漂移订正,即减去模式平均,而不是减去观测的平均求距平。同时,采用集合预报,即作5～10个积分平均。计算500 hPa月平均高度距平与观测值的相关系数可达0.35～0.40,但是,进入1990年代后,预测水平无明显改进。而且,分析表明,逐日预报技巧主要在前10 d。10 d以后技巧很小,15 d之后毫无技巧可谈。这样月平均环流预报主要依赖于前10 d的预报。因此,不少作者的看法是,在这种情况下作月平均环流预报究竟有多大意义。长期预报,或者气候预测的主要任务应该是证明对低频变化的预报是否有效。

在这种形势下,1990年代后期国外不少作者转向研究季平均环流预报。因为对于比月更长时间,可能下垫面的影响更显著。纪铭(Ji Ming)在美国国家气象中心的工作是很有代表性的。他们先用耦合模式预报热带太平洋海温,再用给定的海温强迫大气环流模式,作季预测。初步结果表明,与热带太平洋海温异常有密切关系。在厄尔尼诺或拉尼娜时,在PNA地区效果较好。此外欧洲会议设立了季度预测计划(PROVOST),用观测的全球海温强迫大气环流模式,研究季度预测的可预报性,发现热带效果好。北半球预测与观测的季平均 500 hPa 高度距平的相关系数在 0.25～0.31 之间,但不包括可能效果较差的春季。有的统计预报技巧可能还会超过这个水平。因此,目前作季预报还有相当的距离。因为,以上还是用观测的海温强迫,而在实际预测中,尚需对海温作出预测。

第五节 21 世纪气候学研究展望

一、CLIVAR 计划

CLIVAR 即 Climate Variability and Predictability(气候变率与可预报性)的缩写。全称为"21 世纪气候变率与预测研究计划",是当前世界气候研究计划(WCRP)下设的最主要研究计划之一。1993 年 3 月正式决定立项。1995 年 8 月制定了计划,1996 年作为 WMO/TD 报告发表。1997 年 8 月又发表了总纲及执行计划草案。计划初步预定执行 15 年。

这个计划共有 4 个总体科学目标:

1. 通过收集与分析观测资料、发展与应用耦合气候系统模式,并与其他研究计划和观测计划结合,描述并认识形成季度、年际、10 a 及 100 a 尺度气候变率与可预报性的物理过程;

2. 通过把高质量的古气候资料与仪器观测资料结合,把气候变率的记录延长到我们需要的时间范围;

3. 通过全球耦合预测模式,提高季度到年际气候预测的时效与准确率;

4. 认识并预测气候系统对温室气体和气溶胶增长的响应,并将预测与观测气候记录比较,以检测人类活动对自然气候信号的干扰。

为此设立了 3 个子计划或称分支:

CLIVAR GOALS:研究全球海洋-大气-陆地系统季度到年际气候变率与可预报性;

CLIVAR DecCen:研究 10～100 a 气候变率与可预报性;

CLIVAR ACC:模拟并检测人类活动造成的气候变化。

二、从 WCRP 到 CLIVAR

如果把 CLIVAR 计划的 3 个分支与 1970 年末 WCRP 的 3 个分支比较,就可以看出 CLIVAR 的特点,并由此了解近 20 年大气与海洋科学的进步。WCRP 建立时提出的 3 个分支是:月、季尺度长期天气预报,年际气候变率,及长期气候变化。由此可以看出有 3 点不同:首先,现在 CLIVAR 第一个分支把季度与年际合在一起,而舍弃了月这个尺度,这可能有几方面的原因:(1)月预测与季预测有很大不同,人们可以固定下垫面强迫作月延伸预测,但是作季预测必须要用耦合模式;(2)月平均环流预测从 1980 年代末到 1990 年代中没有显著的改进,因此,愈来愈多的单位及作者,把季度预测作为突破口;(3)季度预测与年际变化有密切关系,例如 ENSO 的季度预测实际上主要依赖于对 ENSO 年际变化的估计;(4)对 ENSO 年际变化的研究,例如对 ENSO 与季风关系的研究表明,ENSO 的年际变化与亚澳季风的发展有密切关系;显然,季节在这里有重要意义。看来把季度与年际两种时间尺度联系在一起是十分明智的。

其次,CLIVAR 把 10 a 到 100 a 尺度列为第二个分支。而在 WCRP 的早期计划中没有这个分支。确实,在 1970 年代,人们对 10 a 尺度或者说年代际气候变率还没有多少认识。但是在 1990 年代,开始注意到北太平洋大气环流与气候的突变,后来又注意到北大西洋的气候突变。

当前大气环流与气候年代际变率已经成为气候学研究中的一个热门问题。确实,年代际是一个非常重要的,承上启下的时间尺度。设立一个计划专门研究 10 a 到 100 a 尺度气候变率,对认识年际气候变率,以及确认人类活动造成气候变暖也有重要意义。

第三、ACC 专门研究人类活动的影响,也是比较合适的。这不同于 WCRP 的早期计划。那时把长期气候变率作为一个分支,既没有突出人类活动的影响,也没有点明研究的时间尺度。现在古气候研究有 PAGES 与 CLIVAR 结合。自然变化由 DecCen 来研究,ACC 则集中研究人类活动的影响。对研究的时间尺度有了明确的限制,对自然变化与人类活动影响也有明确分工。这是一个很大的进步,说明近十几年来在这方面认识的提高。

由此可见,从 WCRP 到 CLIVAR 反映了科学的发展,以及对气候变化认识的进步。下面对 CLIVAR 3 个分支的主要科学背景作一扼要分析,然后再介绍 CLIVAR 与 PAGES 计划交叉的科学问题。

三、CLIVAR GOALS

这个分支有 3 个科学目标:

(1)通过分析观测资料与耦合气候系统的模拟结果,描述和认识季度到年际气候变率与可预报性;

(2)通过上层海洋、大气、陆地及极冰系统的耦合模拟计划,提高季度到年际气候预测的准确率;

(3)与其他有关的气候研究计划和观测计划结合,发展并建立相应的观测、计算及资料存储和传播计划,以便于认识季度到年际气候变率,并预测气候变化。

在 CLIVAR 计划总纲中这个分支共提出 4 个重点:

G1,扩展并改进 ENSO 预测;

G2,亚澳季风系统变率;

G3,美洲季风系统变率;

G4,非洲气候变率;

这个分支的中心是预测问题,或者更明确一点说是季度到年际尺度的预测。因此,它的主要研究对象是气候系统中的慢变成员,重点是低纬度海洋。ENSO 预测虽然已取得很大成绩。但是仍然存在不少问题,春季预报障碍仍然未能很好地解决。所以,ENSO 预测仍然是 GOALS 的中心任务。ENSO 与季风的联系是这个分支研究的另一个重要方面。其原因大约有两个:一个是人们已经发现印度夏季风降水与 ENSO 有密切关系,另一个是季风区降水年际变率大。因此,要改进热带的预报,研究季风有重要的意义。但是,季风与 ENSO 联系的许多环节均还有待于诊断研究及模拟研究的进一步证实。显然,这正是 GOALS 的一个重要目标。尽管印度季风与 ENSO 之间的不相互作用,仍然是一个人们尚未充分了解的问题。印度夏季风降水与 ENSO 的密切关系已是一个公认的事实。此外,印度尼西亚的干旱及澳大利亚干旱与 ENSO 关系的密切程度可能还要超过印度。太平洋盆地的东部北美及南美的降水也表现出与 ENSO 有一定的关系。因此,可以认为环太平洋盆地的气候与 ENSO 确实有密切关系。在 CLIVAR 总纲中给出一个示意图,表征这个地区季风与 ENSO 联系。指出在北半球的冬季与夏季这个地区各有 3 个环流系统:一个横跨赤道中、东太平洋的沃环流;一个横向季风环流,冬季在澳大利亚与东非之间,夏季在东南亚与北非之间;一个侧向季风环流,冬季在澳大利亚与中国南部之间,夏季在东南亚与印度洋的南部之间。概括地描述了 ENSO(厄尔尼诺-南方涛动)与季风的联系。

四、CLIVAR DecCen

这个分支的科学目标有 3 个:

(1)通过分析观测资料与耦合气候系统的模拟结果,描述和认识 10 a 及 100 a 尺度气候变率;

(2)通过古气候研究、考古资料及大气、海洋资料再分析计划,延长 10 a 到 100 a 尺度变率的记录;

(3)为认识 10 a 到 100 a 尺度气候变率的机制及可预报性,与其他相应的气候研究计划及观测计划合作,发展并建立适当的观测、计算、资料存储及传播计划。

在总纲与实施计划草案中,这个分支有 5 个重点问题,即:

D1,北大西洋涛动;

D2,热带大西洋 10 年变率;

D3,大西洋 THC;

D4,印度洋—太平洋 10 年变率;

D5,南大洋 THC。

这 5 个重点问题所研究的内容,可以概括为两个方面:年代变率或年代际变率,与 THC。年代(decadal)及年代际(interdecadal)气候变率,亦可译为 10 a 及 10 a 间气候变率。为了与年际气候变率这个名词相匹配,亦可称为年代际气候变率。近年来对年代际气候变率的观测研究已经发现了许多有意义的事实。例如,北大西洋的年代际气候变率就十分显著。北大西洋涛动(NAO)从 1950 年代到 1960 年代呈减弱趋势,而 1970 年代以来的上升的程度,不仅在 1965 年有观测记录以来未见,可能在近 300 年来也是最强的。NAO 的代用资料证明,19 世纪中曾发生过持续 20 a~30 a 低指数期,而 18 世纪中期之前则出现过长时期的高指数期。

实际上,在热带大西洋及北太平洋年代际变化也是很明显的,只不过不一定与 NAO 的年代际变化同步而已。例如,自赤道大西洋向北到 20°N,及向南到 20°S 的海面温度变化相反的趋势是一个引人注目的事实。巴西东北部的降水与这种海温的对比(或称偶极型)有密切关系,当 SST 为北冷南暖时多雨。但这时非洲次撒哈拉地区则多干旱。反之当 SST 为北暖南冷时,巴西东北干旱,次撒哈拉多雨。近 30 年的资料表明 1970 年代及 1980 年代后期南暖北冷,1960 年代到 1970 年代初及 1980 年代中后期北暖南冷。

为什么在 CLIVAR DecCen 计划中特别强调 THC？实际上,这也是近几年海洋科学研究中的一个重大的发现。在大西洋存在一个南北向的 THC。北大西洋高纬冷咸海水下沉,在 2~3 km 的深度向南流穿过赤道,在南半球上升,表层高盐度暖水再向北穿过赤道返向北大西洋。THC 的研究成为 10 a 到 100 a 尺度气候变率研究的中心问题。有的作者具体指出北大西洋 SST 高时,THC 强;SST 低时,THC 弱。因此,认为北大西洋气候的年代际变率可能与 THC 的变化有密切关系。当然,不可能把一切年代际变化均归之于 THC 变化的结果。太平洋就没有与大西洋类似的 THC,那里的年代际气候变率可能主要与 ENSO 的年代际变率有关。另外,气候系统内部成员之间的相互作用如极冰的变化,以及气候系统外部因子如太阳常数变化,火山爆发也可能使气候产生年代际变率。不过,无论如何 THC 对气候的影响,或者更全面一点说,THC与大气的相互作用,包括与海洋表层相互作用,可能对研究气候系统年代际变率有重要意义。

五、CLIVAR ACC

这个分支有以下 5 个目标:

(1) 更好地认识自然变率及人类活动因子在观测到的气候变化中的相对贡献,并对此作出定量估计;

(2) 确定并应用适当的统计技术及策略以便尽早确认人类活动;

(3) 根据温室气体浓度增加及其他人类活动影响预测到 2100 年气候变化;

(4) 在可能范围内预测区域气候变化;

(5) 为建立检测气候变化必须的观测系统提出指导。

这个分支有两个重点问题:

A1,气候变化预测;

A2,气候变化的检测及成因分析。

预测未来人类活动可能造成的气候变化是气候学研究的一个中心问题。1979 年建立世界世界气候计划(WCP)时,几乎全部注意力都放在这个问题上。经过 1980 年代到 1990 年代初,科学家的观点有了比较大的变化。在 1970 年代末到 1980 年代中,即在第 1 次世界气候大会前后,人们大多用大气模式来研究大气中 CO_2 浓度造成的气候变化,得到全球气温可能上升 1.5~4.5 ℃的结论。后来发现这个数值的大小与对下垫面海洋的处理有很大依赖性。因此,在 1980 年代中期以后,大部分改为用海气耦合模式模拟,这样做的结果表明增温幅度有所下降。但是,很快人们又发现在模拟中使 CO_2 浓度突然加倍是不合理的。所以,后来又改为渐变模拟,即假定大气中 CO_2 浓度大约以每年 1% 的速度增长。这样模拟的结果表明到下世纪中的增温可能在 1.5~3.0 ℃之间。不过,那时可能尚达不到平衡,即在此以后,虽然 CO_2 排放已得到控制,但气温仍然要继续上升。在此期间还有两个插曲,也影响了人们对人类活动影响的估计。首先,提出温室气体相对贡献的概念。指出除 CO_2 之外,甲烷、氧化亚氮、氯氟烃等气体浓度虽然很小,但增加很快。因此,折合成 CO_2 浓度的影响,相当于 CO_2 浓度加倍的时间大大提前。另一个是,承认工业污染物对对流层气溶胶有阳伞效应,可以在一定程度上抵消温室效应。综合考虑所有这些因素之后,到下 1 个世纪中期,全球平均气温可能上升 0.9~1.3 ℃。

目前研究的方向开始转向检测这个估计的可靠性以及对区域气候的影响。因为大气中 CO_2 浓度的增量(包括其他温室气体的相对影响)早已超过了总量的 1/4。所以,如果确实人类活动能影响气候的话,应该能够从过去 100 年的气候变化中确认温室效应(也可能还加上阳伞效应)的信号。现在,大多数作者同意,从上世纪末到目前的 100 年中,全球平均气温可能已经上升 0.5~0.6 ℃。但是,如果把观测到的气温曲线,减去模拟的结果,则仍然有很大的差别。例如,从 1940 年代末到 1970 年代末气温的下降,显然就不是温室气体增加所能解释的。现在,比较普遍地承认,近百年气温变化中既包含有人类活动影响,也包含有自然气候变化。因此,如何从观测到的气温变化中分离出人类活动影响就成为一个关键的问题了。这个问题可以从两方面入手,一是模拟近百年气温变化与观测进行比较,另一种是用模式确定温室效应可能造成的气温变化的空间分布特征,再与观测资料对比(通常称为指纹法)。

六、PAGES 与 CLIVAR 的交叉科学问题

1. 低纬气候变化动力学

热带海洋大气系统决定了世界范围 1 a 到 10 a 时间尺度的气候变率,热带海洋是全球大气的主要能源及水汽源。然而,热带气候观测资料一般只有几十年,20 世纪之前只有很少的一点记录。而当前的预报模式就是在这有限基础上建立的。但是珊瑚、年轮、冰芯、沉积等代用资料可提供大量古气候信息。一方面可以向前延长观测序列,从而了解这个系统固有的变率,另一方面可以检查这个系统对外界强迫的敏感度,评价模式对全球及区域气候的模拟能力。

这个问题有 5 个研究重点:
(1) 热带气候内部变率的时空特征;
(2) ENSO 及其遥相关的长期变化;
(3) 年际到 10 a 季风和变率的成因;
(4) 热带系统的敏感度;
(5) 热带变率对热带以外气候影响。

2. 全球海洋 THC

THC 是整个大洋环流的一部分,受海面热通量及注入的淡水控制。古气候资料已经表明,温盐环流的强度及类型不仅在冰期、间冰期之间有巨大的变化,在最后冰期与全新世也有变化。北大西洋漂流所带向北方的热量约相当北大西洋吸收太阳辐射量的 1/3。20 000 年以来这个热量输送量就有很大的变化。因此,THC 的变化对 10 a 到 100 a 尺度长期气候变化有重要意义。

这个问题有 4 个研究重点:
(1) 海洋参数的直接信息;
(2) 直接受北大西洋变化影响的大气参数信息;
(3) THC 变化的原因;
(4) THC 对盐度变化的敏感性。

3. 区域到全球水文变率

如上所述,在第 1 个问题中已经提出来海洋特别热带海洋古气候重建问题。自然陆地古气候资料也非常重要。利用年轮及史料人们已经着手建立区域到次大陆尺度季到年的水文序列,如北美、西欧、中国、日本、以及一些更小的地区。序列一般可长达数百年。冰芯则可以提供更长时间的积雪量资料。

这个问题有以下 3 个研究重点:
(1) 古气候与水文变率的时空分布的重建;
(2) 气候系统相互作用及外强迫的研究;
(3) 发展预测气候及水文的模式。

4. 气候突变动力学

环境与古气候资料表明,仪器观测的记录只是反映了气候系统活动的一小部分,同时证明末次冰期以来,气候系统经常在几十年内从一种气候状态迅速转变为另一种状态。最近的资料表明在全新世,特别在中、低纬存在类似的气候突变。显然不可能仅只用观测资料来研究这种气候突变。但研究这个问题对预测未来气候变化十分重要。

这个问题有以下 3 个研究重点：
(1)过去与海洋有关的气候突变事件；
(2)过去原因不明的气候突变事件；
(3)最后间冰期中可能存在的突变事件。

5. 气候模式

气候模式是 PAGES 与 CLIVAR 的重要交叉部分。PAGES 着重于重建古环境资料，而 CLIVAR 重点在应用各种气候模式进行气候模拟。但是，两个计划的最终目标是一致的，即对各种时间尺度的气候变化的动力学进行理论性的探讨，并最大限度地提高气候预测水平。不过，目前距这个目标还有相当大的距离。例如对 ENSO 虽有一些成功的预测经验，但仍不能模拟出 ENSO 动力学的全部特征。对更长一些如 100 000 a 尺度的冰期循环，虽然能模拟出周期性的变化但是气候敏感度等问题尚存在很大不确定性。至于 PAGES 与 CLIVAR 共同感兴趣的 1 年到 100 年时间尺度，则需要用古气候资料与气候模式结合进行深入研究。一方面用统计方法对观测及模拟的气候变率进行分析，一方面要建立年际、10 a 及 100 a 尺度气候变化的理论。为此要更好地认识大气与上层海洋的相互作用、海洋的作用及 THC 动力学。

这个问题有以下 3 个研究重点：
(1)模拟"极端"气候事件；
(2)自然变率的模拟；
(3)气候突变的模拟。

第二章 中国气候与东亚大气环流

第一节 中国的气候特征

一、基本特征

气候是在自然地理环境的相互作用下形成的。我国地处欧亚大陆东南部,幅员辽阔,最南的南沙群岛地处热带,最北的黑龙江漠河接近寒带,西部为世界屋脊——青藏高原,东濒世界最大的水面——太平洋。因此,地理条件使得我国自北而南在气候上跨越寒温带、中温带、暖温带、亚热带、热带和赤道带,给大部分地区带来鲜明的季风特色,寒、暖、干、湿的季节变化很大。冬季受来自西伯利亚一带冬季风的影响,天气寒冷干燥;夏季,来自热带海洋的夏季风盛行,湿热多雨;春、秋两季,为冬、夏季风的交替时期,特别是春季,天气多变。山脉的走向往往成为气候的分界线,这也使得我国各地区的气候有很大差异,气候类型多种多样。我国气候还呈现出很强的大陆性气候特征,冬、夏两季温度和降水的分布与同纬度其他国家和地区相比有较大差别。气温盛夏最高,冬季最低,春、秋两季变化较大。与同纬度其他国家比较,我国平均气温夏季要高一些,冬季却低得多。夏热冬寒的季节变化比较突出,这是其他国家所不及的。

我国降水主要发生在大陆气流与海洋气流交汇的地区,主要雨带多由这两种性质不同的气流影响而形成。每年入春以后,冬季风逐渐衰弱,湿润的热带气流开始影响我国南方,雨量较大的雨带随即出现于南岭附近。5、6月间是江南地区的多雨季节。6月初至7月初,主要雨带北移徘徊于长江中下游一带,多连绵阴雨天气,即所谓"梅雨期"。7月上旬左右梅雨结束,主要雨带又向北移,盛夏7、8月份为华北、东北雨季,这是夏季风在我国活动的鼎盛时期。入秋,夏季风迅速南撤,主要雨带又退至长江以南。冬季,全国多在寒冷干燥的大陆气团控制之下,雨雪稀少;但长江以南地区因海洋变性气流与冬季风的交汇,而成为多雨雪地区。从全年来看,我国降水量主要集中在夏半年(4~9月)。除华中外,以盛夏雨水最为充沛。据统计,大部地区夏季雨量占全年的一半以上,华北地区夏季雨量十分集中,某些地区盛夏7、8两月的雨量可达全年的60%以上。夏季雨量这样集中的现象是同纬度其他国家少见的。

总之,概略地说,我国气候有三大特点:一是季风气候特征明显。主要表现为冬、夏盛行风向有显著的变化,随着季风的进退,降水有明显的季节性变化;二是大陆性气候强,表现为冬、夏两季的平均温度比同纬度其他地区和国家有较大的差异,冬季低于同纬度地区,夏季则高于同纬度地区,气温年较差大;三是气候类型多种多样,不仅地跨寒、温、热各种气候带,而且高山深谷、丘陵盆地使得往往在不大的水平范围内,形成不同尺度的气候地带。

二、季风特征

我国大部分地区属于季风区,这是由于地理位置主要是海陆分布提供了两种不同热力性质的下垫面,影响大气的能量收支和运动状态而造成的。冬季,在严寒的亚洲内陆形成高气压,温暖的海洋上形成低气压;夏季,高温的大陆上形成了低气压,凉爽的海洋上形成了高气压。气流不断地从高压流向低压,这就是我国冬季盛行偏北风、夏季盛行偏南风的主要原因。这种一年中风向发生规律性季节交替且温湿性质随之发生相反变化,并能产生明显的降水量年变化的两种冬、夏盛行气流被称作季风。

近年来,国内外针对季风环流系统开展了大量的研究。季风环流系统实质上是一种辐合带系统。但是只有在中高纬度地区多大陆、低纬多海洋的情况下,辐合带系统才十分有利于转换为季风系统。地球大气有两类规模最大的辐合带,即赤道辐合带和极锋辐合带。相应地也存在两类季风环流系统,即赤道辐合带季风环流系统和极锋辐合带季风环流系统。前者气流两侧湿热性质差异较小,后者两侧则差异悬殊。因此,极锋季风区内的雨带具有明显的锋面性质,而赤道辐合带季风区内的雨带则具有明显的潮湿不稳定性质。

影响我国的季风,主要是东部的极锋季风系统和西部的印度季风系统。冬季受北方冷空气影响强烈,冬季风强于夏季风,而且来得很快,夏季风来得则很慢。在华北一带,降水量都集中在夏季风最强的季节,但在长江流域和华南一带,雨量主要集中在夏季风最盛期之前。冬、夏季风的交替,一般是夏季风由南而北逐步发展。6月份达到长江一带,形成梅雨天气。当继续北进到华北、东北一带时,形成北方雨季,此时江南的梅雨消失。但在夏季向冬季的转变过程中,夏季风往往迅速后退,在8月中旬到9月上旬之间,自北而南结束。

青藏高原面积约占全国的1/5,高度约占对流层的1/3,它不仅强烈影响高空气流的运动,而且导致高原季风的生成,使得我国季风呈现出复杂现象。对于高原南北侧的地区来说,青藏高原对低层的季风气流起着阻挡作用,使得高原北侧的甘肃、新疆一带夏季出现少云的干燥炎热天气。越往西北内陆,干旱的程度就愈为严重。被高山环抱的准噶尔盆地、塔里木盆地和柴达木盆地,又处于高原季风环流的下沉气流里,降水更为稀少,成为我国干旱的中心,多为荒漠地带。同时,由于高原地形的分支作用,扩大了冬、夏季风在东西方向上的影响范围。高原东侧的山脉都近于南北排列,有利于东部平原上冬、夏季风的南北向冷暖平流的加强,使得冬季风达到的纬度特别偏南、夏季风达到的纬度特别偏北,使得这一地区各气象要素的年变化幅度特别大。

我国东部是典型的季风气候,产生明显的季节风,盛行风向交替变更。全国大部分地区盛行风向是冬季偏北、夏季偏南。秋季各地多吹稳定的偏北风,春季北方地区仍以偏北风占优势,而南方地区的盛行风向则转为偏南风。在山区,盛行风向多与山谷、河川的走向一致,并且四季很少变化。

三、温度特征

我国地处亚洲大陆东岸,濒临辽阔的太平洋,季风环流盛行,加上占全国面积1/4的青藏高原和山脉等地形的影响,使得气温的四季变化非常分明,年际变化显著,气温的时空分布较为复杂。

两广沿海地区、海南岛及台湾沿海地区,年平均气温达22～24℃以上,是我国年平均气温最高的地区。由此往北年平均气温逐渐降低,东南丘陵地区为18～20℃;长江流域多在16～18℃之间,其上游河谷地区大于18℃;汉水、长江下游三角洲地带及淮河流域为14～16℃;黄河下游与海河流域在12～14℃之间。从华北平原往北、往西进入内蒙古高原和黄土高原,因地势陡升,温度骤降,在内蒙古中部地区,年平均气温已降低到2℃以下,河套地区温度则不到8℃。在东北地区,松辽平原的温度高于同纬度的东北山地,年平均气温由南往北,从沿海地区的9℃递减至大兴安岭北部的−5℃左右,整个大、小兴安岭地区的年平均气温都在

0 ℃以下。

我国西部气温分布除受纬度差异影响外,还受地形地势的显著影响。新疆气温分布的总趋势是北疆比南疆低,年平均气温的分布受地形的影响非常显著,其分布和盆地形状有关,盆地中央温度高,四周低。南疆塔里木盆地年平均气温为 10～12 ℃,准噶尔盆地约在 6～8 ℃之间,由此往盆地四周气温迅速降低,至天山中部地带和昆仑山地气温已低到 0 ℃以下。

贵州高原大部分地区海拔达 1000 m 左右,年平均气温在 15 ℃上下;云南高原因境内海拔高度相差悬殊(南北可差 3000 m),年平均气温由元江谷地的 22 ℃向西北递减到 4 ℃,南北气温相差达 18 ℃,相当于 46°N 的哈尔滨与 23°N 的广州之间的温度差异。青藏高原的气温,大致由东南向西北递减,藏东南年平均气温在 12～20 ℃之间,藏南谷地中部为 4～10 ℃,至藏北高原和阿里地区温度降到 −4 ℃以下。

我国冬季大部分地区在极地大陆气团的控制之下,寒潮活动频繁,冬季风风力强盛,把高纬度的极地寒冷气团向低纬输送,使得冬季气温低,南北温差大。北方的强劲寒流由陆入海,使得沿海岛屿亦很少受海洋之惠。全国绝大部分地区最冷月份都出现在 1 月,反映出我国冬季大陆性季风气候的特征。我国冬季是世界上同纬度地区最冷的地方。夏季,北方太阳高度角虽偏低,但白昼时间却比南方长,这部分地弥补了太阳高度角引起的热量不足,使得南北温差较之冬季要小得多。我国夏季是世界同纬度上除了沙漠干旱地区以外最暖热的国家。在东部季风区,东南季风远涉重洋,吹向我国大陆,气候炎热潮湿,水分充沛,令该地区温度远高于西部大陆性气候区。滨海地区受海洋直接影响,气候比内陆凉爽得多。最热月份在滨海地区多出现在 8 月,广大内陆地区几乎都在 7 月。只是云南高原和藏南谷地,因受印度洋西南季风的影响,在雨季来临之前的 5、6 月份成为 1 年之中最热的月份。

我国地处中纬度,温带、亚热带气候范围分布广,全国大部分地区四季分明,仅华南地区长夏无冬,大、小兴安岭、青藏高原和天山山地长冬无夏,藏北高原西部全年皆冬,云南中部地区四季如春。我国东西走向的高大山脉,使南下的冷空气在北麓汇流堆积,因阻滞而难以爬越山脊侵入山地以南地区,使得山地起到阻挡冷空气南下的屏障效应,导致山脉两侧冷暖差异显著,这种差异在冬季最大,夏季最小。正因为如此,天山成为我国西部暖温带与温带之间的气候分界线,秦岭成为亚热带和暖温带的气候分界线。

四、降水特征

我国位于欧亚大陆东侧,东部和南部濒临海洋,大部分地区受到东南和西南季风的影响,形成东南多雨、西北偏旱的特点,年降水量从东、南两个方向向西北内陆减少,等雨量线大体呈东北-西南走向。台湾、海南岛山地、广东中部及北部湾西北部,年雨量都达 2000 mm 以上,华南其他地区为 1600～1800 mm;江南地区为 1400～1600 mm;长江流域为 1000～1400 mm;秦岭、汉水与淮河流域为 800～1000 mm;华北平原为 500～700 mm;东北地区以长白山地区及鸭绿江流域雨量相对偏多,一般可达 700 mm 以上,东北平原为 500～600 mm。400 mm 等雨量线,从大兴安岭一直走向西南,终止于西藏东南部。此线东南,气候湿润或比较湿润,森林繁茂;此线西北的内蒙古境内,雨量已不足 400 mm,草原千里,是广阔的牧区与灌溉农业区。从宁夏往西,雨量少于 100 mm。新疆深居内陆,东南季风鞭长莫及,西南季风受阻于世界屋脊,只是北冰洋输入我国西北的水汽,使新疆降水量从西向东减少,且北疆多于南疆。正因为如此,我国雨量最少的地区位于柴达木盆地和塔里木盆地,并不在我国的最西北角。

贵州高原的年雨量大多在 1100~1300 mm 之间。云南高原的降水量分布较为复杂,少雨和多雨地区的雨量约为 500~2500 mm 之间,相差可达 5 倍;除滇西北外,雨量是从金沙江河谷地区向四周增大的;思茅地区南部在 2000 mm 左右,滇南为 1400 mm 以上,滇中部和滇东为 600~800 mm,滇西北为 500~600 mm。

青藏高原的降水量自藏东南 4000 mm 以上迅速向西北减少到 50 mm 以下。位于雅鲁藏布江下游的巴昔卡,降水最为丰沛,年降水量达 4495 mm,是我国降水最多的中心之一。深入高原腹地,降水急剧减少,至日喀则为 439mm,阿里地区的善和,降水量仅为 53 mm。从藏东南往北,降水量减少也很快,藏北高原为 400~600 mm;高原东北部为 300~400 mm,至柴达木盆地降水量减至 25 mm 以下。由藏东南往东,三江流域相对于周围地区来说降水偏少,在 400 mm 以下。高原东部边缘由于正处高原大地形坡度最大的地方,上升运动最强,因此降水量相当多,一般为 600~800 mm。四川盆地西侧山地则在 1200 mm 以上,雅安超过 1800 mm,有"天漏"之称。

我国东部地区雨季的长短起止和雨量的多少,都与夏季风雨带的进退、移动和停滞有关。在 5 月中下旬以前,东部地区雨带位于淮河以南、南岭以北的长江中下游地区,是全国冬半年最阴沉多雨的地区,但雨量一般不大。夏季风雨带通常在 5 月中旬开始于华南沿海,并维持至 6 月中旬,随后华南雨量迅速减少,季风雨带北移,于 6 月下旬移到 30~31°N 的长江中下游北部地区,开始了这里的梅雨季节。7 月上旬,雨带进一步北移到 33~36°N,此时长江中下游地区因雨带北上而开始出现伏旱。7 月中旬,雨带继续北上,华北和东北地区进入全年降雨最盛期,一直持续到 8 月上旬。自 8 月中旬开始,全国雨量普遍开始减少,夏季风雨带的北界迅速南撤,9 月上旬撤到 35°N,中旬到 10 月上旬在淮河附近停滞,形成相对多雨带。9、10 月份华北和华中地区都是秋高气爽的天气,而华西则是秋雨连绵。对于华南地区,盛夏开始后,在赤道辐合带的影响下,形成 1 年之中降水的次高点,从 6 月中旬到 9 月底又有新的雨带陆续维持。

西部地区夏季风雨带从南向北推进十分迅速,5 月下旬到达 25°N,6 月上旬推进到 34°N,6 月中旬高原东部全境进入雨季。西部地区雨季还有从东向西推进的明显规律。和东部地区的季风雨季相比,西部地区季风雨季北进快(东部慢),呈片状推进(东部呈带状推进),季风雨季长(东部短),且西部地区雨带开始日期明显早于东部,而结束日期则晚于东部。

我国副热带季风区及温带季风区的雨带,主要出现在冬、夏季风之间的界面附近,即夏季风的前沿区是雨带的位置。因此,我国华北、东北只有盛夏季节一个雨季,而长江流域及其以南则有两个雨季。只是我国夏季风的撤退很快,撤退时两种季风界面活动区经过各地的时间较为短暂,形成的降水远不如前进时那样持久和充沛。我国西南地区受印度夏季风的影响较大,一般只有一个雨季。

就全国范围来说,最早的雨季开始于湘赣和东南丘陵地区,其雨季始于 3 月止于 6 月。秦岭淮河以南的广大地区,4 月份进入雨季,一般 8 月份雨季结束。长江下游、东南沿海和广东大部分地区,受台风带来的降水影响,雨季推迟到 9 月。川东地区和秦岭、大巴山地区秋雨连绵,雨季要到 9、10 月才结束。淮河以北的广大北方地区,雨季集中在 6~9 月,河北平原则限于 6~8 月。长白山地区雨季始于 5 月份。西北地区雨季开始比华北早,结束比华北迟,一般为 5~9 月。四川大部分、黔西、滇东南以及广西大部分地区雨季集中在 5~9 月,有些地区迟至 10 月雨季才结束。云南其他地区雨季要晚到 6 月初才开始,滇西北雨季 9 月结束,但滇中要推迟到 10 月。

青藏高原除藏东南外,以高原的东北边缘地区雨季开始最早,出现在5月,后逐渐向西向南往高原内部推进,到了高原西南边缘,雨季开始于7月份,是全高原雨季开始最晚的地方。藏东南雨季始于3月止于9月底,长达7个月之久,是全高原雨季最长的地方。新疆地区全年降水分布比较均匀,雨季远不如东部地区明显和集中。大致说来,北疆河谷地带全年有两个雨季:5~8月(或3~7月)和10~11月。天山北麓雨季为3~8月,天山南麓雨季为5~9月,新疆其他地区多为4~9月。

我国降水量的季节分配极不均匀,一般冬季干旱少雨,夏季雨量充沛,淮河以南的广大南方地区及新疆等地,春雨多于秋雨,其他地区则秋雨多于春雨。全国各地的干湿季节变化大致可归纳为7类:华北"春旱夏雨型",长江中下游地区的"春雨、梅雨、伏旱型",青海南部、西藏东部、四川西部和云南大部及华南的"冬春旱夏秋雨型",青藏高原西部的"夏雨集中型"、湖北西部、四川盆地和贵州大部分地区的"全年多雨型",东北东部地区的"夏秋雨型",西北内陆的"全年干旱型"等。

第二节 东亚大气环流

一、大气活动中心

在月平均海平面气压图上,可以明显地看到一些低压与高压区。在每日天气图上,经常出现反气旋的地方是高压区,经常出现气旋且加深的地方是低压区,例如气旋经常出现在冰岛附近停留或加深。对这些高压区、低压,人们多用地理位置来命名,例如冰岛低压、亚速尔高压、西伯利亚高压、印度低压等。每个高压或低压对广大地区的气候具有巨大的影响。例如,当冰岛低压加深的时候,格陵兰到加拿大东北部地区气温普遍偏低,西北欧气温则偏高。所以,人们把这些海平面的高低压区称为大气活动中心。大气活动中心的形成和下垫面有很大关系。北半球海陆交错,大气冷热源受下垫面的影响有巨大的变化,因此大气活动中心随季节有很大的改变。南半球多为广阔无垠的海洋,其大气活动中心的季节变化较弱,相对稳定。对于那些常年存在的大气活动中心,例如北大西洋高压,人们称之为永久性活动中心;对于那些只在冬半年或夏半年存在的大气活动中心,例如,西伯利亚高压和印度低压,人们称之为半永久性活动中心。全球1月份和7月份海平面气压的多年平均如图2.2.1所示。

1月份,在高纬度海洋上有两个强大的低压区,一个在北大西洋,以冰岛为中心,此即所谓冰岛低压;另一个在北太平洋,以阿留申群岛为中心,被称为阿留申低压。同时,在大陆上有两个强大的高压区,一个在亚洲大陆,以西伯利亚及蒙古一带为中心,称为西伯利亚高压或蒙古高压;另一个在北美大陆,但不是太明显,被称为北美高压。

7月份,海洋上副热带地区的高压增强,也有两个强大的高压区,在大西洋上以亚速尔地区为中心的,即亚速尔高压;在太平洋上以夏威夷地区为中心的,被称为夏威夷高压或北太平洋副热带高压。同时,在大陆上有两个低压,一个在欧亚非大陆上,出现了以印度为中心的一个庞大的低压区,被称为印度低压;另一个在北美大陆,是一个不太明显的低压区,仅表现为北美西南部的一个由低纬向高纬伸展的低槽,往往没有闭合的等压线,被称为北美低压。

无论冬、夏季节,在30°S附近都有一个明显的高压带,在海洋上尤为明显,此即南半球的副热带高压,被称为南太平洋副热带高压。夏季大陆多受低气压所控制,分别有澳洲低压、南非低压及南美低压等,这些低压中心强度弱而不稳定。环绕南极洲有一个强而稳定的低压带,其

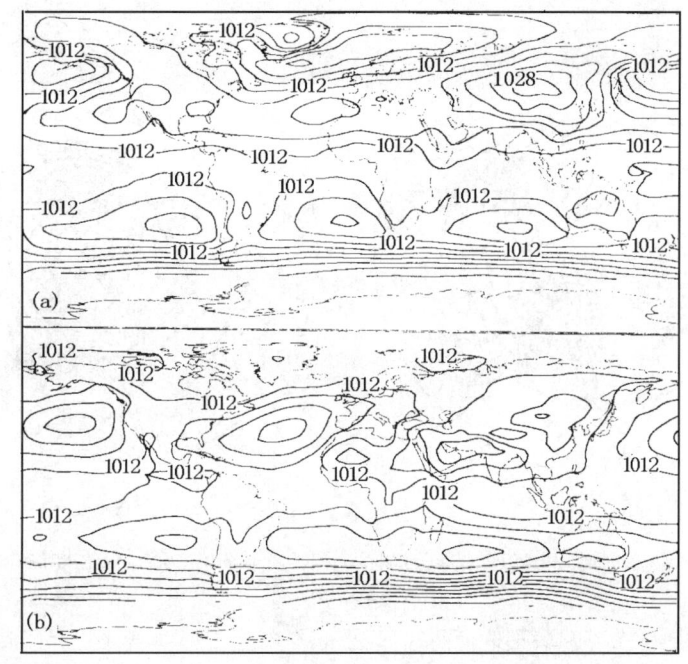

图 2.2.1　全球 1 月份(a)和 7 月份(b)多年平均海平面气压图(单位为 hPa)

中在三大洋各有一个低压中心,只是受资料所限,人们了解不多。

可见,南半球一年四季在三个大洋上都是高压控制,因此都为永久性活动中心。北半球亚洲大陆夏季为低压、冬季为高压,随季节变化,称为半永久性活动中心。大气活动中心的年际变化,往往是导致广大地区气候变化的原因。影响东亚特别是我国地区气候变化的大气活动中心,主要有冬季的西伯利亚高压和夏季的太平洋副热带高压等。由于中国经常处于大气活动中心的交界处而不是大气活动中心的中央区,因此,中国气候异常主要与大气活动中心的位置变化联系密切。

二、高空气压场

对流层中层的月平均环流是研究气候问题的重要工具。美国习惯用 700 hPa 的高度场,而我国、日本和欧洲国家多习惯用 500 hPa 等压面的高度场,它反映的是约 5.5 km 高度上的大气环流情况。北半球 1 月和 7 月的 500 hPa 平均高度图如图 2.2.2 所示。可见高空气压场具有如下特征:

北半球 500 hPa 高度上环流的主要特征为环绕北极中心的中高纬度西风环流。冬季西风环流的范围和强度均较夏季要大。1 月西风带向南扩张到 20°N 附近地区,而 7 月则只达到 40°N 附近。1 月等高线远较 7 月为密集,这表示 1 月高空风速较 7 月为强大。此外,西风环流并非是纯纬圈向的,西风带上存在明显的行星波尺度的平均槽脊。

1 月份为著名的 3 波形势,高纬度的西风带里有 3 个槽,两个在亚洲东岸及北美东岸附近,另一个在西欧。而在欧洲北岸、北美西岸和西伯利亚西部有 3 个脊。脊的强度较之槽的强度要小得多。在较低的纬度带里,槽的位置、数目及强度和中高纬度带里并不完全一致,那里加里福尼亚的浅槽和地中海的浅槽较为显著。

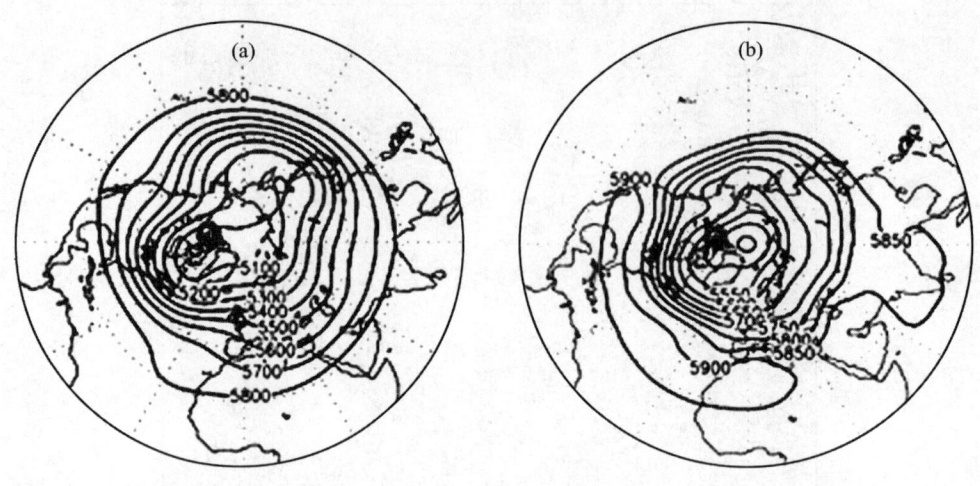

图 2.2.2　北半球 1 月(a)和 7 月(b)多年平均 500 hPa 高度场
(单位为 gpm)

7月份4波形势占优势,高纬度的西风带里有4个槽脊。原来在亚洲东岸及北美东岸的2个大槽已向东移动,另两个槽区分别在欧洲海岸和西伯利亚西部。在低纬度的副热带高压的位置,7月比1月显著偏北,且比较强大。同时,在太平洋、大西洋和亚非大陆,还出现3个较为强大的闭合的副热带高压中心,印度地区则为低压。

可见,无论冬、夏,极区都是一个低压区,人们称之为极地涡旋,简称极涡。极涡的强度在冬季最强,夏季大为减弱。低纬的副热带高压,冬季强度减弱,位置偏南;夏季大大加强,中心在 20~30°N 之间。需要指出的是,在描述对流层中层的环流特征时,一般比较注意副热带高压和极涡。

三、西风带

大气环流的最基本状态是盛行着以极地为中心而旋转着的纬圈方向的气流,纬向环流在整个大气里居于主导地位。所谓西风带,即大气中盛行的偏西风气流,一般位于纬度 35~70° 之间,在对流层中上部和平流层下部特别明显。在地面附近南半球特别显著。冬季其范围和强度比夏季强大。这里我们重点了解对流层内西风带环流的基本特征:(1)在极地,只在低空有较浅弱的东风,称为极地东风,其厚度和强度冬季大于夏季;(2)在低纬度地区的对流层内,无论冬、夏,无论南北半球,从 35~40° 向着赤道方向一直到 5~10° 附近,从地面到上空均为深厚的东风层,在低层,东风占据了大约 60 个纬度的范围,随着高度的增加,东风范围变窄。在北半球,自冬而夏,东风带向北移动,范围扩展,强度增大;(3)在中高纬度地区,整个对流层从地面到高空冬、夏都为西风所控制,即所谓的西风带。西风带的南北宽度随着高度而增宽,强度也随高度而增强,直到对流层顶附近的 200 hPa 高度上风速达到最大值,被称之为西风急流。在北半球的冬季,西风急流中心的平均位置位于 27°N 的 200 hPa 上空,中心风速在 40 m/s 以上,有时可达 100~150 m/s,东亚海上和日本上空的急流最强,冬季曾达到 150~180 m/s,甚至 200 m/s;西风急流中心夏季位于 42°N 的 200~300 hPa 之间,风速在 15 m/s 以上。

西风带的存在与南北温度的水平分布是一致的。由于中高纬度地区温度梯度最大,所以该地区的西风随高度增大最快,在对流层顶附近出现西风急流。由于温度水平梯度冬季比夏季强,且位置更偏向赤道一侧,因此西风急流冬季强度最大、纬度位置低。从 500 hPa 高度场上可以清楚地看到西风带的如下季节变化特征:西风强度冬季最强,夏季最弱,春、秋季界于其间,春季较秋季为强。西风急流的位置一年中变化很大,1 月位置最南,8、9 月间最北。自 1~3 月间,西风急流的位置变化较小,3、4 月间有一次较为快速的北进,在 5 月左右达到较高纬度后,又稍微南退,到了 6 月,西风急流再次快速北进,8 月份达到最北位置,到达最北纬度后表现出稳定状态。自 10 月份开始快速南退,并很快到达 1 年中最低的纬度位置,因此就西风急流的位置变化看,自开始显著北移至到达最高纬度,整个北进过程持续时间最长,自 3~8 月历时 4 个月;自 12 月至次年 3 月,稳定于最低纬度,历时 4 个月左右;自 8~10 月,稳定于最高纬度,历时 2 个月。为时最短的是从最北回复到最南位置的过程,自 10~12 月只有 1 个月左右的时间。

四、西太平洋副热带高压

西太平洋副热带高压,在我国简称西太平洋副高或副高,是指位于北半球 20~35°N 太平洋上空的暖高压系统。西太平洋副高是影响我国降水和气温分布的一个重要的环流系统,许多灾害性天气预报的成功,往往取决于对副高强弱及位置的预报。例如,1998 年夏季的长江洪水就是因为副高偏南而稳定西伸的结果;20 世纪 60 年代初长江流域的严重干旱则是由于副高长期偏强造成的。副高的活动状况对于梅雨、台风、华北和华南的干旱与洪涝都有直接影响。直接影响我国的主要是西太平洋副高伸向我国大陆的脊。

副高的强度、位置有明显的季节变化。根据研究,副高的强度在 6~9 月最强,而在冬半年则明显偏弱。副高的位置随季节有明显的北进和南退。总的来说,西太平洋副热带高压自冬至夏位置北移,强度增大;而自夏至冬,位置南撤,强度减弱。具体说来,自 5~8 月副高北移西行,并移到 1 年中的最北点,8 月以后,副高南撤。然而,副高 1 年中的北进与南退过程不是匀速进行的,表现为稳定少变、缓慢移动和跳跃 3 种形式。通常冬季副高脊线在 15°N 附近,3、4 月份开始缓慢北移,5 月底至 6 月底,特别是 6 月中旬,出现第 1 次北跳,脊线北跳到 20°N 以北,并稳定在 20~25°N 之间。到 7 月中旬,脊线再次北跳,越过 25°N,约在 7 月底或 8 月初,副高达到一年中最北的位置,9 月以后副高向南撤退。上述移动规律只是对通常情况而言,实际上副高活动存在明显的年际变化。

西太平洋副高内存在下沉运动,天气晴好。当副高长期控制某一地区时,会造成该地区的干旱。然而,副高的北缘存在副热带锋区和强西风,其西部的偏南气流可以从海上带来充沛的水汽输送到锋区,而且由于低空增湿较多,又增强了锋区空气层结的对流性不稳定。这样,当西风带有低槽或低涡发生移经锋区上空时,系统性上升运动和不稳定能量释放所造成的上升运动,使充沛水汽凝结而产生大范围的雨带,并常伴有暴雨。雨带位置通常在副高脊线之北约 6~10 个纬度处,其走向大致和脊线平行。另外,在副高的南面为东风带扰动和台风活动的地区,也是很容易产生降水的地带。可见,副高位置和大型降水的关系是很密切的,副高位置的季节性变化对各地区雨带的起讫时间有一定的作用。平均而言,当副高位于 20°N 以南时,雨带位于华南,称为华南雨季或华南前汛期雨季;当脊线徘徊于 20~25°N 时,雨带位于江淮流域,即所谓江淮梅雨季节;当脊线越过 25°N 而稳定于 30°N 以南时,雨带北移至黄淮流域,称为黄淮雨季;当脊线越过 30°N,则华北雨季开始。另外,随着副高北移,长江梅雨结束,华南又开始较多地受台风影响。9月副高开始南撤,雨带也随之向南推移。副高位置与雨带位置关系如此密切,故副高位置的不正常往往会造成各地区的旱涝情况。例如1954、1980年副高长时间徘徊于20～25°N,造成江淮流域夏涝,1978年副高很快的向北推移,没有在20～25°N附近停留,造成江淮地区干旱。

五、印度低压和蒙古高压

印度低压即中心位于印度北部至巴基斯坦一带内陆的夏季南亚大陆低压。印度低压具有强烈的热低压特性,7月份其中心平均海平面气压低于994 hPa,是北半球夏季低纬度大气环流的一个主要活动中心。热低压上空约11～12 km处出现一支副热带东风急流,为北半球低纬度最强的东风急流中心,风速超过30 m/s。由于对流层上部的东风发生耦合,导致对流层中部以下沉气流为主,因而热低压内部多为少云晴热天气。热低压以南盛行西南季风;热低压东侧有西北-东南向的低压槽或季风槽。槽的西端侵入巴基斯坦的热低压,槽的东端在孟加拉湾北部,是季风低压的源地,具有大尺度的上升运动,是季风雨的主要影响系统。印度低压的建立、位移和强度变化,与西南季风的爆发与进退有着较为密切的联系。

蒙古高压,亦称为西伯利亚高压,是冬季以西伯利亚到蒙古一带为中心的大陆性高压,是北半球冬季重要的大气活动中心之一。蒙古高压随季节而变化。由于大陆上的气压随温度变化,冬季大陆气温低,气压则高;夏季大陆气温高,气压则低。因此,蒙古高压在冬季最强,而夏季则极少出现。由于蒙古高压紧靠我国北部,所以其发生、发展和移动,对我国天气和气候具有很大的影响。当蒙古高压强时,我国大部分地区冷空气活动加强,气温偏低。蒙古高压强度变化对东亚冬季气温的影响非常显著。近百年来,蒙古高压强度的变化有显著的阶段性,20世纪60年代到70年代偏强,80年代以来则持续偏弱。20世纪60年代是近百年来最强的一段时期,80年代后期到90年代则是近百年来最弱的一段时期,具有40 a左右的年代际变率周期(龚道溢等,1999)。

六、南亚高压

夏季青藏高原及其临近地区上空存在的庞大高压系统统称南亚高压,此外,还有人称之为大陆副高、青藏高压和亚洲季风高压。南亚高压在100 hPa附近最强,它在夏季北半球100 hPa高度场是除了极涡以外最强大和最稳定的环流系统,对北半球夏季环流以及我国大范围的旱涝分布都有重大影响。南亚高压在7月份最强,它在100 hPa高度场上的范围,西起非洲西海岸,东至西太平洋,约占所在纬度带的一半面积,在其南面伴有一支东风急流,它们的存在是与高原的特定地形所联系的。

南亚高压仅是夏季对流层中上层的环流特点,在对流层下层,整个高原为热低压所控制。在这个热低压的南北两侧,各有一条东西向高压带存在,其轴线均向高原内部倾斜,所以热低压控制的范围随高度缩小,大致到430 hPa附近热低压消失,开始转变为暖高压,在150～200 hPa南亚高压达到最强。夏季青藏高原上空和四周高度相比是个高温高湿区,且青藏高原上几乎整个对流层都是位势不稳定的。夏季高原上空出现强大高压,而在高原近地面层则为热低压,高原的下层存在上升运动,多为对流性天气,这是南亚高压独特的结构特征。

南亚高压的形成与高原的加热作用关系密切,其活动有明显的季节变化。4月份高压较弱,中心停留在菲律宾以东洋面上。5月份移到中南半岛上空,并稍有增强。6月份高压移到青藏高原上空,强度明显增强,从北非东部经南亚到西太平洋的广大热带地区已经被南亚高压所控制。此时在月平均图上,墨西哥上空也开始出现闭合高压,但强度比南亚高压要弱得多。因此,从6月份开始,北半球对流层上层的流型发生了质的变化,即从冬季型转变为夏季型。7月份南亚高压达到最西位置,中心移到60°E附近的伊朗高原上空。8月开始东撤,强度略有减弱。到10月份又移到西太平洋上。随着季节的推移,南亚高压中心强度增强,位置逐渐由东东南向西西北移动,特别是在6月份,高压明显北移到高原上空,强度显著增强。

夏季,南亚高压的中心位置还常有纬向方向的变化,并与我国的降水天气密切相关。当中心位于100°E以东时,称为东部高压型。此时长江中下游、云南和贵州一带少雨偏旱,而华北、西北和四川一带多雨偏涝;当中心位于100°E以西时,称为西部型,我国天气情况与上述相反。南亚高压的东部型和西部型的转换周期约为13~15 d。

七、阿留申低压和东亚大槽

东亚大槽即在亚洲大陆东岸附近,对流层中上部常定的西风大槽。东亚大槽是海陆分布和青藏高原大地形对大气运动产生热力和动力影响的综合效果。冬季东亚大槽稳定而强盛,与强度相近的北美大槽、强度较弱的欧洲东部大槽遥相呼应,共同组成北半球西风带的3个长波平均槽。夏季东亚大槽不复存在,代之以超长波脊,亚洲中部和太平洋中部为平均槽,原欧洲东部的大槽也西移至西欧,而北美大槽则位移不明显。因此,从冬到夏,北半球西风带平均超长波槽由3个增至4个,但强度均明显减弱。

东亚大槽是冬季影响亚洲及西北太平洋地区天气气候的主要系统。它导致南北大规模冷暖空气的交换和交汇,引发一连串的气旋沿着槽前西南气流向东北方向移动,并不断加强发展,至阿留申地区形成强大的锢囚气旋。在东亚大槽后部偏北气流引导下,西伯利亚的冷空气向南方移动,使得西伯利亚高压成为北半球地面冷高压活动中心,并与北美高压活动中心相对应。

阿留申低压即北太平洋阿留申群岛附近的半永久性低压。在冬季最强,是北半球半永久性大气活动中心之一。阿留申低压位于东亚高空大槽的东边,与东亚大槽的关系十分密切,槽前的西南气流引导地面气旋经常达到此地而发展,使得阿留申低压得以长期维持,而低压的维持和发展则有利于东亚大槽的加深。

第三节 季 风

一、季风的基本概念

季风是一个古老的气候学问题。早在15世纪末,阿拉伯水手们在北印度洋的贸易航线上,就发现了风随季节变化而反向的现象。现在一般将季风定义为:一个地区冬、夏之间盛行风有显著季节性变化的现象,而冬、夏之间稳定的盛行风向相差120~180°。根据研究,澳大利亚北部、西北太平洋以及北冰洋沿岸若干地区都是季风气候区,西非、南亚、东南亚、东亚等地为显著的季风气候区。东亚—南亚为世界上最著名的季风气候区。它具有以下特点:首先,盛行风向随着季节的变化有很大的差别,甚至相反,冬季盛行东北气流(华北—东北为西北气流),夏季盛行西南气流,中国东部—日本还盛行东南气流;其次,两种季风各有不同的源地,因而气团的性质有着根本的不同,冬季寒冷干燥,夏季炎热湿润。第三,造成的天气现象也有本质的季节性差异。冬季干燥少雨,夏季湿润多雨,尤其是多暴雨。在热带地区更有旱季和雨季的明显对比。

通常认为,形成季风的因素有3个,即海陆热力差异、行星大气环流和高原大地形的影响。海陆热力差异产生了经典的海陆季风。冬季大陆为冷高压,海洋为暖低压,风从大陆吹向海洋;夏季大陆为热低压,海洋为冷高压,风从海洋吹向大陆。海陆热机造成的风向变化反映了季风的本质,因此可以认为海陆热机是季风的主要成因。在表面均匀的地球上,行星风带基本上是纬向的,例如对流层中低层的赤道西风带、热带东风带、中纬度西风带、近地面层的极地东风带等。冬、夏之间,这些行星风带有显著的经向位移,强度有很大的变化。在两支行星风带交替的区域,行星环流发生季节性的转移,盛行风向往往近于相反。人们把这种现象称为行星季风,并以低纬度地区(30°N～30°S)最为显著。在东半球的低纬度地区,即从东非经南亚到东亚以至西太平洋,海陆热机和行星环流季节变化的共同作用,形成了最为显著的季风气候区。

巨大而高耸的青藏高原与周围自由大气间同样存在季节性的热力差异,必然会产生类似季风的现象。冬季青藏高原是个冷源,高原低层形成冷高压,盛行反气旋环流,其东南侧盛行北—东北风,与东亚冬季风一致。夏季高原是个热源,低层形成强大的热低压,盛行气旋性环流。它与我国东部—西太平洋的副热带高压相配合,不仅使其东侧的西南季风增厚,而且使夏季的西南季风更加深入到华北以至东北地区。另外,夏季高原巨大的热源有助于高层南亚高压和高层东风急流的形成和维持,这与印度西南季风的爆发有着直接的联系。青藏高原的存在,改变了正常的行星西风带的位置和强度,增强了海陆热机与行星环流热机的作用,使得南亚—东亚地区成为世界上最著名的季风气候区。

亚洲季风关系到全球60%人口的生存,因此,季风问题历来被气象学家所重视。在季风系统中,最为著名的是东亚夏季风和印度(南亚)夏季风。但是二者的成因和特点却不尽相同。东亚季风以海陆分布的因素为主,其行星风的交替现象很不明显;印度季风则以行星风带的季变为主因,且与海陆分布的影响相一致,因此,较之东亚季风,印度夏季风要深厚稳定得多。

二、印度季风

南亚是典型的热带季风气候区。国际科学界对于季风的兴趣,始于印度季风。印度季风,又称南亚季风,即盛行于阿拉伯海及印度半岛一带的季风。印度季风是经典季风概念的典型。该地区夏季盛行来自印度洋和阿拉伯海的西南季风;冬季盛行来自亚洲大陆的东北季风。人们关心更多的是夏季的西南季风。西南季风主要来自南印度洋上的东南信风,包括东非沿海的低空气流,穿越赤道后,受地球自转偏向力的影响,转为西南方向的风。由于西南季风携带大量水汽,对印度半岛和东南亚一带的降水有重要贡献,因此通常说西南季风,就意味着季风雨。

西南季风在印度的建立过程非常明显,被称为季风爆发。在西南季风到达之前,印度是高温酷暑天气,天气晴朗干燥,为一年中气温最高的时期。但到了5月末或6月初,印度半岛南部天气突然转变,云量猛增,气温下降,大雨倾盆,有时还伴有海啸。这种突然的天气变化,标志着西南季风达到印度,并且在几天之内可向半岛北部推进几百甚至上千公里,这就是著名的季风爆发。季风爆发是在大气环流季节性转变的背景下发生的突变现象。但其他地区季风的开始,不像西南季风那样显著。因此,印度半岛所处的特殊地理位置和自然条件,特别是高耸于半岛北部的喜马拉雅山以及印度低压的发展,在热力作用和动力作用方面,均直接影响到西南季风的爆发。

印度季风的爆发,通常是以印度为中心的低层季风低压的建立和加强、低层强烈的西-西南气流到达印度半岛、印度中北部进入雨季为标志。学术界对西南季风爆发的具体日期,是根据印度各地逐日降水量的变化来确定的。西南季风一般于每年的5月底或6月初在印度南部的克拉拉邦爆发,并迅速向北推进,到7月中旬,遍及整个印度半岛。9月初,西南季风开始自半岛西北向东南撤退,所以6至9月是印度夏季风的盛行季节,也是印度的雨季,大部分地区年降雨量的75%集中在西南季风季节。11月到来年4月是印度东北季风盛行期,冬季风在印度自北向南逐渐开始,降水明显减少,气温下降。因此,印度的季风气候非常显著,那里的人们通常按照季风活动的特点,将一年划分为四个季节,即东北季风季(12～2月)、热季(3～5月)、西南季风季(6～9月)和西南季风撤退季(10～11月)。

　　西南季风对印度降水具有重要影响。在西南季风盛行期,在印度中部和西部,有时一次充沛的季风雨可持续数周。当主要雨区从印度中部向北移至喜马拉雅山麓一带时,半岛中部降雨中断,被称为季风中断。当西南季风长期中断时,印度半岛就会发生严重的干旱现象,例如1972年的印度大旱,就是因为季风雨开始晚,中断时间又长造成的。各年西南季风中断的时间长短不同,平均1次中断约6 d,短者2～3 d,长者可达2周以上。一般西南季风每年可有1～2次中断,多者1年可中断4次,但也有些年没有发生中断现象。

　　对于印度夏季风,国外科学家的研究表明,印度季风包含一个庞大的环流系统,包括印度夏季风及相连的季风槽、南亚高压、高空自北半球向南半球的越赤道气流、南半球低空马斯克林高压、索马里低空越赤道气流和热带高空东风急流等,这些气流之间的变化是相互关联的,其中任一成员的变化,都会影响到其他成员的变化。根据研究,启动印度季风系统的成员是印度季风槽及相关的季风雨,一旦它们发生变化,便会影响高空东风急流及高空越赤道气流,之后影响到南半球印度洋西部的下沉和低空马斯克林冷性反气旋的增强,随后索马里低空急流加强、印度西南季风加强。因此,印度季风的变化是印度季风环流系统变化的一部分,该环流系统中任何一员的变化,均可影响其他成员,不一定以马斯克林冷高压爆发或印度季风中对流云系的变化为唯一启动机制。

三、东亚季风

　　顾名思义,东亚季风即盛行于东亚地区的季风。中国、朝鲜和日本都属于东亚季风区。东亚季风主要可分为东亚夏季风和东亚冬季风。东亚季风的建立与大气环流变化密切相关。在亚洲,夏季大陆为一巨大的热低压所控制,低压中心在印度半岛西北部。位于低压南部和东南部的南亚和东南亚盛行西南风。在低压东部的广大东亚地区,夏季风方向有东南、南和西南向。我国东部地区以东南向为主,其来临过程比较缓慢,常在几次加强或减弱的过程后,才成为明显的盛行风,不像印度的西南季风那样以爆发的形式开始。

　　影响我国的夏季风主要来源于热带和副热带海洋,开始影响各地的日期不同,大体上是由南向北推进的,对同一地区而言,年际差异也很大。一般夏季风在3月即可影响到华南沿海,并以渐进和急进两种方式向北推进,7月到达黄河以北,进入夏季风的极盛期,9月份开始撤退。根据具体统计,夏季风在华南的建立日期平均为5月1候,最早在4月4候,最晚在5月3候。在华中的建立日期平均为6月3候,最早5月6候,最迟6月6候。在华北的建立日期平均为7月3候,最早6月5候,最晚8月1候。

　　夏季风在我国华中盛行的日期,恰好是北半球大气环流从冬季流型向夏季流型转变的日期。这是青藏高原以南的副热带西风急流突然北移,500 hPa 高度场西太平洋副热带高压脊明显北跳,100 hPa 高度场上南亚高压移上高原,热带高空东风急流建立,印度西南季风爆发,我国江淮流域进入梅雨期。由于夏季风来自热带和副热带海洋,含有丰富的水汽,对我国各地降水具有重要作用。各地雨季的开始日期,大体上也是夏季风在这些地区开始盛行的日期。夏季风活动具有明显的年际变化,夏季风活动特别强或特别弱,都会给各地造成不同程度的旱涝灾害。

印度夏季风和东亚夏季风共同形成世界上最强的亚洲季风系统,因此,在很长的时间里,国际科学界认为它们同属一个季风系统。20 世纪 70 年代末以来,随着我国季风和热带气象学研究的蓬勃开展,我国科学家的大量研究表明,这两个季风系统有许多不同的特征,东亚季风包括热带和副热带季风,而印度季风则纯属热带季风;东亚夏季风的平均结构在许多方面与印度夏季风不同。根据我国科学家陶诗言等的研究,东亚夏季风系统的成员,如图 2.3.1 所示。它包括南海和赤道西太平洋的季风槽(或赤道辐合带)、印度的西南季风气流、沿 100°E 以东的越赤道气流、西太平洋副高和赤道东风气流、中纬度的扰动、梅雨锋以及澳大利亚的冷性反气旋。因此,东亚夏季风是一个与印度季风环流系统相对独立的环流系统,它不仅受到印度西南季风气流的影响,而且还受到副热带高压和中纬度扰动系统的影响。东亚季风系统成员在东亚的分布偏北或偏南,会引起我国江淮流域、朝鲜半岛和日本的干旱或洪涝。

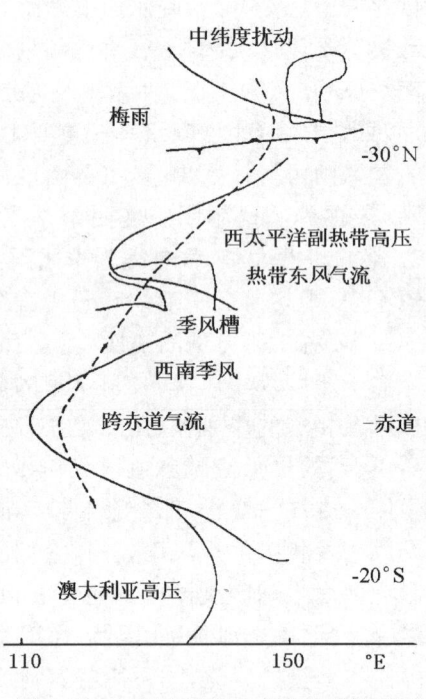

图 2.3.1 东亚夏季风成员的系统配置
(引自 Tao 和 Chen,1985)

与东亚夏季风不同,东亚冬季风是最为典型的。东亚冬季风来自西伯利亚高压,其风力不但比夏季风强,而且比印度的冬季风也强。其盛行风向是,在我国华北以及日本北部和中部为西北风;我国黄河以南地区和日本南部为东北风。冬季风带来干冷的大陆空气,强盛时会出现寒潮天气。受冬季风影响,东亚地区冬季的平均温度明显低于同纬度的其他地区。在冬季风的控制下,我国大部分地区的天气寒冷少雨。但当冬季风到达长江以南和日本列岛时,由于气团变性常会造成雨雪天气。东亚冬季风的变化和异常,特别是寒潮,是影响我国冷害、雪灾、早霜和晚霜等灾害性气候发生的重要原因。东亚冬季风还能够通过影响热带太平洋的海温,来影响到东亚夏季风的活动。

东亚冬季风的建立过程比较迅速,自北而南的推进速度也很快,平均 9 月初开始影响华北,10 月中旬即可在全国建立,12 月冬季风达到极盛期。我国冬季风自 3 月初开始从南向北撤退,大约需要 4 个月才能完全撤出我国。

冬季风同样是大气环流季节变化的结果。冬季,冷高压活动频繁,势力强盛。在地面天气图上,蒙古高压和阿留申低压同时达一年中最强、最稳定的阶段。蒙古高压盘踞亚洲大陆。强冷空气侵入我国时,蒙古高压环流可伸至南海地区。在这种大气环流形势下,我国广大地区盛行偏北风,冬季风达到最强、最稳定的程度。在高空等压面图上,环流呈现出三槽三脊结构,其中东亚大槽发展到最强最稳定。在东亚大陆和日本地区上空,西风急流的中心位置稳定在30°N左右的平均位置上,呈现出典型的冬季风环流形势。

四、我国雨季的起讫与东亚夏季风的进退

东亚夏季风的进退与我国大部分地区雨季的起讫有着极为密切的联系。夏季风的进退是西风带环流季节变化的结果,与近地面层大气活动中心的强度、位置以及形成和消失有着极为密切的关系。随着每一次季风的进退,气象要素相应地发生比较明显的变化,以雨量的空间变化最为显著。我国科学家高由禧等早在20世纪60年代初就指出,中国雨带的位移,有3次急进和3次渐进的过程。从5月中起,候平均最大雨带在华南沿海出现,后逐渐北移。到6月上旬,移至南岭以北和闽浙交界处。在6月中旬,雨带出现第1次急进,迅速移过两湖盆地,最大雨带进抵长江沿岸,随后在该地区维持约20 d。7月中旬起,雨带第2次向北急进,进抵40°N附近及其以北地区。在8月中旬,雨带达到最北,随后逐渐南移。但在8月下旬以前,雨带仍多徘徊在38°N以北,8月下旬以后很快南退,不到半个月,雨带移到华南沿海。以候雨量的大雨带第1次到达某地区和第2次经过同一地区作为该地区雨季的起讫时间,则我国雨季的起讫在华南是5月中开始,9月中结束,为期4个月左右。长江流域在6月中开始,8月底结束,为期两个多月。39°N以北的华北地区,7月中开始,8月下旬结束,为期约1个多月。

表 2.3.1　雨季起讫日期和季风进退日期的比较

（引自高由禧、徐淑英,1962）

	华南起讫日期	华中起讫日期	华北起讫日期
雨季	4月30日～9月21日	6月9日～9月5日	7月10日～8月28日
夏季风盛行起讫日期	4月26日～9月27日	6月10日～9月12日	7月10日～9月2日

将全国各地雨季的起讫日期与夏季风的起讫日期相对比,如表2.3.1所示,可见雨季的起讫与夏季风开始有显著的关系,其盛行和结束在日期上是非常一致的。季风的进退可分为急进和渐进两种过程,例如6月中旬、7月中旬和9月初是季风速进和速退的变化时期。雨带的位移也以渐进和急进两种方式交替进行,它的3次急速移动和季风的迅速进退是一致的。而江淮流域的梅雨、华南和东北的雨季起讫都与雨带的渐进密切相关。另外,东亚同纬度地区雨季的起讫日期,东边比西边要早一些。

五、季风与ENSO

ENSO与东亚季风区的气候异常有着密切的联系。统计资料显示,厄尔尼诺事件的发生,常导致印度季风衰退,造成南亚次大陆的干旱。在近百年的时间里,绝大多数的厄尔尼诺年中,印度季风区的降雨量明显偏少。在被统计的80年里的24次厄尔尼诺事件中,有20年该地区的降水量低于平均值;而且,最严重的干旱几乎都发生在厄尔尼诺年。而ENSO与中国夏季季风降雨的关系,则不似印度那样明显。我国科学家的研究表明,中国夏季风雨量与ENSO的关系是不稳定的,属于受到ENSO影响但关系较弱的地区。ENSO循环对东亚夏季风降水的影响,取决于ENSO循环的阶段,在ENSO循环的不同阶段,亚洲季风有着不同的环流异常,东亚夏季降水异常也有明显的不同。ENSO对东亚冬季风有明显的影响,这种影响是赤道东太平洋表层海温偏高导致北半球大气环流的异常响应,产生了不利于东亚寒潮爆发的大气环流形势,结果是在厄尔尼诺年冬季东亚偏暖,东亚季风偏弱。而在拉尼娜年冬季,环流形势相反,东亚季风偏强。

东亚季风与 ENSO 的相互作用是近年来人们最为关注的问题之一。以前人们多认为 ENSO 是季风异常的原因,近年来则认为季风可能是更为主动的因子,季风异常会影响到 ENSO 的发生发展。国外科学家的研究表明,夏季风是热带季风海气耦合系统中的活跃成员,弱(强)的夏季风有利于从夏到冬的热带太平洋厄尔尼诺(拉尼娜)事件的发展,随后通过波的传播导致东半球中纬度高(低)指数的发展,与其相应的是弱(强)冬季风和冬春亚欧大陆雪盖面积的减小(增加),进而导致强(弱)夏季风的发生,从而构成了所谓的准两年振荡模态。李崇银(1988)的研究表明,东亚冬季风的异常对于 ENSO 事件有重要的触发作用,东亚强冬季风将带来频繁的强寒潮,使赤道西太平洋的对流活动加强,对流活动将加强赤道西太平洋上空大气的 30~60 d 振荡,低频振荡的加强,能够触发 ENSO 事件的发生。黄荣辉等(1992,1996)的研究还表明,赤道西太平洋上空的西风异常对 ENSO 事件的产生起着重要作用,而赤道西太平洋西风异常的产生,不仅来自印度季风区,而且来自东亚季风区,东亚季风区的西风异常通过遥相关波列,从东亚季风区低层向东南方向传播,导致了赤道西太平洋的西风异常。

六、季风试验

季风问题的研究是目前国际上大气科学研究的前沿课题之一,是国际"全球能量和水循环(GEWEX)计划"的一个重要组成部分。从 20 世纪 60 年代以来,国际上进行了一系列季风科学试验,最著名的是 1978~1979 年举行的 MONEX 试验。这些国际季风试验大大增强了人们对季风的认识。这些季风试验重点研究的是夏季(6~8月)印度及临近印度洋地区的季风,很少注意到其他地区和过渡季节(4~5月)的季风问题。因而许多季风科学问题仍然未得到回答,这包括东亚季风的爆发和影响问题。从科学上看,这对亚洲季风的整体研究缺少了一个重要环节。为了弥补这种季风观测和研究的缺陷,在中美大气科技协定下,中美两国气象学家从全球能量和水份循环计划提出的新观念出发,制定了南海季风试验(SCSMEX)科学计划。南海周边各国和地区都积极参加了该试验。该计划还得到了世界气象组织的支持。南海季风试验是第 1 个由中国科学家主持的较大规模的大气和海洋联合科学试验计划,它表明我国科学家已有能力在国际性的大气科学活动方面起到领导作用。

南海季风试验的主要目标是利用南海夏季风外场试验的观测资料和有关历史资料,研究南海及邻近地区季风爆发和维持的主要过程,提高对季风的预测能力,尤其是季风爆发与中国雨带变化的关系。试验计划包括外场观测和前期与后续研究。外场观测于 1997~1998 年举行,包括海洋观测船、无人气象飞机、加密的高空探测网和地面观测网、气象雷达观测网、边界层观测系统、辐射观测网和卫星观测等部分。通过上述系统的综合协同观测获得了大量的大气与海洋资料,结合后期研究,它将大大改进人们对东亚和南海季风爆发与维持的关键物理过程的认识。

第四节 梅 雨

一、梅雨的基本概念

梅雨,即每年初夏(6~7月)时期从我国长江流域到日本南部常常出现的一段降水量较大、降水次数较为频繁的连阴雨天气。因时值梅子黄熟，故名。又因这时温高、湿重、雨多，器物容易受潮生霉，故又名"霉雨"。

关于梅雨，中国史籍中记载较多。古代，人们常称梅雨为黄梅雨，在晋代已有"夏至之雨，名曰黄梅雨"的记载。唐宋以后，对梅雨更有许多妙趣横生的描述。唐代柳宗元的《梅雨》诗云"梅实迎时雨，苍茫值晚春"。宋代苏东坡在《舶棹风》中说："三时已断黄梅雨，万里初来舶棹风"。三时，为夏至后半月，船棹风指的是东南季风。大意是说，在7月上旬后半期，东南季风盛行时，梅雨期结束。以上两诗分别指出的入梅和出梅日期，同实际大致吻合。而关于"霉雨"的别名，明李时珍《本草纲目》就有"梅雨或作霉雨，言其沾衣及物，皆生黑霉也"的记载。

梅雨产生于西太平洋副热带高压边缘的锋区，俗称梅雨锋，它是极地气团和副热带气团相互作用的产物。梅雨雨带的位置和稳定性，与副热带高压的位置和强度密切相关，还与西风带有无利于冷空气南下到达长江流域的环流形势有关。每年6月上旬或中旬，当大气环流形势产生比较大的调整，西太平洋副热带高压脊线跳到20°N时，开始进入梅雨期，俗称"入梅"，此后，主要雨带大体上呈东西向且维持在江淮流域。当西太平洋副热带高压脊线进一步北跳，越过25°N时，梅雨结束，俗称"出梅"，时间为7月上旬到中旬。出梅后盛夏开始，长江流域进入伏旱期。有时在梅雨的前期，江淮流域5月下旬也出现一段阴雨天气，常称之为"迎梅雨"。

江南地区如浙江、江西和湖南的南部，梅雨一般比长江流域早。入梅出梅的时间逐年不同，梅雨期的长短也很不一致，长的可达1个多月，短的只有几天，少数年份甚至不出现梅雨，称之为"空梅"。例如20世纪50年代长江中下游的入梅日期，平均在6月10日，出梅日期平均在7月12日，平均梅雨期为33 d；而20世纪60年代的入梅日期，则推迟到6月17日，出梅日期又提早到7月6日，梅雨期缩短到20 d。不过，尽管入梅日有明显的年际变化，但平均状况还是较为稳定的。根据多年的统计，长江流域入梅日一般在6月15日左右，出梅日一般在7月9日，梅雨期在20 d左右，梅雨量1236 mm。研究还发现，梅雨期的特征量具有2～3 a和11～13 a的振动周期，入梅日期还有22 a的周期。

二、梅雨的气候特征

梅雨期具有鲜明的气候特征。首先，梅雨期内雨区成片、范围广泛。宋绍熙年间赵师秀在《约客》诗中有"黄梅时节家家雨，青草池塘处处蛙。有约不来过夜半，闲敲棋子落灯花"的形象描述。其中的"家家雨"，意指处处皆雨，雨区范围极广，形象地写明了梅雨时节的主要气候特征。雨带的长期停留，常会引发洪涝灾害。例如1954年6～7月梅雨带稳定在江淮流域，造成上百万平方公里的区域出现特大洪涝。

其次，梅雨期内阴雨连绵、降雨量大。梅雨期的降水，不仅范围广，而且雨量大。长江中下游平均梅雨期为25 d，长的梅雨雨日可占全年总雨日的15%左右。梅雨地区全年大雨、暴雨日的1/3左右，都出现在梅雨期。梅雨量一般占全年雨量的20%～30%，有时甚至达50%。如长江中下游的上海、南京、芜湖、九江和汉口5站，平均梅雨量为250 mm左右。因此，民间素有"一到梅子熟，萧萧雨不歇"的说法。

第三，梅雨期内天气高温、高湿、闷热。相对湿度大、云多、日照时间短、地面风力小是梅雨天气的重要特征。在梅雨期内，除降水量显著增多外，湿度也增大，常出现饱和乃至过饱和状态。因为气温较高风力又小，在墙壁和缸壁上会出现大量水珠凝聚的现象。高湿度易导致衣物发霉，明代谢在杭在《五杂俎·天部一》中的记述"江南每岁三、四月，苦淫雨不止，百物霉腐，俗谓之梅雨,盖当梅子青黄时也。自徐淮而北则春夏常旱,至六七月之交,愁霖雨不止,物始霉焉",就是对梅雨期高温高湿天气的形象描述。

第四,梅雨期内常发生暴雨。长江中下游地区40%的大到暴雨集中在6月中旬到7月中旬的梅雨期内。尽管在一般情况下,梅雨期暴雨的强度较之台风等其他系统的暴雨强度要小,但由于梅雨期内冷暖空气交绥频繁,暴雨发生率高,历时长,故降水量依然相当可观,常常给人民生命财产造成损失。例如,1999年,上海市在长达43 d的梅雨期间,9次遭受暴雨袭击。在该年度的罕见梅雨季节,中国人民保险公司上海分公司为受灾的5135户居民和1069家企业赔付了7000多万元。梅雨期内的暴雨,是构成总梅雨量的重要部分。例如1954年梅雨期上海出现大到暴雨的日数为7 d,但其总雨量却占总梅雨量的59%,达304 mm;汉口大到暴雨14 d,其雨量占总梅雨量的80%,达到827 mm。因此,梅雨期暴雨在整个梅雨期乃至全年的降水量中,占有举足轻重的地位。

三、梅雨期的环流形势

根据多年统计的梅雨期间6月的月平均500 hPa环流图,在丰梅年,副高呈东西向带状分布,高压中心在台湾省东部和160°E附近,副高的平均脊线位置在20～23°N之间,588线西伸至中印半岛,25°N以南地区全为正距平控制,而孟加拉湾附近却明显维持一低压槽。另外,在朝鲜半岛至我国长江中下游地区为一不发展的东北西南向低压槽所控制,它就是造成相应梅雨锋系维持的稳定槽。同时,在中高纬西风带,从西伯利亚东部至鄂霍次克海为高压脊控制,正距平明显。副高区的上述环流形势保证了长江中下游大范围盛行西南气流,带来充沛的水汽;而鄂霍次克海阻高的存在,使中高纬度上游的冷空气从贝加尔湖一带不断向南分裂和补充到江淮地区,这有利于江淮流域暖、冷空气交绥并维持梅雨锋系。在少梅年,环流形势明显不同。副高呈椭圆状分布,高压中心偏东,588 dagpm线的西部脊点只伸到菲律宾群岛以东,我国南海到菲律宾东部洋面全为负距平控制,副高平均脊线在17°N附近,较之丰梅年明显偏南3～6个纬度。相应地,华东沿海的低压槽从朝鲜半岛伸至台湾省,江淮流域处于槽后的西北气流控制下。同时,中高纬度西伯利亚东部至鄂霍次克海为大片负距平所控制,没有明显的阻塞高压维持,这种环流形势显然不利于江淮流域梅雨。

四、梅雨的长期预报

由于梅雨的强弱和入梅、出梅的早晚对农业和水利等各方面的影响甚大,长期以来我国就梅雨的长期预报做了大量的研究工作。概括起来,主要有3种:

一是利用前期环流特征做梅雨预报。即分析梅雨明显年和不明显年,入梅、出梅早或晚的年相应前期秋季和冬季大气环流的特征,得到一些预报梅雨量和入梅、出梅时间的环流指标,利用逐步回归或多元回归、点聚图等统计方法建立预报方程或预报图表。例如研究表明,入梅早晚与前1年入冬时间、冬季西太平洋副高强度、12月和2月在新疆到青藏高原西部的高压脊变化有较好的对应关系。而出梅的早晚,则与秋季、冬季青藏高原西部高压脊强度、冷空气入侵我国西南部的次数有关。梅雨明显强的年份,秋季西太平洋副高的最盛时期出现得特别早或特别晚,10月位于乌拉尔的高压脊较稳定,进入初冬后,东亚环流较平直,反映冬季环流主要特征的亚洲大陆沿海低槽强度弱或位于贝加尔湖地区。梅雨不明显期,上述特征相反。

二是利用副高做梅雨的预报。副高的位置和强度的变化与梅雨量以及入梅、出梅早晚有直接的关系,因而可以根据前期副高特征量与入梅、出梅日期和梅雨量、持续长度等的关系做梅雨的长期预报。研究发现,梅雨明显年前期副高总趋势偏弱,位置偏北;西伸脊点秋季偏西,冬季偏东。而当前期副高持续偏强,位置偏南,西伸脊点秋季偏东,冬、春季偏西,则初夏梅雨不明显。当冬季副高弱、脊线偏南,则初夏入梅偏早;反之入梅偏晚或正常。当前期秋冬副高强、位置偏西时,第2年出梅偏早或正常;反之,出梅偏晚。当前1年秋季副高偏西、冬季副高脊线位置偏北时,第2年梅雨量偏多,反之则正常或偏少。

三是利用海温做梅雨长期预报。由于副高和海温关系密切,而副高的强度与位置又决定了梅雨期的特点,因此,可以直接利用海温与梅雨的关系做预报。一种方法是查梅雨量、入梅、出梅日期与前期太平洋海温的相关关系,选出一些相关明显的海温关键区,利用统计方法做出梅雨的预报。一种是对比梅雨明显年和不明显年相应前期各季或各月太平洋海温场的平均状况差异,利用前期海温场的不同分布状况来预报梅雨期的特点。例如,根据1891~1972年的资料分析,在出现厄尔尼诺的年份,长江中下游入梅显著推迟,平均日期迟至6月22日,比常年迟6 d;梅雨期平均比常年缩短8 d,梅雨量也显著减少。而且在发生厄尔尼诺的年份,还常出现空梅年。

五、1998年夏长江流域大洪水

1998年的梅雨季节,长江流域发生了本世纪以来仅次于1954年的全流域特大洪涝,包括嫩江流域,洪涝受灾省(区、市)29个,受灾面积$0.212\times10^8 hm^2$,成灾面积$0.13\times10^8 hm^2$,受灾人口2.23亿人,死亡人数3004人,倒塌房屋497万间,造成约2600亿元以上的经济损失。根据陶诗言等(1998)、颜宏(1998)、黄荣辉等(1998)的研究,影响中国1998梅雨量异常偏多的气象因子很多,包括1997年4月到1998年6月的厄尔尼诺事件、高原积雪、亚洲季风和东亚大气环流异常等,但直接导致特大暴雨的环流形势,主要分为3个方面:(1)西太平洋副高强大稳定,位置偏南偏西。6~8月,西太平洋副热带高压异常强大,位置持续偏南偏西,呈稳定的东北—西南走向,为近40年所罕见。副高的位置很大程度上决定了梅雨期雨带的走向与位置,6月底以前,副高位置偏南,雨带亦偏南,主要位于长江中下游地区;6月底至7月上旬,副高迅速北抬,位置明显偏北,北方进入雨季;此时江淮流域受副高控制,出现10多天的高温天气;7月中旬开始,副高又突然南退,位置异常偏南偏西并持续稳定了1个多月,致使7月下旬主要雨带再次回到长江中下游地区,出现"二次梅",江西、湖南和湖北等省出现强降雨;8月上中旬,位于长江中下游的副高虽然加强北抬,但脊线呈明显的东北—西南走向,西南气流与冷空气交汇于长江上游地区一带,暴雨天气频繁,导致长江上游水位陡涨,洪峰迭起。(2)亚洲中高纬度环流异常,阻塞高压活动频繁。6~8月,在欧亚大陆中高纬度阻塞形势维持,鄂霍次克海阻高稳定少动,西风带经向环流占绝对优势,使得西伯利亚冷空气频繁南下。(3)低涡切变线活动频繁。对流层中低层的低涡和切变线是造成梅雨期暴雨的主要天气系统。6月中下旬位于长江中下游沿岸和7月下旬位于江南北部的切变线和低涡活动,形成了这些地区的特大暴雨。

受环流形势决定,1998年的梅雨期尽管只有1个月,但分成两段:第1段是6月12~28日,第2段是7月20~30日,中间有20多天的中断期。第1段梅雨期,6月12~20日梅雨锋位于长江以南,主要降水区位于江西、安徽南部、浙江和福建省,6月21~30日梅雨锋移到长江附近,梅雨锋强度增强,主要雨区位于湖南和江西。7月1~10日,长江流域的梅雨中断,梅雨锋位于淮河。但是到了7月21~31日,长江流域出现二次梅。第1段梅雨期降水总量一般在

200～500 mm,江西、浙江、安徽、福建和广东北部部分地区梅雨量达 600～900 mm,较常年偏多1～2倍。第1段强梅雨锋降水造成江南各江河、湖泊和水库的水位迅速上涨,部分江河达到历史最高水位。第2段梅雨期,长江流域降水量达到100～300 mm,湖北、江西和湖南省部分地区降水量达 300～500 mm,局地超过 900 mm。在第1段梅雨后,许多江河水位已经超过警戒水位,再来一场第2次梅雨降水,使得洞庭湖和鄱阳湖水位猛涨。中国夏季降水有两个特点,一是从初夏到盛夏雨带阶段性从华南向华北推进;二是长江流域降水先东后西。长江中下游在6月中旬到7月上旬出现梅雨降水,而长江上游的降水则多出现在7、8月,两个降水期正好岔开。而1998年长江中游的第2场梅雨出现在不该下的时候。1998年7月20日到8月底,长江上游发生持续性强降水,此时洞庭湖和鄱阳湖水系的第2场梅雨期洪水也大量涌向长江,正好与来自长江上游的洪峰在长江中游遭遇,两股洪水相顶托,使得本已居高不下的江湖水位雪上加霜,造成中游高水位长期不退,导致洞庭湖、鄱阳湖各支流和长江干流洪水泛滥,甚至发生溃口。因此,长江中游二次梅雨降水与上游持续性强降水相遭遇是引发1998年夏长江流域特大洪涝的主要原因。

第五节 寒 潮

一、寒潮的基本概念

寒潮又称寒流,是源于极地或副极地、侵袭中纬度或低纬度地区的强烈冷空气活动。东亚地区的寒潮特别强烈。寒潮经过的地区,气温大幅度下降,常伴有风雪,严重影响工业、农业、交通和人民生活,是一种影响范围较大的灾害性天气。关于寒潮的标准,各地规定不一。我国气象部门规定,当冷空气入侵后,凡气温在 24 h 内下降 10 ℃以上,且最低气温在 5 ℃以下者,称为寒潮。后来又做补充规定,一次冷空气活动使长江流域及其以北地区 48 小时内降温 10 ℃以上,长江中下游地区最低气温达 4 ℃或 4 ℃以下,陆上有相当于 3 个大行政区出现 5～7 级大风,沿海有 3 个海区出现 7 级以上大风者,则称为强寒潮。达不到上述标准的,则根据降温的程度,分别称为强冷空气活动或冷空气活动。

据统计,冬半年侵袭我国的全国性寒潮,平均每年约有 3～4 次;只影响到长江以北或只影响到长江以南的寒潮每年各有 2 次。但各年之间差异很大。如全国性寒潮,最多 1 年可出现 5 次,最少者 1 次都没有。寒潮活动的年际变化非常明显。全国性寒潮一般于 9 月下旬开始活动,到第 2 年 5 月份结束。一次寒潮过程约 3～4 d,也有 8～9 d 的。这种情况是由于寒潮冷锋过后,后面有新的、更冷的空气南下,使气温继续下降造成的。

我国寒潮活动最为频繁的月份是 3～4 月,11 月次之。这是因为春、秋两季是过渡季节,处于西风带急剧变化和大气环流的调整期,冷、暖空气势均力敌,相互更替频繁,天气形势多变,故寒潮过程较多。冬季,我国大部分地区为冷气团所占据,冷空气占绝对优势,天气形势稳定,虽有冷空气南下,但达不到降温 10 ℃以上的程度,故寒潮过程反而减少。夏季,我国大陆为暖气团所占据,强冷空气很少能侵入我国中部和南部,只有在西北、东北等地,冷空气活动较为频繁。

二、寒潮的气候特征

寒潮爆发时的天气气候特征是剧烈降温、大风、雨雪和霜冻。在北方还常造成沙尘暴。春、秋季节在江南地区,还可能有雷暴产生。晚秋的寒潮易引起早霜冻,晚春的寒潮又能引起晚霜冻,使得农作物遭受损害。寒潮冷锋过境后,气温立即开始剧降,同时常伴有霜冻,冬季还有结冰。降温时间短则 24 h,长则几天以上。寒潮过程引起的降温量和出现的最低气温值,与冷空气强度、季节、天气背景和地理条件等有关。即使在同一次寒潮爆发过程中,不同时间和不同地区的降温、霜冻和结冰情况,也可能有很大的不同。

寒潮大风的最大风速常出现在冷锋过后 3 h 左右。风力一般可达 5~7 级,海上可达 6~8 级,有时短时可出现 12 级大风。大风的持续时间多在 1~2 d 左右。大风的强度以西北、内蒙古地区和海上为最强。在初冬时节,寒潮大风如遇有北方小股冷空气不断补充,大风常可持续 3 天左右。寒潮大风常在干燥、土质疏松的地区扬起风沙,尤以春季的西北、华北和内蒙古地区较为严重,其他地区和其他季节较少。有时,扬沙大风可延伸至长江流域。

冬季,淮河以北地区受到寒潮侵袭时,很少降水,仅在冷锋和高空槽过境前后有些零星降水。淮河以南地区,降水逐渐增多,当暖空气比较活跃时,可在长江以南引起大范围的雨雪。秋季,寒潮引起的降水比冬季要多。但在淮河以北持续时间不长,降水量也不大,往往是冷空气过后,即刻转为"秋高气爽"的天气。春季,寒潮引起的降水机会最多,华北地区可有雨雪,但多半降水时间短,降水量较小;在长江流域和华南地区,因寒潮南侵而产生的降水,多伴有雷暴和冰雹出现。当冷暖空气势力相当形成对峙时,常产生连阴雨天气。有时还容易形成冻雨(雨凇),对工农业和交通运输的危害极大。

三、寒潮的源地和路径

寒潮的源地是指冷空气开始形成和积累的地区。侵袭中国的冷空气多发源于北冰洋、鄂霍次克海、欧洲大陆北部、西伯利亚地区和蒙古一带。据统计,影响我国的寒潮源地主要有个:(1)新地岛以西的北冰洋洋面。来自该源地影响我国的冷空气占 40%,达到寒潮强度的次数最多;(2)新地岛以东的北冰洋洋面。来自该源地并影响我国的冷空气约占 18%,次数较少但气温较低,多能够达到寒潮强度;(3)冰岛以南的大西洋洋面。来自该源地的冷空气占 33%,但因气温较其他源地高,故能够达到寒潮的比例较少。上述 3 个地区的冬半年极为寒冷,形成强大的冷气团,冷气团移至西伯利亚中部 70~90°E,43~65°N 的寒潮关键区时,常在那里停留一段时间,积聚加强,然后在适当的天气形势下,爆发南下。

关于冷空气从寒潮关键区侵入中国的路径,李宪之先生早在 20 世纪 30 年代就指出,"东亚的寒潮可以分为三大类型:甲型,系从西北来,越过中国,投入广阔大洋之上,并越过中南半岛,入南洋其他群岛;乙型,系从正北来,作扇形向南展布;丙型,系由东北偏北来,沿中国海岸(向西南偏南)奔至中国南部海洋",其观点时至今日依然具有指导意义,后人依据大量的详实资料,进一步阐述了 3 条路径:(1)西路,冷空气由欧洲北部的北冰洋出发,穿越整个欧洲大陆,南下到地中海附近,后转弯向东,经新疆、河西走廊,主力在河套以西南下,侵入中国的中部和南部;(2)中路,冷空气从新地岛附近的北冰洋出发,经西伯利亚西部,进入我国新疆北部或蒙古人民共和国,然后向东南推进,经河套地区南下,横扫华北平原,直达长江中下游和华南地区,主力向东南沿海侵袭。由于冷空气自河套地区达到低纬度地区的路程较短,地势又北高南低,往往能直冲而下,造成最强的寒潮;(3)东路,冷空气向东经西伯利亚东部进入东北地区,然后转折南下,其势力较弱,但容易造成阴雨天气;或冷空气由从亚洲北部的北冰洋启程,跨越前苏联远东部分和蒙古人民共和国,径直南下。

沿着不同路径进入我国的寒潮冷空气,其脾性各有不同。来自西路的寒潮,在南欧向东拐弯后,一路上吸收了很多水汽,变得又冷又湿,到达我国与暖空气交汇后,常引起大范围的降雨或降雪,气温下降,有大风发生。但较之东路和西路的寒潮而言,要相对缓和一些,影响的区域不太大。从西北方或北方来的寒潮冷空气,在途经西伯利亚时,得到该地区早已形成的冷空气补充而加强,变得非常干冷,最冷时可达零下40℃以下。继续前进时速度很快,其前锋冷气流1天可行2000 km,所到之处气温骤降,呼风唤雪,范围可波及全国。从东北来的寒潮,对我国影响程度较轻,范围多限于华北和东北地区。

四、寒潮环流形势

寒潮过程是一种大规模的强冷空气活动过程,其酝酿和爆发,与特定的高空环流形势有关。根据500 hPa高度场的大气环流特点,寒潮爆发侵袭中国的高空环流形势,一般可分为3种类型:经向型(又称小槽发展型)、纬向型(又称大槽东移型)、横槽转竖型(又称阻塞高压型)。3种类型以经向型最多,横槽转竖型次之,纬向型最少。

经向型可大致分为3个发展阶段,首先,乌拉尔山高压脊形成;随后,欧亚大陆西北部出现不稳定小槽,并发展和东移至西伯利亚西部地区;第三,小槽不断东移,发展成长波槽,移至东亚沿岸,替代原有的东亚大槽,导致寒潮爆发。该类型的冷空气源地多在欧亚大陆西北部,并多取西北路径侵入中国。

纬向型起先由位于东欧的稳定的长波槽转变为移动性低压槽,然后,在其东移过程中,由于冷平流加强而加深和发展,当发展中的低压槽移至东亚沿岸取代原有的东亚大槽时,寒潮随即爆发。该类型的冷空气源地多偏西、偏南,多取西路侵入中国。

横槽转竖型在寒潮爆发前,乌拉尔山地区为一阻塞高压(或东北—西南向的高压脊),在其西南方为一准东西向的横槽,一旦槽后有不稳定小槽出现,促使阻塞高压崩溃,东西向的横槽转变为南北向的竖槽,冷空气便爆发南下。该型冷空气源地偏东,距离中国较近,多取中路侵入我国,往往突然爆发,势力强劲。

上述3类高空天气形势,虽然发展过程不同,但都在东亚沿岸建立东亚大槽,这是形成中国寒潮天气过程的主要高空天气形势。槽后面的西北气流不断将冷空气向南输送,且引导了地面天气图上的冷高压系统。冷高压的强弱,标志着寒潮冷空气的强弱;冷高压的移动方向,大致即寒潮的移动路径;高压前沿的冷锋,就是寒潮的前锋。

五、寒潮的长期预报

寒潮的长期预报主要是预报寒潮过程的出现日期和过程强度。根据王绍武等(1987)的总结,主要的预报方法包括阴阳历叠加法、各种韵律指标、500 hPa候平均图、相似法等,最后综合上述各种方法的预报结果,着重参考应用较好的方法,定出月内寒潮活动的预报。下面举例来说明。例如,用"月相"和"月相调整"做寒潮活动预报,就是将寒潮活动的历史资料分别按照公历日期和农历日期排表,得到逐月、逐日寒潮活动的概率表,发现寒潮活动的时间分布和朔、上弦、望、下弦等月相有一定的关系。因此,根据预报月出现朔、望、弦的日期,参考气候概率表,即可做出寒潮出现日期的预报。对于用其他方法做出的寒潮活动日期预报,要参考以上得到的月相规律加以调整,从而提高预报的准确率。利用500 hPa候平均图指标区叠加反查法做寒潮长期预报,就是在前36、30、24、18和12候的500 hPa候平均高度图上,计算各网格点高度与冷空气活动的相关概率,选取相关概率大于等于70%的3点以上成片的区域为"指标"区。由于这种计算——对应相关系数的办法是对于大概率事件的,对于概率较小的寒潮活动预报不能直接使用,故它只表示有寒潮活动的情况,该指标区有70%以上的可能为"+"(或"-"),不表示该指标区为"+"(或"-")时,未来有寒潮的概率。所以需要对同一预报对象的几个指标区的结果进行叠加之后反查,看叠加到什么情况才会有较大的可能出现寒潮活动。以上只是简单介绍了两种寒潮长期预报方法,需要说明的是,寒潮的长期预报是一件非常困难的工作,目前还只能报出大致出现的日期和降温强度,至于寒潮过程的天气则不容易预报。

第六节 台 风

一、台风的基本概念

台风即发生在西北太平洋和南海海域的强热带气旋系统。台风是具有暖中心的低气压系统,水平分布近圆形,半径约几百公里,垂直范围可从地面伸展到对流层上部,是一种深厚的天气系统。地面中心气压低是台风的重要特征,一般当地面中心气压降低到 990 hPa 时,开始形成台风,发展较强时,可降低到 900 hPa 以下。从台风外围到中心,存在着较大的气压梯度和很强的气旋性辐合流场;在距离中心数十公里处,风力达到最大,一般为 30~50 m/s,并伴有暴雨和巨浪。台风中心经过的地区,常有大暴雨或特大暴雨,日降雨量最多可高达 1600 mm,造成大范围的洪涝。在近中心的小范围内,气压梯度很小,风息雨止浪消,出现强热带台风特有的台风眼现象。

关于台风,我国早有记载。宋沈怀远在《南越志》中就记载了:"熙安间多飓风。飓者,其四方之风也,一曰惧风,言怖惧也,常以六七月兴。"其中的飓风即台风。至清康熙二十四年(即公元 1685 年),台湾诸罗县知县在其所著《风颱说》中,称"夏至后必有北风,必有颱信",并称"风起而雨随之越三四日颱即倐来。少则昼夜,多则三日","五六七八月发者为颱",这不仅是"颱"字最早的记载,而且记述了台风出现的季节,侵袭时间的长短以及雨随风而来的现象。大多数台风发生在夏、秋季节,绝大多数影响我国的台风也出现在这两个季节。其他季节亦可有少数台风在热带海洋上形成,但其活动范围一般只在纬度较低的地区。

世界各国对台风的称呼和强弱划分各不相同。发生在北太平洋西部和南海的习惯称为台风。发生在北太平洋东部和大西洋的、风力在12级以上的多称为飓风。参照世界气象组织关于热带气旋的分类标准,过去我国气象部门曾规定:中心附近地面最大风力达到 8~11 级(17.2~32.6 m/s)的热带气旋称为台风;中心附近最大风力达到12级或其以上的热带气旋称为强台风。前者分别相当于世界气象组织分类中的热带风暴和热带强风暴。从1989年1月1日起,我国的台风标准改为与世界气象组织的标准相一致,即风力达 6~7 级的称为热带低压,8~9 级的称为热带风暴,10~11 级的称为强热带风暴,12 级及 12 级以上的才称为台风。

台风降水是我国夏、秋季的重要水源。我国除新疆、西藏外其他各省市均可受台风影响而产生较大降水。约80%的台风在登陆后,可产生日雨量超过 50 mm 的暴雨,其中 30% 以上的日雨量可达到 200 mm 以上,即特大暴雨。在1977年以前的降水记录分析中,在我国 7 次日雨量大于 1000 mm 的超级特大暴雨中,有 6 次与台风的影响有关。

二、台风的气候特征

在太平洋热带洋面上,经常有台风发生,有些对我国有影响,有些则没有影响。中央气象台将对我国有影响的台风划分为编号台风和登陆台风。具体规定即:凡出现或进入150°E以西范围内的,将其编号;凡编号台风中有直接在我国登陆的,在我国台湾和海南岛登陆的包括在内,都称作登陆台风。根据1951~1985年的资料统计,登陆我国的台风主要集中在浙江省以南,其中在广东省沿海登陆最多,接近登陆台风总数的40%,其次是台湾省,占23%,海南省占21%,居第3位。

对于西太平洋热带,一般全年各月都有台风出现,但以2月份为最少,经常全月无台风出现,9月最多。季节分布则是夏季最多,秋季次之,冬季最少。一般7~9月3个月的台风次数占年总次数的60%以上。编号台风年总个数一般在25~26个左右,多时可达三十几个,少时只有十几个。登陆台风年总个数一般8个左右,多时可达12个,少时只有5个。据统计,编号台风个数的峰值在7~10月,个数是4个或5个,2~3月几乎没有编号台风。登陆台风个数的峰值在7~9月,大约2个左右,而自11月到5月则基本上没有登陆台风。

在台风发生的主要季节7~10月里,同一月对于不同年,台风个数可以相差很大。研究发现,台风的多、寡与500 hPa的环流形势有着密切的联系。在台风多与台风少的月,环流特征差别明显。在台风多的月,高纬度盛行负距平,中纬度盛行正距平,低纬度盛行负距平,显示出中纬度高指数环流的特征。高纬度的负距平表明极地冷气团处于发展阶段,中纬度正距平和低纬度负距平表明副高从其正常位置向北移动、赤道辐合带向北扩展。而在台风少的月,环流形式恰好相反,高纬度是正距平,中纬度是负距平,低纬度是正距平,中纬度是低指数环流型。此时,极地气团侵入中纬度,并处于减弱阶段。高纬度气温偏高,副高从其正常位置向南移动,赤道辐合带收缩,从其正常位置向南移动。另外,西行台风多、转向台风多和登陆台风多3种情况下的环流形势也略有不同,副高在我国沿海部分较强,有利于台风在我国登陆。

三、台风的长期预报

台风的长期预报对于发展国民经济十分重要。我国关于台风的长期预报侧重于以下几个方面,即编号台风个数、登陆台风个数、强登陆台风个数、登陆台风出现的时间及台风登陆的位置。关于台风的长期预报,目前在技术上还远不够成熟,常用的方法可概括为以下几类:

一是利用太阳活动做台风个数的预报。根据近百年的台风数资料发现,我国的西行台风数与太阳黑子活动的11 a周期有一定的关系。在太阳黑子高值年及其后的两年中,西行台风相对偏少;从高值年后的第3年到低值年前两年,西行台风活动偏多;从低值年到高值年,西行台风有减少的趋势。由此,可以根据太阳活动11 a周期制作台风数的趋势预报。

二是利用时间序列方法制作台风的长期预报。我国有较长时期的台风数资料,因此可以利用统计学方法,例如方差分析、周期分析、平稳时间序列分析或综合时间序列分析等方法,制作台风数的长期预报。例如,利用周期分析方法,人们发现西行台风数存在大约60 a左右的周期,还存在14 a和11 a的周期,因此可以根据这一规律预报未来年的台风数。

三是利用韵律、前期相似和气候奇异点等方法做台风预报。月台风数、登陆台风数、台风在月内出现的时间和登陆地点的预报,主要是利用韵律规律和阴阳历叠加等方法来制作的。另外,还可以根据前期环流或气象要素场的一些异常特征,从历史上找相似来制作台风的预报。

例如预报经验发现,冬季冷空气活动和台风存在大约 180 d 的韵律,因此,利用冬、春季地面气压值或最低气温值达到某一标准来表示冬、春冷空气活动出现的日期,根据 180 d 的韵律关系,可以制作台风发生日期的长期预报。

四是利用相关、回归做台风预报。即把年或月的台风数、登陆台风数,与前期 500 hPa 高度场或海平面气压场做相关,利用相关高且具有一定物理意义的区域作为预报因子。还可以求台风数与大气环流特征量(例如副高强度和位置、极涡强度和位置、西风指数等)的相关,以及与大气活动中心特征量(例如太平洋高压的强度和位置)的相关,利用相关高的特征量作为因子,利用统计方法做台风的预报。例如,研究发现,当冬半年 500 hPa 上东太平洋到北美西岸的脊强、北美的槽较深时,来年西太平洋编号台风数较多;反之,编号台风数少。据此,从选出的关键区,利用相关回归等统计方法即可做出编号台风的长期预报。

四、台风灾害与"75·8"暴雨

台风具有利和弊的两面性,它能够在伏旱期间带来降水缓解旱情,但是它带来的狂风、暴雨、巨浪和海潮,常对人民生命财产产生严重威胁。根据联合国公布的资料,全球从 1947～1980 年死于台风的总人数为 49.9 万,位居 10 种灾害死亡人数之首。另据亚太台风委员会的资料,西北太平洋沿岸国家平均每年因强台风造成的经济损失为 40 亿美元。

我国地处西北太平洋沿岸,是世界上受台风袭击次数最多的国家。每年夏、秋季节,我国南起广西,北至辽宁的漫长沿海地区都有可能受到台风的袭击。从 1949～1990 年,在我国登陆的台风 285 个,平均每年登陆 7 个。根据 1982～1989 年我国台风灾害损失统计,每年平均有 420 人死亡,经济损失达 32 亿元。

台风所到之处,给人民生命财产造成巨大损失。在台风经过的地区,常出现过于集中的较大范围的暴雨、大暴雨乃至特大暴雨,造成山洪暴发,江河陡涨,甚至导致河堤溃决,水库跨坝;公路、铁路、桥梁被冲毁;农田被淹,作物倒伏,酿成灾难。例如,1986 年,受第 7 号台风的影响,在两天多时间内,广东省有 60 多个县降雨量达 100 mm 以上,使得梅县、汕头、惠阳等地市遭受大范围水灾,其中揭西县龙颈水库两天的降雨量达到 1020 mm,相当于该地区半年的雨量。

台风登陆深入内地后,常引发暴雨乃至特大暴雨。震惊中外的 1975 年 8 月的河南特大暴雨,简称"75·8"暴雨,就是 7503 号台风登陆后造成的。7503 号台风 7 月 30 日在关岛附近洋面上生成,次日发展成强台风,并于 8 月 3 日在台湾省花莲登陆,后于 4 日 2 时登陆福建龙岩,途经过江西、湖南、湖北、河南等省,最后折回湖北境内消失。这次台风先后在台湾、浙江、福建、广东、湖南、湖北、江西、河北、河南等十几个省引发了暴雨,受灾最重的河南省,暴雨面积占全省的 1/3。这次台风造成的最大雨量是 1h 189.5 mm,3h 494.6 mm,6h 830.1 mm,12h 954.4 mm,24h 1061.8 mm 以及 3 d 1605 mm。这些都是此前我国大陆记录中未曾出现的最高记录。3 d 总雨量图上有 3 个超过或接近 1500 mm 的最大中心,分别处于两座大型水库——板桥水库和石漫滩水库的上游,它们酿成了 7 日深夜这两座水库的垮坝,连锁反应引起十几座中小型水库几乎同时垮坝决堤,一时高达十余米的洪水向下游冲去,江河横流,田舍为墟,人畜大量死亡。估计淹没农田约 113×10^4 hm^2,冲毁京广铁路约 100 km,死亡近 10 万多人,直接经济损失达 100 亿元。

五、ENSO 对台风的影响

台风发生在热带海洋上,而厄尔尼诺和拉尼娜则是发生在赤道太平洋东部和中部的海水异常增暖和变冷现象,根据李崇银等(1987)的研究,这一影响大气环流和气候异常的强信号,将会对台风的发生、强度和位置产生明显影响。根据何敏等(1998)的统计,自1949年到1996年,在西北太平洋及南海生成的台风年平均数为28个,登陆我国的年平均数为7个。在此期间,有15个厄尔尼诺年和11个拉尼娜年(包括发生年和持续年)。厄尔尼诺年生成台风数平均为26.4个,登陆平均为6.2个,生成和登陆数正常或偏少的年份分别占厄尔尼诺年数的67%和80%。拉尼娜生成台风数平均为31.3个,登陆为8个,生成和登陆数正常或偏多年份分别占拉尼娜年数的73%和64%。表明大多数厄尔尼诺年台风活动较常年偏少,台风活动在拉尼娜年是增多的。

在太平洋的不同区域,厄尔尼诺和拉尼娜事件对台风生成的影响是不同的。统计表明,厄尔尼诺年台风活动减少主要发生在太平洋西岸,而拉尼娜年太平洋东西部台风活动均增加,东西部的差异不明显。此外,较强的厄尔尼诺和拉尼娜事件在夏季以前结束后,由于大气对海洋的响应还会持续一段时间,这种滞后效应也会使当年的台风活动受到影响,如1997年5月发生的本世纪有观测纪录以来最强的厄尔尼诺事件,虽然在1998年5月结束,但除了1997年生成和登陆的台风数偏少外,1998年生成的台风仅为12个,为1949年以来最少的1年。

在厄尔尼诺年和拉尼娜年,台风生成的位置和强度也有显著差异。在厄尔尼诺年,台风生成的年平均位置比拉尼娜年偏南1.6个纬度、偏东3个经度,台风中心最低海平面气压值比拉尼娜年偏低4.5 hPa,台风中心附近的最大风速年平均值偏高2.6 m/s。因此,厄尔尼诺年较之拉尼娜年,台风生成的平均位置偏南、偏东,强度偏强。

厄尔尼诺和拉尼娜对台风活动影响的差异,与海洋和大气环流形势有关。在厄尔尼诺年,赤道东太平洋海温增高,热带西太平洋海温偏低。在西北太平洋,提供给大气的热量和水汽减少,太平洋低纬地区对流活动减弱,难以满足台风生成所需的低层辐合、高层辐散的环流条件,因此,在厄尔尼诺年台风活动减少。而在拉尼娜年,赤道东太平洋海温降低,西太平洋海温升高,使得西北太平洋对流加强,有利于热带扰动发展,台风活动增强。

不过需要指出的是,上述规律只是对一般情况而言的,由于影响台风活动的因素很多,在少数的厄尔尼诺年,也会出现台风偏多或拉尼娜年台风减少的情况。

第三章　20 世纪全球与中国气候变率

第一节　近百年全球气候变暖

一、全球平均温度序列的建立

全球平均温度是反映地球气候系统状况的一个很重要的指标，但要建立全球平均温度的长序列并不容易。世界上现代气象仪器观测最早始于 17 世纪中期，不过仅仅局限于欧洲少数几个国家。从世界气象组织（WMO）的前身"国际气象组织"1873 年成立，并开始组织在全球范围增设一些台站，进行常规系统观测后，全球温度观测资料的覆盖面和观测质量都得到了较大的提高，所以现在建立的一些全球平均温度的序列也大致从 19 世纪后期开始。当然，这些温度序列也都还存在一些问题，尤其是资料覆盖面问题。早期观测资料很少，P. D. Jones 等序列资料的覆盖面在 1860 不到 18%，1900 年低于 43%，即使是 1998 年最高的月份也只有 83%。其中南半球中高纬地区问题最突出。南极大陆的面积约相当于南半球面积的 1/10，而 20 世纪 50 年代以前南极地区观测气候资料十分稀少，仅有少数探险观测记录，系统的观测是从国际地球物理年（IGY，1957/1958 年）才开始的，即使这样，到 20 世纪 90 年代初，南极大陆上常规的测站也仅仅才有 29 个，其中 1/3 的站又集中分布在南极半岛的狭长地带。

目前建立近百年来全球温度序列较为有代表性的工作主要有 3 家。(1) 英国东英吉利大学（University of East Anglia）琼斯（P. D. Jones）等的全球温度序列，最早是用插值法计算全球陆地 5°纬度×10°经度网格内各自气温值，再按各网格面积大小加权处理，计算出半球和全球平均气温。后来又用了海面温度，并尽量剔除温度观测方法改变及城市热岛效应所带来的影响，并精细到了 5°纬度×10°经度网格。此序列自 1856 年开始。(2) 美国戈达德空间中心（GISS）汉斯（J. E. Hansen）等的序列。计算上首先是把全球划分为面积相等的 80 个大区，各个大区包含 100 个小区，先计算小区的温度，再计算大区及半球和全球平均温度。(3) 前苏联水文气象院维尼科夫（K. Ya. Vinnikov）等的序列。最早是根据北半球单站气温距平手绘等值线，再读出经纬度格点上的值。后来又重新补充资料，采用客观分析方法计算格点值，再求半球平均，并补充了南半球温度，得到全球平均值。其中北半球的序列向前延伸到了 1841 年。虽然这 3 个全球和半球平均温度的序列在建立时使用的方法有些出入，但是结果还是非常吻合的。北半球平均温度彼此一致性最好，它们之间的相关系数都在 0.92 以上。南半球稍差，这与南半球早期资料的缺乏有关。目前以 P. D. Jones 等的全球温度序列使用得更为广泛一些（见图 3.1.1）。

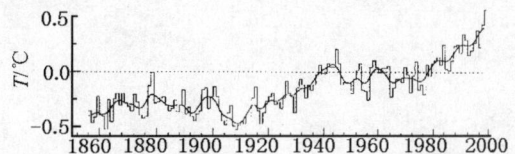

图 3.1.1　全球年平均温度距平（对 1961～1990 平均）(Jones, 1999)

二、全球变暖正在发生

近百年来全球气候变化最突出的特征是温度的显著变暖。虽然究竟是什么原因造成了气候变暖还存在一些争论,但大量的证据表明变暖本身是不容怀疑的事实。几乎所有的温度观测记录分析都表明,从19世纪末期到20世纪90年代,全球平均温度上升了大约0.6 ℃,增暖速率为0.5 ℃/100 a。气候的变暖造成世界上许多的冰川消融,甚至消失,全球平均冰川物质平衡为负;近百年全球海平面平均也上升了15 cm,其中一半估计是由于海水的热力膨胀造成的,另一半是由于冰雪溶化造成的;1970年代开始的卫星观测表明,北半球春季和夏季的雪盖面积,从1987年以来已经减少了10%。这些间接的证据也都说明了20世纪气候在变暖。

不过近百年来全球平均温度的增暖并不是均匀持续的线性变化,而是有其阶段性(见表3.1.1)。20世纪50年代到70年代中期,气温有弱的下降趋势。而气温的升高主要有3次显著的增加,第1次出现在19世纪末期,第2次出现20世纪20~30年代,第3次从20世纪70年代后期开始。这其中第1次变暖比较弱,第2次变暖在北半球表现最突出,第3次变暖趋势最显著。20世纪20~30年代的变暖在夏季表现较为突出,而20世纪70年代后期以来的变暖在冬季和春季最为显著。

表 3.1.1　不同阶段全球温度变化趋势(℃/100 a)(Karl et al., 1999)

	1861~1998	1901~1998	1910~1945	1946~1975	1976~1998
北半球陆地气温	0.60	0.74	1.41	−0.25	3.26
南半球陆地气温	0.40	0.55	1.00	0.15	2.66
全球陆地气温	0.56	0.70	1.31	−0.15	3.09
全球海表温度	0.43	0.65	1.61	0.12	1.83
全球夜间海面气温	/	0.53	1.49	−0.20	1.22

许多研究发现,自1970年代后期以来,全球温度的变暖有加速的趋势。观测的近百年0.6 ℃的增暖中,大约有一半发生在最近的30年。近百年来全球平均气温最高的10 a,都出现在1983年到1998年这短短的16 a中。进入1990年代,全球平均温度的最高记录先后4次被刷新,先是1990年以+0.35 ℃的距平(对1961~1990年平均)超过1988年的0.25 ℃,破了记录,其后最高值在1995(+0.39 ℃)和1997年(+0.43 ℃)又先后被改写,而1998年以0.57 ℃的温度距平再创新高,成为有观测记录以来最热的1年。

与全球年平均温度的变化趋势相比,最高和最低温度的变化也有大致相似的特点。全球大部分地区最低温度的上升趋势非常明显,最高温度也有上升的趋势。不过最低温度的上升趋势是最高温度增加趋势的2倍左右,因此,温度的变幅有下降的趋势。不过有些地方也有例外,如新西兰和中欧,最低和最高温度的上升趋势大致相同,在印度由于最低温度的下降,使得温度变幅反而有增大的趋势。

三、温度变化的区域差别

全球温度变化有很大的区域差别。首先,从整体看近百年来全球平均温度在上升,但不是所有地区都在上升,有些地区在一些时段温度反而有所下降。如在1950年代到1970年代中期,北半球温度有弱的变冷,而同期南半球温度却略有上升。其次,温度上升的地区上升的幅度也不一致。从纬圈平均来看，高纬度上升比低纬度地区要明显，不过高纬度地区本身变率也比低纬度地区要大。从长期情况来看，温度变暖最显著的地区主要是欧亚大陆中高纬地区、北美大陆。

从 1970 年代后期以来，全球温度的变暖非常突出，在不同区域其特征差异同样悬殊。亚洲东部地区温度上升的趋势近 20 年来非常突出，中西伯利亚及附近地区温度上升速率达到 +0.6 ℃/10 a 以上。中国北方到南亚及沿海地区升温速率也在 +0.3～+0.6 ℃/10 a 之间。很明显，亚洲东部大陆及沿海地区，是近 20 年以来全球温度上升最快、最强烈的地区，也是全球增温速率大于 +0.3 ℃/10 a 面积最大的地区。另外，在西欧和北美中高纬温度的上升速度也很高。而此期间也有些地区温度在下降，如北美大陆东北部及格陵兰、南大西洋中纬度地区等，下降速率都在 -0.3～0 ℃/10 a。这是年平均温度的情况，如果从季节看还是有差别的。在冬季，有 3 个变暖极大中心分别位于中、东西伯利亚，欧洲西北部地区及美国东部和加拿大东南部。而加拿大东北部到格陵兰为降温区。在春季，变暖最大的中心覆盖整个亚洲大陆的中高纬度地区以及北太平洋高纬度地区。整个北美中部和东部则是比较大的降温区域。夏季在亚洲东部地区、欧洲地区及地中海沿岸的北非地区、加拿大等地区是最大的升温区。秋季在东亚北部、加拿大东北部增温明显，而在欧洲及西西伯利亚、加拿大的中、西部则是明显的降温区。

四、平流层变冷

安吉尔(J. K. Angell)等最早建立了 1958 年以来的高空自由大气平均温度序列，他们选择了全球范围内分布较为均匀的 63 个测站，其中北半球 38 个，南半球 25 个，这些站都是无线电探空站，所以有对流层及平流层的温度资料，包括 850～300 hPa，300～100 hPa，100～50 hPa 等不同的层次。63 站计算的对流层平均温度与地面观测的气温序列有很好的一致性，与琼斯等的温度序列相关系数达到 0.9，说明安吉尔的序列有较好的代表性。其平流层气温序列表明，平流层在近 20 多年中气温下降剧烈，16～21 km(100～50 hPa)气温自 1960 年代到 1980 年代初，下降趋势明显，1964～1978 年期间下降幅度达 -0.38 ℃/10 a，1979～1995 年则高达 -1.08 ℃/10 a。研究平流层气温还有另外两个序列，澳特(A. H. Oort)和刘(H. Liu)利用了尽可能多的探空资料，约有 800 多个台站，也建立了 1960 年代以来全球平均平流层低层温度 (100～50 hPa)，当然，由于高空气温的变化有很大的空间连续性，所以台站的增加实际上并不表示其代表的面积范围也相应地成比例增加，广阔的大洋上同样是没有观测资料。克服覆盖面不全最有效的办法是利用卫星观测，斯蓬瑟(R. W. Spencer)和克里斯蒂(J. R. Christy)公布了他们利用卫星观测的微波辐射资料(MSU 通道 4，反映 120～40 hPa 整体辐射情况)计算的平流层温度序列，可惜的是资料时间较短。这些序列间都有很高的相关，虽然长短有变化，但相互间相关系数都在 0.84～0.98 间，也都支持近二三十年里，全球平流层气温一直在下降这个结论(见表 3.1.2)。

表 3.1.2　平流层底层气温变化趋势的估计(单位：℃/10 a)

	Angell	Oort 和 Liu	MSU 通道 4
1979～1995	-1.08	/	-0.33
1979～1989	-1.57	-0.85	-0.79
1978 以前	-0.38	-0.63	/

决定大气温度的机制,在接近地表的对流层与高空的对流层有很大的不同。在对流层,地面温度的上升一方面可以通过对流活动使热量向对流层高空输送;另一方面由于对流层水汽和二氧化碳的含量较高,可以吸收大量的长波辐射,因此,近地面温度的上升也必然造成整个对流层大气温度的升高。而在平流层情况则不同,由于气温随高度增加而上升,所以并不存在对流活动,也就不存在对流所产生的垂直方向的热量输送。使平流层获得热量的途径主要是臭氧等物质吸收太阳短波辐射所致。如果平流层大气中二氧化碳及水汽含量增加,那么由于来自地面的长波辐射大部分为对流层所吸收,到达平流层的很少,而二氧化碳及水汽含量同时还要以红外辐射的方式向宇宙空间放射能量,所以反而会使平流层大气温度下降。所以,如果大气中二氧化碳浓度增加,会使对流层升温、平流层降温。

大量气候模式对二氧化碳增加气候变化的数值模拟,也得出对流层气温上升而平流层大气温度下降的结论。当然,不仅仅是二氧化碳,其他温室气体增加的话,结果也一样。

五、大气环流对温度的影响

全球变暖一个很显著的特点是区域不一致性,有些地方温度上升,而有些地方则下降。这种变化表现出一定的内在结构,而这种结构与大气环流的变化是密切相关的。哈瑞尔(Hurrell)和凡隆(van Loon)指出最近北大西洋海表温度(SST)的变冷及欧亚大陆的变暖,与北大西洋涛动(NAO)的持续偏强有直接关系。而北半球中高纬地区年平均气温的年际变率的近1/3也可由北大西洋涛动的变化得到解释。约莱夫(Yulaeva)和华莱士(Wallace)发现全球低纬和中高纬对流层温度都与ENSO(El Nino/Southern Oscillation)有很好的对应关系,只是气温响应时间比ENSO约落后3个月,而且低纬响应幅度大,中高纬响应幅度小。华莱士等认为IPCC所评估的最近的加速增暖部分几乎全都是由ENSO和北大西洋涛动的的年代际变化分量所造成的,因此加速增暖必然不能持久。如果ENSO和北大西洋涛动的位相在下一个年代反过来,即使是目前中等强度的全球增暖趋势都将被抵消,高纬大陆冬季气温将下降。不仅是北半球,最近工作也表明南半球中高纬地区的气温变化与南极涛动(AO)有密切的关系。

大气环流系统有很多,不同的环流因子影响的区域和强度都是不一样的。近地面大气环流系统中主要是海平面气压场上的大气涛动,龚道溢和王绍武指出全球大气涛动对北半球冬季温度方差贡献主要是在低纬和中高纬大陆地区及北太平洋部分区域,40°N以北大部分陆地总的贡献率达30%以上,热带3/4地区也在30%以上。近百年气温和大气涛动关系表明,3个涛动对北半球冬季、夏季和年平均气温的变化贡献分别达31.8%、2.6%和12.8%,也是以冬季影响最大。用大气涛动可以解释近20多年来气温上升的很大一部分方差,说明在原有气温上升的趋势上,由于叠加了近期大气涛动引起的气温变化,所以才形成了1970年代末以来的加速变暖现象。

大气环流与温度之间的关系可能比较复杂,大气环流的变化能够影响区域温度,而温度的改变同样也会影响大气环流。因此,近百年来全球温度变暖不仅仅是通过辐射过程直接影响,也包含了通过影响大气环流造成的间接作用。

第二节　20世纪全球降水状况

一、全球陆地平均降水

由于降水在时间和空间上的连续性都很小,所以1个站的观测记录所能代表的区域范围比温度要小得多,要估计全球平均降水就需要大量的观测台站,实际上降水观测资料比温度的要少得多,建立近百年来全球平均降水序列更不容易。最近30多年来,有许多全球降水的估计,对全球平均降水这个基本量的估计都有较大出入,最少的估计只有784 mm,最多的有1130 mm,取1960年以来近20位作者估计值的平均是977 mm。

降水序列的不确定性很大,首先是各地降水观测仪器不一致,互相间存在偏差,有些台站不同时期的观测仪器也多次变更,这种仪器带来的系统偏差可以进行修正,其次,是台站数量的变化,如侯蒙(M. Hulme)使用的降水测站20世纪初期有1378个,而在1960年代,则有5759个。威蒙特(C. J. Willmont)和勒给茨(D. R. Legates)指出在19到20世纪之交,测站数量及分布的改变,造成全球陆地平均降水的误差可以达到10%～15%。而通常认为,可信及可以接受的误差范围是±5%。

降水记录绝大部分都是在陆地上,相对来说陆地平均降水的长时间序列是可以往前延伸到100多年的。比较有代表性的工作有两个,一个是布拉德里(R. S. Bradley)等的序列,最早只是北半球陆地平均降水,共用了近1500个站的记录,先将每个站的降水换算为Γ分布的百分位数,再插值到网格上,最后合成为北半球平均值,此序列往前到了1850年,后来埃设德(J. K. Eischeid)等补充计算了全球陆地降水。另外一个是侯蒙的序列,也是首先由全球观测站点降水整理成格点平均降水,再计算出全球平均陆地降水量,此资料集开始于1900年,不过早期资料不确定性仍然较大,最为可靠的是从20世纪40年代以后。这两个序列中使用的资料有80%左右是相同的,因此,两者间也大体上一致,见图3.2.1。

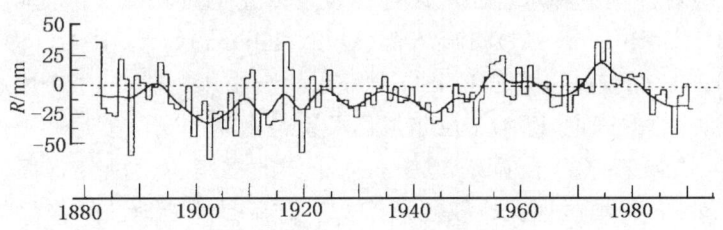

图3.2.1　全球陆地平均年降水量距平(对1961～1990平均)
(Vose et al.,1992)

二、降水变率的区域特征

全球陆地降水在不同区域有很大的差别。侯蒙曾经分析了20世纪全球范围9个有代表性的干旱或半干旱地区的降水变化特征,这9个地区分别是(1)美国西南部,(2)亚洲西南部,(3)东亚中部,(4)非洲北部,(5)非洲萨赫勒地区,(6)非洲之角地区,(7)非洲南部地区,(8)澳大利亚以及(9)南美南部巴塔哥尼亚地区。这9个地区没有一致的变湿或变干的线性趋势,不过在萨赫勒地区降水有明显的下降趋势,约为-21%/100 a;巴塔哥尼亚地区有明显的增加趋势,约为＋18％/100 a；澳大利亚的降水也有显著减少趋势，约为－14％/100 a（见表 3.2.1）。降水的变化与温度间的关系可能比较复杂，因为这些区域近百年来都在变暖，但降水的变化却没有一致的特征。此外，降水的波动受很多因素的影响，而大气环流则是最为直接的影响因子，所以降水的区域特征很大程度上受全球及区域大气环流、下垫面特征等因子的控制。

表 3.2.1　全球 9 个干旱及半干旱地区 20 世纪降水变化

（数字代表的区域见上文）(Hulme,1998)

	区　域									全球	陆地
	(1)	(2)	(3)	(4)	(5)	(6)	(7)	(8)	(9)	(1)～(9)平均	
1961～1990 降水(mm)	483	297	254	237	451	486	457	375	340	359	999
降水趋势(mm/100 a)	17.7	6.1	5.2	－14.9	－96.8#	0.6	－26.5	52.4	62.6*	－11.1	30.6#
温度趋势(℃/100 a)	0.59*	0.88#	1.27#	0.55#	0.21	0.47	0.93#	0.65*	0.28	0.65#	0.52#
年降水与温度相关	－0.11	－0.11	－0.22	－0.34#	－0.35#	－0.27	－0.50#	－0.20	0.06	－0.20	0.36#
计算相关资料长度(年)	95	95	86	95	95	37	94	88	94	95	95

＃ 达到显著水平 99.9％；　＊ 达到显著水平 99％

从半球或纬圈平均来看，20 世纪降水的差异也是显著的。南半球陆地降水表现出弱的上升趋势，在 70 年代中期降水为极大值，此外在 10 年代后期到 20 年代初也是一段比较湿润的时期。北半球中纬度地区降水没有明显的长期趋势。但在北半球热带地区与高纬度地区的降水都有显著的年代际变化，且有相反的趋势：在 40 到 50 年代，高纬度地区降水偏少，而热带地区则是 1900 年以来降水最多的一段时期；70 年代以来高纬度地区降水持续偏多，而热带地区则是 20 世纪最干的一段时期。

三、全球陆地降水与 ENSO

ENSO（即厄尔尼诺-南方涛动）具有全球尺度的影响，一方面，其影响可以通过大气环流，包括哈得莱环流及大气遥相关等向中高纬度地区传播，另一方面还可以通过海洋中各种波进行传播。所以，全球许多地方降水、温度、风场等要素都会受到 ENSO 的影响而出现异常。

罗宾列斯基（C.F. Ropelewski）和哈培特（M.S. Halpert）曾利用 1700 多个站点的月降水资料来分析其对 ENSO 的响应，指出 ENSO 对降水的影响在全球有 17 个中心地区，这些地区内的影响比较一致。总的来说，降水与厄尔尼诺关系最密切的是印度尼西亚的干旱、澳大利亚的干旱、印度干旱、巴西东北的干旱、赤道中东太平洋的多雨、秘鲁北部和厄瓜多尔沿岸的多雨。除了这些地区外，其他地区情况比较复杂。总之，并不是所有地区降水都与 ENSO 有关，即使是有关系的地区，其降水变化对 ENSO 不同位相的响应及强度也都是有差别的。

龚道溢和王绍武（1999）利用美国国家气候数据中心的全球陆地降水资料，统计了 1870～1996 年期间发生的厄尔尼诺和拉尼娜事件，及其与全球陆地平均降水的关系。发现发生厄尔尼诺时全球陆地平均降水偏少，而发生拉尼娜时全球陆地平均降水偏多。在总共 127 年中有 41 个厄尔尼诺年，40 个拉尼娜及 42 个正常年份，在 41 个厄尔尼诺年中，全球陆地平均降水偏多（正距平）的情况有 6 次，而降水偏少（负距平）的情况有 35 次，降水偏少的概率是偏多概率的 5.8 倍；反之，在 40 个拉尼娜年份里，降水偏多的次数是 34 次，而偏少的次数仅为 6 次，前者是后者的 5.7 倍；在 42 个非 ENSO 年份里，降水偏多和偏少的情况分别出现了 19 次和 23 次，大致相当。全球陆地平均降水与 ENSO 的这种关系，在统计上的显著性非常高。此外，全球陆地平均降水序列的功率谱分析表明，有 6～8 a、4 a 及 2～3 a 的显著准周期，都与 ENSO 的年际变率相近,因此也进一步说明至少在年际时间尺度上,ENSO对全球陆地平均降水的影响是很重要和显著的。

四、萨赫勒(Sahel)干旱

萨赫勒(Sahel)在阿拉伯语中意为"沙漠之边",指非洲撒哈拉大沙漠南沿的横跨非洲的东西向的半干旱地带,跨乍得、冈比亚、马里、毛里塔尼亚、尼日尔、塞内加尔等许多国家。此地区介于北方干旱的大沙漠和南方湿润地区之间,多年平均降水约在100~400 mm左右,居民主要以牧业为主,生产水平落后,受气候变化影响极大,由于降水年际变率很大,所以极易发生旱灾。

在历史上萨赫勒地区经常发生旱灾,如19世纪20年代、30年代,20世纪10年代、40年代先后发生过严重的干旱,这些干旱持续的时间都没有超过10 a,如20世纪40年代的干旱主要是发生在1939~1943年。从1960年代后期开始,萨赫勒地区降水持续偏少,一直到1993年出现接近120 mm正的降水距平为止,严重的干旱持续了20多年之久,这是20世纪持续最长的干旱。对当地的环境和经济造成了重大破坏,如仅仅在1968~1973年间,干旱就使撒哈拉沙漠向南扩张了500 km以上,旱灾影响到了16个非洲国家,受灾面积相当于美国领土的2/3,死亡约25万人。

人类的活动如过度放牧或不适当的开发,可能是引起或者加重旱灾的一个重要因子。但是应该看到,气候系统内部的变化很可能是最主要和最直接的原因,如ENSO对萨赫勒降水就有显著影响,1972~1973年、1982~1983年是很强的厄尔尼诺年,这几年萨赫勒地区降水都显著减少,是极小值年,使本已严重的干旱更加恶化。另外,弗兰(C. K. Folland)发现,萨赫勒地区持续的干旱或多雨与南北半球海温的差别有关,当南半球的海温比北半球的海温低的时候,萨赫勒地区为多雨期,相反则为干旱期。此外,气候系统的年代际变化也可能是造成萨赫勒地区持续干旱的一个因素。

五、美国的"大尘暴"

20世纪30年代美国发生了有记录以来最严重的干旱。这场干旱,从1930年一直持续到1941年,也是美国20世纪持续时间最长的旱灾,它遍及美国许多州,以及加拿大和墨西哥部分地区。其中尤其以1930、1934、1936和1940年旱情最为严重。如1934年,旱灾范围从东海岸的宾夕法尼亚一直延伸到西海岸的加利福尼亚,其涉及范围覆盖了美国本土面积的61%。这场干旱的特点除了降水稀少,影响范围面积大之外,另一个突出特点是同期气温非常之高。美国中部平原及西部地区6月和7月的气温,1990年代以前的历史最高值,都出现在1930年代。1895~1988年期间,美国年平均气温最高的20年中,有6个出现在1930年代,非常集中。因此,降水奇缺及罕见高温的同时出现,使得灾情尤为严重,使正处于大萧条时期的美国社会和经济雪上加霜,特别是对农业更是灾难性的打击。

由于旱情严重,一些主要的河流水位急剧下降,甚至可以赤足涉徒而过;水库干涸,只留下开裂的泥床;灌渠更是空空如也。严重的干旱致使植被大量死亡,使得地表直接裸露于大气,形成严重的风蚀,个别地方甚至出现了流动的小沙漠,波浪性的沙丘借助风力向前流动。因此,大风将大量的尘土吹扬到空中,形成严重的尘暴。如称为"黑色星期天"的1935年4月14日,在得克萨斯的斯特拉福特(Stratford)出现的尘暴,看起来像滚滚浓烟,黑压压铺天盖地而来。人们整个白天都点上灯光,躲在学校的教室里,仍然是满身尘土,空气中大量的灰尘使人呼吸都很困难，恐惧的人们跪在地上不停地祈祷。很多时候这种狂风劲吹、尘沙迷漫、暗无天日的天气能持续数天之久，其中在 1934 年曾经有两次其肆虐的范围几乎波及半个美国。因此，人们也用"大尘暴"(Great Dust Bowl)一词来形象地称呼 20 世纪 30 年代美国的干旱。根据树木年轮资料分析，美国 30 年代的干旱至少在西南部很大一部分地区，是最近 700 年以来最为严重的干旱。

第三节 中国气温变化

一、中国气温序列

中国比较连续和覆盖比较完整的观测记录，是从 1951 年开始的。再往前就只有东部地区少数几个站如北京、上海、广州、哈尔滨等有上百年的观测资料。因此，要建立长的中国年平均气温序列，需要考虑两个问题：一是如何才能使这个序列能很好地代表整个中国，早期资料少、后期资料多，西部资料少、东部资料多，而使用的站点的多少、分布及其代表的区域范围大小都有差别，也都能影响序列的代表性；二是如何将序列延长到 19 世纪后期，如果只考虑用观测资料，则早期显然不能包括西部广大地区，序列只能是较好地反映东部沿海温度的状况。因此，对于没有观测记录的地区和时段，必须要使用各种反映温度变化的代用资料。

王绍武等（1998）根据相关分析，将我国分为 10 个区，即东北、华北、华东、华南、台湾、华中、西南、西北、新疆和西藏。这 10 个区里的温度变化都有相对较好的一致性。对 1951 年及以后的时段，各区取 5 个站的平均来代表区气温，再乘上每个区的面积权重系数，相加得到了全国的年平均气温序列。对 1951 年以前的所有 10 个区的温度，分别根据实际情况利用气温等级图、冰芯 $\delta^{18}O$ 及树木年轮资料进行恢复。这样，将中国 10 个区的年平均气温序列向前延长到了 1880 年。再将 10 个区温度考虑面积权重后，合成全国平均温度，这样就得到了 1880 年以来的代表整个中国的年平均气温序列（见图 3.3.1）。

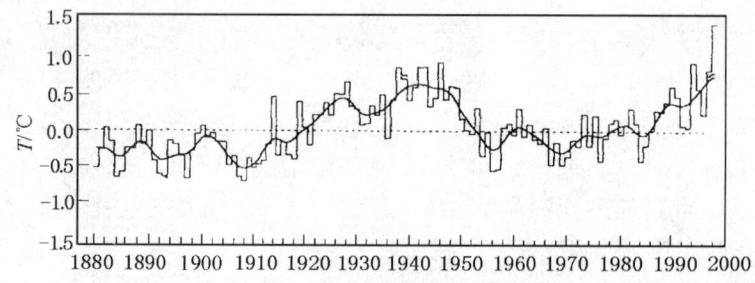

图 3.3.1 1880～1998 年中国年平均气温距平序列（对 1961～1990 年平均）
（龚道溢和王绍武，1999）

二、1998 是 1880 年以来最暖的一年

1998 年是有观测记录以来全球最暖的一年。在全球变暖的大背景下，中国的气温也有上升的趋势。许多台站的观测记录表明 1998 年的气温显著偏高，对中国大陆地区 160 个站年平均气温直接平均，对 1961～1990 年平均的距平达到了 +1.35 ℃，也是 1951 年以来的最高值。王绍武等（1998）建立了覆盖中国 10 个区的年平均气温序列，根据这种考虑区域权重因子方法计算的全国平均气温 1998 年距平值达到了 +1.38 ℃，是最近 119 年中最高的一年。当然，早期温度序列都有一定的不确定性因素，需要考虑可能的误差范围。1880～1910 期间年平均气

温相对误差为 0.27 ℃,1911～1950 期间为 0.16 ℃。考虑到相对误差带进来的温度不确定性的上限后,各温度极大值仍然都低于+1.38 ℃,因此,可以肯定 1998 年的确是中国 1880 年以来最暖的 1 个年份。而且 1951 年以来的观测资料分析,1998 年中国各月平均气温,有 5 个月份是最近 48 年中的最高值(这些月份分别是 2、4、9、10 和 12 月),此外 6 月份是第 2 高值,11 月为第 3 高值,7 月为第 4 高值,5 月为第 5 高值。可见,1998 年气温的变暖不仅仅是集中在冬季和春季,夏季和秋季气温的升高同样也很显著(见图 3.3.2)。

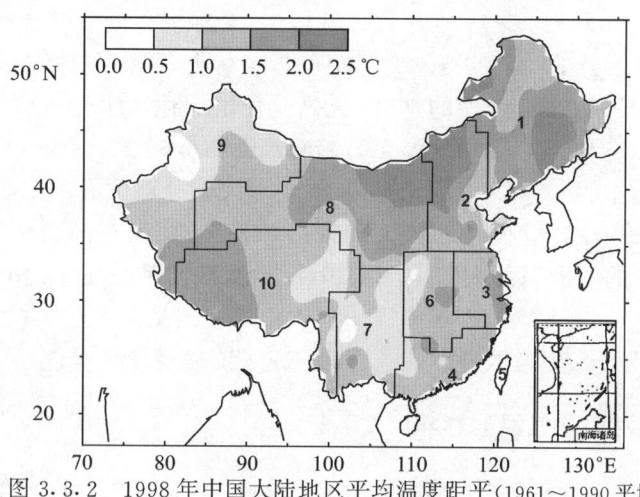

图 3.3.2　1998 年中国大陆地区平均温度距平(1961～1990 平均)
(龚道溢和王绍武,1999)

三、中国四季温度变化

20 世纪后半期的资料显示我国四季的温度变化还是有很大的不同的。春季气温偏低的时段出现在 1950 年代、1970 年代初期和 1980 年代中,其中 1950 年代偏低最显著,气温最低的春季是 1970 年。而气温偏高的时段为 1960 年代、1970 年代中至 1980 年代末期以来。夏季气温在 1960 年代中期以前偏热,1960 年代中期以后至 80 年代中期偏凉,其中 1976 年为最低值,80 年代后期到 1990 年代又显著偏热。秋季气温在 1960 年代初到 1960 年代中期及 1980 年代以来偏高,在 1960 年代后期到 1970 年代初偏低。冬季气温的变化与年平均气温比较一致,1950 年代和 1960 年代后期到 1970 年代初冬季气温比较低。从 1970 年代中期以来冬季气温上升趋势显著,如北方从 1980 年代以来已经连续出现 10 多个暖冬。

四季气温变化的空间分布也有不同的特点。例如在 1980 年代,春季平均气温华北和东北地区偏高 0.4 ℃以上,而新疆大部分地区、青藏高原、西南和华南地区则偏低 0.1～0.2 ℃。夏季气温在长江流域、江南和新疆大部都偏低 0.1～0.3 ℃,其中四川东部地区偏低达 0.3～0.5 ℃,全国其他地区则偏高 0.1～0.2 ℃。秋季大部分地区比多年平均略偏高。冬季气温南方地区接近正常,而北方地区显著偏高,35～45°N 地区较常年偏高 0.3～0.6 ℃,东北大部分地区冬季气温偏高达 0.6～0.9 ℃。

四、中国气温变化与全球变暖的关系

近百年来全球气候变暖也影响着中国的气温变化。从 1880～1998 年 119 年的资料看,全球变暖的趋势为 0.53 ℃/100 年,中国气温上升的趋势也与之很接近,为 0.50 ℃/100 年,二者相关系

数达0.60。不过影响中国气温变化的因素除全球性的变暖之外,还受其他一些因子,如东亚大气环流等的影响。所以,比较起来中国的温度变化也有一些与全球温度变化不同的地方,如近百年来全球与中国温度显著升高都有两个高峰时期,一个在1930到1940年代,另一个是1980年代以来,所不同的是全球最暖以后者最显著,强度要超过前者,但是在中国则是1940年代温度高于1980年代。

从最近的情况来看,1998年中国气温创近百年来的最高记录并不是一个偶然现象,与全球大尺度气候变暖有密切联系。从1970年代后期以来,全球气温变暖有加速的趋势,在此背景下,亚洲东部地区温度上升的趋势自1980年以来非常突出,亚洲东部大陆及沿海地区,是近20年以来全球温度上升最快、最强烈的地区,也是全球增温速率大于$+0.3\ ℃/(10\ a)$面积最大的地区。1979~1998年中国年平均气温上升趋势高达$+0.52\ ℃/(10\ a)$,显著高于同期全球温度$+0.19\ ℃/(10\ a)$的上升趋势。此外,1998年全球大部分地区温度都是正距平,从分布上看有3个地区为增暖中心,分别位于北美大陆中高纬地区、亚洲东部地区和赤道东太平洋地区。其中包括中国在内的亚洲东部大陆地区及相邻沿海,温度距平在$+1.0$~$+2.0\ ℃$之间,部分大陆地区超过$+2.0\ ℃$。可见,1998年中国出现近百年来的最高气温,并不是一个局地现象,它与全球性的增暖及亚洲东部地区持续快速升温有直接的关系。

五、西伯利亚高压对中国气温的影响

西伯利亚高压是冬季控制亚洲大陆近地面大气环流及气候要素的最重要环流系统,很早人们就发现西伯利亚高压的强弱及位置变化对东亚地区及中国冬季气温、气流等的变化有非常重要的影响,因此受到高度的重视。西伯利亚高压强度与亚洲大陆腹地及东亚大部分地区气温的相关系数都是负的,相关高的中心地区主要是110~140°E的东部地区,集中分布在俄罗斯远东地区、中国东北及沿海地区的带状区域。另外,孟加拉国及其以北小部分地区相关也较高。冬季110~140°E地区正好是东亚冷空气向南侵袭的通道,当西伯利亚高压强时,冬季风强,相应南下冷空气活动强,造成这些地区强烈的降温。反之,西伯利亚高压弱时,冬季风弱,冷空气活动也较弱,气温则相对较高。其次,北西伯利亚高压中心南侧气压变率也比较大,当高压

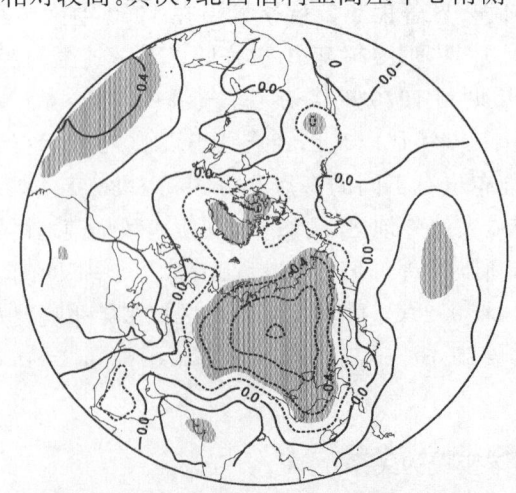

图3.3.3 我国冬季平均气温与同期北半球海平面气压的相关系数
(1951~1997,阴影区达到95%信度)(龚道溢和王绍武,1999)

偏强时利于冷空气沿青藏高原东侧南下,对孟加拉国及其以北地区造成影响(见图3.3.3)。

西伯利亚高压的年际变化,对北京、上海和全国冬季气温方差的解释率分别达41.0%、41.0%和43.6%。从我国气温的长期变化来看,西伯利亚高压的影响也是显著的。1910～1994年85个冬季来看,西伯利亚高压强度与北京和上海气温的相关系数分别达-0.50和-0.43,与全国平均气温相关为-0.53,都超过99%信度水平。近百年来,西伯利亚高压强度的变化有显著的阶段性,1960年代到1970年代强度偏强,从1980年代以来则持续偏弱。1960年代是近百年来最强的一段时期,1980年代后期到1990年代则是近百年来最弱的一段时期。这与我国气温在1960～1970年代的低温及1980年代以来的显著增暖都是一致的。这说明在年代际的尺度上,西伯利亚高压对我国及东亚地区的气候变化也有显著影响。

第四节 中国降水变化

一、中国降水序列的建立

中国降水观测序列除东部地区少数站外,大都只有不到50 a 的长度。20世纪70年代初杨鉴初与张先恭等绘制了月降水量等级图,降水量按等级分为5级,开始于1900年1月,到1970年12月止,但是在绘制过程中20世纪初只有少数站,而后期则有160多站,并且覆盖面变化也很大,早期只是沿海地区,而后期则包括了整个大陆,因此序列不均匀。所以,要建立一个能反映中国降水量主要特征的长序列,也要考虑对中国是否有较好的代表性,以及如何保证序列的均匀性。与建立温度序列相似,不过比温度序列更困难,因为降水的时间和空间尺度都很小,每1个站的降水所能代表的范围比温度要小得多。所以即使采用代用资料也很难做到覆盖中国大部分。不过实际上中国降水主要是集中在东部地区。所以,王绍武等在105°E以东、45°N以南地区,选择分布比较均匀的35个站,包括台湾省的台北和恒春两个站,建立1880年以来的四季降水量序列,以此来反映中国的降水量变化。降水资料包括3部分:1951年以后是降水量观测值;1900～1950年是月降水量等级图,月降水量由月降水量等级与降水量关系转换而得到;1900年之前有观测记录的直接用观测记录,没有观测记录的用史料插补。插补的方法与绘制五百年旱涝等级图相似,再根据1951年以来旱涝等级与降水量关系计算出早期的季降水量。这样就得到了1880年以来35个站的四季降水量序列,再合成为年降水量(见图3.4.1)。

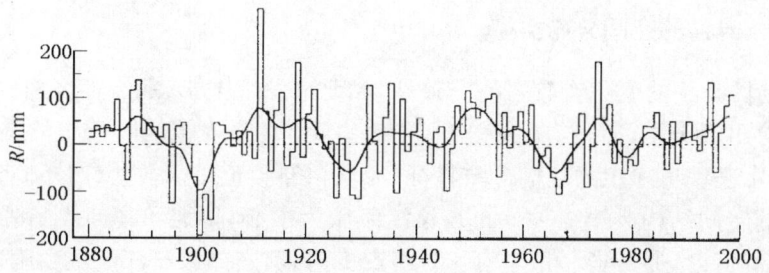

图3.4.1 中国平均年降水量距平
(对1961～1990平均)(王绍武等,1998)

二、降水的年代际变化

许多分析中国降水量变化的文献都指出 1950 年代是多雨时期,而从 1960 年代开始是少雨时期。从更长的序列看,类似的年代际尺度的干湿波动出现过多次:1980 年代是降水偏多的时期,19 世纪末到 20 世纪初是一个很强的少雨期,1920 年代后期又有一个旱期,1930 年代到 1950 年代是一段持续偏湿的时期。总体上看,最近 100 多年来,我国降水并没有显著的变干或变湿的长期趋势,降水偏多和偏少的时期交替出现,大致可以分出 6 个多雨时段和 5 个少雨时段,有 20~30 a 左右的准周期性(见表 3.4.1)。

表 3.4.1 1880~1998 年期间我国降水的干湿阶段

(东部 35 站平均)(王绍武,1999)

	偏润阶段			偏干阶段	
序号	年	距平(mm)	序号	年	距平(mm)
1	1881~1885	42.2	1	1899~1902	−109.6
	1888~1892	72.0	2	1925~1929	−75.5
2	1911~1915	94.5	3	1942~1946	−19.9
	1918~1922	65.2	4	1963~1968	−65.1
3	1931~1935	45.7	5	1978~1982	−30.4
4	1950~1954	90.0			
5	1972~1976	62.6			
6	1990~1994	43.2			

中国降水的这种波动与全球陆地平均降水的年代际变化有许多相似之处,如严中伟等曾指出 1960 年代的中期降水由多变少,不仅仅是发生在中国,而是北半球范围内出现的行星尺度现象;从 1920 年代中期到 1930 年代中期全球陆地少雨,中国也偏少;从 1940 年代中期到 1960 年代全球陆地平均降水偏多,中国也出现类似情况。不过有时也不一致,如 1930 年代中国多雨,而在全球反映并不明显。因此,中国降水年代际变化除受全球干湿变化的影响外,还与其他一些气候因素的影响有关。

三、中国降水异常的空间分布类型

通常某一地区降水的变化有较强的一致性,如北京发生干旱,那么很可能在河北或华北很大范围都会同时出现干旱,而且有时还出现相距很远地区降水也同时偏多或某些同时偏少的现象,降水的异常表现出一定的空间分布特征,而利用经验正交函数法(EOF)可以很好地揭示我国降水异常的空间结构。第 1 种分布是长江流域为中心,华北和华南为另外相反性质的中心,如果长江流域多雨,那么华北和华南容易出现少雨,反之如果长江流域少雨,那么华北和华南容易出现多雨的情况。第 2 种分布是南北型,即北方是一个中心,南方为相反的中心,当北方降水偏多时,南方易偏少,反之北方偏少时则南方偏多,如 1997 年夏季,就是南方降水偏多,而北方降水异常偏少。当然,这些分布型中心的异常强度并不是完全相同的,通常是以某一个中心的降水异常偏多或偏少为主,而另外中心的变化则相对要弱些。如第 1 种分布,长江流域严

重洪涝和华北、华南严重干旱同时出现的情况很少,通常是长江流域出现严重洪涝,而华北和华南降水略偏少(见表3.4.2)

表3.4.2 我国降水异常的空间分布类型

序号	名称	特征
1	1a型	全国多雨,以长江流域为主
2	1b型	长江流域多雨,华南、华北少雨
3	2型	江南多雨,江北少雨
4	3型	长江流域少雨,华南、华北多雨
5	4型	江北多雨,江南少雨
6	5型	全国少雨

四、旱涝异常与温度冷暖有关吗?

气候冷暖变化对降水的影响是一个广泛关注的问题。如对全球变暖的影响,最初人们关心的是全球变暖幅度有多大,以及相应的降水究竟是增加还是减少。通常认为,如果全球变暖,就会加快全球的水文循环过程,那么全球平均降水量会增加,洪涝更为频繁。侯蒙根据1900~1994年资料计算,发现全球陆地平均降水与温度相关系数在年际尺度上为+0.36,在年代尺度上为+0.51,显著性都超过99.9%。对温室气体增加、全球变暖情景的模拟也显示,如果温度上升1℃,全球平均降水增加量在1.5%~3.0%。不过降水对温度变化的效应有很大的地区差异。

气候变暖对我国的洪涝灾害的强度和频率有何影响,也是人们密切关注的问题。从1950年代到1970年代中期,北半球温度有弱的下降趋势,1970年代后期以来则是显著的变暖趋势。1950年代以来的观测资料显示,当北半球温度下降时,我国东部地区夏季降水也呈下降趋势,而当北半球温度上升时,我国东部地区夏季降水则增加。从1950年代到1970年代中期,长江中下游地区、华北地区和东北地区的降水都呈下降趋势,分别达到$-9.1\%/10a$、$-6.8\%/10a$和$-6.7\%/10a$。从1970年代后期到1990年代后期,华南地区、长江中下游地区、华北地区和东北地区的降水全都有增加的趋势,其中华南地区趋势最强,达$+14.6\%/10a$,长江中下游地区、华北地区和东北地区分别为$+9.5\%/10a$、$+2.2\%/10a$和$+6.8\%/10a$,从整个东部平均看,1950年代到1970年代中期,降水趋势是$-5.4\%/10a$,在1970年代后期到1990年代后期是$+7.5\%/10a$,显著水平分别达到了95%和99%。不过,从近百年来的关系看,我国降水并无明显的增加趋势。看来降水对温度增暖的响应比较复杂,一个方面影响降水的因子很多,另外一个方面降水与温度间可能并不是线性的关系。数值模式模拟结果表明,随着温室效应的加强,我国东部降水有增加的趋势。因此,如果未来温室效应加强导致全球进一步变暖,对我国旱涝异常可能会有显著影响。

五、影响我国降水的因素

影响我国降水的因素有很多,由于我国降水主要发生在4~9月,因此对影响我国汛期降水因子及汛期降水预测一直是人们研究的一个重要课题。我国属典型的季风气候区,夏季风的异常对汛期降水的影响占非常重要的地位,通常情况下,如果夏季风偏强,华北和华南的降水也偏多,而长江中下游地区降水偏少;反之,当夏季风偏弱时,华北降水偏少,而长江中下游地区降水会偏多。影响我国汛期降水的另外一个特别重要的因子是西太平洋副热带高压(副高),当副高位置偏南时,雨带一般也偏南,位于江南;当副高位置偏北,雨带位置随之北上,华北地区及东北一带成为雨区;如果副高位置长期维持在一个位置,会造成相应地区大量降水,极易导致异常洪涝灾害。当然,不仅是副高的位置,其强度、北界、西界等对我国降水都有重要影响。通常情况下,长时间大范围的降水异常都与冷暖空气的交汇和维持有关,中高纬度的天气系统如阻塞高压,对冷空气的向南输送起着重要作用,因此,也是影响我国降水的重要环流因子。19世纪人们就注意到,亚欧大陆及青藏高原冬、春的积雪,能改变下垫面的热状况,进而影响夏季风的活动异常,进而影响夏季降水。当然,气候系统是一个相互作用的有机整体,除上面提到的这些方面以外,还有其他很多因子如厄尔尼诺、西太平洋暖池的海温等,也影响着我国降水。但这些因子影响我国降水的途径和方式很复杂,有时某些因子起主要作用,而在另外一些时间里,可能又是其他的因子起主要作用,如1998年夏季我国长江流域的特大洪水,就可能与1997/1998的厄尔尼诺及1997/1998冬季青藏高原特大雪灾这两个因子有很大的关系。

第五节 中国的气候灾害

一、什么是气候灾害

气候灾害通常是指由于大范围、持续性的气候异常所造成的灾害。这与天气灾害是不同的,后者一般是指局地性、短时间的强烈天气而带来的灾害,如台风、暴风、龙卷风等。而气候灾害的时、空尺度都很大,通常表现为某一时期内的某种气候趋势,如气温的持续偏高或偏低,降水量的偏多或偏少。由于气候灾害是由气候异常引起的,因此气候是否出现异常、以及异常的程度如何都可以用来确定或表示气候灾害的严重程度。联合国世界气象组织(WMO)有一个规定,即距平达到标准差σ的2倍时为异常。这里说明一下什么是标准差。这是一个统计学上的量,通常用σ表示。把30年的距平,每1年平方、求和、平均再开方得到σ。其意义代表平均距平的大小。为什么不用距平的绝对值平均呢?过去也有人应用过。但是那样得到的值与概率无直接关系。现在公认σ是一个代表气候要素变化的量。有时,因为各地气候不同,例如北方气温变化幅度大,南方气温变化幅度小,不便比较。所以,把距平被标准差除,这样得到的距平称为标准化距平。一般标准化距平多变化于±2.0以内,无论是不同地区的气温,还是气温与降水量不同要素均可比较。如果一个要素的变化遵从正态分布,则$\geq 2\sigma$(或$\leq -2\sigma$)的概率为2.28%,即相当于大约44年一遇。所以,有时也可以用概率来判断。例如日本气象厅就曾以30年一遇为异常。当然,对于一些具体的气候要素或现象,也有根据实际需要定异常标准的。如对夏季降水,距平百分率(距平与多年平均值的比值)在$-25\%\sim-50\%$之间为旱,$\leq -50\%$为大旱,在$25\%\sim50\%$之间为涝,$\geq 50\%$为大涝,就是一个常用的指标。

影响我国的气候灾害主要有干旱、洪涝、冷害等。这些气候灾害持续时间长,影响的范围广,因此对农业及环境的影响非常大,也是造成我国农业大幅度减产和粮食产量波动的重要因素。据估计,每年因气候灾害平均减产可达150×10^8kg以上,重灾年份甚至可达300×10^8kg左右。因此,研究气候灾害的时空规律和成因机制,提高预测和防范能力,对我国这样一个农业大国来说有重要意义。

二、干旱

在我国出现频率最高、影响范围最广、对农业造成损失最大的气候灾害,当推干旱。在出现的月份上,全年四个季节都可能发生干旱,其中以冬旱发生的机率最高,程度最重,持续时间最长。冬旱和春旱的发生以华南和西南地区最为频繁。我国夏季和秋季发生的干旱也不少,尤其长江中下游地区。由于夏、秋季是农作物的生长季节,所以夏、秋季干旱的危害要比冬、春季严重得多。从干旱发生的分布上看,我国各地均可发生干旱,不过出现的频率大小不等。东北地区由于降水比较稳定,所以干旱发生的频率比较低。而黄淮海地区降水少而变率大,所以各季发生干旱的频率都较高。云贵高原地区由于特殊的岩溶地貌发育,加上灌溉条件普遍较差,所以也非常容易受到干旱的影响。

根据1880～1997年我国平均降水的多少来判断(以10年一遇为标准),全国严重少雨的年份有1895,1900,1902,1925,1928,1929,1936,1963,1966和1971年,其中尤其以1900和1902两年最为严重。当然,从各个地区来看,干旱出现的频率是有较大的差别的,如长江中下游地区在1958～1961年连续偏旱,1966～1968年也接连发生干旱。从20世纪80年代以来干旱的机率大大下降,相比较而言,华北地区则是从1960年代后期以来降水减少,尤其是1980年代以来多次发生严重干旱。

三、雨涝

雨涝在我国每年都有不同程度的发生,其危害及造成的损失在各种气候灾害中仅次于干旱。据统计分析,全国雨涝的地区可以划分为多涝区、次涝区、少涝区和基本涝区4类。多涝区主要包括华南地区,湘北及赣北地区,东部沿海地区,淮河流域以及海河流域。历史上有名的一些大洪水大都发生在这些地区。我国东部的其他地区,如黄河下游地区、汉水流域、江南南部及辽河地区都是次涝区。

我国季风气候明显,降水主要与夏季风的活动有关,因此从南到北洪涝的发生也有明显的季节特征。华南地区发生洪涝的可能时间最长,4月份开始有春汛,11月还可能有秋汛,不过还是以夏涝为主。长江中下游地区4、5月出现春汛,6月是梅雨的主要时期,洪涝机率很高,特别是梅雨的强度、雨带的位置及移动的变化都可能造成严重的洪涝灾害,如1998年长江流域的大洪水,就与雨带位置长时间停留在长江中下游地区有直接的关系。黄淮海地区大部分洪涝发生在夏季,东北地区雨季开始晚,洪涝主要发生在7、8月份。我国雨涝发生的情况是很复杂的,形成的原因有很多,因此,从近百年来长的序列看,各地区也有各自的特点。

1998年我国发生了特大洪水,降水异常的特点是长江及其以南多雨,同年松花江流域也多雨(图3.5.1)。据初步统计1998年由于洪涝全国的直接经济损失1666亿元。自1989年到1997年各种自然灾害平均每年造成1422亿元损失。1998年仅洪涝一项就超过了这个数值。可见影响之巨大。这年受灾农田$0.13\times10^8 hm^2$。但这可能还不是长江流域影响最大的洪涝年。近百年最严重的洪涝年——1931年,受灾农田$0.17\times10^8 hm^2$。其他如1954年长江的洪涝也十分严重(见表3.5.1)。

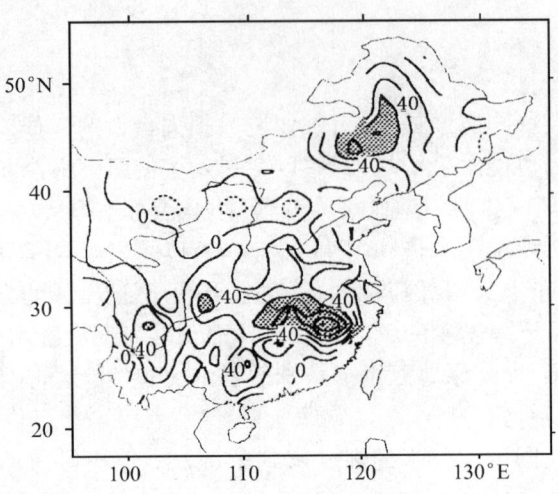

图 3.5.1 1998年夏季降水异常分布（降水距平百分率，%）

表 3.5.1 1880年以来我国部分地区的严重多雨年

地 区	多 雨 年 份
全 国	1889、1911、1918、1931、1935、1937、1950、1954、1959、1973、1983
长江中下游地区	1889、1901、1906、1909、1911、1912、1915、1919、1931、1938、1954、1969、1980、1991、1996、1998
黄河中上游地区	1887、1889、1894、1898、1904、1911、1917、1937、1949、1958、1964、1988

四、冷害

农作物在生长季节里，如果温度降低不能满足作物生长、发育、结实等对温度和热量的需求，就会产生冷害灾害，给农业生产造成很大的损失。因为夏季是农作物生长的关键季节，所以夏季低温冷害是造成我国粮食减产的重要灾害之一。我国北方地区普遍存在低温冷害现象，其中东北地区由于纬度高，发生低温冷害的概率较大，造成的损失也是最为严重的。在建国以来的5个最强夏季低温冷害年里，东北地区粮食平均减产30%，其中1969、1972和1976年粮食分别较前一年减产 50×10^8 kg 左右，可见其危害之大。近来许多研究表明，东北的夏季低温冷害并不是一个局地现象，整个东亚的冷夏是一个大尺度的气候异常现象，与大尺度的大气环流异常有密切关系。从空间上看，日本、朝鲜半岛和中国有很大的一致性。对夏季温度的经验正交函数分析（EOF）表明，温度变化最主要分量的符号在我国华北部分地区、东北地区、朝鲜半岛、日本及俄罗斯的远东部分地区是相同的。

如果以10年一遇为标准，则1880年以来东北夏季低温冷害共有14次，分别是1881、1884、1885、1886、1888、1892、1895、1902、1911、1913、1915、1957、1969和1976年。很明显，冷害的发生有群发性，19世纪80年代发生5次，20世纪10年代发生3次，这两段时期也是近百年中国气温偏低的时期。而自从1976年的严重冷害之后，1980年代以来还没有发生过明显的冷害，这可能与全球温度的持续变暖有关。

五、气候变化与近百年中国气候灾害

气候变化通常是指一段时期,例如:30 a 平均值的变化。如北京自 1961～1962 年冬到 1990～1991 年冬共计 30 个冬季,平均气温为 −2.5 ℃。这就是我们通常说的北京的冬季平均温度。但是 1880～1881 冬到 1909～1910 年也是 30 个冬季,平均气温为 −3.3 ℃,比近 30 a 平均低了 0.8 ℃,这就是气候变迁。但是,并不是 1880～1881 冬到 1909～1910 年冬每 1 个冬季都是 −3.3 ℃,有个别年还要高,例如 1890～1891 年冬为 −1.4 ℃,比 30 a 平均高 1.9 ℃,不过也有的年气温低得多,例如 1892～1893 年为 −4.9 ℃,比 30 a 平均气温低了 1.6 ℃,1884～1885 年冬也达到 −4.6 ℃,比平均低了 1.3 ℃。所以,气候变迁对人们的生活、生产有影响,其中个别年影响更大。这些气候显著偏离常态的事件,通常称为气候异常。气候异常是按事件出现概率来定的。每年的气候均与 30 a 平均值有所不同,接近 30 a 平均值的概率大,而距离平均值远的概率小。例如,近 30 a 冬季北京平均气温为 −2.5 ℃,把每个冬季气温对 −2.5 ℃ 的偏差称为距平。在 ±1.0 ℃ 距平之内的有 23 个冬季,超过 ±1.0 ℃ 距平的仅有 7 次。例如 1967～1968 年冬北京平均气温为 −4.7 ℃,比 30 年平均低 2.2 ℃,而 1988～1989 年为 −0.2 ℃,比多年平均高 2.3 ℃,是一个非常暖的冬季。1968～1969 年冬全国均很冷,1 月底到 2 月初出现了 2 次强寒潮,武汉的最低气温达到 −17.4 ℃,黄河下游出现历史上罕见的 2 次封冻解冻现象,造成较重的凌汛,渤海出现了几十年的封冻,长江下游及江南、华南农作物受到极大影响。1 月在西北部新疆大雪、伊宁降雪量达 80 mm,相当于常年 1 月降雪的 5 倍。气候要素的概率分布可以从理论上加以推算。如果气候要素的分布是正态分布,从统计学理论计算出来出现 $\geqslant 2\sigma$ 的概率为 2.3%。即每 100 a 中出现 2.3 次。当然有些事件出现就出现,不出现就不出现,不可能出现次数有小数。所以,这大体上相当每 100 年出现 2 次左右。同样 $\leqslant -2\sigma$ 的距平的出现概率也是 2.3%。北京冬季气温的标准差 σ 正好是 1 ℃。这样,气温 $\geqslant -2.5$ ℃ $+ 2$ ℃ $= -0.5$ ℃ 的以及 $\leqslant -2.5$ ℃ $- 2$ ℃ $= -4.5$ ℃ 的概率均应在 2 次左右。上面谈到近 30 a 只出现 1 次 1967～1968 年 −4.7 ℃,及 1 次 1988～1989 年 −0.2 ℃,与这个估计大体相当。

气候异常是很罕见的气候偏离平均状态。因此,往往带来巨大灾害。一旦发生气候变迁则气候异常的概率要增加,例如 1880～1881 年到 1909～1910 年冬 30 a 平均气温比近 30 a 低 0.8 ℃。因此,出现 −2 ℃ 距平的概率就要比近 30 a 多多了。实际上 19 世纪末到 20 世纪初的 30 a 中北京冬季气温距平在 −1.5 ℃ 以下有 4 次,其中在 −2.0 ℃ 以下就有 2 次。而近 30 a 只有 2 次在 −1.5 ℃ 以下,其中 1 次在 −2.0 ℃ 以下。所以气候变迁往往造成气候异常增加,带来更多的气候灾害。

王绍武曾经统计了 1880 年以来我国的 9 种气候灾害的频率,这 9 种气候灾害包括我国的冷冬,冷夏,多台风,全国少雨,全国多雨,长江中下游地区的少雨,长江中下游地区的多雨,黄河中上游的少雨和黄河中上游的多雨。结果发现,在 1880～1998 年期间总共 110 次灾害,平均大约每年出现 1 次,但在时间分布上很不均匀。19 世纪 80 年代,20 世纪 10 年代 30 年代灾害较多。但 20 世纪 40 年代、80 年代及 90 年代灾害较少,这正是我国最暖的 3 个 10 a(见表 3.5.2)。这几个时期也大体上与全球的偏冷及偏暖的时期相对应。因此,我国的气候灾害与全球气候变化可能有很密切的联系。

表 3.5.2   1880—1998 年中国的几种气候灾害的分布

(20 世纪 90 年代以 1990~1998 年计)(王绍武等,1999)

	19 世纪		20 世纪										共计
	80s	90s	00s	10s	20s	30s	40s	50s	60s	70s	80s	90s	
冷冬	4	1		1		1	1		1	1			12
冷夏	5	2	1	3			1	1	1				14
多台风	1	3		1			2		2	2		1	13
全国少雨		1	2		3	1			2	1			10
全国多雨	1			2				3		1		1	11
长江中下游少雨			2		2		1		2		2	1	10
长江中下游多雨	1		3	4		2		1	1		1	3	16
黄河中下游少雨		2	2	1	2		1	1		1	2		12
黄河中下游多雨	2	2		1			2	1	1	1		2	12
共计	14	11	11	14	8	12	3	9	11	10	3	4	110

六、气候变化与极端气候事件

气候变化对极端气候事件的影响是一个广泛关注的问题。早期人们很关注全球变暖的幅度有多大,及与之相应的降水是增加还是减少等问题。通常认为,如果全球变暖,就会加快全球的水文循环过程,那么全球平均降水量会增加,洪涝更为频繁。侯蒙根据 1900~1994 年资料计算,发现全球陆地降水与温度相关系数在年际尺度上为 +0.36,在年代际尺度上为 +0.51,显著性都超过 99.9%。对温室气体增加、全球变暖情景的模拟也显示,如果温度上升 1 ℃,全球平均降水增加量在 1.5%~3.0%。不过,就其影响而言,像诸如极端多雨、异常少雨等事件造成的洪涝和干旱,对社会和环境造成影响可能更严重,因此,近年来,气候变暖及其对极端天气和气候事件的影响逐渐成为全球关注的热点,如卡尔(Karl)等设计了极端气候指数,来研究 20 世纪气候总体上是否正变得越来越极端,他们发现美国在 20 世纪 30 年代和 50 年代极端气候指数呈显著的峰值,这两段时期是非常温暖的时期,也是美国的两个干旱集中的时期,从 1980 年代以来指数也持续偏高。这个指数既考虑了降水的极端情况,还包含了其他一些因素如极端温度事件等。

从统计和概率的角度来看,极端气候事件是小概率事件。从形式上看气候状态的改变影响极端事件概率的情况有 3 种可能,即(1)气候要素变率(标准差)的改变;(2)气候要素均值的改变;(3)气候要素的变率和均值同时改变。

图 3.5.2 给出了这 3 种情况下同一事件的概率变化情况。假定一个遵从正态分布的变量(通常用 30 年平均值及标准差来表示某一要素的基本气候状态),如果均值发生变化,必然使概率分布发生变化。如图 3.5.2a 所示,对于均值为 0,标准差为 1 的变量,原来落在 1.96σ 之外的概率是 2.5%,即 40 年一遇,但如果其均值增加 0.6 后,则原本是 2.5% 的概率则增加到了 8.7%,即 11.5 年一遇。同样的一个变量,其标准差也可能发生变化,标准差的变化大小实质上反映了变量的变化程度,显然会影响概率分布,如图 3.5.2b 所示,当标准差增加到 1.5 时,原来落在 1.96σ 之外的概率会增加 7%,达到 10.5 年一遇。当然,均值和标准差也可能会同时发

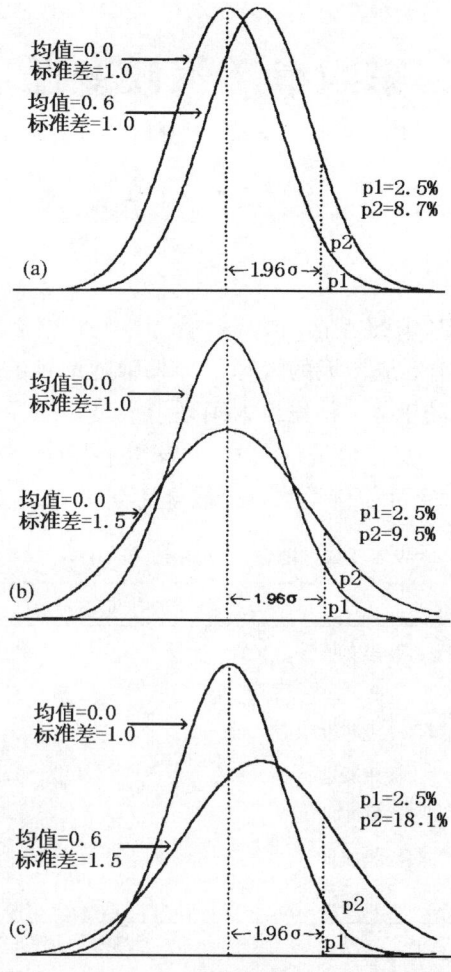

图 3.5.2 变量的统计特征发生变化时极端事件的概率变化(a)表示均值变化而标准差不变;(b)表示均值不变而标准差发生变化;(c)表示均值和标准差同时都发生变化(龚道溢,1999)

生变化,如图 3.5.2c 所示,当均值增加 0.6 同时标准差增加到 1.5 时,则概率就会增加到 18.1%,相当于 5.5 年一遇,出现的概率是原来的 7 倍多。

当然,以上只是一个示意,例如通常情况下降水并不完全是正态分布,更多地是遵从 Gamma 分布,但道理是一样的。对降水来说,如果只是均值增加,那么出现特大洪涝的概率会增加,而异常干旱的概率则会相应减少。如果只是标准差增加,那么特大洪涝和严重干旱的概率会同时增加。如果均值和标准差同时增加,则大洪涝的概率会大大提高,而同时严重干旱的概率则有可能出现增加、不变和减少 3 种可能。当然,气候系统各要素有非常密切的相互作用,影响或决定气候状态变化的要素是有很多,如全球变暖、大气环流、冰雪状况、海洋热状况等的改变都能影响降水,所以我国的特大洪涝或严重干旱的频繁出现,也可能与这些因子有关。很多的细节和机制还需要进一步的研究。

第四章 气候变迁

第一节 第四纪气候变迁

一、地球气候演变史

地球是大约 4 600MaBP(46 亿年前)由云状宇宙微粒和气态物质聚积而成。集中时形成一个热地核,表层地壳慢慢固结形成今天的地球。如果跟随地球的发展,探索地球的气候是非常困难的。因为有许多不确定的因素。首先自太阳系形成之后太阳辐射是逐渐增加,还是逐渐下降就有不同的理论。大气成分变化也是很大的,地球上的海陆分布也经过了剧烈的演变。所以只能给出一些基本的概念。从目前科学水平来看还不可能确切知道每个时期的气候。

表 4.1.1 地球气候简史(布德科,1986)

代	纪	世	纪持续时间(×Ma)	纪开始年龄(Ma BP)
新生代	第四纪	全新世	2	2
		更新世		
	第三纪	上新世	64	66
		中新世		
		渐新世		
		始新世		
		古新世		
中生代	白垩纪		66	132
	侏罗纪		53	185
	三叠纪		50	235
古生代	二叠纪		45	280
	石碳纪		65	345
	泥盆纪		55	400
	志留纪		35	435
	奥陶纪		55	490
	寒武纪		80	570

为了便于以下的讨论,表 4.1.1 给出一些地质时代的名称。可以看出即使是地质上的证据也大约只到 570MaBP,更早的时代就十分模糊了。目前只知道古生代之前为元古代,元古代之前为太古代,但是并不十分确切。所以,说地球有 4 600Ma 的历史,但是实际上只有后面不到 1 000Ma 知道得稍微详细一些(费雷克斯,1984)。

在地球生成的前 1 000Ma 中大约已经形成了大气。早期的大气成分可能主要是氢、氮、氖、氩和其他较轻的气体和惰性气体。后来由于强烈的火山活动释放出大量的水汽和 CO_2,水在大气上部被紫外光分解而产生氧和氢,氢逃逸出地球大气,氧却被保留下来,所以后来大气中的氧逐渐增加。同时,大气中的水聚集,引起广泛的降水。目前发现的最早沉积岩出现于3760MaBP,可能那时已经形成了海洋了。3 800MaBP 的气候可能比现代温暖,这可能主要是温室效应的结果。在 3 800～2 400MaBP 这段时间大气中的氧可能仍然不足。一般认为这时的气候特征是暖湿,但是证据并不十分充分。

地球记录到的最早的冰川活动出现于大约 2 300MaBP。到了接近古生代即前寒武纪晚期,以及在整个古生代中可能发生过几次大冰期,对于这些大冰期人们的说法不一。有人认为大约在 970Ma、760Ma、670Ma、430Ma 及 270Ma,共发生过 5 次大冰期。然后就是一个气候暖而干燥的中生代那时两极附近年平均温度可能达到 8～10 ℃,所以极地没有永久性冰盖。同时中生代的侏罗纪古大陆或称泛大陆开始瓦解。全球的海陆分布产生激烈的变化。直到早中新世约 20MaBP 才基本形成了现代的格局。中生代之后为第三纪。在第三纪中,气候持续变冷。不同地点的古温度资料证明,从古新世到中新世晚期气温可能下降了 10 ℃。然后就进入一个新的大冰期,即气候激烈变动的第四纪。

二、第四纪气候旋迴

第四纪可能是地球上第 6 个大冰期。第四纪大约开始于 2.4MaBP,第四纪的气候特点是冰期间冰期交替(威廉斯等,1997)。第四纪的冰期,全球平均气温可能比现代低 7～9 ℃,全球的陆地有大约 1/4 被冰覆盖,由于海冰在陆上积结为冰,海平面比现代低约百米。在冰期中由于海平面下降,渤海湾露出水面,古代的动物能够从亚洲大陆经过朝鲜半岛走到日本。这得到了古生物化石的证明。第四纪的间冰期最暖时气候可能与现代相当,或略暖一些。但这时极区仍然有冰。这与中生代的温暖期或者古生代中两次大冰期之间的大间冰期是不同的。中生代极区没有冰,那时全球平均气温可能比现代高 8～12 ℃。第四纪的气候特点就是冰期与间冰期之间交替。末次冰期最盛时约在 18 000 a BP,温度比现代低 10 ℃。间冰期如 5 000～7 000 a BP 大温暖期,比现代气温高 2～3 ℃。

本世纪初彭克(Penck)和布吕克纳(Brückner)根据欧洲阿尔卑斯山冰川地貌、冰碛物与冰川阶地的关系等指出在第四纪时期阿尔卑斯山经历了 4 次冰期,并根据当地的河流名称给这 4 个冰期命名为群智、民德、里斯、武木。后来发现在北美也可以找到相应的冰期,即威斯康星、伊利诺依、堪萨斯及内布拉斯加。同样中国东部也有大理、庐山、大姑、鄱阳冰期,冰期之间为间冰期。对于这 4 次冰期的时间,不同作者的看法出入很大。但根据古地磁研究 4 次冰期可能均发生在近 0.7Ma 之内。由于 20 世纪中期之前,人们认为第 4 纪只有 1.0 Ma。所以过去的研究都认为第 4 纪主要包含这 4 次冰期。后来发现更早还有多瑙和拜伯冰期等。

但是冰川遗迹往往不能提供一个连续的画面。而黄土与深海沉积物则是一个连续的剖面。最近 30～40 a 的研究突破了 4 次冰期的论断。在阿尔卑斯山以北的中欧地区,即波兰、前捷克斯洛伐克和德国的某些区域,冰期时处于斯堪的纳维亚冰盖的外围,堆积了风成黄土。间冰期时则有土壤生成。根据古地磁测定在过去 730 000 a(布容正向期)有 7 次间冰期与 7 次冰期。每个冰期与间冰期称为 1 次旋迴,旋迴短的 90 000 a,长的 115 000 a,平均约 100 000 a。

1955 年艾米里安妮(Emiliani)利用深海沉积物中有孔虫壳氧同位素研究古气候变化。大量的研究工作根据深海岩芯证明气候确实有 100 000 a 的旋迴。后来又根据古海平面资料证实近1 500 000 a至少发生了17次冰期与间冰期的旋迴。而且有的资料还证明,在这个100 000 a 的气候大波动上还有40 000 a与21 000 a的次一级波动。最长的记录为北大西洋氧同位素有2 480 000 a,其中有101个峰谷交替。

三、冰后期的气候

自2 400 000 a BP到大约10 000 a BP是第四纪的更新世。其特征是冰期间冰期的100 000 a的旋迴。末次冰期最盛时在18 000 a BP,此后气候即逐渐回暖。图4.1.1给出由北大西洋深海岩芯得到的近130 000 a温度。可以明显地看出最近一次旋迴。大约120 000 a BP是末次间冰期的最暖时期。那时的气温可能比现代高2~3 ℃,以后一直到75 000 a BP为末次间冰期,持续约50 000 a。此后温度呈波动式下降,到18 000 a BP达到最低,持续约60 000 a。从这个资料来看冰期间冰期旋迴的长度约110 000 a,气温的振幅约8~9 ℃。

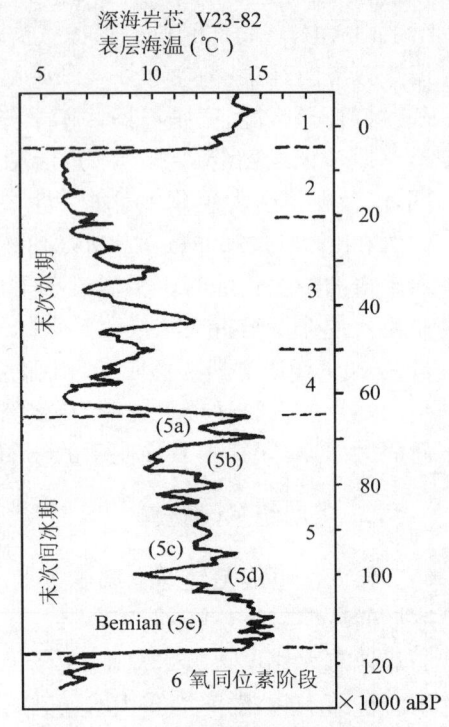

图4.1.1　末次冰期与间冰期旋迴
(黄春长,1998,引自Bradley,1985)

从这个图很明显可以看出,现代气候可能处于间冰期的最暖时期之后,尚未开始降冷的时期。过去的大冰期一般都持续几十个Ma。因此,没有理由认为才仅仅2.4 Ma的第四纪冰期即将结束。如果第四纪大冰期尚未结束,而且100 000 a左右的冰期间冰期旋迴仍然继续,则在今后的数万年中,气候会逐渐变冷。

但是,如上所述,在100 000 a的气候旋迴上还有40 000 a、20 000 a及10 000 a的气候波动,这可以从图4.1.2看出来。图上部为格陵兰冰芯$\delta^{18}O$,下部为北大西洋沉积中有孔虫丰度。这50 000 a的曲线明显的揭示出末次冰期中气温的下降特征;气温的下降是缓慢的,但是总的趋

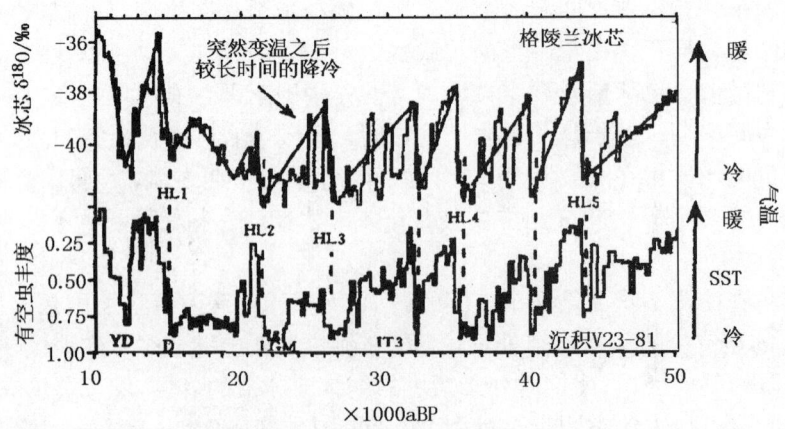

图4.1.2　10 000~50 000 aBP 格陵兰冰芯$\delta^{18}O$(上)与北大西洋沉积中有孔虫丰度(下)YD:新仙女木时期;D:冰消期;LGM:末次冰盛期;IT3:第3间冰段;HL:海因里希层,(PAGES,1994,引自王绍武,1997)

势是下降的。随之而来的是急剧的升温。在这 50 000 a 中至少有 5 次最冷的时期,标明 HL1、HL2…HL5。HL 代表海因里希层或海因里希事件,有时也简称 H 事件。海因里希(Heinrich)(1988)最早在北大西洋深海沉积物中发现保存着若干层陆源浮冰碎屑层,这意味着末次冰期内曾发生过多次北极冰向海里倾泻的事件。后来证明这些事件伴随有海面温度和盐度的降低。在事件之后温度常迅速回升,有时几十年内能上升 5~7 ℃。这个事件的发现说明了气候系统的不稳定性。两次事件之间为间冰段。例如 HL3 及 HL4 之间为第 3 间冰段(IT3)。

但是,18 000 aBP 末次冰期极盛之后气候的回暖也不是连续的,而是波动式的。至少有 3 次冰体的明显减少,发生在 14 000~12 000 aBP,10 000~9 000 aBP 及 8 000~6 000 aBP。大约在 10 000 年进入间冰期,称为全新世。在进入全新世之前还有一个重要的插曲,即新仙女木(Younger Dryas)事件。有人认为发生在 10 400 aBP,但也可以粗略一些认为在 10 000~11 000 年之间,因为不同的资料所反映的年代可能略有差异。这个事件是在气候回暖过程中气温又迅速下降,几乎恢复到冰期最盛期的温度,不过以后在不到 100 a 的时间内又很快回暖。仙女木是一种北极植物,是那个时期的代表性植物,所以用来命名。新仙女木事件最初是在北斯堪的那维亚半岛发现的,以后在格陵兰冰芯、北大西洋深海沉积、非洲和青藏高原湖泊沉积、尼罗河水的泛滥、甚至非洲南部的淡水软体动物同位素中也得到了证明。对气候突变的认识就是从这里开始的。有人认为这个事件与融冰造成的冷、淡水使北大西洋 THC 减弱有关。这是气候研究中的一个新课题。

四、第四纪气候变化的成因

对更新世气候变化的解释应该是气候变迁研究中最成功的例子。早在本世纪 30 年代米兰科维奇(Milankovitch)就提出用地球轨道要素的变化来解释第四纪冰期、间冰期的交替。因为即使太阳辐射的强度不变,地球围绕太阳运行的轨道参数变化也会引起日地距离的变化,从而改变地球接受到的太阳辐射量。另一些轨道参数的变化则可能影响地球接受太阳辐射的季节变化及地理分布变化,改变气候。一般认为夏季接受太阳辐射的多少是冰盖盛衰的关键。夏季凉爽会使冬季积雪融化较少,因而导致冰进。夏季炎热则可以使冰雪融化,造成冰退。

所谓地球轨道要素主要有 3 个:偏心率、黄赤交角与岁差。偏心率反映地球绕太阳的椭圆轨道的特征,为椭圆焦距与长轴之比。偏心率变化于 0.0005 到 0.0607 之间。由于太阳在这个椭圆的一个焦点上。因此,一年四季有远日点与近日点之分。现在的偏心率为 0.0167,是偏心率较小的时期。但是目前地球处于远日点与近日点时所接受到的太阳辐射约差 7%,据推算当椭圆的偏心率最大时在远日点与近日点接受到的太阳辐射可能差 30%,可见影响之巨大。同时,现代北半球为冬季时在近日点,而夏季在远日点,夏季虽然太阳辐射强度下降但夏季增长,有利于冰融化。据分析,第四纪的间冰期多处于在偏心率增大时期,冰期多处于偏心率减小时期。偏心率变化的周期为 96000 a。

第 2 个轨道要素是黄赤交角,或地球自转轴对黄道面的垂直轴之间的交角,即通常人们说的地轴倾角。地轴倾角的变化并不影响到达地球的太阳辐射总量。但是却可以影响太阳辐射的地理分布及季节分配。当倾角为零,即与黄道面垂直时,地球上无四季可言。不过地轴并没有发生过那么大的变化。地轴倾角变化于 21.8~24.4° 之间,目前是 23.44°,在 283 000 aBP 为 22.1° 高纬冬暖夏凉,有利于冰川发展,91 000 aBP 为 24.24° 冬寒夏热有利于冰川融化。黄赤交角的变化周期约 42 000 a。

第 3 个轨道要素为岁差，即地球轨道上近日点出现的季节的变化。约有 21 000 a 的周期。当冬至位于近日点时冬暖夏凉，夏至位于近日点时冬寒夏热。约 10 000 aBP 北半球冬季为远日点，目前为近日点。

米兰科维奇曾计算了当时 65°N 接受的太阳辐射相当于现代哪一个纬度所接受的辐射。后来不少作者利用大型电子计算机进行了精确的计算，并与第四纪的冰期进行了比较，发现了很多一致之处。同时也计算了未来 800 000～1 000 000 年的相对纬度。不同作者所得结果也有很大的一致性。根据这些工作，未来 100 000 年之前可能无冰期。但在 100 000 年，以及 200 000 年、300 000 年、500 000 年、600 000 年及 700 000 年前后均可能有冰期。并且每个冰期均可能由 2～3 次冷期组成。根据计算，地球轨道参数可能导致约 6 ℃温度变化。这个数值比实际观测的冰期间冰期气温差要小。也许地球气候系统的反馈作用能使冰期间冰期旋迴加强，这也是一个值得研究的问题。

五、第四纪中国气候

全球范围第三纪是由温暖的中生代向寒冷的第四纪过渡的一个时期，大约经历了 64 MaBP。为了说明第四纪中国的气候特征，先扼要介绍一下第三纪的情况（黄春长，1998）。

古新世（65～54 MaBP）中国气候主要受行星风系控制。在 18～35°N 之间形成一条东西走向的干旱带。中国南部现在为季风控制的湿润区气候干燥。青藏高原尚未形成。

始新世（54～38 MaBP）干旱带略有北移，其他情况与古新世类似。

渐新世（38～24 MaBP）东南季风形成，南方变湿润。青藏高原隆起，但尚未抬升到较大的高度。

中新世（24～6.5 MaBP）西南夏季风形成。青藏高原已抬升到一定的高度，中国的环境特点及干旱带的地理分布已接近今天的格局。中新世晚期（8 MaBP）中国气候再次发生显著变化。西南夏季风强度急剧增加。红粘土的发展标志着中国北方及中亚的干旱以及冬季风的形成。

晚中新世-上新世（6.5～3.4 MaBP）干旱带明显向西北退缩，当时寒冷期不如第四纪冰期严酷，但温暖期则比第四纪间冰期更为温暖。说明冬季风仍较弱。这时青藏高原已出现山地植被，表明高原已经达到了较高的高度。

上新世（3.4～2.5 MaBP）上新世末青藏高原已经抬升到 2 000 m 使我国的大气环流受到明显影响。高原冬季是冷源，夏季是热源，高原的隆起增强了冬季风的强度。东南季风不断扩大，西南季风也相应加强。

青藏高原的隆起在第四纪气候形成中有重要作用。第四纪初高原北坡可能已上升到海拔 3 000 m，高原平均高度在 2 000～3 000 m 之间。到早更新世末到中更新世初，又经历了一次强烈的隆起，高原的平均高度已达到 3 000 m 以上。到全新世高原已达到今天的高度。

黄土在陇西一带厚度最大，超过 300 m。黄土之下为红粘土可以视为第三纪与第四纪的交界。黄土的粘度主要受冬季风强度控制。土壤磁化率在一定范围内可以反映年平均气温与年降水量，有人根据洛川黄土磁化率推算末次间冰期地表年平均温度比现代高 2～4 ℃。年降水量大体与现代相当。末次冰期时年平均气温比现代低 6～7 ℃，降水量约比现代低 300 mm。此外，还有不少其他方法可以利用黄土剖面作古气候分析。在 2.5 Ma 黄土沉积中发生了两次主要周期转变。一次在 1.6 MaBP，在此之前气候变化为多种周期叠加，1.6 Ma 之后转变为 41

000 a为主要周期;另一次转变发生在0.8～0.6 MaBP前后,由41 000 a周期转变为100 000 a周期。这与世界上其他地区730 000 a以来100 000 a周期占绝对优势的结果是一致的。

此外,安芷生(1995)还发现黄土粗颗粒含量与H事件的时间表很一致。说明气候冷时冬季风强。孢粉分析表明H事件时夏季风较弱。总之无论冰期-间冰期旋迴,还是时间尺度在10000年的H事件,第四纪中国与世界上气候的总趋势是基本一致的,但是由于高原隆起等作用,中国气候变化也有自己的特色。

第二节 全新世气候

一、全新世的开端

全新世(Holocene)是第四纪末次冰期结束至今的一段时期,因而也称作冰后期(Postglacial)。国际第四纪委员会将全新世的起点确定为10 000±300 aBP。实际上,全新世不可能在全球同时开始,在中低纬度冰川消融退缩较早,全新世开始得就早一些;高纬度地区冰川存留时间长,寒冷气候维持较久,全新世开始得就晚一些。此外,由于地理位置之不同,各地全新世开始时间或早或晚也各有差异。这里所说的是平均时间。

为了说明全新世的开始,需要从末次冰期谈起。末次冰期(Last Glacial)发生在75 000～10 000 aBP,按阿尔卑斯山北坡冰川命名为武木(Würm),亦有人译为玉木。在中国东部为大理冰期或太白冰期,在珠穆朗玛峰地区称为珠穆朗玛冰期。详细一些可以见下表:

表 4.2.1 晚更新世气候变化及其分期(黄春长,1998)

地质时代		气候分期	气候特征	时间(×1000 aBP)
全新世		冰后期	温暖湿润,有小幅度波动	10～0
晚更新世	武木冰期	晚冰期	强烈波动	15～10
		武木Ⅱ	寒冷干旱	30～15
		间冰阶	气温略有回升	60～30
		武木Ⅰ	寒冷干旱	75～60
		末次间冰期	温暖湿润	125～75

末次冰期的武木Ⅱ最为寒冷,极盛期在18 000 aBP。一般降温幅度在陆地达到8～12 ℃,海平面降温2～5 ℃。我国秦岭主峰太白山在末次冰期雪线降低了约1 000 m,大约相当降温6 ℃左右。渭南北庄一带在27 000～18 000 aBP出现云杉、冷杉林。根据其现代分布地的气温推算,降温幅度为7～10 ℃。可见中国在武木Ⅱ时期降温与世界上的趋势大体一致。在10 000 aBP前后,全球冰量减少到与现代接近,海面高度上升,海面温度上升。这些激烈变化均发生在10 000 aBP左右。所以把这时定为全新世的开始。

进入全新世整个地球环境发生了巨大的变化。例如末次冰期全球冰盖的面积达到40.30×10^6 km²,而现代仅14.97×10^6 km²。变化最大的是北美劳伦泰冰盖与北欧斯堪的那维亚冰盖。其面积在末次冰期时分别有12.74×10^6 km²及4.09×10^6 km²,现代仅后者略有残余留存。当时,北欧的冰盖中心厚度超过3 000 m,平均厚度在1 900 m左右。北美的冰盖厚度也在2 000～3 000 m之间,显然这会改变全球大气环流,反过来又对气候发生巨大影响。例如,在末次冰期北大西洋的墨西哥暖流就可能不是伸展到北大西洋的东北部而是在40°N左右就转向东南,致使北大西洋的温度可能比今天低10 ℃。那时深入到北极的气旋并不像今天来自北大西洋,而是来自阿拉斯加。甚至阿拉伯海的沉积物表明在末次冰期盛行西北气流,但进入全新世却以西南季风为主。试想北美及北欧两个高达2 000～3 000 m的冰盖崩溃消融,这会对大气环流产生多么巨大的影响。因此,全新世的开始,不仅说明全球气候变暖,还有一系列环境变化,这些环境变化又反过来进一步影响气候变化。

二、晚冰期

末次冰盛期武木Ⅱ之后,冰盖逐渐消融。但是,这个回暖过程不是均匀地进行的,而是波动式的。冰消期15 000～10 000 aBP称为晚冰期。这5 000 a又可以分为3个亚期即:Ⅰ-冰川消退之初的寒冷时期,15 000～13 000 aBP;Ⅱ-气候显著回暖的间冰阶,13 000～11 000 aBP;Ⅲ-冰期环境回返的冰阶,11 000～10 000 aBP。

最近20～30年,对晚冰期湖泊沉积物花粉分析、纹泥和^{14}C测年的进一步发展,深海沉积物δ^{18}O、有孔虫种群、火山灰和陆源尘沙研究,确定了晚冰期的水温,洋流和气候特征。这些研究结果一致表明新仙女木期(一般记为YD)出现于11 000～10 000 aBP,这是过去15 000 a中最严重的环境灾变事件。在全球冰川消退,气候转暖的过程中又一次突然变冷。因为,在11 000 aBP之前北大西洋极锋和冬季浮冰界限已经从盛冰期的40～45°N撤退到了纽芬兰岛东部至冰岛一线,斯堪的那维亚冰盖撤退到了60°N的奥斯陆-斯德哥尔摩-赫尔辛基一线,劳伦泰冰盖撤退到了五大湖南部。原来冰盖外围的冻土苔原和从冰川之下新出露的地区正在恢复生机,土壤开始发育,茂密的植物,披毛犀-猛犸象再度兴旺。但是10 000～11 000 aBP突然发生的YD事件,使得北大西洋两侧的环境急剧逆转,极锋重新向南推进到45～50°N一线,表层海水温度可能下降10 ℃。不列颠群岛、欧洲大陆、格陵兰和北美东部沿海地带,年平均气温下降6～12 ℃。斯堪的那维亚冰盖推进、北美劳伦泰冰盖亦通过哈德逊海峡向大西洋推进。北大西洋两侧山地重新出现山岳冰川、欧洲广大地区植被退化,形成了极地型冻土苔原或干草原景观。仙女木(Dryas Octopetala)即是一种典型的植物。因此用以命名。新仙女木期,表示最近一次仙女木期,如表4.2.2所示,还有老仙女木期及最老仙女木期。后来,到了10 000 aBP气候突然变暖,便进入了全新世。

表 4.2.2　晚冰期的几个阶段(黄春长,1998)

时间(×1000 aBP)	分期名称	气候性质
11.0～10.0	新仙女木期(Younger Dryas)	冰阶(Stadial)
11.8～11.0	阿勒罗德(Allerrod)	
12.0～11.8	老仙女木期(Older Dryas)	间冰阶(Interstadial)
13.0～12.0	博令(Bolling)	
～13.0	最老仙女木(Oldest Dryas)	冰期(Glacial)

三、新仙女木期

从以上介绍可以知道,在进入全新世之前,新仙女木期(缩写YD)是气候回暖过程中的一个插曲,也是一个重要的气候事件。这里对新仙女木期再作一个略为详细的介绍(见表4.2.3)。

表 4.2.3　新仙女木期(1 000 aBP)(黄春长,1998)

地　点	上　限	下　限
爱尔兰	11.0～10.6	10.2～9.5
英　国	11.3～10.6	10.2～9.0
荷兰、比利时	11.0～10.9	10.3～10.2
德国、瑞士	10.8	10.3～10.2
法　国	11.2～10.6	/
加拿大东部	11.4～10.7	10.1～10.0

对湖泊沉积研究,利用岩性和花粉组合界定YD层位,用^{14}C测年确定其年代。不同地点,由于采样和分析的误差,结果经常有一定差异。各地区之间也有一定差异,这是很自然的。相反,应该承认一致性还是很大的。因此,把YD界定在11 000～10 000 aBP之间应该是问题不大的。当然,^{14}C测年也有一定问题。所以严格地讲应该说YD界定在^{14}C年龄11 000～10 000 aBP,也许其真正的年龄要更早一些。下面对不同资料来源所能给出的YD期降温幅度作一个扼要讨论。

1. 陆地地貌和沉积物　YD期的主要特征是雪线下降。山地重新出现山岳冰川,低地形成冻土,冰缘作用盛行,河流水系萎缩,湖泊接受泥沙堆积。爱尔兰的雪线下降到海拔450 m,推算气温下降7.2 ℃。爱尔兰南为冻土带,推断当时平均气温比现代低10 ℃。

2. 湖泊沉积物　湖泊沉积物中内生碳酸盐矿物的$\delta^{18}O$值与降水量和气温呈正相关。瑞士、波兰、德国和爱尔兰等许多晚冰期湖泊沉积剖面,在YD层$\delta^{18}O$值比其前阿勒罗德及其后的前北部时期要低2‰～3‰,$\delta^{18}O$曲线转折急促。从暖到冷又从冷到暖转变期均不到50 a。最小值多出现在YD的后半期,说明那时气候尤为恶劣。从沉积的化石小甲虫种群研究,可以推断,降温幅度达12 ℃之多。

3. 深海岩芯　在北大西洋深海岩芯研究当中,最能反映浅层海水温度变化的是化石浮游有孔虫种群的变化。爱尔兰以西挪威海沟极地、亚极地有孔虫在YD期间由18%猛增到90%～100%,而在YD期之后又急剧减到10%,由此推论YD的来临与结束各用了不到40 a时间,浅层海水平均温度变化的幅度约5～6 ℃。

4. 格陵兰冰盖　$\delta^{18}O$的变化表明YD期比其后低5～7 ℃,而且温度变化的时间仅50 a。陆源尘粒浓度曲线表明YD结束时20 a内升温7 ℃。冰芯导电率的变化也表明YD的开始及结束均可能只有5～20 a。

总之,YD是1次典型的气候突变,降温幅度约5～7 ℃,无论降温,还是YD结束时的升温均在40～50 a内完成。甚至有证据表明可能在5～20 a内完成。这个气候突变速度十分惊人,被称为"闪电式转换"。

四、全新世气候

全新世气候变化的基本特征是初期转暖,中期达到最暖,后期又转凉的过程。19世纪末挪威植物学家布利特(Blytt，1876)研究北欧的沼泽泥炭地层,认为剖面上泥炭堆积阶段代表潮湿气候,残树桩层代表干旱气候,并据以划分出 5 个气候时段(表 4.2.4)。后来的孢粉分析及 ^{14}C 测年进一步证实了这种方案的正确性,并使之精确化。现在这个经典的全新世期间划分方案,被称为布利特-塞南德方案,得到了广泛的承认。

1. 前北方期(10 000～9 000 aBP)　斯堪的那维亚冰盖消融退缩,已经撤出了西欧大面积的陆地。冰后期刚刚开始,寒冷的气候尚占据主导地位,海平面仍然很低,北海地区还多为陆地,并有泥炭沼泽发育,从冰盖下新露出的陆地上桦树林迅速成长,表明这些地区气候仍然比较寒冷干燥。

表 4.2.4　经典的欧洲全新世气候划分方案(黄春长,1998)

年代(×1 000 aBP)	分期名称	气候特征
2.5～0	亚大西洋(Sub-Atlantic)	比较凉湿
5.0～2.5	亚北方期(Sub-Boreal)	比较暖干
7.5～5.0	大西洋期(Atlantic)	温暖湿润
9.0～7.5	北方期(Boreal)	比较暖干
10.0～9.0	前北方期(Pre-Boreal)	比较冷干

2. 北方期(9 000～7 500 aBP)　气候持续变暖,斯堪的那维亚冰盖急剧缩小,最终在瑞典北部地区消失。海平面急剧上升,海岸线接近目前的位置,北海地区成为海域。陆地上桦树林很快为榛子和松林所取代,后期则逐渐出现了榆和栎。表明这时气候比较温暖干燥,很可能冬季冷而干,夏季温暖,季节性明显。

3. 大西洋期(7 500～5 000 aBP)　这是全新世最温暖湿润的时期,年平均气温比现代高出 2 ℃左右,降水量也比较大。海平面达到了全新世最高位置。北大西洋北部海冰大量消融,山地雪线普遍上升 300～500 m,森林向高纬度和高山迁移。主要树种有栎、榆、椴等。

4. 亚北方期(5 000～2 500 aBP)　气候变得较为干燥,冬季寒冷,夏季温暖,大陆性增强。气候也不太稳定,出现波动变化。森林退化,榆、椴等显著减少,禾本科草本植物增加。

5. 亚大西洋期(2 500～0 aBP)气候以凉爽潮湿为特征,喜冷湿的植物群落扩展,沼泽泥炭大规模发育,森林进一步退化,树木属种减少。但某些地带又出现了山毛榉和云杉、冷杉林,禾本科草本植物和泥炭藓所占比例显著增大。某些高山地带冰舌扩展。

五、新冰期与气候最适宜期

新冰期(Neoglacial)是指进入全新世之后又重新出现的寒冷时期。据丹顿(Denton,1977)研究,这样的寒冷期有 4 次(表 4.2.5),每次寒冷期持续约数百年。这说明全新世中气候仍有波动。但是,一般认为在 8 000～3 000 aBP 气候最为温暖湿润,通常把这一个时期称为气候最适宜期(Climatic Optimum)。气候最适宜期的特征可概括如下:

1. 气候带北移　根据兰姆(Lamb,1977)研究,北大西洋近 3 000 a 副热带高压冬季在 30°N,夏季在 32°N,但全新世中期冬季达到 42°N,夏季达到 50°N。近 3 000 a 副极地低压带冬季在 70°N,全新世中期北移到 80°N 附近。这说明至少在北大西洋在全新世中期气候带明显北移。

表 4.2.5　北半球全新世的新冰期(黄春长,1998)

新冰期	持续时间(×1 000 aBP)	最寒冷时期(×1 000 aBP)
4(小冰期)	(1550~1850 AD)	(1650AD)
3	3.3~2.4	2.8
2	5.8~4.9	5.3
1	8.2~7.0	7.8

2. 山地冰川强烈后退,雪线升高　例如西藏东南部若果冰川冰舌末端比现代高 600~700 m。当时海拔 3 800~4 000 m 生长着针叶混交林,目前这样的森林只分布在海拔 2 500~3 000 m 的高度。由此推算那时气温比现代高 5~6 ℃。

3. 海平面高度上升　根据中国渤海古海蚀阶地和贝壳的分布推算全新世中期海平面比现代高 2~4 m。

4. 湖水位变化　由于全新世气候温暖潮湿,以夏季风降水为主的陆上大多数地区降雨丰沛,湖水水位升高。例如内蒙古岱海,全新世中期湖面比现代湖水水位高 40 m,面积达 431 km²,是现代湖面积的 3.2 倍。中国古代夏禹时代的大洪水(deluge)的传说就可能是 4 500~4 000 aBP 湿润多雨、河流泛滥、湖泊溢流、海侵壅水的反映。但是这时以冬季风降水为主的地区,湖泊水位大多下降,如美国西部大盆地(Great Basin),众多湖泊在全新世中期干枯消失。里海的水位在全新世中期比全新世早期和现代要低 20 m。

5. 流沙活动减弱　黄土地区风化成壤作用强盛。我国黄土高原地区,全新世中期曾经广泛形成一层黑垆土型土壤,厚约 0.5~1.0 m,标志着当时西北季风退缩,东南季风推进,气候湿润。在北非撒哈拉沙漠的南界比现代向北退缩达 5 个纬度之多,反映流沙活动大幅度缩小。

6. 森林植被变化　温带落叶阔叶林植被形成。森林界限向高纬及高山推进。在北美州大约 100°W,现代森林界限处于 61°N 附近,全新世中期,曾经向北推进 250~300 km,达到 64°N 附近。由此估计夏季的温度比现代高 3~5 ℃。欧洲阿尔卑斯山树木生长上限,比现代高 300~400 m。说明当时夏季温度高、降水丰沛。

7. 亚热带动物群向北迁移　根据亚热带动物亚洲象、苏门犀的遗骨判断 8 000~3 000 aBP,我国东部亚热带界限曾北移到黄河流域。这说明当时气候比现代要温暖湿润得多。在印度的塔尔沙漠,非洲撒哈拉沙漠,全新世中期亦有象、犀和水牛生存。

8. 新石器农业文化的繁荣　我国黄河、埃及尼罗河流域、中东的两河流域和印度河流域,全新世中期时新石器文化迅速兴起,形成人类社会发展史上的四大文明。这可能与当时处于气候最适宜期有关。

有了这些解释再看表 4.2.5,第 1 次新冰期大约在气候最适宜期之前,而第 3 次期标志着气候最适宜期的结束。第 2 次冷期大约是气候最适宜期内的一次气候波动。当然,表 4.2.5 也是粗略的,如果看局部地区,应用分辨率更高的材料。就会看到气候的波动十分频繁,例如根据欧洲冰川活动,全新世以来大约有 12~13 个气候波动,其中在 8 000~3 0000 aBP 之间可能就有 6 次降温,3 000aBP 之后还有 4~5 次降温(图 4.2.1)。因此表 4.2.5 的新冰期可能只不过是最强的几次,或者持续时间较长,分布范围较广的几次。伴随着气候变化的长期趋势,还有 800~900 a 的气候波动,其振幅大约 2~3 ℃。这种看法可能比只定出几次新冰期更为

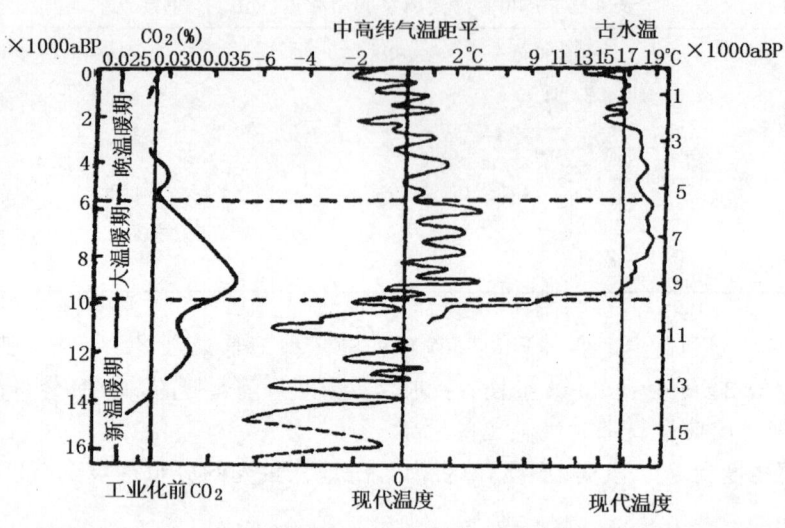

图 4.2.1 全新世气候变化(王绍武,1994 引自 Борзенкова, Зубаков,1986)

准确。

第三节　全新世大暖期

一、中国大暖期

中国历史上记载最早的皇帝是炎帝与黄帝,所以中华民族经常自称为炎黄子孙。但是对于那一段时期,以神话传说为主。能够比较明确的最早的朝代是夏、商、周三代。夏朝开始于公元前 2070 年,约 4 000 aBP。夏、商两朝共持续约 1 000 a。周朝开始于公元前 1046 年,约 3 000 aBP。因此,加上夏朝之前的黄帝到唐尧、虞舜,合计不到 5 000 a。所以,如果只依靠文献记载,研究气候变迁,充其量不过 3 000 年到 4 000 年。

然而,如上所述,从全球的气候变迁来看,在 8 000~3 000 aBP,全球进入一个大暖期,显然,要研究这段时间中国的气候就不得不依靠考古等方面的证据了(施雅风等,1992)。能反映古代气候变迁的有动物与植物。动物主要是各个遗址中的化石。下面给出施雅风、张丕远(1996)等收集的一些新石器时代证据(见表 4.3.1)。这些考古证据表明在 3 000~7 000 aBP,有各种热带亚热带动物生存在比较高的纬度。而现代只能在热带找到这些动物,这说明那时的气候比现代要暖。例如河南淅川下王岗遗址中的象骨化石,属于仰韶文化早期。这说明大约 6 000 aBP 这一带有野象活动。又如,在下王岗遗址第九文化层、汪姆渡遗址第四文化层中,都有犀牛化石,说明 3 000 aBP 年以前犀牛曾广泛分布在中国南北,其数量也相当可观。另一个扬子鳄,有证据表明在 6 000 aBP 在黄、淮均有其活动的遗迹。大暖期之后,随着气候的变冷,这些动物活动的范围均有规律地南撤了。当然,也有的作者认为社会的发展、人类活动破坏了这些动物生存的环境。大量捕杀也对其活动范围之南迁有一定影响。但是无论如何,气候条件的变化可能还是主要的原因。

表 4.3.1　新石器时代中国热带亚热带动物栖息最北界限(施雅风等,1996)

动物名称	时间(×1 000 aBP)	地点	纬度(N)	经度(E)	作者
亚洲象	4.0～3.0	河北阳原	40°	114°	贾兰坡等(1980)
犀牛	6.08～5.60	陕西半坡	34°	109°	孙机(1982)
貘	3.4～3.1	河南安阳	36°	114°	杨钟健(1949)
獐	7.0	河北武安	36°	114°	周本雄(1981)
圣水牛	3.4～3.1	河南安阳	36°	114°	考古报告集(1963)
貉	4.0～3.0	河北阳原	40°	114°	贾兰坡等(1980)
竹鼠	6.08～5.60	陕西半坡	34°	109°	考古报告集(1963)
花面狸	7.0	河北武安	36°	114°	周本雄(1981)
大熊猫	6.0～5.0	河南淅川	33°	111°	贾兰坡等(1977)
孔雀	6.0～5.0	河南淅川	33°	111°	贾兰坡等(1977)
黄蚬	4.0～3.0	河北阳原	40°	114°	贾兰坡等(1980)

二、大暖期的气候

植物孢粉是大暖期的有力的证据。因为,当时的人类活动还不可能影响植被的性质。所以,从孢粉所得到的信息可能更为可靠。况且,孢粉分析能提供一个连续的序列,这也是动物骨骼化石所不能做到的。施雅风等在其两本有关中国气候大暖期的著作(施雅风等,1992,施雅风等,1996)中研究了覆盖中国大部分地区的70个孢粉分析点。其中不少工作根据孢粉的谱建立了局地的温度变化曲线。我们选择了代表10个区的曲线(表4.3.2),并根据这10个曲线按面积加权得到一条近万年中国气温变化曲线。当然,这里不确定性是很大的。但是无论如何,由此可以对中国的大暖期得到一个定量的概念。8 000 aBP及3 000 aBP,气候与现代接近,而在其间气温显著高于现代,特别在7 500～4 500 aBP的3 000年期间,气温约比现代高2 ℃左右。其中4 500 aBP,6 000 aBP及7 500 aBP要更暖一些。最暖在5 500～6 000 aBP之间。

如上所述,一般史料涉及不到这段时期。但是一些神话传说也可能在一定程度上反映了先民对远古气候的记忆。例如,尧时(可能在4 200 aBP前后)"十日并出","草木秋冬不杀",说明那里气温高。但同时"洪水横流、泛滥于天下"。一方面可能气候暖湿,降水多。也可能与气温上升,冰雪融化有关。这样才发生了大禹治水的传说。无论如何,这些传说是与科学的分析相一致的。

表 4.3.2　中国的全新世大暖期(施雅风等,1996)

序号	地区	地点	纬度(°N)	经度(°E)	年代(×1 000 aBP)	年平均气温高于现今(°C)	原作者
1	东北	孤山屯	42	126	8.3～4.0	1.7～2.6	刘金陵(1989)
2	华北	河北东部	40	118	8.0～4.0	3.0～4.0	童国榜等(1991)
3	华东	江苏建湖	34	120	8.5～3.7	1.7	唐领余等(1992)
4	华南	珠江三角洲	23	114	9.0～3.0	1.0	唐领余等(1996)
5	台湾	日月潭	24	121	8.5～3.0	2.0～3.0	Tsukada(1996)
6	华中	洞庭湖	29	113	7.5～3.0	3.0～3.5	于革(1985)
7	西南	贵州梵净山	28	109	7.8～2.7	1.6～2.0	唐领余等(1996)
8	西北	青海湖	37	100	8.0～3.5	3.0	孔昭宸等(1992)
9	新疆	艾比湖	45	83	8.5～4.0	1.0～3.0	文启忠(1992)
10	西藏	班公湖	34	80	8.3～4.0	3.0～4.0	王富葆(1992)

三、夏、商、周三代的气候

如上所述,中国的大暖期主要出现在史前时期,到了大约 4 000 aBP 的夏朝,气温已经开始下降了。但是,那时的气候终究比现代要暖,这可以从当时的物候得到证明。

《大戴礼记》中的《夏小正》所描述的可能是夏代末期的气候。因为《大戴礼记》虽成书于汉,但是多保存了许多先朝典章制度,以岁差原理推算,其中所列星象应在夏代末期,因此推测《夏小正》中所列可能也是当时的物候。可以把《夏小正》所列物候与《月令》中的物候作个比较。《月令》所描述的是春秋时的物候。公元前770年周平王东迁洛邑,以后称为东周,历史上即以此为春秋时代之开始。周元王六年(公元前 475 年)《史记》六国年表开始,也就是战国的开始。因此,《月令》的物候可能比《夏小正》的物候晚 1 000 多年。如上所述,这时处于大暖期的末期,气温开始下降。因此,春秋的气候应比夏代要冷。从表 4.3.3 两个时期的物候来看,果然夏代的春季来得早而秋季来得迟,即暖季时间长,说明气候较春秋时期为温暖。

表 4.3.3 夏代《夏小正》物候与春秋《月令》物候比较
(施雅风等,1996),月份为夏历

	夏小正		月 令	
物 候	月 份	月 份		物 候
雁北乡	正	正		雁北乡
鱼陟负冰	正	正		鱼上冰
柂桃则华	正	二		桃李华
玄鸟来降	二	二		玄鸟至
祭鲔	二	三		荐鲔于寝庙
祈麦实	三	三		为麦祈实
妾子始蚕	三	三		劝蚕事
陟玄鸟	九	八		玄鸟归
树麦	九	八		劝种麦
遰鸿雁	九	九		候雁来
玄雉入于淮为蜃	十	十		雉入大水为蜃

商代虽然可能比夏代更接近大暖期的结束。但是,气候仍比现代要温暖。安阳殷墟中的动物遗骨中有象骨,甲骨文中也有关于猎象的记载。甲骨文是我国最早的系统性文字,有没有更早的文字还有争议。但是,甲骨文中的"为"字是以手抓象。河南的简称豫为一个人牵象。这些证据表明,至少在商代,野象仍活动在中原一带。殷墟亦曾出土犀牛遗骨。商末周初犀牛活动的北界仍在渭河下游到黄河下游一带。文焕然、文榕生曾详细研究了历史时期鳄鱼、孔雀、大熊猫、犀牛、象等动物的活动范围。他们认为中国的大暖期约在 8 000~2 500 aBP,这与上面的分析是一致的。

然而,大约从周朝开始(公元前 1046 年)气候明显转冷。在河南淅川下王岗遗址中,第 1 文化层相当于西周时期,该文化层中动物种类比第 2、3 文化层(商代)显著要少,而且缺少喜暖动物。西周以后,无论从考古还是文献上,黄河流域已不见有犀牛和亚洲象的成群活动,它们的活动范围已迁移到长江流域和淮河下游一带。这也表明西周时期中国的大暖期已经结束。这种自然环境的变化也反映在文化艺术上。历年出土的大量青铜礼器上有一些大象的写实花纹。据研究,这种花纹通行于商末和西周前期。自西周中期以后,这种写实的象纹逐渐被淘汰了。大象在中原地区的消失在文字衍义的发展上亦留下了痕迹。甲骨文字中的"象"仅实指大象。但是,我们现在常用的一个衍义用法,即相似的意义。这种用法是在西周以后出现的,韩非子认为这是由于当时中原地区只能见到大象骨骼,人们"按其图以想其生",才产生了对"象"的衍义。

诗经《豳风·七月》详细地描述了当时的一年四季农事活动。豳即彬县,在西安的西北(35°N,108°E)。"春日载阳,有鸣仓庚…爰求柔桑"。春日指夏历三月,仓庚就是黄鹂。根据《中国农业物候图集》,黄鹂始见日期在5月上旬,桑树展叶盛期在4月下旬。"八月剥枣、十月获稻"。目前枣成熟期在9月上旬,但水稻收获在9月下旬。"九月肃霜",目前初霜平均在10月上旬,"十月蟋蟀入我床下",现在蟋蟀终鸣日期在10月下旬。可见当时的物候或与现代相当。

总之,夏、商、周三代是中国气候从大暖期的鼎盛时期向温和气候转化的时期,即使是西周气候较夏、商两代变冷是明显的,但与现代比较可能仍略偏暖,或大体相当。自然,中国的不同地区可能也还有不同。另外,以上所分析的也是大尺度趋势。在一段暖的时期中,也不排除有一些短暂的寒冷。特别在总的气温下降过程中更是如此。据记载,公元前10世纪末周孝王时,长江和汉水都曾冻结过。

四、大温暖期的结束

自3 000 aBP 大暖期结束以来,再没有发生持续那样长的暖期。气候变迁的总趋势是变冷。所以,有的作者认为在此3 000年中冷期愈来愈强,但暖期则愈来愈短,而且温暖程度愈来愈差,这样一直到20世纪(竺可桢,1973;王绍武,1994)。20世纪的温暖,至少20世纪末期的温暖是很显著的。下面先给出一个简表(表4.3.4),然而再逐一介绍其证据。表中的现代指公元1880~1979年平均。

表 4.3.4 近 3 000 年来中国的气候(施雅风等,1996,有补充)

序号	朝代	时间	长度(世纪)	气候	与现代比较 ΔT ℃
1	西周	公元前11~前8世纪中	3.5	凉	0~0.5
2	春秋	公元前8世纪中~前5世纪中	3.0	暖	1.5
3	战国~西汉初	公元前5世纪中~前2世纪中	3.0	温凉	−0.5
4	西汉中~东汉末	公元前2世纪中~公元2世纪末	3.5	温暖	1.0
5	魏晋南~朝	公元3世纪初~6世纪中	3.5	冷	−0.5
6	隋~盛唐	公元6世纪中~8世纪初	2.0	温和	0.5~1.0
7	中唐~五代初	公元8世纪中~9世纪末	1.5	冷	−0.5
8	五代中~宋末	公元10世纪初~13世纪末	4.0	温暖	0.5~1.0
9	元初~清末	公元13世纪末~19世纪末	6.0	寒冷	−1.0
10	20世纪末	公元20世纪末	1.0	暖	0.5~1.0

如上一节所述,西周的气候可能已经明显比夏、商两代寒冷。但是从与现代比较的角度看,只能算作凉。因为,其气候大体与现代相当,也许有的季节,或有的地区仍比现代气候略暖。所以估计年平均气温对现代的距平为0~0.5 ℃。到了春秋时期(公元前770年~公元前476年)气候再度回暖。把《月令》中的物候与现代比较,就可以看出当时气候的温暖。如,《月令》中玄鸟至为夏历二月(约相当公历3月)。玄鸟即燕子。现代黄河中游家燕始见在4月中旬。《月

令》中"农乃升麦"在四月。现代麦收在 6 月上旬。"农乃升谷"在七月。现代谷子收获期在 9 月中旬。可见春秋时期的物候比现代要提前 10 天以上。

五、大暖期后气候变冷

战国时期(公元前 475 年～公元前 221 年)到西汉(公元前 206 年～公元 25 年)气候又转温凉,因为其气候可能比现代略冷。现在通行的 24 节气是在秦汉之际最后确定的,应该反映的是当时黄河中、下游的物候,24 节气中霜降定在公历 10 月 24 日。而现代郑州、西安两地的初霜在 10 月 30 日,战国时偏早。气候转冷必然影响到植物生长。《考工记》可能反映的是春秋晚期的情况,其中有"桔逾淮而枳"。但是到了西汉初淮南王刘安组织编写《淮南子》时改为"桔树之江北、则化为枳"。春秋时曰淮、西汉时曰江。这可能并不是笔误,而是反映了气候的变迁。气候转寒也同样表现在初春气温回升的日期上。《吕氏春秋》记载:"冬至后五旬七日,菖始升。菖者百草之先生者也,于是始耕。"《管子》则说:日至六十日而阳冻释,七日而阴冻释,阴冻释而执耜"。二者记载初春土壤解冻、开始农田耕作的时间是比较接近的。折算成公历平均为 2 月 23 日。现代物候研究认为初春的标志温度为日平均温度稳定≥3 ℃,农田开始耕作。今郑州、西安两地达到这个温度的平均日期在 2 月 11 日,当时比现代晚了 10 多天。

西汉初到东汉末(公元 25～220 年)气候又转暖。《逸周书·时训解》可能是这个时期的作品。其中第一次记载了 72 候的物候记录方法。如果把其中一些有确定意义的物候与现代相应的物候进行比较,可以看出春季提前,秋季推迟,表明当时的气候比现代暖(表 4.3.5),表中《逸周书》的物候已换算为公历。但是,到了公元 2 世纪末的东汉末年,可能气候已经与现代十分接近了。这可以从《四民月令》得到证明,把当时的物候日期与现代洛阳的物候比较,就会发现大体一致。

表 4.3.5 《逸周书》中物候与现代的比较(施雅风等,1996)

逸周书·时训解		现代西安	
物 候	日 期	物 候	日 期
东风解冻	2 月 5 日	日平均气温稳定≥0 ℃	2 月 9 日
鸿雁来	2 月 25 日	雁始鸣	2 月 22 日
桃始华	3 月 5 日	山桃始花	3 月 9 日
玄鸟至	3 月 20 日	燕始见	4 月 24 日
雷乃发生	3 月 25 日	春雷初鸣	3 月 28 日
桐始华	4 月 5 日	泡桐始花	4 月 18 日
菊有黄华	10 月 18 日	野菊花始花	10 月 10 日
水始冻	11 月 8 日	初见薄冰	11 月 9 日

此后,魏、晋、南北朝(公元 220～589 年)气候又转凉。《齐民要术》是后魏时期留下的农业著作,代表了华北地区的农业知识。据记载,桃树始花、枣树生叶的物候时间要比现代黄河流域迟了 10～15 d。竺可桢根据《齐民要术》中杏花盛开及桑花凋谢等物候,推测当时物候比现代可能迟。《齐民要术》中指出,农历三月(公历 4 月中旬)杏花盛开,四月初旬(公历 5 月初旬)枣树开始生叶、桑花凋谢。那时黄河流域的物候,与现今北京的物候相近。关于石榴树的栽培,这本

书中说:"十月中以蒲蒿裹而缠之,不裹则冻死也,二月初乃解放"。现代在河南或山东,石榴树可在室外生长,冬天无需盖埋,这就表明 6 世纪上半叶河南、山东一带的气候比现代冷。

这个时期中最冷的气候条件出现在两个时段:即 280~340 年代及 480~510 年代。有关寒冷事件的记录大多集中在这两段时期。其寒冷的程度有的与明清时小冰期中的事件类似。

第四节 中世纪暖期及小冰期

一、对中世纪暖期的争议

一般认为,在世界范围内存在一个中世纪暖期。中国是否也有中世纪暖期,是一个有很大争议的问题。竺可桢认为隋、唐(公元 589~907 年)气候是温暖的。12 世纪初即北宋末年到南宋初年气候转寒。如果是这样,则在公认的中世纪暖期(公元 1000~1200 年)中,中国气温是较低的。对此近来满志敏等(1998)提出了不同的见解。列举出多方面的证据说明公元 10~13 世纪中国的气候是温暖的。

在讨论公元 10~13 世纪中国气候之前先要指出隋、唐时期中国气候确实是比魏、晋、南北朝时有所转暖。但是,可能主要在隋到盛唐,即公元 6 世纪中叶到 8 世纪初气候比较温暖。满志敏统计了历史记载中寒冷事件与温暖事件的频率。发现 8 世纪中叶之前频率比较稳定,但 8 世纪中叶之后寒冷事件增加,而温暖事件减少,因此他们认为从中唐开始又出现了一个较冷的时期。中唐是诗人们经常用的名词,指大历(公元 766~779 年)到太和(公元 827~835 年)。这里只是作为 8 世纪中叶之后开始的代表。按满志敏的意见,这个冷期到 9 世纪末,仅维持了约一个半世纪。冷期的证据则是比较充分的。例如公元 821 及 822 年苏北海水冻结的记载,只有在后来小冰期中才出现。公元 796 年、813 年西安竹柏冻死也是气候寒冷的明显标志。此外,根据《四时纂要》唐末关中一带葡萄过冬需要全埋土防寒,而现代这里不需要埋土,现代要埋土的地点在太原到延安一带。这也是当时气候比现代寒冷的证据。这就是说不能认为唐朝气候始终是温暖的,这是与竺可桢的第 1 个分歧。

从公元 10 世纪初到 13 世纪末,满志敏认为是一个气候温暖的时期。这是与竺可桢的第 2 个分歧。他的主要依据是当时农作物及经济作物种植的北界比现代偏北约 1 个纬度。他们列举的农作物有冬小麦、水稻,经济作物有甘蔗、茶树、柑桔、苎麻等。按龚高法等(1983)计算,我国东部地区纬度差 1 度,年平均温度可差 0.5℃,冬季温度可差 1℃左右。竺可桢认为物候差 4 天与纬度差 1°的作用相当。确实这段时间作物的种植纬度比现代偏北约 1°,而物候提前 4~5 天。说明当时的气温至少比现代高 0.5℃。据满志敏计算冬季 10 年平均气温比近百年平均高 0.5~1.0℃,这与根据物候变化所作的估计是一致的。

但是,确实也有证据表明,并不是从 10~13 世纪,始终是暖期,竺可桢所列举的寒冷证据是无可怀疑的。所以很可能中国的中世纪暖期是一个冷暖交替的时期。其中,公元 10 世纪一般认为是比较温暖的,可称为中世纪暖期中的第 1 个温暖期,从 10 世纪末到 11 世纪初可能有大约 40 a 左右的冷期。例如公元 985 年九江一带"大江冰合,可胜重载"。1018 年冬湖南南部"大雪六昼夜方止,江、溪鱼皆死"。大约从公元 1020 年以后,气候又转暖,成为中世纪暖期中的第 2 个温暖期,这时的气温可能比 20 世纪中叶的温暖期还要高 0.3℃。但是,12 世纪可能又出现一次气候转冷。而且寒冷的强度远较前一次为大。公元 1110 年福州一带出现大霜,荔枝全部冻死。原先无雪的岭南地区也下了雪。次年公元 1111 年太湖地区"河水尽冰",洞庭山桔树全部冻死。1113年大寒潮肆虐中原,大雨雪十余日不止,飞鸟多冻死。1132年太湖再次结冰,洞庭山至湖岸间"蹈冰可行",当地桔树又大部冻死。以后一段时间太湖一带河港结冰现象频繁,以至官府为了保证通航,设了专门破冰的船只。一直到12世纪70~80年代仍有河港结冰现象。12世纪末气候迅速转暖,13世纪是1个温暖的世纪,也是中世纪暖期中的第3个温暖期。上面谈到的物候及作物种植界限的变化大多发生在这个温暖时期。从物候变化来估算这段时期的年平均气温可能比现代偏高0.7~0.8 ℃,甚至有时可能偏高1.0 ℃。

二、中世纪暖期

如上所述,对于中世纪暖期的存在与否的争议,很可能与史料有关。竺可桢掌握的史料较少,时间分辨很粗。因此,未能像满志敏指出中唐之后有1个冷期。同时也只看到12世纪的一些寒冷事件,所以误认为中国没有中世纪暖期。

但是,这些只是定性的描述,王绍武等(1999)近来广泛收集了各位作者整理的史料,希望建立一条定量的气温曲线来判断中世纪的气温。从公元9世纪到14世纪600年期间,共计得到489条有关寒冷气候的史料,经过整理合并得到198条记录(表4.4.1)。

表4.4.1　公元800~1399年有关冷暖的史料条目数(王绍武等,1999)

年代	春	夏	秋	冬	年
800~849	5	3	7	8	23
850~899	3	0	0	4	07
900~949	4	0	4	3	11
950~999	4	2	2	10	18
1000~1049	3	2	1	5	11
1050~1099	2	0	2	13	17
1100~1149	2	2	1	10	15
1150~1199	9	2	1	12	24
1200~1249	10	2	2	6	20
1250~1299	2	0	2	1	05
1300~1349	11	4	4	11	30
1350~1399	6	2	6	3	17
共计	61	19	32	86	198

这些记录包括冬季的大风雪、严寒、冻害、也包括春、秋季的霜冻、寒冷,以及夏季的低温。下面的问题就是如何把这些定性的史料定量化得到一条气温变化曲线。首先是把有关温度的史料定级称为寒冷指数。定级的标准有如下表(表4.4.2)。表中不仅包括极寒冷事件也包括极暖事件。这也是为了反映中世纪气候的特点。然后,对每50 a 求寒冷指数的和。所以采用50 a 的时间分辨率是考虑到史料的情况。如果时间更短,例如,取10 a,则可能有许多10 a 没有史料。我们并不能断定这些10 a 气候没有异常,然后用近代50 a 寒冷指数与气温的关系,把寒冷指数换算为气温距平。这样就得到公元800~849年、850~899年、900~949年……1350~1399年的50年平均气温距平。与以前得到的公元1400年以后的气温序列连接,就得到近

1200年中国的气温序列。

表 4.4.2　寒冷指数的概略说明(王绍武等,1998)

寒冷指数	描　　述
−0.5	一般寒冷事件,如春秋陨霜、夏淫雨、冬大雪
−1.0	强寒冷事件,如陨霜杀禾、冬大寒
−2.0	夏日严霜、春、秋大雪、冬河海结冰
−3.0	严寒如上,但范围更广,持续时间更长
1.5	夏酷热、冬无雪、冬暖如春

但是,这个序列只能代表中国东部。因为所用的史料主要限于了东部地区。幸好近来中国西部有一些代用资料得到了开发。敦德及古里雅有了冰芯 $\delta^{18}O$（姚檀栋等,1990,1996）,青藏地区有了较好的年轮（康兴成等,1997）序列。作者曾用这些序列,代表西北、新疆及西藏 3 个地区,补充观测资料的不足,建立了近百年气温序列,效果较好。所以,把 $\delta^{18}O$ 及年轮与气温的关系推广到公元 800 年同样建立了 50 a 平均气温距平曲线,代表我国西部。

图 4.4.1a 为我国东部,b 为西部,c 为全国平均气温曲线。为了比较气温一律用对 1880~1979 年平均求距平。但是,为了醒目,图中虚线给出 1 200 a 的平均。凡高于 1 200 a 平均的用阴影区表示。由图 4.4.1 可以看出,中国东部确实存在中世纪暖期,但是暖期是不连续的,第 1 个暖期可能开始于公元 9 世纪后半。但 10 世纪初转冷,11 世纪为第 2 个暖期,12 世纪明显转冷,13 世纪是中世纪的第 3 个暖期。此后,气温逐渐下降,进入小冰期,直到 20 世纪才变暖。

中国西部的情况则几乎完全不同,只有 9 世纪后半气温较高,以后一直到 19 世纪末。气候处于波动状态。这样我们就可以得到结论:中国东部确实存在中世纪暖期,但不是一个连续的暖期。公元 8 世纪后半到 13 世纪可能包括 3 个暖期,及 2 个冷期。但中国西部无明显的中世纪暖期。

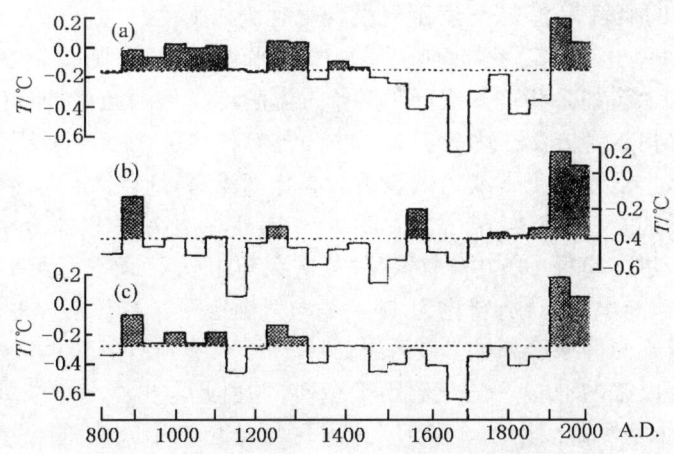

图 4.4.1　中国近 1 200 年气温变化(a)东部地区;(b)西部地区;(c)全国平均
虚线为整个序列平均值,(王绍武等,1998)

三、小冰期

从 13 世纪末到 19 世纪,即约元(公元 1280~1368 年)、明(公元 1368~1644 年)、清(公元 1644~1911 年)三朝共 600 余年,可能是 2000 年来中国最冷的一段时期,也许是全新世大暖期以来最冷的时期,虽然这段时期内并非每年都十分寒冷,甚至也有几十年气候略微温和的时期,但是寒冷的气候占据了很大优势。况且,这段时期距离我们最近,资料也最丰富,所以研究得比其他时期要详细的多。

竺可桢最先指出,小冰期中可能有 3 段寒冷时期,出现于公元 1470~1520 年、1620~1720 年及 1840~1890 年。他所根据的主要有长江流域河湖结冰资料。1620~1720 年共发生了 23 次,但从 1721~1839 年仅发生 3 次,而 1840~1890 年又发生 13 次。特别公元 1650~1700 年最冷。例如自唐朝以来就每年向政府进贡的江西省桔园和柑园,在公元 1654 年和 1676 年两次全部冻死。这 50 年期间,太湖、汉水和淮河均结冰 4 次,洞庭湖结冰 3 次,鄱阳湖也结冰。可见是一个非常寒冷的时期。

竺可桢进一步根据物候的变化,推测了小冰期的寒冷程度。根据《袁小修日记》(公元 1608~1617 年)及《北游录》(公元 1653~1655 年)中对桃、杏、丁香、海棠等开花日期的记录,当时的物候可能要比现代迟 1~2 周。北京运河的开河日期比现代迟 12 d。因此,他认为 17 世纪中叶冬季要比现代气温低 2 ℃。龚高法曾指出,年平均气温的变化可能只有冬季气温变化幅度的一半。因此,可以推论小冰期极盛期年平均气温可能比现代低 1 ℃(龚高法等,1983;龚高法,简慰民,1983;Hameed 等,1993)。

四、近 600 年气温变化

为了研究气候变化,比较理想的是建立一条均匀的气温序列。王绍武提出来一种建立 10 a 平均气温距平序列的方法。其基本原理是气温的变化大体上遵守正态分布原理,即围绕着某个平均值而变化,距离平均值愈近出现概率愈高。只要知道气温变化的标准差,就可以算出达到某一个距平所可能出现的概率。例如,假定标准差为 1 ℃,则负距平 <-1.0 ℃的概率为 15.9%,<-2.0 ℃的概率为 2.3%。发生气候变化时例如平均气温下降 1.0 ℃,即相当这个分布曲线向冷的一方移动 1.0 ℃。这时如仍对原气候平均求距平,则 <-2.0 ℃的概率增加到 15.9%。所以从原则上讲如果我们知道低于某个气温的冷事件的频率,即可推知平均气温的变化,即气候变化。采用这个方法是因为在史料中虽然有许多关于寒冷事件的记载,但缺少对暖事件的记载。因为,一般气候正常或稍偏暖不会有什么灾害,所以人们就不关心了。只有个别极暖的情况,如冬暖如春,夏炎热、酷暑才有记载。特别是在小冰期以寒冷事件的记载为主。所以,才用统计学方法建立起每 10 a 中寒冷事件的次数与 10 a 平均气温距平的关系。这样就可以把历史上零散的寒冷事件记载,转化为 10 a 平均气温距平。具体工作时可把寒冷事件按其强度分为几等,给以不同的寒冷指数。最后统计每 10 a 寒冷指数的和,再转化为气温距平。由此得到公元 1380 年以来的 10 a 平均气温距平序列。并由此定出 3 个冷期,用 I、II、III 表示。每个冷期中又各有两个寒冷阶段用 1、2 表示。表 4.4.3 给出每个寒冷阶段的气温距平。这里距平是对 1880~1979 年平均的偏差。

由表 4.4.3 可见 II_2 气温最低,为了比较表中同时给出 20 世纪中叶的暖期。可见小冰期比 20 世纪中的气温偏低 1.0 ℃以上。这是 30 a 以上平均的差。因此,可以代表气候变化的强度。

王绍武等近来又补充冰芯、树木年轮等资料,分析了中国 10 个地区的气温变化(王绍武等,1998),指出近千年中可能有 5 个冷期,即 1100～1150 年代、1300～1390 年代、1450～1510 年代、1560～1690 年代及 1790～1890 年代。

表 4.4.3　小冰期中国的气温距平(℃)(王绍武等,1998)

小冰期	I_1	I_2	II_1	II_2	III_1	III_2	20 世纪暖期
年代	1450～1470	1490～1510	1560～1600	1620～1690	1790～1810	1830～1890	1920～1940
华东	-0.31	-0.61	-0.47	-0.57	-0.41	-0.58	0.43
华北	-0.29	-0.06	-0.47	-0.63	-0.45	-0.32	0.49
中国				-0.47	-0.40	-0.30	0.42

后 3 个冷期已如表 4.4.3 所示。表中同时给出 II_2、III_1 及 III_2 共 3 个寒冷时段中国的平均气温距平。这是根据 10 个区加权平均的结果。如上面已谈到中国西部小冰期不如东部明显。主要是新疆气温变化趋势与其他几个区差别较大,而在西北及西藏上面谈到的 3 个冷期均有反映。所以全国平均在 3 个寒冷阶段气温仍较低,不过强度比华东或华北略低。I_1、I_2 及 II_1 这 3 个寒冷阶段缺少足够的资料,目前还不能给出确切的全国平均气温距平。图 4.4.2a 为华北、b 华东、及 c 全国 10 a 平均温度距平,可以很明显的看出小冰期的 II、III 两个冷期。

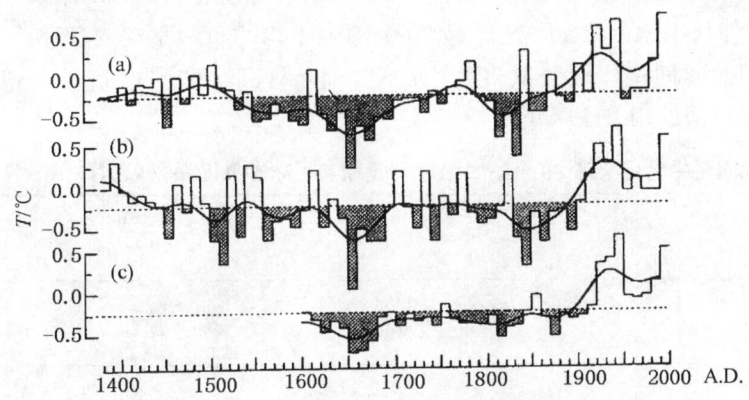

图 4.4.2　中国的小冰期气温变化
(a)华北地区;(b)华东地区;
(c)全国平均,虚线为整个序列平均值(王绍武等,1998)

五、中世纪暖期及小冰期在全球的表现

中世纪暖期及小冰期是近千年中两个气候变化的特征时期。由于近年来代用资料的开发,对这两个时期的研究发展很快。1991 年 9 月 25～28 日在日本东京都立大学召开了小冰期国际讨论会,出版了文集。同年 11 月 5～8 日在美国亚利桑纳州的图森召开了中世纪暖期气候讨论会,气候变化杂志(Climatic Change)于 1994 年出版了专号(Vol. 26. No.2～3),在此后的将近 10 年中又有许多论文发表。

王绍武(1995)曾收集整理了分布在全球的 30 个气温序列,序列一律从公元 1000 年开始,分辨率为 25 年,即 1025 年、1050 年、1075 年……1975 年。其中北半球 20 个序列,南半球 10 个序列,最北到加拿大北部,最南到南极洲。这 30 个序列之中,有 8 个是冰芯 $\delta^{18}O$,8 个是树木年轮,7 个来源于史料,其余 7 个序列,2 个为冰川资料,2 个是孢粉资料,此外有孔虫、洞穴同位素、石笋各 1 个。这些序列来源不同,性质各异,但是这是第一次把这么多的序列同时进行比较。

为了说明这些序列的性质,有必要再扼要说明一下各个序列的特点。冰芯 $\delta^{18}O$ 应该是最好的序列,定量比较准确,$\delta^{18}O$ 也能定量反映温度变化。主要问题是 $\delta^{18}O$ 反映的是降雪时的温度,如果降雪有明显的季节性,则主要代表降雪季的温度。树木年轮显然与生长季的气温有关。但如何订正生长曲线的问题一般仍解决得不好。往往会同时把低频变化删除,或者在相当大的程度上削弱。史料的最大问题是不定量,要根据定性描述的史料,得到一条气温变化曲线,是有很大难度的。其余冰川与孢粉序列,时间分辨率较低,有时 1 000 a 中只反映出 3~4 个波动,即时间尺度在 200~300 a。

不过尽管存在这些问题,还是可以利用这份资料来回答 3 个问题:(1)是否存在中世纪暖期?(2)是否存在小冰期?(3)20 世纪是不是近千年来最暖的一个世纪?表 4.4.4 中列出 30 个站中世纪暖期最大气温正距平,可见 19 个站在 0.5~1.0 ℃之间,平均为 0.63 ℃。不过如果把 30 个序列平均则距平要小得多。因为不同站最高气温出现的时间不同。中世纪暖期的最暖时间最为分散,只有 10 个站出现在公元 1050~1100 年之间。因此 30 个站气温序列平均最高气温出现于 1075 年,距平只有 0.28 ℃。从表 4.4.4 中还可以看出,小冰期的气温距平大多在 −0.5~−1.0 ℃之间,平均 −0.69 ℃。但是 30 个序列平均的负距平绝对值稍大于 0.31 ℃。小冰期出现最低气温的时间也比较分散,10 个站在 1575~1675 年之间,11 个站在 1800~1875 年之间。这大体与中国的 II、III 两个冷期一致。

表 4.4.4 中世纪全球 30 个站气温序列暖期与小冰期气温距平频次(王绍武等,1999)

气温距平(℃)	<0.5	0.5~1.0	>1.0	平均
中世纪暖期	9	19	2	0.63
气温距平(℃)	>−0.5	−0.5~−1.0	<−1.0	平均
小冰期	6	21	3	−0.69
气温距平(℃)	<0.5	0.5~1.0	>1.0	平均
现代暖期	13	13	4	0.63

但是各站在 20 世纪气温的最高值则比较集中,30 个站中有 25 个站在 1950 年或 1975 年为最高。30 个站的最大气温正距平平均也是 0.63 ℃。30 个序列平均则要低一些,但也达到 0.45 ℃,这主要是现代暖期比较集中的结果。

从以上资料来看,大部分站有中世纪暖期。但是也有大约 1/3 的站很难说有或没有中世纪暖期。因为,这些站在公元 1 000~1 300 年之间没有明显的持续暖期,气温呈波动式变化。小冰期的情况稍好,只有少数站在公元 1550~1850 年之间没有持续性的气温下降。大部分站在 17 世纪或 19 世纪有一段冷期。中世纪暖期与小冰期气温比近千年平均分别高 0.5~1.0 ℃,及低 0.5~1.0 ℃。现在暖期也高 0.5~1.0 ℃。但是由于现代暖期出现时间比较集中,所以,从全球平均气温来看 20 世纪的温暖稍高了中世纪暖期。

第五节　500年旱涝研究

一、旱涝史料定量化

自1930年代就有人收集中国各种地方志中关于旱涝的记载,研究旱涝的气候变化。但是,一般仅限于统计某年受旱若干县、受涝若干县。由于我国旱涝空间分布复杂,大多数情况是旱涝交叉分布。因此,很少或者不可能全国都受旱、或受涝。在这种情况下,分析的区域愈广,例如包括几个省或十几个省,则总是有旱有涝,不容易掌握旱涝的特征。有时甚至一个地区先旱后涝,或先涝后旱,更增加了复杂性。五百年旱涝研究突破了过去的框框,按地区定出逐年的旱涝等级,最后绘制了公元1470~1979年的旱涝图,这项研究得到了国内外的广泛赞扬。这个工作可以分为4个阶段。第1阶段1970年代初首先由保定地区气象台汤仲鑫,提出旱涝分级的方法,把相应的史料分为7级,绘制了保定地区五百年旱涝图。这样就把史料定量化,同时又可以与近代的降水量观测序列衔接。从技术上为以后的研究打下了基础。第2阶段,1970年代中期,由中央气象局气象科学研究院,北京大学组织了我国东北及华北10省市自治区的气象局及北京大学学生收集整理了我国北方的旱涝史料,编绘了东北、华北的五百年旱涝图。在分析方法上惟一的改变是7级改为5级。这样与当时中央气象台长期预报科应用的5级划分取得一致。第3阶段,由南京大学,北京大学与气象科学研究院在南京大学组织协作,完成除上述10省市之外的我国其他省市自治区的旱涝研究。不过由于我国西部几乎没有什么史料,所以旱涝图在100°E以西几乎没有什么记录,这就是说新疆、青海、西藏基本上没有包括在分析之内。第4阶段于1979年由中央气象局气象科学研究院组织有关单位的研究人员重新绘制了五百年旱涝图,并于1981年由地图出版社出版。

这本图集第一次把浩繁的史料加工整理。共查阅地方志2100余种,辑录的史料达22×10^5字。这的确是项巨大的工程。这项研究完成后推动了我国的旱涝研究。各省市自治区均在此基础上进一步研究了本地区的气候变化。旱涝是影响我国的主要气候灾害,对这两种灾害的历史调查极大地丰富了我国对这些灾害发生演变规律的认识。从空间分布特征看,提出南涝北旱、长江涝、华北及华南旱等6种类型,使我们对我国的旱涝分布特征有了系统的认识。从时间变化看对20世纪20年代的干旱,50年代的洪涝有了更系统的了解。又如从图集中可以清楚地看出明朝末年从崇祯6年(1633年)到崇祯14年(1641年)连续9年关中大旱,清朝顺治3年(1646年)到顺治12年(1655年)10年华北洪涝。这些旱涝灾害对当时的社会变动有相当大的影响。这本图集不仅供气象科学工作者使用,也为历史研究提供了宝贵的基本资料。

二、旱涝级别

如何把史料转换为旱涝级别需要从两方面来考虑,一方面要知道史料中都有什么样的记载。另一方面又要能判断这种记载反映的是什么气候状况。因为旱涝是气候概念,是1段时间,例如1个季度的降水量总和。但是史料所记载的大多是1次旱或涝事件。因此,如何把史料数字化、定量化确实是不容易的。这里先扼要介绍一下地方志中史料的情况。方志主要是县志,当然也有府志,但以县志为主。每个县都有一套县志,分为若干卷,其中一般有一卷灾异志,或者类似的内容。灾异志中通常有某年出现大旱,或某年大涝的记载,有时还有灾情的描述,如多少天不下雨,或者发洪水,冲毁了桥梁,水淹及城门的记载。县志通常几十年重修一次,一般是国家比较稳定,人民生活较好时,才有人力物力做这件事。大部分县志在光绪年间重修过。所以各县的旱涝记载大部分能延续到20世纪初年。

由于每个县的旱涝记载大多断断续续,不能构成一个连续的序列,而且如果以县为单位划分旱涝等级工作量过大,也许要1 500～2 000个县。所以经过分析以十几个气候特点相同的县为一个点,称为代表站,这就大大减少了序列的数目。最后选定120个代表站。每个站所代表的范围大体上相当明清时的1～2个府,或1950年代的"地区"。这样每个代表站大部分年均有一定的旱涝记载。有的记载较多,则可以判断旱或涝的范围及强度。因此工作的第一步是从县志上将有关旱涝的记载抄录下来,把同属一个代表站的记录汇集到一起,按年编排。这样就可以知道每年该代表站的旱涝情况。

划分旱涝级时,如何把史料与现代观测资料衔接或者称同化是一个重要问题。一方面,只有把两种资料同化才能构成一个均匀的、前后一致的序列。另一方面,也只有与观测资料同化才能把定性的描述性的史料转化数字化的定量数据,并且能具有降水量多少的意义。上面在气候预测一章中已经谈到,中央气象台长期预报科与天气气候研究所曾经在杨鉴初的指导下建立了20世纪以来中国的降水等级。这个等级吸收了美国纳迈阿斯长期预报的经验。按出现概率1/8、1/4、1/4、1/4、1/8划分。1到5级顺序为多雨、偏多、正常、偏少、少雨。分析表明1级与5级的降水距平约为50%及-50%、2级与4级约20%及-20%。正常级距平接近0。当然同属1级降水量也可能有多有少,但大体接近这个值。同时由于各地气候特征不同,所以各级所代表的降水距平百分比也有差异。±50%及±20%是全国平均的情况。因此,在利用史料划分旱涝级别时,不同代表站所采用的标准也有不同。为了说明下面给出保定代表站为例(表4.5.1)。例如大有年即丰收年定为3级,但在河北北部到内蒙古一带半干旱地区则大有年有时可定为2级。因为那里雨水常年不足,稍多雨时,作物生长更好。而在东北平原有时大有年可定4级,因为那里夏季阴雨对农作物不利,雨水略少反而得到好收成。

表 4.5.1 保定旱涝级别定义(王绍武、赵宗慈,1979)

级别	史料记载
1	大水、陆地行舟、夏秋淫雨、淫雨月内、大水水深数尺
2	夏大水、局地大水、夏旱秋大水、春夏夏大水、局地涝
3	局地大有和大水、大有年、局地大有年和旱蝗、无记载
4	大雨雹、蝗、局地夏旱、局地大旱、大旱六月始雨
5	大旱七月始雨、大旱炎热、大旱终年无雨、赤地千里

这样绘制出公元1470年(明成化六年)到1979年的逐年旱涝图。由于在划分旱涝时以夏季为主(包括农业生产中采用的"秋")。所以,后来续补旱涝级别时多用6～8月降水量,按±50%及±20%划级。

三、旱涝型

绘制了五百年旱涝图,而且旱涝史料均已数字化。就可以用数学工具来进行分析。1979年王绍武与赵宗慈发表了旱涝型的研究。对1470～1977年共508年旱涝等级作EOF分析。当时只选用了120站中的25站,因为其余的站资料不完整。这25个站大体在20～40°N,105～

120°E之间均匀分布，包括了我国东部经常发生旱涝的地区，特别是黄河、长江、及珠江3个流域。

分析表明，前3个EOF，即旱涝的典型分布特征是非常稳定的。这3种特征依次为：全国一致、南北相反、江淮与华北及华南相反。把旱涝资料分为100 a一段，所得的结果基本相同。把最近100年的旱涝代表站数增加到100个，所得结果也无大变化。而且与近25年降水量观测资料所得到的结果也基本一致，只是EOF_2及EOF_3顺序有变化。这反映了近25年江淮多雨或少雨，而华北及华南相反的型比历史占更大的优势。前3个EOF能占到总方差的30%～40%，阶数更高的EOF所反映的主要是局部旱涝的差异，例如，EOF_4主要是华北东部与西部不同，EOF_5则是我国东南与西南旱涝相反，EOF_6为东南沿海与内陆的不同。这些旱涝特征只有少数年才比较突出。所以在划分全国的旱涝型时没有考虑。这样就依据前3个EOF划分为6种旱涝型（表4.5.2）。

表4.5.2 旱涝型的基本特征（王绍武、赵宗慈，1979）

型	旱涝分布
1a	全国涝、以长江为主
1b	长江涝、华北及华南旱
2	江南涝、江北旱
3	长江旱、华北及华南涝
4	江南旱、江北涝
5	全国旱

需要说明的是这里全国是指我国东部105°E以东，不包括东北地区。江南即长江以南。这样就可以根据表4.5.2的特征划分每年的旱涝型。作为例子图4.5.1给出公元1560年的旱涝分布，可以看出长江洪涝华北及华南干旱，旱涝分布是十分有规律的。当然，并不是每年的旱涝分布都这样典型。所以为了更准确的划分旱涝型又选了一些站来代表华北、长江及华南，有了这3个地区的旱涝级就比较容易根据表4.5.2来划分旱涝型了。

四、近千年的旱涝型

根据五百年旱涝图可以确定公元1470～1979年的旱涝型，1980～1999年根据6～8月降水量距平百分率来划分。为了进一步向前延伸旱涝型的记录，又收集了早期的各种旱涝史料（王绍武等，1993）。不过1470年之前已经不可能再划定120个站的级别。而是把我国东部除东北之外划分为10个区。然后，根据每10个区的旱涝级来划分旱涝型。因为早期史料不足，不能要求每年每个区均有记载。例如，只要长江及其以南有涝的记载，北方有旱的记载，即可定为2型。其他型的划分依此类推。这样就可以在史料相对较少的情况下也能划分出旱涝型。表4.5.3为近1050年的旱涝型频率。

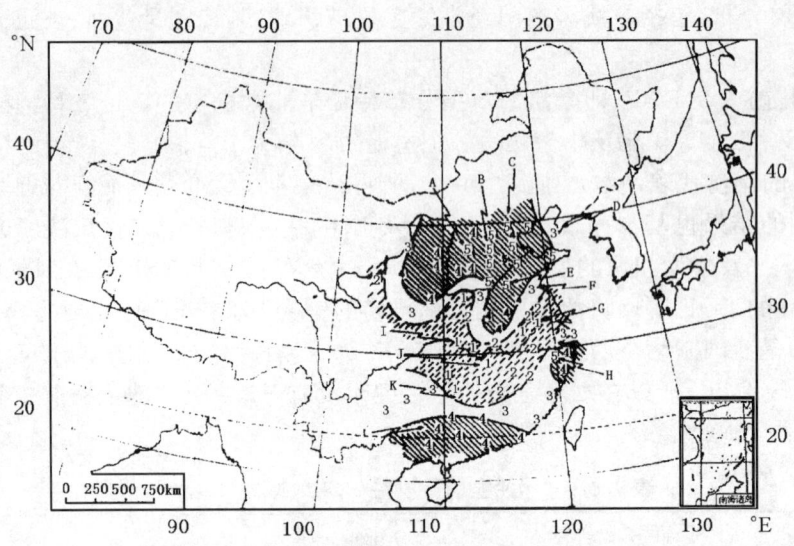

图 4.5.1 公元 1560 年旱涝分布,1~5 为旱涝级别
(王绍武,赵宗慈,1981)

A 大同　人吃人(5)　　B 石家庄　春夏无雨(5)　C 北京　蝗(5)
D 大连　大有年(3)　　E 荷　泽　饥(5)　　　　F 临沂　无记载(3)
G 南京　大水(1)　　　H 金　华　夏无雨(5)　　I 宜昌　水淹城门(1)
J 岳阳　大水(1)　　　K 邵　阳　城被淹(1)　　L 柳州　秋旱(4)

表 4.5.3　公元 950~1999 年旱涝型频率(王绍武等,1993,有补充)

年代	1a	1b	2	3	4	5	合计
950~1469	87	73	122	93	94	51	520
(%)	(16.7)	(14.0)	(23.5)	(17.9)	(18.1)	(9.8)	(100.0)
1470~1999	86	80	115	107	83	59	530
(%)	(16.2)	(15.1)	(21.7)	(20.2)	(15.7)	(11.1)	(100.0)
950~1999	173	153	237	200	177	110	1050
(%)	(16.5)	(14.6)	(22.5)	(19.0)	(16.9)	(10.5)	(100.0)

从表 4.5.3 可以看出,6 种旱涝型中以 2 型居多,5 型最少,就是说从全国的旱涝分布特征来看,江南多雨江北旱是最常见的型式。平均 10 年中有 2 年以上。而全国少雨则是比较少见的,大约 10 年中仅有 1 次。不仅如此,旱涝型的频率随时间的变化也是十分明显的。这里把中世纪暖期与小冰期作个比较(表 4.5.4)。中世纪暖期取公元 950~1099 年及 1200~1299 年共计 250 a,小冰期取公元 1620~1699 年,1790~1819 年及 1830~1899 年共 180 a。为了比较表 4.5.4 中再一次列出多年平均的频率。显然可以看出中世纪暖期全国涝、长江涝及江南涝较多,而小冰期则长江旱及江南旱较多。这可能在气候暖时全国倾向多洪涝,长江及其以南较明显。而在气候冷时长江旱,江南旱,但北方可能有涝。

表 4.5.4　中世纪暖期与小冰期的旱涝型频率(%)(王绍武等,1993,有补充)

年代	1a	1b	2	3	4	5
中世纪暖期	16.0	16.4	26.4	16.0	14.8	10.4
小冰期	13.9	12.2	20.5	22.8	20.6	10.0
多年平均	16.5	14.6	22.5	19.0	16.9	10.5

五、近百年旱涝型变化

表 4.5.5　20 世纪的旱涝型（王绍武等，1993，有补充）

年代	0	1	2	3	4	5	6	7	8	9
1900	5	1a	5	1a	3	1b	1a	5	2	1b
1910	4	1a	1b	3	3	1a	1b	4	3	2
1920	2	4	3	4	2	5	1b	5	5	5
1930	5	1b	3	4	5	2	2	3	1b	2
1940	4	5	2	2	3	5	2	3	2	3
1950	3	5	2	4	1a	2	4	1b	4	3
1960	5	3	1a	4	4	5	3	4	2	1b
1970	2	4	3	3	5	2	3	3	3	1b
1980	1b	3	1b	1b	1b	3	5	1b	4	1b
1990	5	1b	5	2	3	1a	1a	2	1a	2

表 4.5.5 给出近百年的旱涝型，表 4.5.6 为各型在每 10 a 中的频次，最下面一行为合计，即 100 a 中的频次，为了比较再列出多年平均的频率。可见 20 世纪是长江流域旱涝频繁的世纪，长江涝（1b 型）及长江旱（3 型）的频次均高于多年平均。同时，这也是一个全国性干旱较为常见的世纪，全国旱（5 型）的频次几乎高出多年频次的 1 倍。特别是 20 世纪中国较暖的 20～40 年代，30 年中共出现 8 次全国性的干旱，频次达到 4 a 一遇，远超过了多年平均的 10 a 一遇。但是在全国再次变暖的 1980 年代及 1990 年代全国干旱却出现得不多，这也可能说明本世纪中期之前的暖期与显然是人类活动影响的近 20 年变暖的形成机制可能不同。

表 4.5.6　20 世纪每 10 a 旱涝型频次（王绍武等，1993，有补充）

年代	1a	1b	2	3	4	5
1900	3	2	1	1	0	3
1910	2	2	1	3	2	0
1920	0	1	2	1	2	4
1930	0	2	3	2	1	2
1940	0	0	4	3	1	2
1950	1	1	2	2	3	1
1960	1	1	1	2	3	2
1970	0	1	2	4	1	2
1980	0	6	0	2	1	1
1990	3	1	3	1	0	2
合计	10	17	19	21	14	19
多年平均	16.5	14.6	22.5	19.0	16.9	10.5

另外从表 4.5.6 中也可以看出 1980 年代的一个特点,即长江涝(1b 型)占绝对优势,达到了多年平均频次的 4 倍。分析表明这种异常现象在近千年中并不是仅有的,除了这 1 次以外,还能找到 11 次类似 1b 型集中出现的时间,大约每 100 年左右出现 1 次。有趣的是,分析过去 11 次 1b 型集中期之后 10 年中各型频率发现 1a 型及 2 型占优势。1991 年是这次 1b 型集中期结束的 1 年。而 1992～1999 年的 8 年之中出现了 3 次 1a 型,3 次 2 型。这应该说不是偶然的。这可能反映了气候变化的规律在长江多洪涝期之后,经常有全国性洪涝或江南洪涝出现,这其间所包含的物理机制是非常值得研究的。

第五章 ENSO 系统

第一节 厄尔尼诺的概念

一、厄尔尼诺名称的由来

厄尔尼诺(El Nino)现在已经成为家喻户晓的名词了。在一些报刊上,记者们经常把各种气候异常现象与厄尔尼诺联系起来。谈到厄尔尼诺先要了解太平洋,特别是热带太平洋海表温度的情况。图5.1.1a 为1996年12月全球海温分布,可见赤道东太平洋有一个明显的冷舌,西太平洋在印度尼西亚以东为30℃以上的高温区,这就是著名的西太平洋暖池。东太平洋SST只有22℃,而西太平洋达30℃以上,相差8℃还要多。图5.1.2a 为1997年12月全球海温分布。这时冷舌大为减弱,只是在10°S以南在南太平洋的东部,等温线略向北凸。赤道地区东太平洋SST上升到28℃,但暖池的温度却有所下降,西太平洋SST不过29～30℃,与赤道东太平洋相差不到2℃,与1996年12月成鲜明的对照。图5.1.1b 及5.1.2b 给出1996年12月及1997年12月的SST距平图。可以看出,1996年12月除赤道东太平洋120°W以东有大约-1℃的距平之外,热带太平洋大部分地区海温接近正常。因此,可以认为这是一个正常略偏冷的月。1997年12月是本世纪最强的厄尔尼诺事件发展到顶点的情况。日界线以东大约10°N到10°S之间为广泛的正距平区,中心值在5℃以上。

从这两个月的SST图我们可以看出,在正常情况下,赤道东太平洋有一个冷水域,其温度可能比西太平洋暖池低8℃。但是,有时这个冷水域大为减弱,使得冷舌达到接近消失的程度。这种海温急剧上升的现象,就是人们熟知的所谓厄尔尼诺。因此,可以说厄尔尼诺是一个海洋现象。

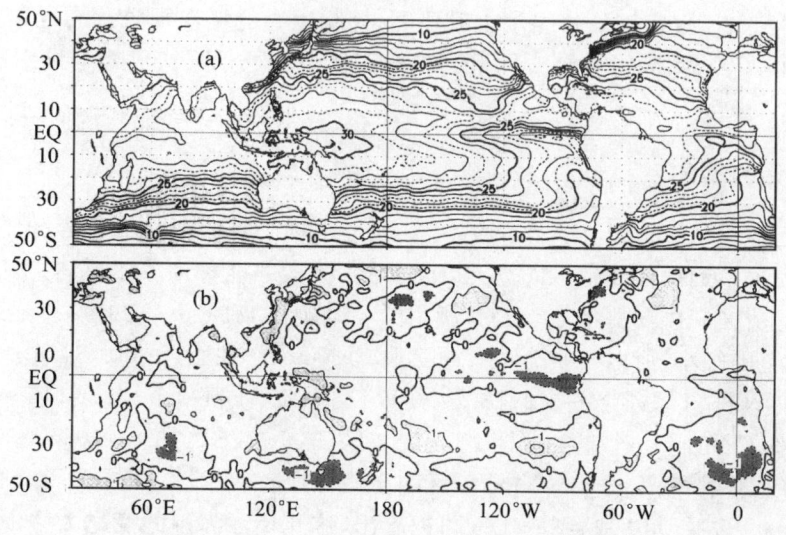

图 5.1.1 (a) 1996 年 12 月全球海温;
(b) 1996 年 12 月全球海温距平(CPC,1996)

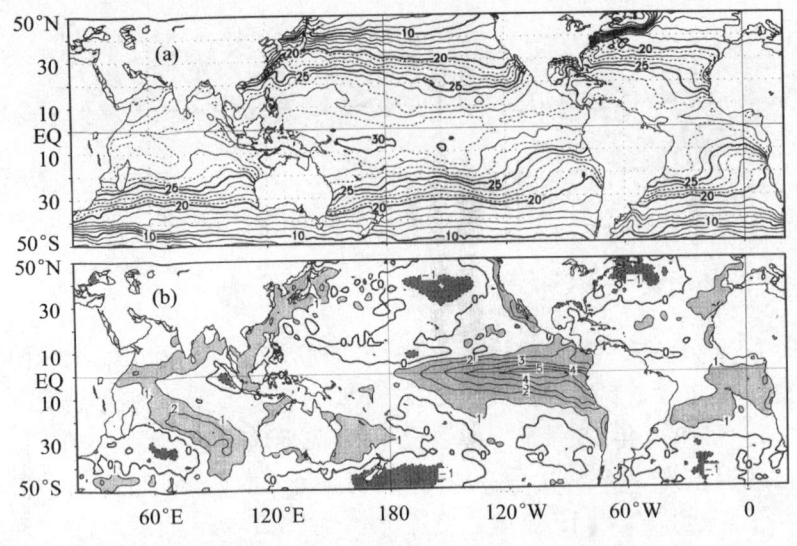

图 5.1.2 (a) 1997 年 12 月全球海温；
(b) 1997 年 12 月全球海温距平(CPC,1997)

厄尔尼诺是西班牙文(El Niño),意思是"圣婴"。因为南美沿岸秘鲁一带经常在年末,接近圣诞节时发生这种海温剧升的现象,所以才称为"圣婴"。发生厄尔尼诺时,由于海水温度上升,鱼类因为得不到浮游生物作食物而死亡。腐烂的鱼漂浮在海上致使经过的船舷都被熏黑。鱼类死亡,海鸟无以为食,或饿死或逃离到它处,南美沿岸岛屿上的海鸟粪大为减少,因而会影响到南美的农业,及(鸟粪)肥料出口。所以,厄尔尼诺现象。早就引起南美沿岸居民的注意(格兰茨,1998)。

实际上南美沿岸海水温度在每年的年末均要上升,这是一个季节性现象。因此,开始时当地居民是把每年均在这个季节出现的升温称为厄尔尼诺的。但是,这种季节性增温逐年有很大不同,并不是每一年都造成上面所谈到的那么大影响。所以,科学家才借用了当地居民的命名,但是给以不同的意义。仅仅把那些温度上升剧烈,影响巨大的增温现象称为厄尔尼诺。这在大气科学界与海洋学界已得到了公认。因此。科学家所谓的厄尔尼诺已经与早期当地居民的理解有所不同了。

二、厄尔尼诺的定义

虽然人们已经公认把赤道东太平洋海温剧烈上升的现象称为厄尔尼诺,但总要有一个科学的定义。这就关系到用什么地区的海温,距平达到多大才能称为厄尔尼诺。

图 5.1.3 是美国气候预测中心(CPC)所用的 4 个定义域1979～1998年海温距平。Nino 1 区及 Nino 2 区范围较小,所以一贯合成一个区称为 Nino 1+2区(0～10°S,90～80°W)。另有赤道东太平洋的 Nino 3 区(5°N～5°S,150～90°W)及中太平洋的 Nino 4 区(15～5°S,160°E～150°W)。近年来又增加了一个新的区即 Nino 3.4 区(5°N～5°S,170～120°W)。这是因为在实际工作中,人们发现用 Nino 3 区与 Nino 4 区的平均比较有代表性。但是用两个区跨越的经度范围又过大。因此,取乎其中。从图 5.1.3 可以看出,这几个区海温的变化大体上是一致的。但是,仔细分析就会发现仍有一些差异。例如升温开始时间不同,1982～1983 年厄尔尼诺事件 Nino 4 区海温上升最早。但 1997～1998 年事件中 Nino 1+2增温开始略早。增温的幅度也不

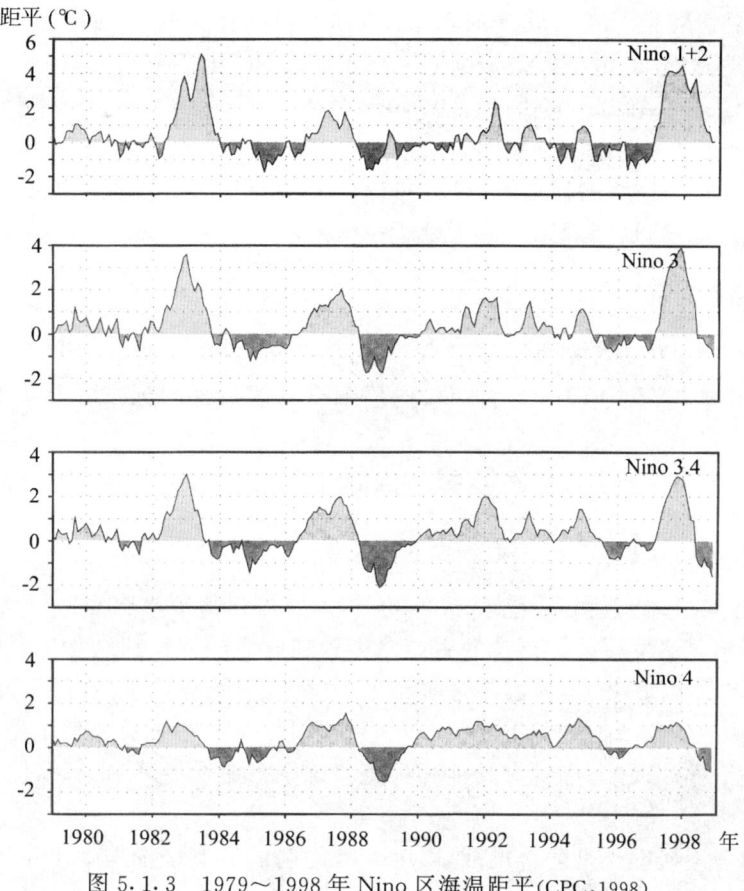

图 5.1.3 1979~1998 年 Nino 区海温距平(CPC,1998)

同。一般 Nino 1+2 区增温幅度最大，Nino 3 区次之，Nino 4 区最小。这主要与各区地理位置有关，也同区域大小有关。

由于使用 4 个区定义厄尔尼诺不方便，所以过去多用 Nino 3 区，近来又用 Nino 3.4 区。此外，安吉尔(Angell,1981)另有一种定义方法，取较为广泛的范围(0~10°S,180°~90°W)称为 Niño c 区。这样定义的结果与用 Nino 3 区或 Nino 3.4 区十分相近。区域确定了，下面的问题就是距平达到多大才定义为厄尔尼诺，不同的作者采用了不同的标准。但大体上月 SST 距平连续半年超过 0.5 ℃，最高在 1.0 ℃ 之上即可认为是 1 次厄尔尼诺事件。如果用季海温距平，则连续两个季以上正距平在 0.5 ℃ 以上为 1 次厄尔尼诺事件。根据这个标准所定出来的厄尔尼诺事件，与 1950 年代以来不同作者的结果无大出入。不同作者定义的厄尔尼诺的差别主要出现于 1950 年之前。这在下面再进行讨论。

顺便指出，目前愈来愈多的人，把赤道东太平洋海温低于正常的事件称为拉尼娜(La Niña)。拉尼娜的原意为女孩。开始有一些作者不同意用这个名词，因为圣婴即耶稣是独一无二的，并不存在一个圣女。所以，有一段时间人们多用反厄尔尼诺(Anti-El Niño)或逆厄尔尼诺(Counter-El Niño)。但是，后来约定俗成，拉尼娜的名称日益得到广泛的承认。

拉尼娜即冷事件。一般可采用与厄尔尼诺类似的定义，不过把正海温距平改为负海温距平。图 5.1.3 说明，近 20 年来只有 1988~1989 年可以认为发生了拉尼娜事件。1984~1985 年及 1995~1996 年的降温幅度均不大，达不到拉尼娜的标准。

最近20年中就发生了6次厄尔尼诺事件,其中包括强大的1982～1983年厄尔尼诺事件。开始人们认为这是20世纪以来最强的厄尔尼诺事件。但后来1997～1998年事件的强度在某些方面可能超过了1982～1983年。1980年代以来还有1986～1987年的厄尔尼诺事件,以及1990年代初连续3次厄尔尼诺事件,即1991～1992年、1993年及1994～1995年。但这期间只发生了1次达到标准的拉尼娜事件。可以认为是一个厄尔尼诺多发期,有人认为这与全球气候变暖有关。但是,这一点还有待于进一步证实。

三、厄尔尼诺的特征

1982～1983年是1次强大的厄尔尼诺事件,据分析,这次事件在世界范围所带来的经济损失达120～200亿美元。但是,人们却未能预测出这次事件的到来。具有讽刺意义的是在1982年10月召开的气候诊断年会上,虽然聚集了许多著名的厄尔尼诺专家,也进行了激烈的讨论,最后仍然认为当年不会发生厄尔尼诺。但恰恰就在这时,一次到当时为止20世纪以来最强大的厄尔尼诺事件已经悄悄地发展起来了。这次预测的失败,对科学界是一个很大的打击。但是,也促使科学家们去研究,为什么会发生这样的错误。

后来,大部分科学家认为,不能在1982年10月当机立断预测出1次厄尔尼诺的到来,主要是受原有的厄尔尼诺发展过程概念的束缚。因为在此之前大家都认为1次厄尔尼诺事件通常于3月开始,首先在南美沿岸海温超过多年平均值。然后,很快正海温距平向西扩展到整个赤道东太平洋。1982年10月的情况是春季已过,而且南美沿岸未见显著增温。正海温距平却出现于赤道中太平洋。因此,尽管有其他种种迹象说明可能发生厄尔尼诺,但却未能真正重视其出现的可能性。

这个事件对理论研究也是一个挑战,因为在此之前的所有理论均致力于解释正SST距平自东向西的传播。然而,现在事实上又出现了自西向东的传播。1982～1983年的厄尔尼诺事件还有一个特点就是持续时间较长。在此之前的研究表明1次厄尔尼诺事件一般持续1年左右。3月SST明显上升。在12月正距平达到最高。然后正距平迅速减弱,到来年4月前后海温基本恢复正常。但1982～1983年厄尔尼诺事件中,正SST距平在1983年夏仍在0.5 ℃以上。1984年春才恢复正常。所以,1982～1983年的厄尔尼诺事件无论对理论研究,还是对业务预测工作均起了促进作用。

这就是说厄尔尼诺事件可能在发生时间及地理位置有如下不同:(1)或者发生于春,或者开始于秋;(2)或者开始于赤道东太平洋,或者开始于赤道中太平洋;(3)正海温距平或者自东向西传播,或者自西向东传播。因此,王绍武与石伟(1992)提出两类厄尔尼诺及两类拉尼娜的概念。凡开始于春、夏季,正海温先出现在赤道东太平洋,然后向西传播的为第1类厄尔尼诺,凡开始于秋、冬季,正海温距平先出现在赤道中太平洋,然后向东传播的为第2类厄尔尼诺。同样,亦可以定出两类拉尼娜事件。

四、厄尔尼诺形成过程

如果想很简单地说明厄尔尼诺是怎样形成的并不是一件容易的事。我们先来看一张厄尔尼诺发展前的赤道太平洋次表层的海水温度图。图5.1.4a是1996年12月等温线分布。可以明显地看出,在垂直方向有一个等温线密集的带,其上部为暖水,下部为冷水。这个垂直温度梯度非常大的带就是温跃层。温跃层上为斜温层,有时也称作活动层。如果以20 ℃的位置作为温跃层的深度,则西太平洋达到150~200m深,而东太平洋只有50~100 m。为什么温跃层深度有这么大的差别呢？主要赤道地区信风盛行。北半球为东北信风,南半球为东南信风。强大的信风沿赤道地区把暖水吹向西太平洋,所以西太平洋暖水层厚。并且,由于赤道太平洋东部为南美沿岸,从西海岸吹向海洋的东风把表层暖水带离沿岸地区,低层冷水随之涌升,称为沿岸涌升。同时沿赤道由于两个半球科氏力的方向与运动的方向之间的关系有所不同,北半球在风向之右,而南半球在风向之左。因此当东风盛行时,表层海洋中海水在两个半球均有指向高纬的分量,这样造成下层冷水涌升,称为赤道涌升。沿岸涌升及赤道涌升使赤道东太平洋形成冷舌,从垂直剖面来看则表现为温跃层变浅。如上所述1996年12月是一个接近正常的月份。由此大体可以看出温跃层在东西太平洋的深浅差异。强劲的东风把暖水从东吹到西,因此西太平洋的海面高度可能比东太平洋高40 cm。当由西到东的海面高度梯度达到一定值,即积累足够的位能时,一旦发生信风张驰,即信风突然减弱,西太平洋到中太平洋甚至可能出现西风,东太平洋的东风信风也大为减弱。这时表层暖海水向东回流,东太平洋斜温层变深,赤道涌升及沿岸涌升减弱,海水温度升高。出现在南美沿岸的增温通过赤道波西传,形成1次厄尔尼诺过程。

不过这样的机制只能说明自东向西发展的厄尔尼诺过程,但如上所述还存在自西向东发展的过程,1982~1983年就是典型的例子。后来拉斯姆森与华莱士(Rasmusson and Wallace,1983)提出一种看法,认为存在两类增暖过程,一类主要限于太平洋东部,最大振幅在南美沿岸,增温过程可以看作是年变程的加强,在北半球的冬、春季首先出现于南美沿岸,然后向西扩展；另一类是赤道中、东太平洋的增暖,最大振幅在90~150°W,开始于北半球的夏季,在年末

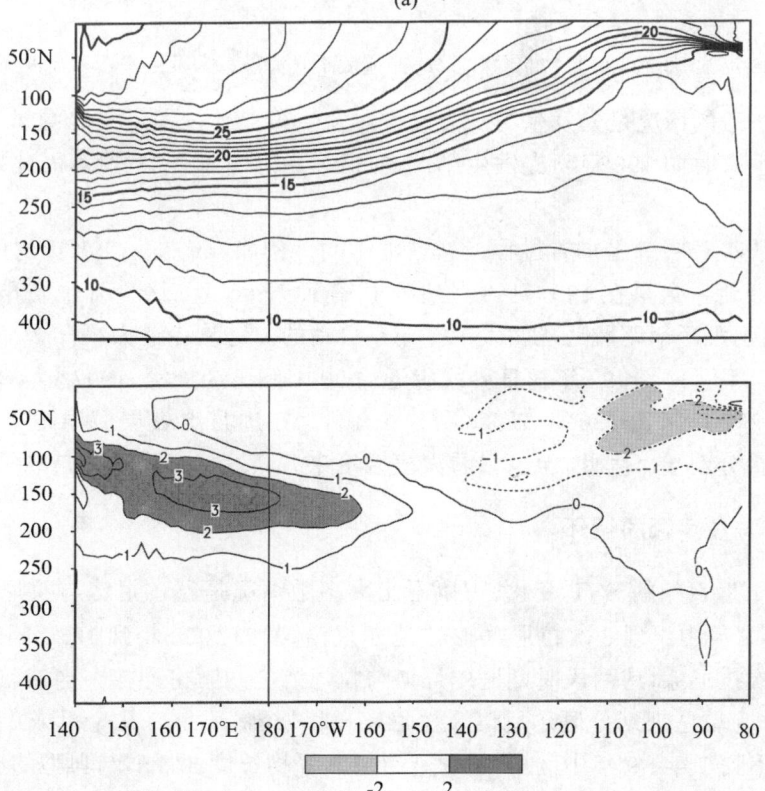

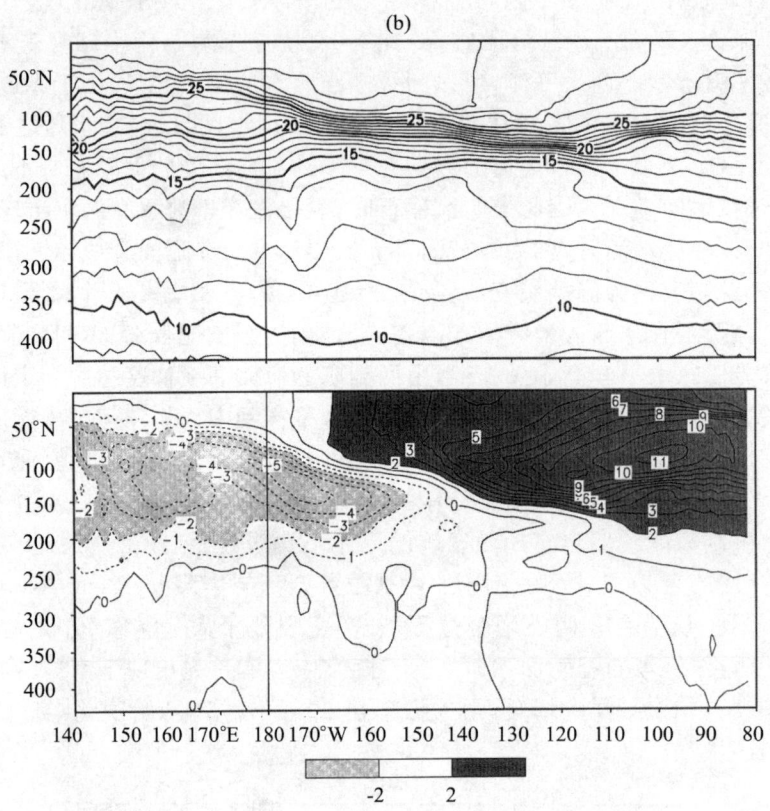

图 5.1.4 1996 年 12 月 (a) 及 1997 年 12 月 (b) 赤道太平洋海温（上）及距平（下）(CPC,1996,1997)

达到最大强度。一般的情况是先发生第一类过程后发生第二类过程。因此看起来似乎正距平从东向西传播。但有时如 1982 年，先发生第二类过程，后发生第一类过程，因此好象正距平自西向东传播。

实际上如果从次表层海温来看过程是非常清楚的。例如,1997～1998 年的厄尔尼诺过程中,Nino 1+2 的正距平最早在 1997 年 3 月达到 1 ℃,而 Nino 3.4 区 5 月才上升到 1.1 ℃。但是在次表层，海温正距平却无疑是从西太平洋向东移动的。这从赤道太平洋 20 ℃线的深度时间剖面图可以看得很清楚。1997 年初日界线附近的 20 ℃线已经加深，1997 年 4 月最大正距平出现于 160 °W,1997 年末到 130°W 以东（图 5.1.4b）。在逐月次表层海温距平剖面图上，正 SST 距平的东传十分明显。因此，至少只看海表温度来判断厄尔尼诺过程是非常不全面的。

五、厄尔尼诺与拉尼娜的循环

如果分析一下近百年的 SST 变化，可以看出大多数情况是厄尔尼诺与拉尼娜交替出现。如 1886～1894 年 9 年中出现 3 次拉尼娜,2 次厄尔尼诺；又如 1968 年到 1976 年也是 9 年出现 3 次厄尔尼诺,2 次拉尼娜，这两段时期厄尔尼诺与拉尼娜之间紧密连接。当然，这是以年为单位，如果以月或季为单位来划分厄尔尼诺及拉尼娜过程，经常还是有几个月或 1～2 季的转换期。但转换期均不到 1 年。9 年中间出现 2 个半循环，平均长度 3.6 a，与典型的厄尔尼诺平均再现期一致。但是也有的时候拉尼娜占优势如 1870 年代。自 1871 年到 1998 年共 128 年，其中厄尔尼诺年 46 年占 35.9%，拉尼娜年 39 年占 30.5%，其余 43 年占 33.6%，大约各占 1/3。但厄尔尼诺略多于拉尼娜，这与近年来厄尔尼诺频率增加有关。

由此我们可以得到几点结论：

1. 1871~1998 年期间共发生厄尔尼诺 30 次，平均 4.3 a 1 次。其中有 15 次跨两年。共发生拉尼娜 21 次，平均 6.1 a 1 次，其中有 4 次跨 3 年，有 9 次跨 2 年。

2. 厄尔尼诺与拉尼娜经常交替出现。在过去的 128 年中只有 3 次出现拉尼娜之后未出现厄尔尼诺即再次出现拉尼娜。但有 12 次厄尔尼诺之后，过了若干年再次出现厄尔尼诺，而中间并未出现拉尼娜。有时间隔较长如 1957 年出现厄尔尼诺之后，过了 6 年才在 1963 年又出现厄尔尼诺。1976 年之后也过了 6 年在 1982 年又出现厄尔尼诺。但最短时间间隔不到 1 年如 1991~1992 年、1993 年、1994~1995 年连续出现厄尔尼诺，中间间隔均不到 1 年。

3. 厄尔尼诺及拉尼娜的出现有年代际变化。如 20 世纪 1990 年代连续出现厄尔尼诺。而在 1870 年代、1910 年代、1970 年代拉尼娜频率较高。

因此，研究厄尔尼诺及拉尼娜，不应只限于研究某个事件。重点应该知道为什么会形成厄尔尼诺与拉尼娜的循环。例如，为什么其平均频率在 4~6 a 之间，频率变化的年代际差异又是如何形成的，以及为什么有的厄尔尼诺事件很强，有的又很弱。

第二节 ENSO 系统

一、南方涛动

南方涛动（Southern Oscillation）简称 SO，是指太平洋与印度洋 SLP 的翘翘板式的变化。特别是南太平洋气压高时印度洋气压低，南太平洋气压低时印度洋气压高。由于 SLP 的变化主要发生于南半球所以称为南方涛动。但是实际上北半球赤道到 30°N 间的 SLP 亦在这个系统控制之内。

最早发现 SO 现象是希尔德布兰得逊（Hildebrandsson，1897），他在研究悉尼与布宜诺斯艾利斯的 SLP（海平面气压）变化时，发现这两个地区气压变化经常相反。后来罗基尔（Lockyer，1902）又证实了这种 SLP 的翘翘板式变化。但是，直到 1924 年才由沃克正式命名为 SO，不过沃克提出的南方涛动指数（SOI）定义过于复杂。其中不仅包括圣地亚哥 SLP 及火奴鲁鲁 SLP 减去雅加达 SLP 及达尔文 SLP，也包括印度洋降水减智利降水。所以后来很多作者提出来的各种各样定义，虽然所用的站不相同，但是一个共同的特点即只考虑两个大洋上的 SLP 差。这些都称为南方涛动指数，即 SOI：

1. 贝尔拉日（Berlage，1954）仅用雅加达 1 个站 SLP 来代表 SOI，雅加达 SLP 与东太平洋为负相关，与塔希提岛 SLP 相关系数达到 -0.8，与印度洋为正相关，与达尔文 SLP 相关系数在 0.6 以上，可见是很有代表性的。但是用 1 个站反应翘翘板式的变化有一定片面性，所以后来的作者均倾向于在对立的两个大洋中各选 1 个或几个站来代表 SOI。

2. 奎恩与布尔特（Quinn and Burt，1972）用复活节岛 SLP 减达尔文港 SLP 代表 SOI。

3. 瑞特（Wright，1975）用开普敦、孟买、雅加达、达尔文港、阿德莱、阿比亚、火奴鲁鲁、圣地亚哥等 8 个站 SLP 对四季分别作不同组合，得到 SOI。与 SST 求相关，证明有较好的代表性，但各季定义不同，把四季连成一个序列时有点问题。

4. 特伦伯斯（Trenberth，1976）建议用塔希提岛 SLP 减达尔文港 SLP 代表 SOI。后来美国气候分析中心采用了这个定义,直到现在均用这两个站的 SLP 差来代表 SOI。

5. 麦克布瑞德与尼科尔斯(McBride and Nicholls,1983)建议对塔希提岛与达尔文港 SLP 差标准化,这是对特伦伯斯计算方法的改进。

6. 美国气候中心又进一步对这个计算方法作了改进。即先分别对塔希提岛与达尔文港的月平均 SLP 标准化,求差之后再次标准化。并在 1986 年 3 月的 CAC 气候诊断公报中公布了 1935 年以来的 SOI 距平值。

7. 1989 年 9 月 CAC 又建议作标准化时改为全年同时标准化,而不是分月标准化。并且再一次公布了 1935 年以来的 SOI 值,这个定义一直使用至今。这就是现在人们通用的 SOI 序列。

除此以外,还有不少作者设计过这样那样的 SOI,现在一般已很少应用。由于厄尔尼诺与南方涛动有密切关系,厄尔尼诺时涛动为负位相,拉尼娜时,涛动为正位相。所以人们经常把这两个现象合起来称为 ENSO。由于它包括了海洋也包括了大气,所以有时也称为 ENSO 系统。

二、近百年的 SOI

如上所述,CAC 已经于 1989 年 9 月公布了 1935 年以来的 SOI 月距平值序列。但是人们仍希望能进一步把这个序列向前延伸。罗帕列夫斯基与琼斯(Ropelewski and Jones,1987)从法国气象局得到了塔希提岛 1876~1935 年的月平均气压记录,尽管其中也还有一些缺测,但仍提供了一个极好的机会,向前延伸 SOI 序列。后来他们利用这份资料把 SOI 序列向前延伸到 1866 年春。石伟与王绍武(1992)也利用了发掘出来的塔希提岛 SLP,但用了与前两位作者不同的插补方法,把 SOI 序列延伸到 1857 年冬(指 1857 年 12 月到 1858 年 2 月)。由于早期资料不足,月的 SLP 误差增大,噪声增强。所以,只建立了 SOI 的季距平序列。具体作法如下:

1. 先分别把阿比亚、圣地亚哥、达尔文和阿德莱的 SLP 对 1891~1920 年标准化,将塔希提岛的 SLP 对 1886~1929 年标准化;

2. 将阿比亚标准化气压距平补足塔希提岛标准化气压距平在 1876~1935 年间的缺测,将圣地亚哥标准化气压距平补足塔希提岛气压 1861~1875 年的标准化距平,将阿德来气压标准化距平补足达尔文气压 1857~1881 年的标准化距平;

3. 将塔希提气压和达尔文气压的标准化距平分别乘以各自的标准差再加上其均值,即得到 1857~1935 年的达尔文气压和 1861~1935 年塔希提的气压的序列;

4. 将插补得到的塔希提与达尔文气压,按照 CAC 的新定义,对 1951~1980 年进行 2 次标准化处理,就得到 1857~1935 年的 SOI,其中 1857~1869 的 SOI 是 2 次标准化后的塔希提气压乘以(-2)。

表 5.2.1 南方涛动指数与赤道东太平洋海温距平的交叉落后相关系数(石伟、王绍武,1992)

	-4	-3	-2	-1	0	1	2	2	4	
SOI*	0.10	0.20	0.31	0.49	0.58	0.47	0.34	0.18	-0.02	SST*
SOI	0.03	0.19	0.36	0.55	0.63	0.62	0.40	0.13	-0.08	SST

SOI*、SST* 指 1870~1935 年序列;SOI,SST 为 1936~1987 年序列;-4、-3、……4 表示落后季数,负值表示 SOI 超前,正值表示 SST 超前

为了检验我们接补的 SOI 序列,分别计算了 1935 年前后两段的 SOI 与赤道东太平洋距平(SSTA)的交叉落后相关,并将两者进行了比较(表 5.2.1)所用的海温资料是安吉尔提供的(个人通信)。相关系数 0.2 即达到 99% 的信度。由表 5.2.1 可清楚地看出,1935 年前后的 SOI 与 SST 的关系均达到 99% 的信度,再加上两者的定义也完全相同,所以两者可以合起来组成一个完整的 1857~1987 年的序列。

三、近百年的 ENSO 事件

如上所述,SOI 与 SST 有很高的相关。因此,在实际工作中经常相互补充。而且,无论如何,SST 代表的是海洋状况,SOI 代表的是大气状况。正好把两者联合起来则反映 ENSO 系统的变化。王绍武与龚道溢(1999)利用 2 个 SOI 序列及 2 个 SST 序列研究了将近一个半世纪以来的 ENSO 事件。这 4 个序列是:

A. Nino3 区 SST(Kaplan 等,1997;Cane 等,1997),序列开始于 1856 年春,到 1991 年秋。从 1991 年冬开始用 CPC 的资料续补。

B. Nino C 区 SST(Angell,1981;王绍武、石伟,1992),这里用安吉尔的定义域,以及个人通信提供的 SST。王绍武等根据 COADS 资料作了补充、修正。序列从 1867 年夏到 1987 年冬。从 1988 年春开始用国家气候中心的 SST 续补。

C. 琼斯等的 SOI,资料取自阿兰等(Allan et al.,1991)及罗帕列夫斯基与琼斯(1987)的工作,序列从 1866 年春开始,到 1997 年秋。1997 年冬及 1998 春用 CPC 资料续补。

D. 石伟和王绍武(1992)建立的 SOI 序列。开始于 1856 年冬到 1989 年。以后用 CPC 的资料续补。

这 4 个序列有很好的相关性(表 5.2.2)取 4 个序列的共同的 1867~1998 年资料,先分别对 1961~1990 年标准化,然后再平均就得到一个统一的代表 ENSO 的序列(E)。为了使这个指数与 SST 对应,在平均时两个 SOI 序列乘以负号。即 ENSO 为正时 SST 高、SOI 低,ENSO 为负时 SST 低、SOI 高。

表 5.2.2　各要素及 ENSO 指数间的相关系数(王绍武、龚道溢,1999)

	A	B	C	D	E
A	1.00	0.81	−0.57	−0.59	0.84
B	0.81	1.00	−0.66	−0.68	0.89
C	−0.57	−0.66	1.00	0.94	−0.90
D	−0.59	−0.68	0.94	1.00	−0.91
E	0.84	0.89	−0.90	−0.91	1.00

表 5.2.3　ENSO 事件强度定义(王绍武、龚道溢,1999)

强度	暖事件	冷事件
强	>1.20	<−1.00
中	0.85~1.20	−0.75~−1.00
弱	<0.85	>−0.75

凡连续两个季 ENSO 指数≥0.5 定为暖事件(也就是厄尔尼诺事件)(表 5.2.3),≤−0.5 定为冷事件(也就是拉尼娜事件)。这样从 1867 年春到 1998 年春 132 a 期间共确认出 32 次暖事件及 32 次冷事件。同时还根据 ENSO 指数确定了暖、冷事件的强度。表 5.2.4 给出 1867～1998 年的 ENSO 事件,起止日期及事件强度。暖事件中强事件 9 次,最强的是 1997～1998 年的事件,其强度超过了 1982～1983 年。冷事件中强事件 8 次,而且有 3 次出现在 20 世纪 1970 年代之后。因此,也还不能认为随着全球气候变暖,拉尼娜的强度已经减弱。

表 5.2.4　1867～1998 年的 ENSO 事件(王绍武、龚道溢,1999)*

	暖事件						冷事件				
序号	开始		结束		持续季数	强度	序号	开始		结束		持续季数	强度
	年	季	年	季				年	季	年	季		
1	1868	1	1868	4	4	2	1	1869	2	1869	4	3	2
2	1876	4	1878	1	6	1	2	1871	4	1873	1	6	1
3	1880	4	1881	3	4	3	3	1873	4	1875	2	7	2
4	1884	3	1884	4	2	3	4	1875	4	1876	2	3	2
5	1888	1	1889	1	5	1	5	1878	3	1880	2	8	3
6	1891	1	1891	2	2	3	6	1882	2	1882	4	3	3
7	1896	2	1897	1	4	1	7	1886	1	1887	2	6	1
8	1899	2	1900	3	6	2	8	1889	2	1890	4	7	2
9	1902	2	1902	4	3	2	9	1892	1	1894	1	9	1
10	1904	2	1905	4	7	2	10	1894	2	1895	4	3	3
11	1911	1	1912	1	4	2	11	1897	4	1898	4	5	2
12	1913	3	1915	1	7	2	12	1903	2	1904	1	4	2
13	1918	2	1920	1	8	2	13	1906	2	1906	4	3	2
14	1923	2	1923	3	2	3	14	1908	1	1908	4	4	3
15	1925	2	1926	2	5	2	15	1909	2	1910	4	7	1
16	1930	2	1930	4	3	2	16	1915	4	1917	4	9	1
17	1932	1	1932	2	2	3	17	1920	4	1921	4	5	3
18	1939	3	1941	4	10	1	18	1922	2	1923	1	4	3
19	1951	1	1951	4	4	2	19	1924	2	1925	1	4	2
20	1952	4	1953	3	4	2	20	1928	3	1928	4	2	3
21	1957	2	1958	1	5	2	21	1933	2	1933	4	3	3
22	1963	2	1963	4	3	3	22	1937	4	1939	1	6	2
23	1965	1	1966	1	5	2	23	1942	3	1943	1	3	3
24	1968	3	1969	1	6	3	24	1947	2	1947	3	2	3
25	1972	1	1972	4	4	1	25	1949	3	1950	4	6	1
26	1976	2	1976	4	3	3	26	1954	2	1956	3	10	2
27	1982	2	1983	4	5	1	27	1962	3	1962	4	2	3
28	1986	3	1987	2	6	1	28	1964	1	1964	3	3	2
29	1991	1	1992	4	6	2	29	1970	2	1971	4	7	2
30	1993	1	1993	3	3	2	30	1973	2	1974	3	6	1
31	1994	2	1994	4	3	2	31	1975	1	1975	4	1	1
32	1997	1	1998	1	5	1	32	1988	2	1989	1	4	1

* 1、2、3、4 分别代表春、夏、秋、冬

四、ENSO 的历史

1982～1983 年预测的失败,告诫人们,厄尔尼诺事件的发展过程是复杂的。以后的研究证明,确实有的事件开始于春,有的开始于夏、秋。有的正 SST 距平先出现在南美沿岸,有的先出

现于赤道中太平洋。当人们刚刚适应了这种情况时,又出现了1990年代前半期的连续3次弱厄尔尼诺事件。无论有人把它们当成1次延长的事件,还是大多数认为3次独立的弱事件,至少在近100多年的ENSO历史中,这也是绝无仅有的。这就给科学家又提出来一个新的课题。紧接着1997～1998年出现了近百年最强的厄尔尼诺,其ENSO指数峰值不如1982～1983年高,但是过程平均ENSO指数达到2.21,而1982～1983年仅为2.02。下面还要谈到,虽然有一些模式预测出了这次暖事件的来临,但预报时效不长,只是在暖事件已经来临时,才预测出SST的上升。而且,没有任何一个模式能预测出这样大的强度。所以也可以认为这是继1982～1983年及1990年代前半期之后的第3次挑战。而且谁也不知道又在何时以何种方式出现第4次挑战、第5次挑战。

所以,为了能更广泛地认识ENSO过程的特点,就需要建立尽可能长的ENSO序列。由于以观测资料为基础的ENSO序列,不可能超过一个半世纪。建立更长的ENSO序列只能靠代用资料。

在这方面奎恩(Quinn等1978,1986)作了开创性的工作。他利用南美智利、秘鲁的大雨、洪水,以及沿岸渔业与航海的记载,研究了公元1500年以来的厄尔尼诺事件。汉密尔顿与加尔西亚(Hamilton and Garcia,1986)分析了秘鲁降水的异常,定出1531～1841年期间18个强厄尔尼诺事件。尼科尔斯(Nicholls,1988)研究了澳大利亚的干旱记录,指出公元1788～1841年间有11次严重干旱,绝大部分与奎恩所定的厄尔尼诺年一致。陆斯与福利茨(Lough and Fritts,1985)亦曾尝试用树木年轮建立厄尔尼诺的长序列。

近来利用代用资料研究ENSO又有了新的发展;这就是冰芯积雪量、花粉与珊瑚。汤普逊等(Thompson et al.,1984)利用秘鲁的冰帽来判断厄尔尼诺。近20年的记录表明,厄尔尼诺事件发生时积雪量增加,如果开发出深层冰芯,就有可能了解过去1500年的厄尔尼诺事件。施拉德与皮西亚斯(Schrader and Pisias,1965)研究了加利福尼亚瓜马斯湾沉积中的花粉成分,认为花粉的一定集合与强厄尔尼诺事件有关,假如这种关系确实存在,则有可能据以了解过去3 000年的厄尔尼诺发生史。沈与包依勒(Shen与Boyle,1984)把加拉帕戈斯岛珊瑚骨架的年轮与近20年的厄尔尼诺事件进行了比较,发现厄尔尼诺年镉含量减少。这反映了因海水涌升减弱而造成的海洋化学变化,利用这种技术也有可能揭示若干年前的厄尔尼诺事件。

最有吸引力的还是科尔(Coll,1990)开创的研究,她利用珊瑚中$\delta^{18}O$来判断SST,重建ENSO的历史。因为珊瑚骨骼有5～20 mm厚的年层,对珊瑚进行切片,可以取得几百年的样本,这样确认的近百年厄尔尼诺事件与仪器观测有很高的一致性。另外,发生厄尔尼诺时赤道中太平洋的岛屿降水量大,这就加大了河流的淡水径流量,从而降低海水的盐度。所以根据珊瑚年轮的盐度亦可以判断厄尔尼诺。

五、ENSO的年代际变率

王绍武曾根据8种代用资料,建立了近500年的ENSO史,这8种资料是:(1)张先恭等重建的SOI;(2)陆斯等重建的SOI;(3)登陆台风数;(4)东亚冷夏;(5)汉密尔顿的秘鲁降水及尼科尔斯的澳大利亚干旱;(6)中国华北干旱;(7)尼罗河流量;(8)奎恩的厄尔尼诺档案。尽管这里还需要用新的资料来源进行补充修正,但无论如何已经提供了一个ENSO长期变化的轮廓。

表 5.2.5　公元 1470 年以来的暖事件与冷事件频次(王绍武，1992，有补充)

年代	暖事件	冷事件	年代	暖事件	冷事件	年代	暖事件	冷事件
1470	1	2	1650	2	2	1830	2	1
1480	2	3	1660	2	2	1840	1	3
1490	4	1	1670	2	2	1850	4	3
1500	2	3	1680	3	2	1860	3	1
1510	2	3	1690	2	3	1870	1	4
1520	3	1	1700	3	2	1880	3	3
1530	2	3	1710	2	2	1890	3	3
1540	3	2	1720	3	2	1900	2	4
1550	2	2	1730	1	3	1910	3	1
1560	3	2	1740	3	1	1920	2	4
1570	1	2	1750	2	1	1930	3	2
1580	2	2	1760	3	2	1940	0	3
1590	2	2	1770	3	2	1950	3	1
1600	4	2	1780	2	3	1960	2	2
1610	2	1	1790	3	2	1970	2	3
1620	1	2	1800	2	2	1980	2	1
1630	3	2	1810	3	2	1990	4	1
1640	2	2	1820	3	2	共计	125	115

表 5.2.5 列出每个 10 年按上述 8 个代用资料确定的暖事件及冷事件次数，表 5.2.6 为每个世纪的次数。可见这 5 个世纪相差不多，这也可能说明 ENSO 的最基本规律是冷暖事件的交替。这种交替属于年际变率。而大的气候背景，如小冰期、现代暖期，对年际变率的频率影响不大。但是，这并不排除事件的强度可能有较大变化。例如 ENSO 事件的强度与持续期可能不同。在湿暖的 20 世纪 1980～1990 年代中 1982～1983 年及 1997～1998 年 2 次暖事件都是 20 世纪以来最强的。19 世纪后半期属于全球气温较低的时期，到 20 纪初共发生持续 3 年的冷事件 4 次，而 20 世纪后半期仅发生 2 次，且发生于气温下降的 1950 年代及 1970 年代。

表 5.2.6　16～20 世纪 ENSO 事件频率(王绍武，1992，有补充)

世纪	暖事件	冷事件
16	22	22
17	23	20
18	24	21
19	25	24
20	24	22

自然，这份档案是非常初步的，需要吸收冰芯、珊瑚等新的代用资料。一旦时机成熟，必将能建立一个至少有几百年的更为可靠的 ENSO 史档案。

第三节　ENSO 的气候影响

一、ENSO 对世界气候的影响

ENSO 研究之所以受到重视，主要是因为 ENSO 对气候有明显的影响。发生厄尔尼诺时印度尼西亚、澳大利亚干旱，印度及巴西（东北部）也干旱，而南美秘鲁、智利、厄瓜多尔及赤道中太平洋的岛屿多雨。预测 ENSO 的发展，对这些地区的气候预测有重要的意义。在 ENSO 研究中，ENSO 对气候的影响是一个中心课题。研究某一个气候因子对气候异常的影响一般有两种作法，一种是计算气候因子与气温或降水量的相关系数。这要有两个条件。一、假定关系是线性的；二、要确定对什么时期(例如，冬季或夏季)的气候影响最大。然而，经验表明 ENSO 与不同地区的气温或降水关系最好的时间是变化的。所以在研究中，人们经常采用另一种分析方法，即序时迭加法。这种方法是先确定气候事件，例如，何年为厄尔尼诺。然后，把所有厄尔尼诺事件的同一月份或季节的气温或降水量距平平均，看有什么共同的特征。下面以厄尔尼诺对降水的影响说明这种方法。罗帕列夫斯基与哈尔佩特(1987)的工作最有代表性。他们的作法是对每个厄尔尼诺事件取 2 年时间。北半球秋、冬季 SST 最高的是 0 年，前 1a 为 $-1a$，后 1a 为 $+1a$。从 $-1a$ 7 月到 $+1a$ 6 月，把每个站的月降水量换算为 Γ 分布的百分位距平。然后把所有事件的降水百分位距平按月平均，得到 24 个月的平均距平，再对平均距平作 24 个月谐波分析，得到的振幅即表示厄尔尼诺影响大小，用矢量长度来表示。令矢量的方向表示降水峰值所在月份，向南为 $-1a$ 7 月，向西为 0a 1 月，向北为 0a 7 月，向东为 $+1a$ 1 月。这样 ENSO 对每个站降水量的影响均可用一个矢量来表示。赤道中太平洋在厄尔尼诺盛期多雨，矢量长，而且一致指向东北。印度尼西亚一带则矢量相反，指向西南，说明在厄尔尼诺盛期少雨，澳大利亚也有类似的趋势。表 5.3.1 给出 7 个区不同地点降水与厄尔尼诺的关系。可见关系最好的还是澳大利亚、中太平洋、南美东北部。时间在 0a 9 月到 $+1a$ 3 月之间，即主要在北半球的秋、冬两季。对气温的影响不如降水明显。罗帕列夫斯基对全球 1500 个站进行了分析，发现反映比较强的有 10 个地区。以正相关为主，气温最高值出现在 0 年末到 $+1a$ 初，如东南非、印度次大陆、东南亚、北美西北、加勒比海西南部及东北部。只是在澳大利亚北部及南太平洋中部高温出现在 $-1a$ 中，墨西哥湾则在 0 年上半年暖。总之，厄尔尼诺时除个别地区外，气温以偏高为主。图 5.3.1 给出北半球冬季与厄尔尼诺相关联的降水与气温异常示意图。

表 5.3.1　不同地区降水对厄尔尼诺的响应 (Ropelewski and Halpert, 1987)

地　区	多雨季节	一致性	总数	湿	干
太平洋					
中太平洋	5 月(0)～4 月(+1)	0.98	8	7	1
南太平洋中部	7 月(0)～6 月(+1)	0.88	8	8	0
印尼/新几内亚	6 月(0)～11 月(0)	0.82	25	5	20
斐济/新卡列多纳	10 月(0)～3 月(+1)	0.95	11	2	9
密克罗尼西亚/西太平洋	10 月(0)～5 月(+1)	0.91	13	1	12
夏威夷	11 月(0)～5 月(+1)	0.88	11	2	9
澳大利亚					
北部	9 月(0)～3 月(+1)	0.95	26	4	22
东部	9 月(0)～2 月(+1)	0.89	26	6	20
南部/塔斯马尼亚	5 月(0)～10 月(0)	0.94	24	6	18
中部	3 月(0)～2 月(+1)	0.86	26	7	19
印度次大陆					
印度	6 月(0)～9 月(0)	0.86	26	5	21
米尼科伊岛/斯里兰卡	10 月(0)～12 月(0)	0.92	26	21	5
非洲					
赤道东非	10 月(0)～4 月(+1)	0.93	13	11	2
东南非	11 月(0)～5 月(+1)	0.90	22	5	17
南美					
东北部	7 月(0)～3 月(+1)	0.91	17	1	16
东南部	11 月(0)～2 月(+1)	0.82	19	18	1
中美					
中美/加勒比海	6 月(0)～10 月(0)	0.77	19	14	
北美					
大平原	4 月(0)～10 月(0)	0.88	11	9	2
墨西哥湾及墨西哥北部	10 月(0)～3 月(+1)	0.93	22	18	4

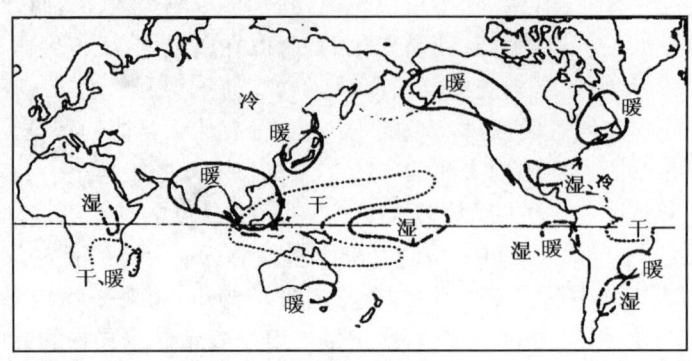

图 5.3.1　北半球冬季与厄尔尼诺有关的
气温、降水异常（格兰茨，1998）

二、ENSO 对经济的影响

1. **鳀鱼**　鳀鱼是南美沿岸的海鱼的主要品种。南美洲西岸受秘鲁冷洋流影响，加上由于信风造成的沿岸冷水涌升，是全球热带海洋水温最低的地区。大约在沿岸 50 km 的狭长海域是海洋生物的乐园。那里有丰富的浮游生物，适合鳀鱼繁殖生长。秘鲁沿岸鳀鱼的捕获量在 20 世纪 60 年代之前约 2×10^6 t，到 1970 年才过了 10 余年捕获量就上升到 12×10^6 t 以上，增加了大约 5 倍。过量的捕获，又遇到 1972～1973 强大厄尔尼诺，捕获量又下降到不到 4×10^6 t。发生厄尔尼诺时，海水温度上升，不再适于浮游生物生长，鳀鱼由于缺少食物或向深海或其他海域迁徙，或者死亡。这样高死亡、低繁殖使鳀鱼量迅速减少。在 1970 年代初智利曾希望靠出口鱼粉，换取外汇，投资购买了渔船，建设了鱼粉加工厂，这时受到了严重打击。后来又经历了强大的 1982～1983 年厄尔尼诺，鳀鱼捕获量下降到 2×10^6 t 以下。鱼粉减少，人们不得不用豆粉来代替饲料。这也影响了农业的平衡。

2. **瓜诺鸟粪**　秘鲁沿岸有大量的海鸟如鸬鹚、塘鹅、鹈鹕等，这些鸟统称瓜诺鸟。因为，南美沿岸的一些岛屿上堆积着大量的鸟粪，这些鸟粪是上等的农业肥料，当地称为瓜诺（Guano）。所以，产生鸟粪的鸟就统称瓜诺鸟，瓜诺鸟每年可能产生数千吨优质鸟粪。在近 2 500 年中堆积起来的鸟粪山有 20 m 高，有的地方达到 40 m 高。鳀鱼是瓜诺鸟的食物，发生厄尔尼诺时鳀鱼减少，瓜诺鸟也随之迁徙它方，或死亡。在一次暖事件中饿死的瓜诺鸟可能有几十万甚至上百万只。1965 年的厄尔尼诺使瓜诺鸟的数量下降到 1960 年代初的 1/4，1950 年代中的 1/7，而且以后一直没有恢复起来。

3. **1982～1983 年厄尔尼诺的影响**　1960 年代到 1970 年代厄尔尼诺对鳀鱼及鸟粪的影响已经很剧烈了。到了 1980 年代，几乎已经反映不出多少影响。因为，无论鳀鱼捕获量，还是瓜诺鸟的数量都下降到了一个可怜的低限。但是，这时干旱、火灾和洪涝的影响提到了议事日程。

1982～1983 年澳大利亚经受了本世纪以来最严重的干旱，农业、畜牧业加上丛林火灾造成 30 亿美元的损失。南非也遭受到本世纪最严重的干旱，损失达到 10 亿美元，南美秘鲁和厄瓜多尔洪水泛滥，损失 30 亿美元。有人估计 1982～1983 年厄尔尼诺造成的总经济损失达到 200 亿美元。

4. **1990 年代的两次厄尔尼诺**　1990 年代前半期，连续发生了 3 次弱的厄尔尼诺事件。接着 1997~1998 年又发生了 20 世纪最强的厄尔尼诺。1993 年及 1994~1995 年两次厄尔尼诺较弱,这里重点讲述 1991~1992 年及 1997~1998 年两次厄尔尼诺的影响。

1991 年末干旱摧毁了南部非洲国家的农业生产。印度尼西亚 1991 年 8~11 月在婆罗洲和苏门答腊发生了森林大火,干旱造成大米减产。澳大利亚干旱严重,减产 30%,是 20 年来最坏的收成。1992 年上半年南部非洲遭受到 20 世纪以来最严重的干旱。东非降水比常年偏少 50%,粮食大幅度减产。肯尼亚水坝水位达到了 50 年以来的最低点。

1997~1998 年的厄尔尼诺再次造成了印度尼西亚及澳大利亚的严重干旱及森林大火。印度尼西亚婆罗洲和苏门答腊的森林大火产生的浓烟,在东南亚持续了几个月,对人类健康和航空运输造成严重的影响。不过在这次暖事件发生过程中印度季风降水却并不很少。南部非洲也没有发生干旱。这说明对于 ENSO 的影响,人们的认识还是十分有限的。

三、对西太平洋副热带高压的影响

大家知道,对于中国夏季降水的异常来讲,西太平洋副热带高压的强度及位置有举足轻重的作用。根据国家气候中心气候预测室多年来的研究,用 5 个指数来描述西太平洋副热带高压的特征:副高强度、面积、西伸脊点、北界及脊线。这些指数都是用 500 hPa 等压面上 588 dagpm 线来决定的。例如,副热带高压面积用 588 dagpm 线范围内格点数来表示。

臧恒范与王绍武(1984)曾指出西太平洋副热带高压的变化与赤道东太平洋 SST 的变化有密切关系。取 Nino C 区的 SST 与各种副热带高压指数计算交叉相关。SST 的变化普遍超前于各种指数(表 5.3.2)。

表 5.3.2 赤道东太平洋 SST 对西太平洋副热带高压的影响(臧恒范,王绍武,1984)

副热带高压	与 SST 最大相关系数	SST 超前月数
强度指数	0.50	4~6
面积指数	0.77	4~6
西伸脊点	−0.32	6
北界位置	0.25	7
脊线位置	0.12	8

由表 5.3.2 可见厄尔尼诺时(SST 高),西太平洋副热带高压强度高,面积大,这很容易理解。因为,异常偏高可能向大气输送的热量增加,而且由于分析的是对流层中层,所以各经度之间差异不大。实际上如果不只考虑热带太平洋,而是考虑全球热带地区,500 hPa 平均高度与 SST 的相关还要高,相关系数可能达到 0.55。高度场落后 SST 的时间也要短,大约只有 3~4 个月。这可能是赤道东太平洋响应较快,因此使得平均响应时间缩短。

副热带高压西伸脊点是以经度计算的,厄尔尼诺时副高西伸,经度值减少,所以是负相关。北界及脊线都是以纬度计算的,厄尔尼诺时,西太平洋副热带高压偏北,所以是正相关。但是从表 5.3.2 也可以看出,赤道东太平洋 SST 与副热带高压西伸脊点及北界或脊线的相关系数已经很低了。由于是用月资料计算,也还能达到 95% 信度,实际能解释的方差已经很小。但是,对我国夏季降水,最重要的却是西伸脊点及北界。所以,赤道东太平洋 SST 与我国降水的关系是比较复杂的,这在下面再讲。

上面谈到厄尔尼诺时副热带高压增强可能与海洋向大气输送热量的增加有关。但是也有人认为大气环流的动力学也有很大作用,发生厄尔尼诺时,哈得莱环流增强,因此与哈得莱环流下沉支密切相关的副热带高压也会增强。但是,如果这一点属实的话,发生厄尔尼诺时,南半球的副热带高压也必然增强,可惜南半球缺少必要的资料。直到最近,龚道溢与王绍武(1998)才利用1974年1月到1996年12月的再分析资料,对此进行验证。结果发现南、北两个半球的副热带高压变化有很好的一致性,两者的强度指数之间的相关系数高达0.90,而且是同时相关最高,没有发生任何一个半球的变化超前另一个半球的现象。为了研究SST与副热带高压的关系,共采用5个指数,即Nino 1+2、Nino 3、Nino 3.4、Nino 4及Nino C。结果Nino C的SST与全球副热带高压的关系最好。SST超前3个月的相关系数达到0.70。同时SST与500 hPa高度的经向分布表现出明显的波列特征,北半球的冬季(12~2月)波列最清楚。

四、对东亚夏季低温的影响

夏季低温也是一个影响我国粮食产量的重要气候灾害,夏季(6~8月)平均气温低于常年1℃,整个夏季的积温可能减少100度×日,就可能造成严重的歉收。由于这时气温不过从18~19℃下降到17~18℃,所以称为低温,或低温冷害,与冬季的寒害是不同的。

我国东北地区受低温影响最大。不仅水稻,高粱、玉米、大豆均受影响。但是水稻受影响最大。低温冷害对水稻的影响可分为延迟型及障碍型。延迟型冷害指水稻在整个生长期遇到长时间的低温而造成减产,障碍型冷害是指水稻在孕穗、抽穗或开花期遇到低温造成减产。前者重点在6月,后者重点在8月。因此,我国东北地区6月或8月有强低温时就会发生冷害。当然,如果连续3个月低温或有2个月强低温,灾害就更严重了。

低温冷害造成的减产是非常激烈的。例如吉林省在5个低温年(1954、1957、1969、1972及1976年)平均水稻减产35%、高粱减产25%、大豆减产20%、玉米减产14%、谷子减产7%。在东北北部,低温年一般粮豆平均减产30%。

因此,研究低温冷害形成的原因是十分重要的。分析表明,直接造成东北低温的天气系统是东北冷涡,即在东北地区停留的对流层中层冷性低压涡旋。在低涡的西部或西北部往往有一个强大的高压脊,在500 hPa高度距平图上从北欧到乌拉尔山为一强大的正距平,这促使冷空气不断向南侵袭。而这时在冷涡的东部往往也有一个正距平区,反映出在鄂霍次克海上空有高压脊或阻塞高压。这个高压的作用是阻挡冷空气向东移动。因此,冷空气不断地入侵东北地区。每一次冷涡天气不过持续2~3 d,但是在出现低温冷害的年份一个夏季冷涡过程能达到7~8次。不断的冷空气入侵造成持续性低温,形成冷害。

从上面举出的例子可见。吉林省5个严重低温冷害年中就有4个是厄尔尼诺年。进一步分析表明,中国东北的低温往往是整个东亚的低温的一部分。从我国东北到前苏联远东、朝鲜半岛及日本北部经常同时产生夏季低温。而且,发现东亚夏季低温与厄尔尼诺关系密切。自1850年到1988年,共发生31次厄尔尼诺事件,其中23次东亚出现大范围低温,其余8次之中有6次在中国东北或日本发生低温。只有1939及1951年东亚未出现低温。至于为什么厄尔尼诺年容易出现东北低温,可能是赤道东太平洋SST高时,西北太平洋SST较低。日本科学家早就指出日本的低温冷害与西北太平洋的低温有关。

五、对中国降水的影响

格兰茨曾指出,按受ENSO影响的大小,全球可划分为3类地区:第1类是受ENSO影响的核心地区,包括澳大利亚、印度尼西亚、秘鲁、智利;第2类是受ENSO影响,但关系较弱的地区，如印度、巴西及非洲南部，中国亦属这一类地区；第 3 类是受 ENSO 影响很弱的地区，如美国、日本、西欧、前苏联及西非萨赫勒。实际上第 3 类地区中有的可以说基本上不受 ENSO 影响。

厄尔尼诺时澳大利亚、印度尼西亚干旱，秘鲁、智利及赤道中太平洋岛屿多雨，拉尼娜时相反。有的地区这种一致关系能达到 90%，一般也能有 70%～80%。所以才称为第 1 类地区。在第 2 类地区中似乎印度夏季风降水与 ENSO 关系最好。但是根据郭其蕴（1992）的研究，近百年来印度干旱的年只有 74% 为厄尔尼诺，多雨的年 59% 为拉尼娜。如果把干旱与多雨的尺度放宽，这种比例还要下降。据统计，印度夏季风降水与秋季的赤道东太平洋 SST 相关系数能达到 -0.61。但即使如此，也只能解释不到 40% 的方差。所以才把印度列为第 2 类地区。中国夏季降水与 ENSO 的关系还不如印度。据郭其蕴的研究，华北夏季降水与秋季 SST 的相关才 -0.40。多雨之中 64% 为厄尔尼诺，干旱之中 51% 为拉尼娜。这还是中国夏季降水与 ENSO 关系最好的地区。其他地区如长江流域的梅雨就几乎没有什么关系。1931、1954、1991 年是本世纪以来梅雨最强的 3 年，其中 1931 年不是厄尔尼诺年，也不是拉尼娜年，1954 年为拉尼娜年，1991 年为厄尔尼诺年。因此，很难得出肯定的结论。在这样情况下，不少作者对厄尔尼诺进行分类，有时发现与厄尔尼诺的第 2 年有某些关系。但是，这有待于用更多的资料进行诊断，也需要通过气候模拟来进一步证实。

龚道溢与王绍武（1998）用近百年的降水资料进一步研究了 ENSO 对中国降水的影响。由于这是新建立的中国东部完整的 35 个站季降水距平序列，因此有可能增加 1 倍的个例。在 1880～1996 年的 117 a 中共有厄尔尼诺年 41 a，拉尼娜年 36 a。分别对四季作厄尔尼诺及拉尼娜的降水距平合成图。结果发现 ENSO 的影响在秋、冬两季最明显。主要特点是厄尔尼诺时江南多雨，长江以北大范围少雨。夏季也保持这个特征，但是统计关系不如秋、冬两季。拉尼娜年北方大范围多雨、夏、秋、冬 3 季均很明显。

不过应当指出中国毕竟属于第 2 类地区，降水与 ENSO 的关系并不是一一对应的。1997～1998 年发生了 20 世纪最强的厄尔尼诺，自 1997 年夏到 1998 年春中国江南始终多雨。这与过去许多暖事件的情况类似。1998 年夏季 SST 已经下降，但是一直到 1999 年夏，雨带依然在江南，这是与过去得到的统计结果矛盾的。印度也出现过这种情况，在强大的厄尔尼诺年 1997 年，印度夏季风降水却并不很少。这表明对第 2 类地区 ENSO 不是控制降水异常的惟一因子。

第四节　ENSO 机制与模拟研究

一、沃克环流

沃克早在 20 世纪 30 年代就研究了世界三大涛动。其中北大西洋涛动（NAO）与北太平洋涛动（NPO），实际上即反映了中纬度大气环流西风强度。强、弱涛动分别相当于强西风及弱西风。但是在很长时间内缺少对南方涛动（SO）的大气动力学研究。因此人们对于为什么太平洋 SLP 高时印度洋 SLP 低或者太平洋 SLP 低时印度洋 SLP 高没有一个合理的解释。

皮叶克尼斯（Bjerknes，1969）在这方面作了里程碑式的工作。他提出来在赤道太平洋存在一个东西向的环流圈。其根据是在赤道太平洋东部南美沿岸为一冷水域，冷水域的上空是著名的赤道干旱带，在 0～10°S 范围内年降水量仅 500 mm。而在赤道西太平洋为暖池，是世界上降水量最大的地区，大部分地区年降水量在 2000 mm 以上。东部干旱说明空气下沉，西部降水多,空气上升。低层大气海面上吹东风,南半球为东南信风、北半球为东北信风,对流层上层则吹西风。这样从南向北看就可以发现一个顺时针旋转的闭合环流。为了纪念沃克,也是由于皮叶克尼斯的谦虚,把这个环流命名为沃克环流。

发生厄尔尼诺时,赤道太平洋 SST 上升,冷水域减弱。西太平洋暖池的水温却不上升,或甚至有所下降。东西向的 SST 对比减弱。这时赤道太平洋东部的下沉减弱,西部暖池的上升减弱,低层信风也减弱,因此沃克环流减弱。相反,拉尼娜时沃克环流增强。分析表明沃克环流强盛时,在赤道太平洋为一完整的闭合纬向环流,下沉支在赤道东太平洋,上升支在暖池上空。但是当沃克环流减弱时,往往伴随着纬向环流圈向东的收缩。这时下沉支仍然在赤道东太平洋,但上升支东移到赤道中太平洋。同时西太平洋可能形成一个与沃克环流反向的纬向环流圈,赤道中太平洋上升,在暖池附近下沉,低层盛行西风,从南向北看时,呈逆时针旋转。发生厄尔尼诺时赤道东太平洋冷水域的 SST 上升,沃克环流减弱,这时处于暖池附近的印度尼西亚上空的上升气流已移到赤道中太平洋。因此,印度尼西亚干旱。这样就把厄尔尼诺这样一个海洋现象与相距万里以外的印度尼西亚干旱联系起来,后来弗隆与弗雷尔(Flohn and Fleer,1975)把沃克环流的概念推广到整个赤道带。认为除了在太平洋及印度洋有一对旋转方向相反的纬向环流圈之外。在非洲到大西洋也有这样一对纬向环流圈,只不过其规模没有太平洋与印度洋上的环流圈大而已。后来王绍武(1987)又对沃克环流的模型提出修改意见。他认为在赤道附近不仅纬向风的梯度造成散度,经向风梯度造成的散度更大。厄尔尼诺时从印度尼西亚到澳大利亚低层经向风也是辐散的,这引起强烈的下沉,所以造成干旱。在 CLIVAR 计划中指出在印度洋到南亚及东亚有两个季风环流。一个南北向的,北半球冬季在澳大利亚到东亚之间,北半球夏季在印度洋到东南亚之间,称为侧向季风(Lateral monsoon)。另一个在南亚到阿拉伯之间,称为横向季风(Transverse monsoon)。季风环流与沃克环流及其相互作用成为控制印度洋-太平洋区气候的主要机制。

二、春季预报障碍

很早以前沃克在研究印度夏季风降水预报时,就应用了春季 SOI。以后一系列的研究均发现在厄尔尼诺年印度多干旱。例如,近百年来印度干旱最强 1877 年就是一个强厄尔尼诺年。但是人们逐渐注意到印度夏季风降水是 6~9 月,而厄尔尼诺过程中 SST 最高出现在 11~12 月之间,这样似乎厄尔尼诺出现在夏季风之后。如果是这样的话,印度夏季风很可能是厄尔尼诺发生的原因,而不是结果。近几年安成哲三(Yasunari,1989)及韦伯斯特(Webster,1992)对这个问题作了大量的研究。韦伯斯特等在《TOGA 10 年总结》中写了一个全面的总结报告(Webster et al.,1998)。

这个问题的研究是从"春季预报障碍"开始的,韦伯斯特(1992)早就发现 ENSO 的持续性在春季最低。这是与前面谈到的厄尔尼诺经常从 3 月开始到来年 3 月结束的观测事实是一致的。所以夏季的 SST 可以持续到冬季。但是冬季的 SST 则很难持续到来年夏季,即越不过春季这个障碍。不仅如此,韦伯斯特(1992)还发现,各种模式也是在春季预测效果最差。因此,就提出来"春季预报障碍"问题。安成哲三与韦伯斯特共同的观点是到 ENSO 系统之外去寻找克服这个障碍的途径。

安成哲三的基本观点是:夏季风在热带季风大气海洋系统(MAOS)中是一个活跃的成员,它决定了 MAOS 由夏到冬的变化。夏季风强,其后秋、冬之际热带太平洋为拉尼娜,后者通过波的经向传播产生强的经向环流,亚洲出现强冬季风。但是,到了春季热带地区年际变化信号最弱,中纬度大气环流起了主导作用,亚洲大陆雪盖增加,通过波的传播激发厄尔尼诺事件。即强的冬季风之后为弱的夏季风。韦伯斯特则认为以沃克环流为代表的赤道海气系统在春季最弱,这时夏季风正迅速增强,夏季风影响沃克环流。到了秋季,夏季风减弱,沃克环流影响冬季风。这两位作者的共同看法是季风与 ENSO 相互作用。但是这个相互作用有很强的季节变化。不过他们设想的物理机制并不相同。然而春季 ENSO 系统最弱这一看法是一致的。

三、季风与 ENSO

表 5.4.1 概括表示出季风与 ENSO 的相互作用,这是总结了安成哲三及韦伯斯特的研究,并根据本章作者的研究得到的结果。

表 5.4.1 季风与 ENSO 相互作用概念模式(王绍武,1999)

	夏	冬	夏	冬	夏
ENSO	El ②→	El	La ④↑	La	El
	↑①	↓③		↓	↑
季风	弱	弱 →	强	强 →	弱

各个环节的要点如下:

(1)弱夏季风触发(或加强)厄尔尼诺,强夏季风则触发(或加强)拉尼娜。如果计算印度夏季风降水与赤道东太平洋或西太平洋 SST 之间的相关系数均会发现夏季降水与秋、冬 SST 相关的绝对值最高,与东太平洋为负相关与西太平洋为正相关。降水与前 1 年 SST 的相关符号反过来,但绝对值要小得多。所以可以认为夏季风降水与后期的 SST 关系好。印度夏季风降水少赤道东太平洋 SST 高(厄尔尼诺),西太平洋暖池 SST 低。

(2)ENSO 由夏到冬的持续性是不言而喻的。SOI 由夏到冬的持续相关系数达到 0.70,但是由冬季到其后的夏季的相关系数则只有 0.21。这再次说明"春季预报障碍"的影响。

(3)冬季厄尔尼诺(拉尼娜)促使形成弱(强)冬季风。这一个环节证据最少。因为,首先如何表示冬季风是有争议的,但是分析表明冬季西太平洋副热带高压与前期秋季赤道东太平洋的 SST 有接近 0.8 的高相关。秋季 SST 高(厄尔尼诺),冬季副热带高压强,显然在这种情况下冬季风较弱。反之秋季 SST 低(拉尼娜),冬季副热带高压弱,冬季风强。

(4)弱(强)冬季风之后为强(弱)夏季风。这是这个概念模式的中心环节。但是对其中的物理过程的解释还有分歧。有一种观点用冬季中国南海 SST 与夏季风降水的正相关作为证据,说明冬季风弱(SST 高)之后夏季风强(降水多),冬季风强(SST 低)之后夏季风弱(降水少)。但是这仍然不能说明这种关系形成的物理机制。又有一些作者强调雪盖的作用,冬季风弱、降雪少,来年夏季风强、降水多。冬季风强、降雪多,来年夏季风弱、降水少。这符合多年来印度夏季风降水预报的经验。但具体物理过程尚需要进一步研究。

从表 5.4.1 可以看出,如果这个模型属实,无论 ENSO 还是印度夏季风降水,乃至季风都应该有 2a 周期。梅尔(Meehl,1994)用海陆气耦合模式,的确复制出了 2a 周期。因此,上述设想可能并不是没有道理的。但是无论 ENSO,还是夏季风降水均只不过在其谱中有 2a 或准 2a 分量,特别像 ENSO 一般认为是 3~4a 周期。所以,应该承认,季风与 ENSO 的相互作用,大约只是影响 ENSO 的一个机制。还有其他因子,也许是更重要的因子在控制 ENSO 的变化。

四、ENSO 理论

1988 年 2 月 1~5 日在美国召开了纪念皮叶克尼斯的海气相互作用讨论会。在会议上对厄尔尼诺形成的看法分为两派:一派认为这个现象是地区性的,用太平洋的海气相互作用即可解释其形成;另一派则认为这是一个全球性的问题,要从全球角度来研究其形成的原因与机制。上面谈到的季风与 ENSO 关系的研究就属于后一种观点。

下面主要介绍前一种观点,皮叶克尼斯(1969)认为赤道东太平洋冷时,南半球东南信风强盛,南赤道洋流也较强。赤道海水辐散造成冷水涌升,海表面温度下降,哈得莱环流减弱,这时地面信风亦因之减弱。当信风减弱到一定程度时涌升停止,海表温度上升,对流增强,哈得莱环流也增强,这时地面信风又增强。如此往复循环,形成一次又一次的厄尔尼诺事件。但是,朱立安与切尔温(Julian and Chervin,1978)认为这个设想有一定问题。因为,大气环流变化的时间尺度小,沃克环流对海面温度变化的响应比较快。因此,应在海温升高不长时间内信风加强。但实际情况恰恰相反,信风增强是在暖水出现之前。一般信风增强到顶点后,当信风很快张弛的时候海温上升,发生厄尔尼诺事件。威尔特基(Wyrtki,1975)就是用信风增强来解释厄尔尼诺形成的。他认为厄尔尼诺现象是海洋对大气的一种响应。当赤道东太平洋及中太平洋信风强盛时,海水在赤道西太平洋堆积,因此,从西太平洋到东太平洋的海面高度梯度增强。一旦信风张弛,激发开尔文波(Kelvin wave)从西向东传播,减弱斜温层形成海温正距平。但开尔文波到南美西岸,作为罗斯贝波(Rossby wave)反射回来,形成厄尔尼诺。这里关键的问题是信风为什么以及何时张弛?而且由此也是只能说明为什么暖水先在东部形成,然后再向西传播。卡恩(Cane,1983)也持有类似的观点,他强调赤道西太平洋混合层远较东部为深,一般可达 150 m 左右。海面高度由于信风作用西高东低。西部积累了大量暖水,而赤道东太平洋由于海水来自秘鲁冷洋流,再加上冷水涌升,故东西向的海温差很大。但信风有季节变化,9~11 月南半球春季信风减弱。这时正是亚洲夏季风到冬季风的转换时期。3~5 月北半球春季东北信风减弱,又产生第 2 次升温过程。

哈里逊与斯科普(Harrison and Schopf,1984)研究了开尔文波在厄尔尼诺形成中的作用,认为开尔文波向东传播形成一个向东的异常水流。但开尔文波到达赤道东太平洋南美沿岸,一部分波反射回来,以罗斯贝波的形式向西传播,产生向下的异常垂直速度,造成海温平流。他们用简化的公式估算了由开尔文波引起的温度平流在厄尔尼诺形成中的作用,取得了比较满意的结果。他们认为开尔文波引起的平流再加上热带海温分布的季节变化,不仅可以用来解释海温由东向西的传播,也可以解释由西向东的传播。由于赤道地区海温梯度季节变化显著,同一平流机制,在不同季节可以产生不同的效果。如果平流发生在 2~4 月间,海温纬向梯度很小,因而沿赤道增温很小,增温主要出现在沿岸地区。这时发生一般的厄尔尼诺事件。如果平流发生在下半年,这时沿赤道纬向梯度很大。因此赤道地区先增温,然后沿岸才增温,这时发生类似 1982~1983 年的厄尔尼诺事件。

以上讨论大多集中在厄尔尼诺的发生。实际上愈来愈多的科学家认为,应该研究 ENSO 的循环。即研究厄尔尼诺的同时也研究拉尼娜,以及他们之间的交替循环。麦克科瑞(McCreay,1983)与安德森(Anderson,1984,1985)提出了海气相互作用的循环机制。他们认为的开尔文波沿赤道向东传播,赤道东太平洋水温上升,造成厄尔尼诺。以后暖的罗斯贝波向西反射,使西太平洋海面高度上升。同时由于哈得莱环流增强,赤道东太平洋混合层变薄。沃克环流加强,赤道东太平洋水温下降。厄尔尼诺结束,产生拉尼娜。同时由于偏离赤道的罗斯贝波继续向西传播,并由于沃克环流传输大量暖水到西太平洋,西太平洋海温上升,又产生暖的开尔文波,东传产生下一个厄尔尼诺事件。斯科普与苏瑞兹(Schopf and Suarez,1988),巴蒂斯蒂与希尔斯特(Battisti and Hirst,1989)提出了时滞振子理论认为:西太平洋的开尔文波在赤道中太平洋引起激烈的海气相互作用,产生风异常,从而激发冷罗斯贝波;而暖开尔文波向东传,在赤道东太平洋产生厄尔尼诺。但冷罗斯贝波西传,到西岸产生冷的开尔文波,这种波又东传,在赤道东太平洋产生拉尼娜;而冷的开尔文波在赤道中太平洋造成激烈的海气相互作用,又产生暖的罗斯贝波向西传,造成暖的开尔文波东传,形成下一次厄尔尼诺。奈林(Neelin,1998)在这方面作了全面的总结,有兴趣的读者可以参考。

五、ENSO 循环的模拟

ENSO 的模拟工作大体上可以分为 2 个阶段:第 1 个阶段分别用 OGCM 或 AGCM 对海洋或大气进行模拟;第 2 个阶段才尝试用 CGCM 研究 ENSO 循环。1970 年代中期已经建立了一些 OGCM,给定风应力作为上边界条件,能够成功地模拟出海平面高度变化、SST 及洋流变化。1980 年代初期到中期,几乎当时所有的 AGCM 都作了赤道东太平洋海温升高的敏感性实验。大部分都能较好地模拟出厄尔尼诺年大气环流的主要特征:如 SO 的负位相、赤道东太平洋信风减弱,沃克环流收缩、哈得莱环流增强、赤道中太平洋对流加强等。但是,这是给定风应力积分 OGCM,或给定 SST 积分 AGCM,充其量只能认为是海洋对大气的响应,或大气对海洋的响应,并未能真正揭示 ENSO 形成的原因。

表 5.4.2 ENSO 循环模拟的 CGCM 特征(Neelin et al.,1992)

海洋	大气		
	高垂直分辨率 AGCM	低垂直分辨率 AGCM	简化大气模式
	1. Philander et al. (GFDL)		14. Neelin(UCLA)
	2. Gordon and Ineson(UKMO)		15. Allaart et al. (KNMI)
高垂直	3. Latif et al. (MPI)		
高水平	4. Latif and Sterl(MPI)		
分辨率	5. Gent and Tribbia (NCAR)		
	6. Mechoso et al. (UCLA)		
	7. Lau et al. (GFDL)		
高垂直	8. Tokioka et al. (MRI)		
低水平	9. Oberhuber et al. (MPI / MI)		
分辨率	10. Cubasch and Bottinger(MPI)		
低垂直			16. Schopf and Suarez(GSFC)
高水平			17. Zebiak and Cane(LGDGO)
分辨率			
低垂直	11. Meehl and Washington	12. Gates et al. (OSU/LLNL)	
低水平	(NCAR)	13. Gates and Sperber	
分辨率		(OSU/LLNL)	

所以，比较有意义的是第 2 个阶段。1980 年代中期以后，逐渐建立了 CGCM，因此对 ENSO 循环作了不少模拟研究。在奈林等(1992)的文章中有全面的介绍。这时，已有 17 个模式对 ENSO 循环进行了模拟，模式的概况及模拟结果列在表 5.4.2 及表 5.4.3。

表 5.4.3 ENSO 循环的气候模拟结果 (Neelin et al.,1992)

序号	模式	积分(a)	振幅(℃)	周期(a)	纬向传播	水平梯度	季节变化	气候漂移
1	GFDL	28	2~4	3	E,W		+	
2	UKMO	13				+	+	C
3	MPI	10				+	+	C
4	MPI	20	3	~3	W	+	+	C
5	NCAR	11	>1			+		W
6	UCLA	10	1		W			
7	GFDL	20	0.5~1.0	3~4	W	+		
8	MRI	8	1			+		C
9	MPI/MI	25	0.5			+	+	W
10	MII	25						
11	NCAR	30	1	3	W	+	+	C
12	OSU/LLNL	16				+	+	
13	OSU/LLNL	25	1	~2	E,W	−		C
14	UCLA	15	3	4		+	−	
15	KNMI	20	1~5			+	+	
16	GSFC	35	2	3~5		+	−	
17	LDGO	20	1	3~4		+	+	

表中有的模式出现两次是 2 种方案。有一半以上的模式能模拟出年际变化，但只有 1/3 的模式同时能模拟出海温异常的传播。而且如表 5.4.3 所示，还有一些模式对 SST 的气候平均状况尚模拟得不好，有的东西向梯度不明显，有的季节变化太弱。但如模式 1、2 季节变化又太强，以至只有 1 年的周期，抑制了年际变化的发展。因此，对 ENSO 循环的模拟也还有许多工作要作。实际预报是对模式能力的最好检验，这方面的工作将在下一节介绍。

第五节 ENSO 预测

一、成功与失败

1982～1983 年发生了到当时为止，本世纪以来的最强大的厄尔尼诺事件。这个事件一般认为是 1982 年 10 月开始的。1982 年 10 月 18～22 日在 NCAR 召开的第 7 届气候诊断年会上，1983 年是否可能出现厄尔尼诺是一个中心议题。但是，可惜就在会议进行时厄尔尼诺已经悄悄地开始了，而人们还在会议室中作出了 1983 年不会出现厄尔尼诺的预测。

当时的形势是 1976 年出现了中等强度的厄尔尼诺事件之后已有 6 年了。因此，从 1981 年的第 6 届气候诊断年会开始,人们就在不断地议论。何时可能出现新的厄尔尼诺事件。在 1982 年的会上已经有不少人注意到有类似厄尔尼诺现象。克鲁埃格(Krueger)发现南方涛动指数在 1981 年后半年上升到一个次高值,1982 年春开始下降,夏季达到 34 年来的最低点。温斯顿 (Winston)在总结 1982 年春、夏热带及副热带环流变化的特点时也明确指出;夏季澳大利亚、印度尼西亚干旱,赤道中太平洋降水增加,中太平洋 OLR 为负距平、200 hPa 赤道西风减弱、副热带西风增强、850 hPa 信风减弱、两种南方涛动指数均下降、而赤道东太平洋 SST 开始上升。但是,温斯顿也并未明确说这就是厄尔尼诺的开始。因为他认为 SOI 不是从一个明显高值开始下降。同时,赤道 SST 的正距平在 1982 年春出现在 140~180°E 之间,夏季才达到 140°W 以东。而这些都与前几次厄尔尼诺事件不同。弗莱切(Fletcher)也指出西太平洋出现了明显的厄尔尼诺信号,但赤道东太平洋又似乎没有这样的信号,因此只是把这种形势作为一种矛盾提出来。甚至如奎恩总结出 10 种类似厄尔尼诺的现象,但是也并未认为厄尔尼诺已经开始。这 10 种现象是(1)印度尼西亚干旱,(2)澳大利亚出现了 129 年来最严重的干旱,(3)赤道太平洋中部大雨,(4)赤道东太平洋 SST 为正距平,(5)SOI 特别低,(6)智利副热带大雨,(7)智利北部 SST 正距平,(8)秘鲁 6~7 月沿岸 SST 为正距平,(9)费尔南德斯岛气压异常低,(10)巴西东北干旱。之所以在出现了一系列与厄尔尼诺有关的气候异常之后,仍然坚持认为不会出现厄尔尼诺,其主要原因因为囿于对厄尔尼诺过程发展的成见,在这方面威尔特基的见解是很有代表性的。他在题为"展望 1983 年的厄尔尼诺"的报告中指出不可能出现厄尔尼诺。他的依据是:过去在厄尔尼诺发生前有 4 个明显的迹象:(1)赤道太平洋有强东风,维持 18 个月,即经过两个南半球的冬季,及一个南半球的夏季;(2)强东风输送大量表层暖水到西太平洋,使那里斜温层下降,深度可增加 30~50 m;(3)东风使得海水在西太平洋堆积,海面高度可上升 50~100 mm;(4)强东风在赤道东太平洋造成了强海水涌升,沿赤道 SST 下降 1 ℃。当出现这些现象后,一旦信风张弛,则发生厄尔尼诺。

1982 年事件之前没有建立强东风,季节又是在秋季,正 SST 首先出现在赤道中太平洋,在许多方面均与 1970 年代的厄尔尼诺事件不同,因此,造成了预测的失败。此后,建立了 Z-C 模式(Zebiak and Cane,1987),成功地预测了 1986~1987 年及 1991~1992 年的厄尔尼诺事件,Z-C 模式也得到了很高的声誉。但是 1993 年及 1994~1995 年两次弱厄尔尼诺事件预测失败,提出了改进方案,LDEO2(Chen et al.,1995)。然后,1997~1998 年预测再次失败,又提出了 LDEO3(Chen et al.,1998)。显然,下一次厄尔尼诺事件将是一次新的考验。

二、ENSO 预测

系统地研究 ENSO 预测是从 1982~1983 年强大的厄尔尼诺事件以后开始的。对此,莱梯夫(Latif,1994)曾作了很全面的总结。他们列出的共有 9 个模式,分为 3 类:统计模式、物理海洋/统计大气模式及物理海气耦合模式。图 5.5.1 给出部分模式预报技巧的检查,用预报与观测的相关系数作标准。图 5.5.1a 中检查了两种统计模式,其中 CCA(典型相关,模式 1)根据前期 SLP、热带太平洋 SST 报赤道东太平洋($5°N\sim5°S$,120~170°W)SST。用 1970~1989 年独立资料检查,3 个月以上的相关系数已超过了持续性预报。POP(主振荡型,模式 2)用南半球 SLP 报 SOI。用 1974 年 4 月~1988 年 9 月 F 独立系列检查,效果不如 CCA,但表明南半球的 SLP 对 SOI 的变化亦有影响。图 5.5.1b 为模式 3,方法也是 CCA,但与模式 1 因子不同,这里用的是热带海表及次表层海温与风应力。结果表明 5°N 海温最重要。图 5.5.1c 为模式 6 及模式 7 的预报检查。模式 6 是把模式 8 中的 OGCM 与一个经验大气模式耦合。方案 1 是非独立资料检查。方案 2 为 1976～1990 年独立资料检查。方案 2 的效果也不错,甚至比方案 1 还好一些,到第 12 个月的预报,相关系数仍有 0.5。模式 7 的效果与之类似。但模式 7 报赤道中太平洋 SST 较好,而模式 6 则报赤道东太平洋 SST 较好。不过 $10°N \sim 10°S$ 以外地区,这两个模式预报技巧均较低。无论如何,用统计大气模式与 OGCM 耦合,效果似乎比单纯统计模式要好。图 5.5.1d 给出模式 8,即 Z-C 模式,记为 Lamont,这是热带太平洋地区的区域模式。模式 9 记为 MPI,即马科斯布朗克研究所模式,其海洋部分是一个包括三大洋的高分辨率 OGCM,大气为低分辨率模式,不过只在 $30°N \sim 30°S$ 之间耦合。MPI 模式效果高于 Z-C 模式,但用同样 20 个例子,还是 Z-C 模式要好一些。从图 5.5.1 可见,就预报检查来看是模式 8 即 Z-C 的模式效果最好,而且预报时效较长。其他模式,特别是统计模式在 6 个月之后相关系数迅速减小。因此,Z-C 模式是一个很有潜力的模式。但是所有模式,包括 Z-C 模式在 3 个月以内的相关系数仍低于持续性,而且在春季有明显的"预报障碍"。

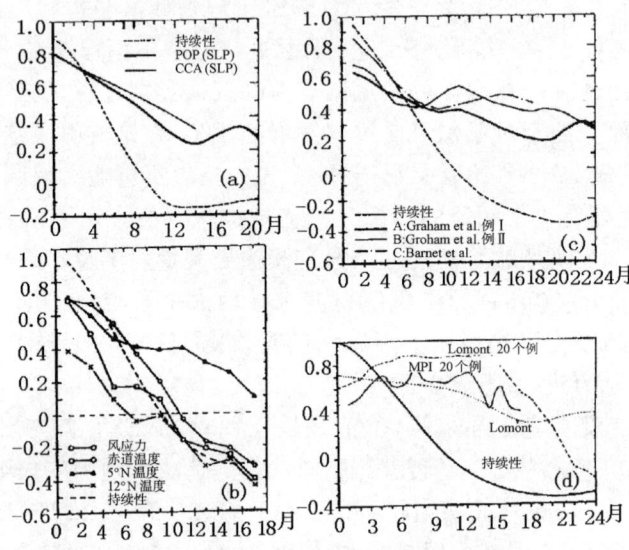

图 5.5.1 ENSO 预报与观测的相关系数

虚线为持续性预报,(a) 统计模式:1. Barnett / Graham,2 Xu 和 Storch;(b) 统计模式:3. Latif 和 Graham;(c) 物理海洋 / 统计大气模式:4. Inoue 和 O'Brien,5. Latif 和 Flugel(从略) 6. Graham 等,7. Barnett 等;(d) 物理海气耦合模式:8. Cane 等,9. Laitif 等(Latif et al.,1994)

三、美国 CPC 对 1990 年代 ENSO 的预测

美国气候分析中心(CAC),于 1995 年 9 月改名为气候预测中心(CPC)。自 1989 年 6 月开始,在其《气候诊断公报》(Climate Diagnostics Bulletin)上设立预报论坛(Forcast Forum)。开始只有 3 个单位提供 ENSO 预报:即哥伦比亚大学的坎恩与泽比阿克的耦合模式(Z-C),斯科瑞普斯海洋研究所巴尔耐特(Barnett)的典型相关统计模式(CCA),以及佛罗里达大学奥布瑞恩(O'Brien)等的统计模式。但是,第 3 种模式只提供了较短时间的预测,以后一直到 1993 年 5 月之前,只有前两种模式的预报。开始并不是逐月发布预报,没有新的补充时就不发布预报,自 1990 年 3 月之后改为逐月发布预报。

自 1992 年 8 月开始,CCA 改为由美国国家气象中心(NMC)的巴斯通(Barnston 等)继续制作。1993 年 5 月增加了国家环境预测中心的海气耦合模式(NCEP)。1994 年 3 月增加了线性反演模式(LIM)。由于 Z-C 模式在 1992 年之后预报效果不理想,所以从 1995 年 1 月开始增加了陈(Chen)等对 Z-C 的改进模式(LDEO2)。最近,1997 年 8 月增加了马科斯-普朗克气象研究所(MPI)的混合模式(HCM)。这样在月公报中发布 6 种 ENSO 模式的预报结果:CCA、Z-C、NCEP、LDEO2、及 HCM。近来又增加了 LDEO3。

表 5.5.1 各种模式对 20 世纪 90 年代厄尔尼诺提前 6 个月预报的检查*

(CPC 公报,1989～1998)

厄尔尼诺	CCA	Z-C	NCEP	LIM	LDEO2	HCM
1991.9～1992.6	＋	＋	＋			
1993.1～1993.10	－	－	－	＋		
1994.6～1995.2	－	－	－	×	－	
开始发布预报时间	1989.6	1989.6	1993.5	1994.5	1995.1	1997.8

* 报出暖事件记＋、报冷事件记－、报正常记×、未作预报不记

分析表明,1990 年代前半共发生了 3 次弱厄尔尼诺事件,或称弱暖事件。当然,也有的作者认为这是一次延长的暖事件。但是,终究有 3 个明显的峰值。检查预报以峰值为主,是否为 3 次弱事件或 1 次延长事件不影响检查结果。为了统一,对各种模式均只分析超前 6 个月的预报。选择的预报时间为暖事件发生之后,但均为事件发生之前 6 个月的预报,这样可以看出对每个事件整体的预报结果。所有预报均为 Nino 3 区 SST。表 5.5.1 总结了各个模式的预报结果。表中 LDEO-2 预报时间不长,效果也不理想,HCM 仅最近才开始预报,未给出预报结果。可见 1993～1995 年的预报,普遍效果不好。

四、1997～1998 年 ENSO 的预测

表 5.5.2 1997～1998 年 ENSO 预测检查

(Barnston and He,1999；Landsea and Knaff,1999)(见王绍武,1999)

模式	1996 年 6 月～1998 年 3 月 相关系数	1997 年 3～5 月 暖事件开始	1998 年 4～6 月 暖事件结束
LDEO-1(Z-C)	－0.38	－	－
LDEO-2	－0.48	－	＋(0)
LDEO-3	0.81		
BMRC	0.70	＋(0)	－
Oxford-1	0.26		＋(－1)
Oxford-2	0.50		
SCR/MPI	0.70		＋(－4)
COLA	0.81	＋(－1)	＋(－4)
NCEP	0.83	－	＋(0)
CLIPER	0.84		＋(－4)
ANALOG	0.83		＋(0)
CCA	0.84	－	－(－2)
SSA/MEM	0.38	＋(0)	－
LIM	0.66		＋(－1)
NEURAL	0.55		＋(－2)
CONSOL	0.51		
PERSIS	0.40	－	－

1997～1998 年发生了 20 世纪以来最强的厄尔尼诺。对这个暖事件的预测,应该是对所有模式的最好检查。巴斯通及何(Barnston and He,1999)计算了各种模式预测 1996 年 6 月到 1998 年 3 月的 SST 及观测值的相关系数。兰德西亚与纳夫(Landsea and Knaff,1999)专门讨论 暖事件开始与结束的预测,由于所用模式大体一致,我们把他们检查的结果合为一个表(表 5.5.2)。其中 LDEO-3 是才发展的新方案,所以没有实际预报结果。相关系数也只能认为是模拟,不是预测。此外,兰德西亚等未分析 LDEO-2 及 Oxford-1,Oxford-2,表中预测是根据班斯通等的文章附表加的。表中"一"表示未报出,"+"表示报出来,括号中数字表示提前几个季可以作出预测。表中上半截为动力模式,不计算 LDEO-2 及 LDEO-3,平均相关系数 0.49;下半截为统计模式,7 种模式平均相关系数为 0.66,均超过了单纯持续性预报(PERSIS)0.40。

兰德西亚等专门分析了对 1997～1998 年暖事件开始(1997 年 3～5 月)及结束(1998 年 4～6 月)的预报。同时,它们提出来一种持续性预报,即用要素本身作预报因子从 14 个因子中筛选 4 个因子,对每个月建立预报方程,作提前 0～2 个月到 21～23 个月(7 个季)的预报(CLIPER)。此外,也还有一些模式未列入表 5.5.2 之内。例如,意大利的费彻尔和纳瓦拉(Fischer and Navarra,1999)给出的 ENSO 预报是很有代表性的。他们的模式称为 GIOTTO-1.5,大气是 ECHAM-4 的一个方案,相当 T30L19,海洋为 GFDL 的 MOM-1.2。无海冰,海洋为 18 层,无通量订正。20 a 控制试验模拟出与实际类似的 ENSO 振荡。对 1997 年预报从 1996 年 12 月 1 日开始每个月 1 日作 1 次预报,到 1997 年 4 月 1 日,以后 1997 年 6 月 1 日、1997 年 12 月 1 日又各作 1 次预报,大气初始场取自 20 年耦合控制积分。只有 1997 年 3 月 1 日用了两个不同状态大气初始场,这样共作 8 个积分。结果,1996 年 12 月 1 日到 1997 年 3 月 1 日作初始场的预报均预报厄尔尼诺下半年开始,从 1997 年 4 月 1 日开始的预报就比较好了。1997 年 12 月 1 日开始的预报较好地报出了暖事件的结束。这些结果表明 ENSO 预测还处于初级阶段。而且,如班斯通等指出,从 1990 年代初至今 ENSO 预报技巧无明显提高。

五、长时效 ENSO 预测

美国从 1992 年开始发布试验性长时效预测公报(Experimental Long-Lead Forecast Bulletin)1995 年正式发行,每年 4 期。1995 年第 4 期上公布了 13 种 ENSO 预测模式(表 5.5.3)所作的 1～4 个季度的预测。这些模式除了上面已提到的外,值得一提的是凯佩纳和拉尔(Keppenne and Lall,1996)的统计模式(表 5.5.3 中模式 10)。他们不用 SOI,而用塔希提与达尔文 SLP,作复数奇异谱分析(CSSA),把序列延长到 1881 年,大大增加了样本量。然后用非线性多元适应样条回归(MARS)代替线性自回归最大熵(MEM)作预报。这种预报模式可称为实时追溯模拟(retroactive real-time simulation),特别有利于建立稀少事件动力学。

表 5.5.3　试验性长时效预测的 ENSO 预报模式(COLA,1998)

序号	模式	作者
1	Scripps/MPI 混合耦合模式	Barnett et. al,1993
2	NCEP 海气耦合总环流模式	Ji et. al,1994
	CMP9	
	CMP10	
3	Z-C 简化海气耦合模式	Cane et. al,1986
	LDEO2	Chen et. al,1995
4	BMRC 澳大利亚低阶耦合模式	Kleeman,1993

(续表)

序号		作者
5	Oxford 动力海洋/统计大气模式	Balmaseda *et. al*,1994
6	COLA 距平耦合预报模式	Kirtmun *et. al*,1996
7	线性反馈模式,预报印度洋、太平洋 SST	Penland and Magorian,1993
8	非线性相似模式,预报 SOI	Drosdowsky,1994
9	独谱分析/最大熵模式,预报赤道太平洋 SST	Jiang *et. al*,1995
10	样条回归模式,预报 SOI	Keppenne and Lall,1995
11	统计迭代模式,预报热带太平洋 SST	Zhang *et. al*,1993
12	最大相似模式,预报热带中、东太平洋 SST	van den Dool,1994
13	CCA 模式,预报赤道太平洋 SST	Barnston and Ropelewski,1992

上面谈到大部分模式在 1993～1995 年期间预报是失败的。因为 1991～1992 年的厄尔尼诺事件于年末结束。但 1993 年 1～10 月及 1994 年 6 月～1995 年 2 月又接连出现两次弱厄尔尼诺。这种现象在过去已知的 ENSO 历史上是很少见的。大部分模式大约比较合适于描述以 3～4 年为周期的 ENSO 振荡,以及近期的持续。所以对 1993～1995 年周期近 1 年的短期振荡失去了预报能力,结果预报经常反位相。近来钱维宏等(1998)改进了 Z-C 模式,考虑了哈得莱环流的反馈作用,能在一定程度上报出 1993～1995 年的 ENSO 事件,而且对 1980 年代的 ENSO 仍然保持预报能力。同时,LDEO-3 也改进了对 1997～1998 年强大厄尔尼诺事件的预报,说明 ENSO 预报模式,还有进一步改善的潜力。总之,一些模式对 1997～1998 年事件的预报是成功的,这再次给人们以鼓舞。但是,时至今日还没有那一个模式能连续几次成功地作出 ENSO 预测。

第六章 短期气候预测

第一节 短期气候预测历史及现状

一、短期气候预测

短期气候预测一般指月到季尺度的预测。例如在5月下旬发布6月的预测,称为月预测,5月下旬发布的6~8月预测则称为季预测。月与季是指预测的时段长短,并非指能提前多长时间作预测。从发布预测到所预测的时段开始之间的时间,称为预报时效。如果在5月31日发布6月1~30日的预测,则称为0时效。如果在5月26日发布6月1~30日的预测,则时效为5 d。我国目前一般月预测在24~25日发布,故时效为5~6 d。汛期(6~9月)降水预测,一般在4月中旬发布,时效约50 d。早期美国的短期气候预测多为0时效。1995年1月进行了重大改革。月预测增加0.5个月的时效。即每个月中旬发布下个月的预测。季预测每个月中旬作今后13个有重叠的3个月预测。例如1月中旬作2~4月、3~5月……到下年2~4月共13个3个月预测。对第1个3个月预测时效为0.5个月,对第13个3个月预测时效为12.5个月。

为什么称为短期气候预测,是相对于长期而言。例如,对今后几十年气候变化的预测可以称为长期气候预测。为什么称为气候预测,是因为指预测的对象是气候,而不是天气。众所周知,气候是天气的平均。例如,每天有最高气温、最低气温,有24 h降水量。这些都是天气要素,是每日天气预报的内容。而月预测是报每个月平均气温及月总降水量,报的是气候要素,所以称为气候预测。过去很长时间以来把现在的短期气候预测称为长期天气预报这是不恰当的。因为,天气是不能作长期预测的。所以,近年来国内外一般不再使用长期天气预报这一名词,而一律采用短期气候预测的名称。

二、气候预测与天气预报的不同

目前欧洲中心作10 d逐日天气预报,但有效期也不过7~8 d,而且从理论上讲很难超过15~20 d。是不是我们就不可能作月与季的预测呢?回答是,如果作逐日的预报是不可能作1个月或3个月的。例如,在5月中旬不可能报7月几日有大雨,也不可能报8月几日有台风。但是如果不作逐日预报,而是预测未来天气的统计特征——气候,则是可能的。

为什么气候能作较长时间的预测呢?有两个原因:第一,与气候对应的是大尺度平均环流系统,而平均环流的可预报性大;第二,平均环流的演变与下垫面异常有密切关系,而下垫面异常有较高持续性。理论工作已经证明,大气运动的空间尺度与时间尺度是一致的。5 d平均环流的可预报性高于逐日环流,10 d平均高于5 d平均,月平均又高于10 d平均。有的研究证明月平均环流的可预报性在6~12个月之间。另外,月平均环流的异常与下垫面异常有密切关系。而海温异常,冰雪分布异常、土壤湿度异常一般均有较大持续性,例如海温异常经常能持续

3~6个月,个别时候可能持续6~12个月。由于下垫面异常有较大的稳定性,因此有可能把下垫面异常作强迫,积分大气模式,作月平均环流的预测。

三、月平均环流与气候

由于模式预测的技巧主要表现在月平均环流的预测上,而月平均环流与气候又有密切的关系。因此,月平均环流预测是气候预测的核心部分。下面还要谈到,就算是应用统计方法,而不是用大气环流模式,也经常是先预报出月平均环流的异常,然后再用各种统计方法预报气候异常。

要知道达到这个共识大约用了半个多世纪的时间。最早当人们意识到作个长期预报只可能报天气的统计特征时,对如何作统计有两种作法:一种是用综合天气图,按天气过程的长短来划分时段;一种则直接用 5 d 或 30 d 平均环流。前苏联采用了前一种方法,在本世纪初就建立了天气图方法的长期预报系统,但后来由于每年划分时段不一,各年之间无法比较,划分时段的方法也很难统一,所以在 1970 年代之后也逐渐采用了平均图。美国则从 1930 年代后期即开始作 5 d 平均图,后来又作 30 d 平均图。以纳迈阿斯(Namias)为代表,对月平均环流作了全面的研究。他的发现有 3 点非常重要:第一,月平均环流与月平均天气有密切关系;第二,月平均环流有一定的演变规律;第三,海温异常与月平均环流异常之间有密切相互作用。这实际上奠定了今天短期气候预测的思想基础。

这里还要讨论一下月平均环流与气候异常的关系。如果深入地想一下,这种关系似乎并不是注定要存在的。对于气温与高度场的关系还容易理解,降水与高度场的关系就没有那么大的必然性了。因为月平均高度是每个月 30 d 平均的结果,当然有时是 28 d、29 d 或 31 d。但无论如何同一个月的地面气温也是同样一些天平均结果。所以两者之间有一定关系是比较容易理解的。而降水则不然,例如月总降水量 300 mm 并不是每天降水 10 mm。甚至于一般也不是每天降水,特别在盛夏,在我国北方,有时月降水量主要决定于 1~2 d 的暴雨,在冬季也许 1 个月仅有少数几天降雪,其降水量不过几毫米。然而,分析表明,即使如北京 1 月的降水量也同该月的 500 hPa 高度场有密切关系。当然,雨季,特别是我国南方站的降水量与高度场的关系就更为密切了。

为什么会有这样的结果呢? 可能有两方面的原因:第一,逐日高度场的异常有较大的持续性,因此,尽管降水只发生在某一些天,但月降水量与月平均环流也有一定关系;第二,凡发生较大气候异常,如特别高或特别低的气温、特别大的降水量时,环流异常也比较大。因此对月平均环流的贡献也比较大。不过,无论如何,月平均环流与气候异常也不可能百分之百的对应。美国就曾有人试验过,如果同时考虑冬季气温与积雪的关系,夏季降水量与土壤湿度的关系,则可以大大改善用高度场来计算气候异常的能力。这也是一个可预报性问题,在本章的最后一节还要进一步讨论。

四、气候预测发展的历史

短期气候预测研究的历史已经有了将近百年,大体上可以分为 4 个阶段。

1. 开创阶段

从 19 世纪末到 20 世纪 30 年代。当时用统计方法考虑不同物理因子作预报,例如海温、极冰、太阳黑子等。方法以线性回归为主,大多只考虑单个因子。英国沃克(Walker)的《世界天气》研究是这一时期的最高成就。他提出了世界三大涛动的概念,即北大西洋涛动(NAO)、北太平洋涛动(NPO)及南方涛动(SO)。尤其 SO 几乎是他的独创。他利用世界天气要素(实际是气候要素),如不同地区的月平均气温、月降水量及月平均海平面气压(SLP)作为因子,建立了预测印度夏季风降水的多因子回归方程。这也是世界范围最早的,用严格的统计方法建立的预报关系。

2. 天气学派发展阶段

从 20 世纪初到 50 年代世界上建立了两个长期预报学派,即前苏联的穆尔坦诺夫斯基学派与美国的纳迈阿斯学派。穆氏学派提出了自然天气周期(实际上是自然天气阶段)的概念,即根据短期天气过程的综合特征来划分出 5 d 左右(实际 3~7 d 之间)的周期。研究自然天气周期的交替及演变规律作中期预报。又提出相似、韵律、位相等长期天气过程演变的概念,制作长期预报。但如上所述,由于没有找到一个良好的工具来表示天气过程,也没有从物理方面抓住控制中期到长期天气变化的关键因素,而工作过程又非常繁琐,所以后来就逐渐没落了。纳迈阿斯学派是受罗斯贝(Rossby)大气长波理论的启发建立起来的。尽管它并没有找到一个合适的理论基础,但是他发明了或者至少可以说利用了平均环流这个工具。因此,到目前纳迈阿斯所设计的各种统计或统计—动力方法均已废弃不用。但用大气环流模式作月平均环流预报已经成为短期气候预测的中心内容。这应该说是纳迈阿斯学派的一个重要贡献。

3. 统计学方法发展阶段

由于大型电子计算机的发展与普及,各种统计预报方法在 1960 年代与 1970 年代有了飞速的发展。例如在 1920~1930 年代还没有逐步回归方法。因此,沃克不得不在建立回归方程之前作许多偏相关的计算,以便选出相互较为独立的因子。但是,即使有了每秒仅能进行数千次到万次的小型电子计算机,也可以轻而易举地在几十个因子中进行选择。又如经验正交函数(EOF)分析的思想至少在 1950 年代初已经引入到气象科学中,1950 年代末已经分别在前苏联及美国进行了演算。但是正式用来作分析也是在 1960 年代中、后期。因为依靠手算或手摇计算机根本不可能对 5 阶以上的高阶矩阵求特征根。此外,许多多元回归、聚类分析以及各种各样的谱分析,也只有具备了计算机条件才有可能进行。因此,在这段时期随着计算机的不断更新,普及,统计学预报方法及分析方法也飞速发展。大型电子计算机的应用,统计学的发展大大地促进了气候预测研究。但是,很快人们就发现纯统计学的预报方法准确率不高。经常与随机预报相差无几,所以许多研究又回到第 1 阶段,开始重新研究那些对月、季尺度气候预测有重要意义的因子,例如,海面温度(SST)。

4. 动力学模式发展阶段

从 1950 年代末人们开始设计出短期天气预报的大气环流模式,到 1980 年代中,经过了大约 30 年,预报能力从 24 h(小时)预报提高到 5 d 以上。这鼓励人们用中期数值预报模式作延伸预报,报未来 1 个月的大气环流状况。当时所用的大多是全球或北半球大气环流模式(AGCM)。但是,下一节我们将详细介绍,其中还存在不少问题。另外,如果作季度预报就不可能只用 AGCM 了。因为那时下垫面状况不可能再保持定常,所以必须用大气—海洋耦合环流模式(CGCM)。有关这方面内容将在第三节介绍。虽然目前模式预报尚不能完全代替预报员作出月、季尺度的预报。但是从气候预测发展历史来看,这确实是一个重要的进步。应该说这也是当前短期气候预测发展的方向。不过,同时也应该看到,就世界范围而言,气候预测水平较高,发展较快的如美国,目前也仍然是统计方法与动力学方法并用。在正常业务预报中,甚至统计方法还占统治地位。不过在应用统计方法时,较多地注意到所用的预报因子的物理意义。

五、中国的短期气候预测

1950年代之前的气候预测工作,大约主要是涂长望对《世界天气》与中国气候的研究,他详细分析了世界三大涛动,特别是南方涛动与气温及降水的关系。其中,有的结果至今仍有现实意义。1950年代初杨鉴初建立了时间序列分析方法。由于当时气候资料残缺不全,不像今天有完整的几十年记录。因此,方法有很大的实际意义。他对气候要素的历史曲线,找到5种变化规律,即趋势、转折、周期性、相似、及最大最小可能性。这种方法虽有主观成分,但是却比较全面地概括了现代时间序列分析的最基本思想。后来,在1950年代中及1950年代末,我国中央气象台又组织人力试验了前苏联的中期预报方法及美国纳迈阿斯的30 d平均环流预报方法。后来,均因为效果不理想而停止。但是也由此而锻炼培养了一批长期预报工作者。并从1958年开始正式在中央气象台发布月及汛期长期预报。

在1960年代末及1970年代,随着电子计算机的逐步发展而大为加强。每年4月由中央气象台组织全国汛期降水预报会商的制度一直延续到今天。在1970年代前后,有十几年的时间在中央气象台会商之后,由长江流域规划办公室专门组织会商长江流域汛期降水预报。参加全国会商的不仅有各省市气象台,也有大专院校及中国科学院有关院所,有时一次会商有近一二百人参加,提出几十份预报意见。参加长江降水预报会商的有时亦在百人以上。这段时间的预报实践积累了丰富的经验,对我国的短期气候预测是一份宝贵的财富。

值得指出的是从1950年代后期开始,中国科学院大气物理所杨鉴初与国家气象局气象科学研究院李小泉、张先恭等合作建立了我国的月气温与降水量等级图。气温等级图已正式出版发行。这两份图应用了20世纪我国在当时能够找到的气候观测记录。提出了5级划分标准。即暖(1级)、偏暖(2级)、正常(3级)、偏冷(4级)及冷(5级)。1~5级按1/8、1/4、1/4、1/4、1/8概率划分。降水量也作了类似分级,给气候预测提供了宝贵的基本资料。

1970年代末到1980年代初巢纪平已经设计了距平滤波模式,先作月、后来也作季大气环流异常预报。1980年代后期开始大气物理所曾庆存、袁重光等利用2层大气环流模式作跨季度降水预报。这种预报不断改进,参加每年的汛期降水预报会商,取得了很好的效果。即使今天,从国际范围来看,能作降水业务季度预测的模式也是不多的。这表明我国的模式预测研究已经有了良好的开端,而且有自己的鲜明特色。在1997年及1998年汛期预报会商上已经有8~10个模式提出了自己的预测。可见模式预测在我国已有了很好的发展。从1996~2000年建立了重中之重项目——我国短期气候预测系统的研究。这个项目集中了我国大多数从事短期气候预测研究的业务、科研及教学人员。这对我国短期气候预测工作显然是一个很大的促进。

第二节 用GCM作月平均环流预测

一、月平均环流的结构

1930年代之后,特别在1940年代探空技术有了进一步发展,逐渐对对流层大气环流有了更多的了解。人们发现在北半球构成一个完整的西风带,而在西风带上叠加着不同尺度的波动。这些波动通常自西向东运行,称为大气行星波。行星波有槽有脊,槽前是低气压发展的区域,而槽后有高气压。行星波并不总是简单的匀速向东运行。其振幅有巨大的变化,有时形成很强的槽、脊,以至于高压在北部分离出来,形成阻塞高压。有时低压在南部分离出来,形成低涡。阻塞高压移动缓慢,有时其强度还可能减弱后再次增强。因此,可能在一个地区持续半个月,或甚至1个月以上。经常出现阻塞高压的是大西洋北欧地区。北美西部阿拉斯加及亚洲大陆东岸也有阻塞高压。当夏季东亚出现阻塞高压时,贝加尔湖附近经常出现低涡或槽,冷空气不断南侵,造成我国江淮一带多雨。

在副热带对流层中层盛行高压,称为副热带高压,西太平洋的副热带高压对我国的天气气候有重要的影响,自春至夏副热带高压逐步北抬,我国东部雨带亦随之北进。但是副热带高压的强度及位置均有明显的年际变化。所以我国夏季降水的变化异常复杂。

这表明,我国的气候异常受大尺度大气环流影响,既包括中纬度大气环流的影响,也包括副热带大气环流的影响。在对流层中层例如 500 hPa 上月平均高度场异常的空间尺度是很大的,按沿纬圈的波数来讲,主要是 0～4 波,这是因为作月平均后移动性的大气长波及短波均已在很大程度上平滑掉了。例如,一个槽自西向东移动如果这个槽的移动速度是定常的,而槽的强度也保持不变,这样如果对这个槽自西向东移过东亚的 5 d 作平均环流图,就会得到 1 个近似东西向的等高线。因为每一个点在 5 d 之中都有处于槽前、槽中及槽后的时刻,不过槽的不同位相出现时间不同,所以在 5 d 平均图上就反映不出什么槽脊。推而广之,假定 1 个月之内不断有同等强度的槽,匀速东移,则在月平均图上,也只能看到近似东西向的平均等高线。然而,月平均图上确实也能看到平均槽或脊。这或者说明某个地区槽或脊的频率较高,或者槽或脊移过这个地区时强度加强。例如,冬季位于亚洲大陆东岸的东亚大槽,就一方面反映槽的频率较高,另一方面说明槽移动到大陆东岸时往往加深。平均图上的脊也有类似特点。有时 1 个地区在某 1 个月盛行阻塞高压,但是作月的平均图,经常只能看到 1 个高压脊。这是阻塞高压的强度位置不断变化的结果。切断低压也是这样,而且由于切断低压持续性小,而不稳定,因此,很少能在月平均图上看出来。月平均图上相应地区,至多只能是一个浅槽。

各种环流系统之中,最稳定的是副热带高压,一方面它的位置变动较小,另一方面它的持续性较大。所以月平均图上副热带高压往往比较明显。但是就其结构来讲,也是平均图上强时,反映逐日天气图上强副热带高压的频率较高。位置偏北时也反映逐日天气图上副热带高压偏北的频率较高。

由于同 1 月份在不同年大气环流的形势十分相似。有时很难直接看出其差异。所以,一般在作气候预测分析月平均环流时,多采用距平。即把历年该月作平均,例如把 1961～1990 年 30 a 的 1 月作平均,得到 1 张 1 月的多年平均环流图。用 1998 年 1 月逐点减去多年平均值就得到 1 张 1998 年 1 月的 500 hPa 月平均高度距平图。距平图去掉了平均的季节变化,可以显示该月月环流的特点。

图 6.2.1 为 1998 年 1 月北半球 500 hPa 月平均高度及距平。可以看出中、高纬有 3 个大槽,即东亚大槽、北美东部的槽、及欧洲的槽,这是冬季月份的普遍特征。但是 1998 年 1 月北美的大槽很弱,北美洲东部为很强的正距平。从北欧到乌拉尔山也是正距平,因此欧洲的槽也较常年弱。东亚大槽区北部为负距平,南部为正距平。因此,大槽较平,且位置偏东。但低纬度大约 30°N 以南,正距平占优势,即低纬为强纬向环流而高纬为强经向环流。这个月是 1997～1998 年厄尔尼诺的盛期、赤道东太平洋、印度洋及大西洋均很暖,全球平均气温亦较高,北半球大陆气温的正距平也很突出。

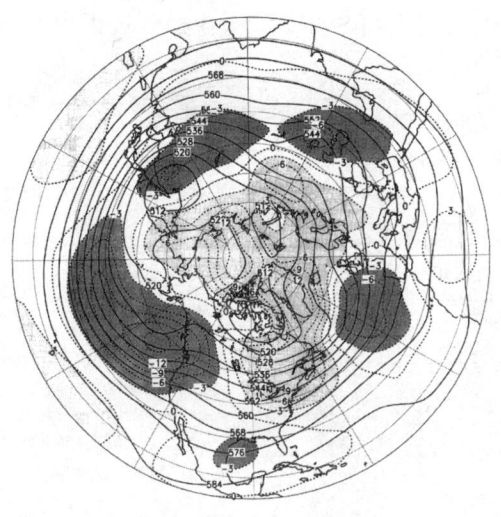

图 6.2.1　1998 年 1 月北半球 500 hPa 月平均高度及距平（CPC,1998）

图 6.2.2 为 1998 年 6 月北半球 500 hPa 月平均高度及距平。这个月我国长江流域以南地区发生了严重的洪涝。从月平均高度场可以很清楚地看出在亚洲东北部有一个脊,而在贝加尔湖西北有槽。东亚及西太平洋副热带到中纬度南部为负距平,但 20°N 以南为正距平。这说明西太平洋副热带高压强,而位置偏南,正是有利于长江流域多雨的形势。从图 6.2.2 上还可以看出,在中高纬有 4 个槽,即东亚贝加尔湖西北、北美洲大湖区、北太平洋中部、及欧洲西海岸。波数比冬季增加,这是大气环流的季节变化。

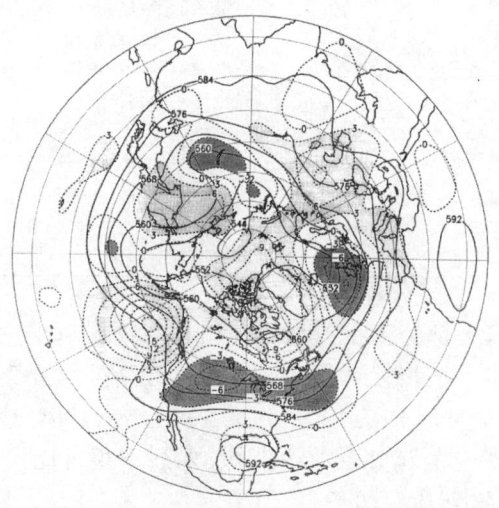

图 6.2.2　1998 年 6 月北半球 500 hPa 月平均高度及距平（CPC,1998）

二、月平均环流的数值预报

由于中期数值预报的发展,AGCM 日渐成熟。因此,从 1980 年代中期开始到 1990 年代中大约 10 年间,人们作了大量的试验,看看用 AGCM 作延伸预报,即继续积分 30 d,能得到什么结果。表 6.2.1 为部分试验的结果。这些试验有共同的特点,即:

(1)只用 AGCM,未与海洋环流模式(OGCM)耦合,对 AGCM 取固定的观测 SST 强迫,有时用最后一个时刻,或几个时刻平均 SST 距平,在积分过程中 SST 距平不变。因此,一般只作 1 个月积分。

(2) 大部分模式为北半球,计算的例子以冬季为主。因为冬季是预报水平较高的季节,中期预报的时效可能比夏季高 2 d 左右。

(3) 一般只检查 500 hPa 月平均高度距平预测,很少讨论 SLP 或对流层上层高度的预测,更没有直接作月平均气温距平及月降水量距平预测。

表 6.2.1 500 hPa 月平均环流预测与实况距平相关(王绍武,1996)

模式	集合预报类型	个数	个例数	预报水平(相关系数)	作者	发表年代
ECMWF T_{42}, T_{21}			38	0.38(T_{42}) 0.32(T_{21})	Cubasch 等	1986
GFDL $N_{48}L_9$	MCF	3	8	0.40 0.59(去掉气候漂移)	Miyakoda 等	1986
UKMO L_5	MCF	7	8	0.48(1~15 d) 0.29(16~30 d) 0.34(31~45 d)	Murphy 等	1986
UKMO L_5				0.53(1~15 d) 0.20(16~30 d) 0.18(31~45 d)	Mansfield 等	1986
NMC DERF	LAF	5	108	0.39	Tracton	1987
NCAR CCM1 R_{15}	MCF	3	8	0.50	Baumhefner	1987
EC T_{21}, T_{42}, T_{63}, T_{106}	LAF	9	24	0.40	Brankovic 等	1989
FSM T_{21}	LAF MCF	3 3	5	误差低于气候预报 也低于持续性预报	Deque	1989
JMA-GSM88 T_{63}	LAF	9	3	准确率高于持续性预报	Yamada 等	1990
NCAR CCM$_1$ T_{31}	MCF	10	49	0.37	Bamnhefner	1991
EC T_{106} FSM T_{42}	LAF	5		0.36	Royer,Deque	1991
JMA $T_{63}L_{21}$	LAF	9		0.54	Yamada 等	1991

从表 6.2.1 所列结果看,大部分预报与观测的相关系数在 0.35~0.40 之间。目前一般认为对月平均环流预报来讲,可以把相关系数 0.5 作为业务预报的最低要求。显然,目前还达不到这个要求。图 6.2.3 给出一个用 PKUL5 所作的 1988 年 1 月模拟预报试验的例子。这个月 500 hPa 月平均高度距平与观测的相关系数达到 0.52,属于报得比较好的例子。目的是可以由此看出大约 0.5 的相关能预报到什么样子。

三、气候漂移

从人们开始作月积分时,就发现大部分模式有系统性误差。例如,在积分过程中中高纬高度愈来愈低,低纬度高度愈来愈高,这相当于计算的中纬度西风愈来愈强。显然这会影响预报结果。因为西风过强,必然会影响到大气长波,从而影响大气超长波,改变月平均环流的特征。

开始时,经常是把系统误差减去,即作完月积分之后再减去某个平均值。但是后来发现由于基本场的气候漂移会影响大气长波的发展。因此又试验在积分过程中逐步减去一个值。然

◇ 第六章 短期气候预测 · 133 ·

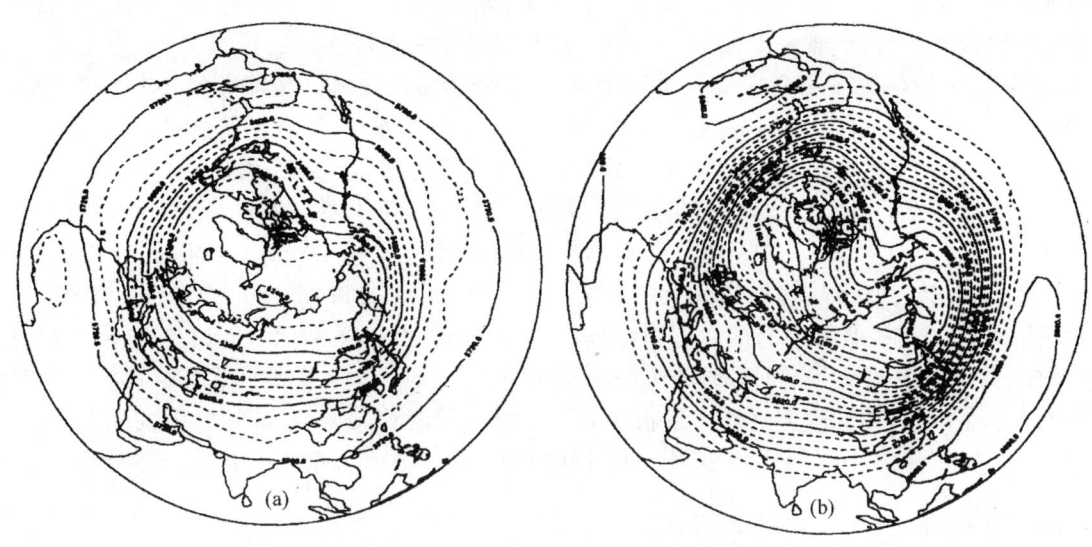

图 6.2.3　1988 年 1 月北半球 500 hPa 月平均高度预报(a)与观测(b)(朱锦红等,1996)

而,这也带来了新的问题,因为减去某一个场,就相当于加上了一个强迫,这个强迫必然也会对其后的预测产生影响。而且试验表明,在计算不同的个例时,气候漂移并不完全相同。所以,又有人试验对不同的个例减去不同的气候漂移。例如取预报时刻之前一段时间的误差平均。不过气候漂移的问题反映模式的不成熟性,并且往往很难去除。这是一个目前还解决不好的问题。

近来大部分模式预报,减去相应的模式平均求距平,这样可在一定程度上减少气候漂移的影响。但是,如何得到一个适合的模式平均也是不容易解决的问题。而且,如果模式平均与观测场的多年平均差别太大,必然也会影响到预测的结果。

四、集合预报

近来作月平均环流预报时,多采用集合预报。这是考虑初始场有误差,而人们又无法确定这些误差。甚至有人认为,即使能除去初始场的误差,在计算过程中也会产生误差。虽然这些误差是小尺度的,但是能通过不同尺度之间的相互作用影响到大尺度环流形势。实质上,这就是前面谈到的逐日预报的可预报性问题。为了克服初始场误差影响,从 1980 年代中期开始采用集合预报,即对每个时刻的预报不是积分 1 次,而是积分几次,每次均利用不同的初始场,所以积分结果亦不同。最后把几次积分的结果平均,即所谓集合预报,试验表明,集合预报对 10 d 以内预报改进不大,但对 10 d 以上的预报改进比较明显。因此,目前利用各种模式作月平均环流预测均采用集合的方法。

集合预报有两种作法,一种是在观测的初始场上加随机扰动。这种方法称为蒙特卡罗预报。这个方法开始是由于世界上不同的预报模式均有自己的资料系统及一套初值化方法。因此,对同一时刻即使资料来源基本相同,但所得到初始场并不相同,自然从这些不同的初始场计算所得到的结果也不同。试验表明把几种模式(包括不同的初始场)所计算的结果平均,则效果比较稳定,但是,这里面夹杂了不同模式带来的差异。因此,后来开始试验用同一模式,人为制造不同的初始场来作集合预报。一般用随机的方法在初始场上加以小的扰动,构造不同的初始场。理论分析表明,一般8个积分所作的集合预报已经可以得到相当好的结果。但由于计算量大,所以过去的研究中不少作者只用了3~5个积分作集合预报。这种集合方法的缺点是不同的初始场所包含的信息相同。因为,人为加上去的是随机误差,不含任何信息。

另一种集合预报方法,称为落后平均预报。即从不同的时刻出发作预报。例如可以从6月30日12时开始作7月1~31日预报,也可以从6月30日0时开始,或29日12时开始……作预报。如果每天2个时刻,提前4 d就有8个时刻的初始场,只不过积分长度略有不同。但均取7月平均,也可以构成7月的集合预报。这种集合方法从理论上讲似乎要比前一种方法好。因为不同时刻的初始场所包含的信息不同。用多个时刻的初始场,显然包含的信息要较仅仅最后一个时刻多。但是,由于目前GCM的中期预报能力还比较低,第4 d预报效果已经较差了。所以提前4 d作预报,即要把第4 d的预报作为下个月预报的初始场,显然这会大大降低预报的准确率。所以,一般只有在每天可以用4个时刻的初始场时才作提前2 d,共8个时刻的集合预报。

五、发展前景

从1980年代中期到目前月平均环流预测已经有了十几年的历史。短期数值预报是大约用了30年左右的时间才发展比较成熟的。当然,气候预测是不同的问题,不能这样简单的比拟。但是气候预测问题只能说更复杂。因此,认为月平均环流的预报尚属幼年时期,也许是不过分的。

然而,现在在科学家之间还流行另一种看法,以潘墨(Palmer)为代表的ECMWF的专家对月延伸预报持比较悲观的态度。他们最主要的论点是逐日预报尚远未达到可预报性上限(2~3周)。目前10 d之后逐日预报已经几乎无甚效果。因此,月预报从表面上看有0.35~0.40的相关,实际上主要依赖于前10 d的预报。因此,还谈不上月平均环流预报有什么技巧。当然,这种观点是比较苛刻的,但是也并不是毫无根据。西姆(Schemm)及凡·登·道(van den Dool)近来对美国NMC用MRF所作的1461次90 d预报的分析,实际上也得到了类似结论。

图6.2.4是1461次90 d逐日500 hPa高度预报的平均相关系数。1 d的预报相关系数高达0.90以上。到第10 d就降到0.2左右,到第15 d在0.05以下。以后一直到第90 d均在0~0.05之间变化。可以说没有任何预报技巧了。根据他们的总结,这一组预报的时效为6.1 d。月预报与观测的相关系数为0.27。大大低于表6.2.1中的数字,这是因为,这里是对全球、全年统计,而不是只统计北半球冬季。如果将来能够在某个时候把时效提高到10 d。假如仍保持目前的预报随时间的衰减程度,则估计月平均高度的相关系数也不过0.4左右。只有时效达到15 d,才有可能使相关系数达到0.5以上。即达到业务预报的最低要求。但是过去大约每10年才能使预报时效提高2 d。因此把预报时效从6 d提高到10 d确实不是一个轻而易举

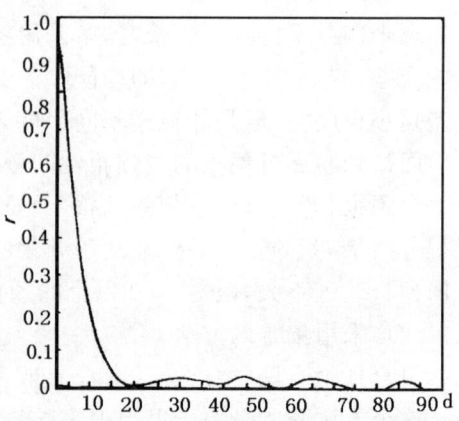

图6.2.4 逐日500 hPa高度预测与观测的相关系数(王绍武,1996,引自 ven den Dool,1994,)

的事。从这个观点来看,一定的悲观看法是有道理的。

况且,问题的症结在于缺乏预报 10 天之后大气环流变化的有力工具。至少只从 AGCM 还看不出改善后 20 天(第 10~30 天)预报前景。同时,目前几乎所有的模式的预报都不可回避大气超长波阻尼的问题。即通过模式计算出来的月平均环流上的大气超长波,或称驻波,振幅愈来愈小。也许这个问题,也同 10 天之后的预报乏力一样是只采用了 AGCM 的结果。对这个问题的探讨,是改进月平均环流预报的重要发展方向。

第三节 季度预测

一、季度预测中要考虑的物理因子

要作好季度预报,先要知道究竟是什么物理因子决定了这种时间尺度的气候异常。对此索耶(Sawyer)早在 1964 年就提出了著名的 3 个条件:(1)空间尺度 1000 km;(2)时间尺度 1 个月;(3)强度达到长波有效辐射的 1/10(大约 22 W/m^2)。

根据这个标准有下列因子可能影响短期气候变化:

1. 海温

海水温度异常一般是大尺度的,例如经常北太平洋面积的 1/2 到 1/3 保持同一符号的海温距平,并且时间可维持 0.5 a 以上,有时能达到 1 a 或更长时间。海面温度变化 1 K,感热及潜热输送可变化 20~30 W/m^2,在强对流情况下可变化 40~80 W/m^2。完全满足以上提出来的 3 个条件。因此,海温是气候预测最主要因子。

2. 海冰

海冰会阻止海洋向大气的热量输送。在临近冰面的开阔海面上,向大气的感热及潜热输送可能达到 150 W/m^2。因此,有冰或无冰海面对大气热量输送差异是十分显著的。海冰覆盖面积有明显的季节变化及年际变化。不过就其对气候异常的影响而言,主要是两极海冰向赤道一方的冰界可能产生变化。这种变化虽然在沿冰界方向可能有 1000 km 以上,但冰界的扩展收缩一般不超过 100 km。仅在个别情况下能达到 500 km。因此,就其影响的空间尺度来讲,远不如 SST 大。

3. 陆面温度

地温确实有变化。但是,由于土壤热容量比水小,同时地面活动层的深度又浅,所以其本身能与大气交换的热量不是很大。不过,如果土壤湿度较大,特别冻结融化时,放出与吸收热量可达 40 W/m^2。然而,这个过程往往只能持续 3~4 d,很少能持续到 1 个月以上。

4. 雪面

雪面的反照率比裸地高 60%。因此,对地面接受太阳辐射有很大影响。不过积雪大多出现在冬季高纬地区,这时太阳高度较低,入射辐射值较小,反照率变化造成的辐射平衡变化绝对值不会很大。只有在 9 月 50°N 以南有雪无雪可造成的太阳辐射量变化达到 50 W/m^2,在 4 月则造成 90 W/m^2 的变化。融雪时吸收热量是较大的,例如,每天融雪 5 cm,约损失热量 20 W/m^2。但是,这种情况很难持续到 1 周以上,对我国来讲青藏高原由于纬度较低,积雪变化也较大,历来受到气候预测专家的重视。例如,一般认为冬季高原积雪多时,其后的夏季长江中游以南地区多雨。1997~1998 年冬高原积雪异常多,因此有人认为 1998 年长江流域的洪涝与此有关。

5. 植被

夏季中纬度叶面蒸发水可能达到每天 5 mm,这大约相当 50 W/m² 的热量,数量是相当可观的。但植被蒸发能力与土壤湿度有很大关系。虽然从作物生长来看,一般持续时间较长,但是能否维持适量的蒸发,则与灌溉条件及自然水份循环条件有关。

6. 云

云主要影响辐射平衡。低云影响反照率,直接影响对短波辐射的吸收。高云则主要影响地面射出长波辐射,产生温室效应。云的变化有时能使反照率改变 0.05～0.10,使能量平衡产生 25 W/m² 的变化,这个数量也是不小的。近来的一些数值模拟研究证明,云不仅是改变长期气候变化的一个重要因素,对短期气候变化中也有重要作用。可惜对这个问题目前还研究的太少。

这些大都属于地球气候系统内部的因子,在短期气候变化中有重要作用。但是系统外部的因子如太阳常数变化(太阳活动)、火山活动,以及人类活动造成的温室气体增加等因素也可能对短期气候变化产生影响,这些我们将在最后两章中介绍,这里就不讨论了。

二、太平洋北美地区季度预测试验

耦合模式的困难主要在于海洋模式方面。因为无论如何大气模式已经有了大约 30 年的经验。而海洋方面不仅模式不成熟,观测也很缺乏。特别是次表层以及深层海洋的观测,有些地区至今还几乎是空白。目前的耦合模式大部分要作热通量订正。这是因为模式的热通量与气候估计值有系统性的误差。除了这个问题之外,就是海洋模式的预报能力了。目前,只有赤道东太平洋的 SST 预报有一定技巧,这在下一章中还要详细介绍。不过,由于这个原因,美国国家气象中心(NMC)的季度预测是把大气环流模式与热带太平洋的海洋模式耦合,作北美地区的季平均高度、气温及降水量距平预测的。初步试验表明耦合模式所作的环流形势预测,即用预报的 SST 来强迫 AGCM 的结果不稳定,有时还不如用持续性 SST 异常强迫的结果。当然,用 SST 持续性,即假定 SST 不变是不可能总成功的。因为在大多数情况下,特别在中高纬 SST 在 3 个月之内的变化还是比较剧烈的。在热带太平洋当厄尔尼诺或拉尼娜事件发展或结束时,SST 的变化也是很大的。如果作季度预测也假定 SST 距平常定不变,就谈不上季度预测与月预测之间的重大差异了。有鉴于 SST 预报的重要性,所以 NMC 目前还是集中力量改进 SST 的预报。1993 年为 CMP6,1996 年已升级为 CMP12,在资料同化,海洋中的混合,潜热通量等方面作了改进。对 1997～1998 年的厄尔尼诺预报,是效果最好的一个模式,反映出较高的预报能力。不过,分析表明只有出现厄尔尼诺或拉尼娜时,中、高纬大气环流与气候才有比较明确的反映。因此,最后的目标,仍然是大气与全球海洋耦合,而不是仅仅与热带太平洋耦合。

三、萨赫勒降水季度预测试验

英国气象局应用观测 SST 强迫 AGCM 作了萨赫勒降水预测试验。萨赫勒即非洲撒哈拉大沙漠之南的半干旱地区,年降水量在 100～400 mm 之间。自 1968 年以来发生了持续性的干旱,成为近年来国际上瞩目的重大气候异常事件。虽然从 1989 年开始至今已出现了少数降水接近或超过正常值的年,说明干旱趋势有所变化。但是尚不能认为这次长达 30 年的干旱期已经结束。因此,研究这个地区的降水季度预测是非常有意义的。已经有许多研究证明萨赫勒地区的降水与大西洋的 SST,特别是南北大西洋热带地区的 SST 对比有关。

罗韦尔等用英国气象局 11 层 AGCM 从 3 月末开始积分到 10 月,一方面检验 AGCM 的季度预报能力,一方面研究 SST 异常的影响。共作了 9 年试验,2 个降水偏多年(1950 及 1958 年),3 个降水正常或略少年(1949、1980、1989 年)及 4 个降水量显著偏少年(1976、1983、1984、1987 年)。一律用 1984 年 3 月 26 日的大气初始场,而 SST 则用各年观测值,计算的降水距平与观测距平的相关系数高达 0.95。可见模拟得相当成功。图 6.3.1 给出对萨赫勒、苏丹及几内亚 7~9 月降水量距平预报的例子。可以看出大部分预报是比较成功的。这说明两个问题:(1)对季度降水异常的形成而言 SST 确实十分重要;(2)大气初始场并不重要。为了检查什么地区的 SST 最重要,又分别对热带以外、热带、热带太平洋、热带大西洋、热带印度洋 SST 观测作强迫,而其他地区用气候平均 SST。这样模拟的 7~9 月降水与观测距平的相关系数分别为 0.55、0.72、0.79、0.62 及 0.59,均远不如全球均用 SST 观测值,甚至只用大西洋 SST 观测值效果也不好。这是与上面谈到的太平洋情况不同的。

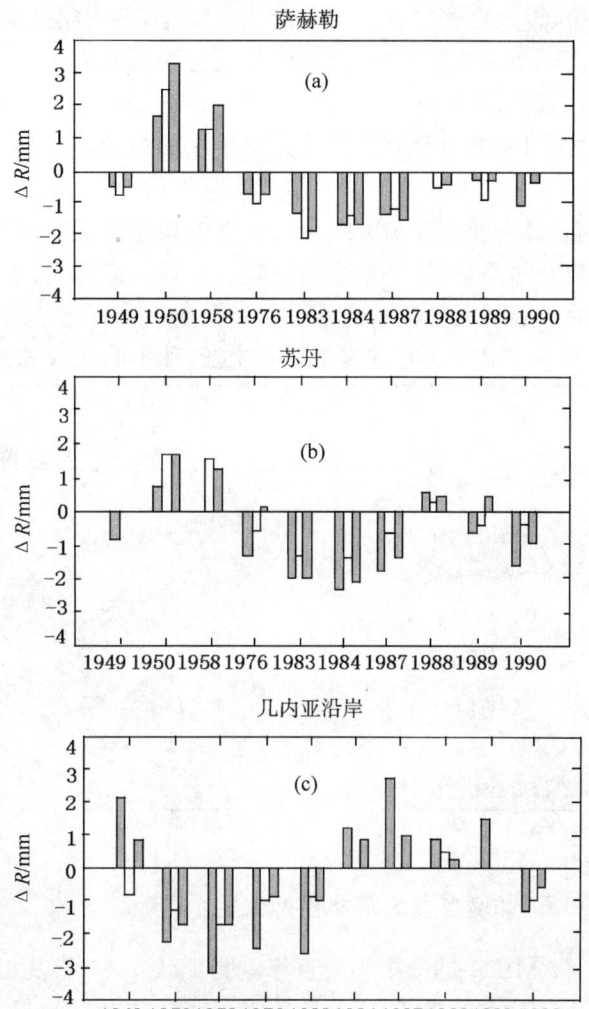

图 6.3.1 7~9 月降水量距平的观测(黑直方)及模拟
(Rowell et al.,1992,引自王绍武,1996)

四、大气模式比较计划

从前两节介绍可以看出,从当前科学水平来看,主要还是 AGCM 有了较大的进展。因此,对 AGCM 的能力作系统性的研究的时机已经成熟。AMIP 就是在这种形势下建立的。1988 年世界气候研究计划(WCRP)的数值实验工作组,提出建立大气模式比较计划(AMIP),到 1990 年代前半期完成了第 1 阶段的工作。从 1996 年开始第 2 阶段工作,为了区别起见对第 1 阶段称为 AMIPⅠ,第 2 阶段称为 AMIP2Ⅱ。

现在已有 30 个模式参加了 AMIP,我国中国科学院大气物理研究所的模式参加最早。国家气候中心的模式也参加了这个计划。AMIP 的目的就是对各种 AGCM 的气候模拟能力作系统的检验与比较。

这些模式是将来季度预报的基础,因此,简单了解一下其概况是有益的。由于是气候模式,故水平分辨率不高,大约在 T_{42} 到 T_{63} 之间,或 4°×5°经纬度,垂直层次大多在 9 层到 20 层。为了比较，AMIP统一提供1979～1988年SST及海冰作强迫。各个模式一般均能较好地模拟出大气环流季节平均结构，如环绕南极的副极地低压带、热带低压带、30°N与30°S的副热带高压带，以及这些系统的季节变化。但是，各个模式有的这方面好些，有的另一方面好些，却没有任何一个模式在各方面都好。然而各种模式有一个比较共同的缺点，就是一般模拟出来的季节变化较大，但年际变化却较小。也许这是在模拟气候变率时，对外强迫估计不足。而季节变率较大，可能是由于模拟的总方差偏小的缘故。

表6.3.1给出不同气候要素季平均值的模拟值与观测值的差值均方根。可见模拟的SLP、气温、降水及200 hPa纬向风的误差均是冬半球较大。云及OLR则是南半球误差大。但辐射强迫及热通量，则是夏半球误差大。这一般是可以理解的。这里不再逐一的讨论，不过由此可以对目前的气候模式的水平有所了解。

表6.3.1　各要素季平均值的观测与AMIP模式平均差值的均方根（王绍武等，1997）

气候要素	12～2月		6～8月	
	北半球	南半球	北半球	南半球
平均SLP	1.4	1.4	1.3	2.4
陆面平均气温(°C)	2.4	1.6	1.3	2.0
200 hPa纬向风($m \cdot s^{-1}$)	2.4	1.8	1.8	2.4
降水($mm \cdot d^{-1}$)	0.80	0.71	0.62	0.77
云量(%)	10	21	14	16
OLR($W \cdot m^{-2}$)	2.8	3.2	2.9	5.5
云辐射强迫($W \cdot m^{-2}$)	9.1	20.5	16.2	6.5
海面热通量($W \cdot m^{-2}$)	22.5	27.3	30.5	17.2

五、印度夏季风降水模拟试验

AMIP I 的一个首要目标就是比较1987年及1988年印度夏季风降水的模拟。1987年是一个弱夏季风年，印度干旱严重。西非萨赫勒的干旱也较强，达到了与严重干旱的1982、1986年相当的程度。1988年夏季风强，印度多雨，是20世纪第3位的多雨年，萨赫勒在持续了25年的干旱期中也是少有的降水正常年。并且1987年是厄尔尼诺年，1988年为拉尼娜年，估计海温对大气的强迫有显著不同。因此，决定把对这两年的模拟作个对比。

分析表明，对印度次大陆降水有重要意义的系统有4个：索马里急流、赤道印度洋东风、孟加拉湾东南风和次大陆西北部强西风。1988年比1987年夏季降水多，这4个系统也应该更强。但是，参加对比分析的13个模式中只有7个能模拟出降水增多，4个模式降水减少，2个差别不大。有9个模式能模拟出索马里急流加强，但没有任何一个模式能模拟出赤道东风加强。另外只有5个模式能模拟出孟加拉湾东南风加强，但模拟结果减弱的有6个模式。模拟次大陆西北部西风增强的有8个模式，效果稍好。只有一个模式的结果在这4个系统之中有3个增强。其余模式则只有1个、2个或甚至没有1个系统增强。这表明对1988及1987年印度夏季风降水差别的模拟是不够成功的。后来AMIP I 又对1979～1992年的印度夏季风降水作了逐年的模拟。结果仍然很不理想。模拟的年际变化太小，而且年际变化与观测结果没有显著的关系。各模式平均1988年降水仅略偏多,与1983年相当但不如1981年。而实际上1988年的印度夏季风降水在这14年中占第1位。1986及1987年是这14年中降水最少的两年,但模拟为正常值。只有1981~1982年及1988~1989年降水减少模拟的趋势尚可。因此,这项研究表明,即使给定SST观测值,尚且模拟不出印度夏季风降水的年际变化,或者至少可以认为模拟得很不令人满意。这意味着,距离作印度夏季风降水的季度预测还有很长一段路要走。为什么印度夏季风降水不如萨赫勒降水好报,是一个值得深思的问题。有的试验表明,利用数值模式计算印度夏季风降水对大气初始场十分敏感,这是与萨赫勒不同的。但是,其原因也还不清楚。无论如何,这些工作表明,季度预测有很大的难度。

第四节 中国汛期降水预报

一、汛期预报的重要性

近年来,我国每年因自然灾害遭受的损失大约在1200~1800亿元之间。其中旱涝造成的灾害占很大比重。通常干旱影响的范围广,频率也较高。1950~1986年37年间平均每年旱灾面积约$2 \times 10^7 hm^2$,每年约20%面积受旱,占各种气候灾害影响总面积的59.3%。个别年尤其严重。如1972年全国受灾农田达$3 \times 10^7 hm^2$,粮食减产$39 \times 10^8 kg$。大约有30%的耕地受旱,可见影响之巨大。雨涝的范围一般稍小,频率也低一些,1950~1986年37年间平均每年雨涝面积$67 \times 10^5 hm^2$,每年约6%~7%的面积受涝。占各种气候灾害影响总面积的22.9%。因雨涝平均每年减产$28 \times 10^8 kg$粮食。但个别严重年如1991年仅安徽、江苏两省就减产120×10^8 kg。约占当时全国粮食产量的3%,1998年长江流域遭受几十年未遇的洪涝。受灾人口在2亿以上,经济损失可能达到1600亿元。可见干旱、雨涝对我国经济,特别农业生产影响之巨大。

就是因为1954年我国发生了长江流域洪涝,1956年又出现淮河洪涝。因此,从1958年开始我国正式发布汛期(5~9月)降水预报。并成为气候预测(当时称为长期预报)的中心任务。这个制度一直延续到目前。1969、1972及1976年我国东北地区出现了夏季低温冷害。后两年东北地区粮食分别减产$63 \times 10^8 kg$及$47.5 \times 10^8 kg$。因此从1970年代后期开始在汛期预报中,增加了对低温冷害的预报。同时在汛期预报中也包括4~6月华南前汛期降水预报,及台风季登陆台风预报。不过6~8月夏季降水的分布趋势始终是汛期预报的重点。

二、夏季旱涝型与雨带位置

中国夏季降水分布的特征是什么?这是作汛期降水预报首先必须要研究的问题。在旱涝研究中王绍武、赵宗慈提出夏季降水主要可分为6种型(表3.4.2)。这是根据前3个EOF来划定的。降水观测资料前3个EOF可占总方差40%以上,史料的前3个EOF占30%以上。而且EOF的空间特征比较稳定,说明这是我国夏季降水的主要类型。1954年为1a型,全国多雨,但主要在长江流域。1972年为5型,除东北的北部及东南沿海外,我国中部及东部大范围干旱。

但是在实际预报工作中,特别在中央气象台,通用一种更为简化的分型。即分为3类;第 I 类黄河流域及华北多雨,第 II 类黄河与长江之间多雨,第 III 类长江及其以南地区多雨。比较这两种分型。第 I 类主要包括 6 种型中的 3、4、5 型,第 II 类主要为 1b 型,第 III 类包括 1 a、1b 及 2 型。近来王绍武等(1998)结合以上两种分型研究,提出来一个综合方案,重新划定 6 型,最新的 6 型亦可分为 3 类(表 6.4.1)。

表 6.4.1 新的夏季降水分型(王绍武等,1998)

型	类	降水特征
1	I	华北及东北南部多雨
2	I	华北西部及河套多雨
3	II	淮河多雨
4	II	长江多雨
5	III	江南多雨
6	III	东南沿海多雨,全国少雨

三、汛期降水预报的因子分析

在汛期降水预报中经常考虑的因子如下:

1. 海温

吕炯最早指出西北太平洋的海温对我国气候及长期预报有重要意义。1970 年代末中国科学院大气物理研究所研究了秋、冬季黑潮海温对我国初夏长江梅雨及盛夏华北降水的关系,发现黑潮海温高时,降水多。这是我国最早对海温与夏季降水预报关系的研究。

2. ENSO

后来,更多的人研究了赤道东太平洋海温即厄尔尼诺与我国夏季降水的关系。但是,人们发现这个关系与厄尔尼诺开始的季节有关。赵汉光等指出,开始于秋、冬季的厄尔尼诺如 1982、1986 年等,其后 1 年长江流域梅雨偏多。而开始于春、夏季的厄尔尼诺,当年长江流域梅雨偏少。王绍武与石伟进一步证实了这个关系,而且指出开始于春、夏的拉尼娜年当年我国西南及长江上游多雨,但开始于秋、冬季的拉尼娜年下 1 年黄河与长江之间多雨。

近来龚道溢和王绍武研究了近百年中国四季降水与 ENSO 的关系。发现春季几乎无关。秋、冬季关系最好,厄尔尼诺时长江以南多雨,北方少雨,拉尼娜时基本相反。夏季大体上维持这个关系,不过相关系数不如秋、冬两季大。

3. 高原积雪

在 1970 年代末陈烈庭发现青藏高原积雪多时,初夏(6 月)我国江南降水多。实际上在 1960 年代即有人提出高原积雪可能推迟大气环流的季节变化,延缓副热带高压季节性北跳,从而增强长江流域梅雨的观点。不过由于积雪资料很少,一直不能得到确切的结论。

1990 年代以来高原积雪受到很大注意,基本证实冬季高原积雪多,来年初夏华南及江南降水偏多,长江流域梅雨偏多,而华北降水偏少。高原积雪少时大体情况相反。但有关积雪资料,地面观测与卫星观测及遥感结果还不统一。因此,资料问题是研究积雪影响的困难之一。也可能就是因为对积雪异常描述不同,目前的一些积雪影响的敏感性数值实验的结果并不一致,有的与诊断结果也有矛盾。但是,1997~1998 年冬青藏高原出现了破记录的降雪,因此引起人们广泛注意,并因此有一些作者预测 1998 年夏季,特别是初夏长江中游南岸可能有较大降水,这个预测至少定性地看是成功的。

4. 高原上 500 hPa 高度

我国的长期预报工作者,早就发现青藏高原的 500 hPa 高度与我国的夏季降水有密切关系。所以高原上 500 hPa 高度被列为一个东亚大气环流指数。分析表明,夏季华北地区降水与同期高原高度为正相关,而长江中下游的降水与之为负相关。有一种解释认为这可能与高原积雪的影响有关。高原积雪多时,融雪及未融雪前的高反照率使 500 hPa 高度偏低。反之积雪少时高度偏高。高原上 500 hPa 高度偏低,不利于副热带高压的季节性北跳,故长江流域多雨。高原上 500 hPa 高度高时,有利于副热带高压北跳,因此华北多雨。这个机制还没有得到数值实验的证明。只不过可以肯定这是一个对我国夏季降水有重要意义的环流系统。但对其影响机制还了解得不很多。下面还要说明高原 500 hPa 高度有韵律活动,也可能就因为这样,冬季的高原 500 hPa 高度或积雪才成为夏季降水预报的一个重要因子。

5. 副热带高压

西太平洋副热带高压是影响我国夏季降水,特别是决定主要雨带位置的最主要大气环流系统。所以从一开始我国的长期预报工作者就设计了描述副热带高压的指标,即面积指数、强度指数、西伸脊点、脊线位置及北界。这些指数至今仍是描述副热带高压特征的有力工具。对于长江流域的降水来讲,副热带高压强度大而位置偏南是多雨的重要条件。1954 年夏及 1998 年夏都是这样。但是对于华北来讲副热带高压偏西及偏北是多雨的必要条件。此外,副热带高压的两次季节性北跳,一般对应长江流域的梅雨期开始与结束。因此,如能较好地预报出当年夏季西太平洋副热带高压活动的基本特征,掌握其异常变化的总趋势,则不难作出我国东部地区的夏季降水预报。

不过,要通过预测副热带高压来预测夏季降水也不很容易。因为虽然人们发现副热带高压与赤道东太平洋海温有一定关系。但只是与副高强度关系最好。而我国的降水又不仅仅决定于副高强度,在许多情况下甚至与副高的纬度、经度关系更密切。所以更重要的是分析副高各特征量与前期赤道太平洋海温的关系。一般认为,冬季海温高时 6 月副高偏南,7~8 月也有类似趋势,但关系不如 6 月密切。

6. 西风带环流系统

众所周知,我国典型的梅雨形势是东亚有阻塞高压,一般高压在鄂霍次克海附近,所以有时亦称为鄂霍次克海高压。分析表明,这是影响长江流域降水的 3 个主要环流因子之一。3 个因子即副热带高压、东亚西风槽、鄂霍次克海高压。此外还有一个次要一些的因子,即青藏高原高压。东亚西风槽,由于槽在贝加尔湖附近,所以有时亦称为贝湖槽,凡鄂霍次克海高压强,贝加尔湖槽深,则长江中下游多雨。对于华北地区,夏季降水更大程度上与大尺度西风环流有关,凡东亚经向环流盛行时多雨,纬向环流盛行时少雨。这表明西风带的环流也是影响我国夏季降水的重要成员。

廖荃荪等(1981)曾研究了前期大气环流异常与中国东部夏季雨带位置的关系,发现当冬季(1~2 月)500 hPa 月平均图上高纬为负距平、中低纬为正距平。3 波形势弱,在通常为大槽的东亚、欧洲及北美均为正距平。其后夏季为第 I 类雨带。第 II 类雨带,前期(1~2 月)的 500 hPa 距平分布基本与第 I 类雨带时相反。高纬基本为正距平。不过加拿大东北部到格陵兰一带为负距平。另外中低纬地区基本为负距平。就其主要特征而言,夏季为第 I 类雨带前期冬季纬向环流盛行,但 II 类雨带前期冬季经向环流盛行。第 III 类雨带的前期也是经向环流为主,但高纬的正负距平分布与第 II 类之前相反。王绍武等曾发现大气环流有半年左右的韵律活动,可能这在一定程度上可以解释由冬到夏的大气环流变化。

7. 其他物理因子

应该说可能影响夏季降水的物理因子绝不只上面的几个。例如,有人研究了北极海冰与中国降水的关系。此外,如地温、土壤湿度也是经常提到的因子。同时,还有一些可能不是经常起作用,但有时也可能有影响的因子,如火山爆发,太阳活动等。1991年6月皮纳图博火山爆发。人们都认为1992及1993年东亚的低温可能与之有密切关系。过去也有人提出1954及1964年为太阳活动最弱年,可能由于太阳辐射减少形成夏季低温。这些均有待于进一步研究,特别是要把诊断结果与模拟试验的结果对比。不过,无论如何我国气候预测工作者已经在物理因子分析方面作了大量的工作,这为建立一个较为完整的气候预测系统打下了良好的基础。

四、汛期降水的气候模式预测

虽然,如第三节所述,目前耦合模式尚不成熟,但是,在我国已有不少模式试作6～8月降水预测。这包括:

1. 中国科学院大气物理研究所2层大气环流模式与陆面物理过程耦合。海温是用IAPL2 AGCM与IAP OGCM耦合预测的。以3月11日0时为初始场作集合预报。(王会军等)

2. 用OSU/SZ/ZW全球大气环流模式耦合,全球混合层海洋与海冰模式积分。初始场为2月1、5、9、14与19日。(赵宗慈等)

3. 用改进的CCM3和CCM1(R15L7)——LNWP模式,以3月15日12时为初始场报6～8月降水。(郑庆林等)

4. 用CCM3大气模式积分,取3月5日0时初始场海温,用距平持续性预报(董敏等)。

5. T_{63}大气模式初始场为3月18日0时。海温用2月的距平场外推(叶正青等)。

当然还另有一些模式在试验。这几个模式中第1个模式应用时间最长,也有比较明显的效果,其他模式有的还未与OGCM耦合,有的试验时间较短。但无论如何这是一个良好的开端,而且这些模式均直接作出夏季(6～8月)降水距平的预测,有重要意义。

五、短期气候预测系统

1996年在我国设立了"九·五"期间重中之重科技项目——我国短期气候预测系统的研究。这个项目吸收了我国包括科研、教学及业务单位气候预测方面的400多位专家。项目设立了5个课题:

(1)短期气候变化的物理过程与预测信号的研究;

(2)短期气候预测业务动力模式的研制;

(3)气候异常对国民经济影响评估业务系统的研究;

(4)短期气候监测、预测、服务综合业务系统的研制;

(5)区域中心短期气候预测业务系统的建立及产品应用研究。

这个项目的完成在中国气象局国家气候中心建立起短期气候预测的业务系统。当然,我国短期气候预测水平的提高并不仅仅依赖这一个项目,过去"八·五"期间已经完成,以及"九·五"期间正在进行的攀登项目、自然科学基金项目以及众多地方上的项目,均对此作出了重要的贡献。气候预测水平的提高绝不是某一位科学家或某一个研究单位能独立完成的,它是数以万计的科研、教学、以及业务工作者共同努力的劳动结晶。

第五节 气候可预报性

一、大气的三类运动

冯·纽曼(von Neumann,1955)曾指出,从预报角度来看,大气运动可分3类:第1类运动主要决定于初始条件,因此,可以从初始条件外推;第2类运动几乎完全与初始条件无关,因此可以不考虑初始条件作预报;而最困难的是第3类运动,即距初始时刻相当远,初始条件不可能完全决定最终状态,但初始条件的影响又没有小到可以忽略不计的程度。冯·纽曼同时指出,合理的途径是先作第1类运动的预报,然后研究第2类运动的预报,最后才作第3类运动的预报。

40多年来的大气科学的发展,证明冯·纽曼的预言是多么精辟。从1950年代后期短期数值预报开始发展,这种靠初始场外推的预报的有效时间目前已经达到1周以上。虽然距2~3周的可预报性上限还有很大差距,但确实取得了显著的成绩。数值预报所作的天气形势预报已完全代替了预报员的主观预报。同时从1970年代开始到1980年代是敏感性研究的兴盛时期,人们利用大气环流模式,研究了海水温度、极冰、积雪以及植被变化可能对气候的影响,也研究了太阳常数变化,火山爆发及温室气体增加对气候的影响。特别是对人类活动造成的气候影响成为国际研究的热门问题。根据各种模式,计算了到下一个世纪由于人类活动可能产生的气候变化。这些预测没有考虑到初始场的作用,显然应该属于第2类运动的预报的范畴。

现在我们讲到的短期气候预测,或更具体的说月、季尺度的气候预测属于第3类运动的预报。冯·纽曼认定的时间尺度为30~180 d,正好与这种预报的尺度相吻合。

二、大气的记忆力

大气的运动由于与地面的外摩擦及大气内部的内摩擦不断地消耗大气的动能。有的作者估计,如果没有能量来补充,大气的动能将在5 d之后耗尽。当然,实际上大气从来也没有停止运动,这说明大气不断地得到能量的补充。大气的运动的能量主要来自地表。地球表面包括海上、陆地向大气的辐射,感热与潜热输送增加了大气热能,热能转换为位能,位能中可以释放出来的部分称为有效位能,有效位能转化为动能。所以,大气运动的能量来源是地表对大气的加热。

这样大气的运动就受两个因素支配,大气的初始运动场,以及不断地向大气输入的能量。穆萨耶良(Мусаелян,1980)曾对这两个因素的作用进行了评估,他认为这两个因素的影响与大气运动的尺度有关。运动的尺度愈大,初始场影响的时间愈长。如何来估计大气运动的尺度呢?可以从波数来判断。一般认为波数1~4为超长波,波数5~8为长波,波数8以上为短波,然而,对于任何一种尺度,大气初始场的作用总是随时间而减弱。输入的能量即热流入量的作用则总是随时间而增强。如果把这两个作用相等的时间称为τ_0,即在τ_0之前大气初始场起主导作用,而在τ_0之后热流入量起主导作用。据穆萨耶良(1980)的研究,波数为1、2、3波的τ_0分别为162、54及27 d。4波的τ_0剧减到16天,5波为11天,6波则只有8天。这就是说超长波(1、2、3波为主)的初始场影响可达1个月。

所以,有人认为大气的记忆力约为1个月。再长时间对初始场就没有什么记忆力了。换句话说,1个月以后就要着重研究热入流量的影响了。这个结论与用数值模式作气候预测的实践完全一致。现在,作月平均环流预测,还可以勉强用 AGCM 积分。但是作季预报,就不得不采用耦合模式了。

舒克拉(Shukla,1986)早就指出长期数值预报之所以可行主要有两个条件:(1)作平均环流预报;(2)下垫面异常有持续性。上面已经谈到,只有作平均环流预报才可能超越 2~3 周的可预报性界限。因此,作平均环流预报是气候预测的基础。而下垫面的物理状况如果变化很快,则显然不能再仅限于应用 AGCM。主要靠 SST 异常变化比较缓慢,才假定 SST 不变,积分 AGCM。

三、气候预测的可预报性

上面已指出,逐日预报的可预报性为 2~3 周。这是理论可预报性。在目前的观测精度和密度、模式物理过程的精度,以及计算精度的限制下还远达不到 2~3 周的界限,我们再强调一次,这是逐日预报的可预报性,也叫做确定性预报的可预报性。

气候预测应该也有自己的可预报性。气候预测不再检查逐日天气预报,而是检查逐日预报的统计特征。月平均高度就是逐日高度场的一个统计特征。然而,这个统计特征的预报时效显然也不是无限的。即使将来有了比较好的 CGCM,做月平均环流与气候的预测,也不可能一个月一个月一直外推下去。这就回到冯·纽曼的问题,即什么时候初始场的作用小到可以忽略不计,这时从某个初始场一步一步向后推的作法已经不适合了。也就不能再用目前的数值预报方法进行气候预测了。

类似于目前月平均环流预报究竟能作多长,这是一个理论问题,也是一个实际问题。从理论上讲,这不仅与大气的记忆力有关,还与海洋、冰雪、植被等下垫面状况的记忆力有关。因为,当这些下垫面状况与前期的状况变成随机关系的时候,也就是失去记忆力的时候,逐月的预测也就是失去了意义。由于大气的记忆力仅 1 个月,所以用 AGCM 的预报,也以 1 个月为限。用 CGCM 作预测可以超过 1 个月,这是因为海洋的记忆力显然超过 1 个月。

但是海洋的记忆力究竟有多大,目前还缺少系统性的研究。我们只能从 SST 的变率作一个粗略的估计。低纬海洋的记忆力最强,热带太平洋更强,那里的 ENSO 事件,保持平均为 3~4 a 的循环。如果一个要素有某种周期性或循环性变化,其周期或循环的长度约为 3~4 a。则其 1/4 的时间应该是记忆力的最基本长度,即 9~12 个月。中高纬 SST 的基本振荡周期可能还要短一些,如果是准两年,则记忆力在 6~7 个月之间。因此,从这个角度看用耦合模式作预报的可预报性可能在 6~12 个月之间。

马尔丘克(Марчук,1979)的经验影响函数研究对这个观点是一个很好的例证。他发现对前苏联欧洲部分及北美的冬季气温来讲,其影响函数均可向前追踪 9~11 个月,分别到达大西洋西部的墨西哥湾暖流区及太平洋西部的黑潮暖流区。

不过应该注意到海洋状况的年变程是非常强的。我们作气候预测时用去掉季节变化的距平来检查,但预报仍不免受年变程的影响。ENSO 预报中的"春季障碍"就是一个很好的例子。因此,也许不是任何一个季节的可预报性均相同。另外,还有一些因子的作用随机性大,例如某年发生强火山爆发,或某年太阳辐射产生激烈变化,或某年大洋环流如大西洋的温盐环流发生巨大改变均可能影响到季度预测。因此,显然也不是每一年的可预报性均一样。同时,考虑到上面谈到的平均 5~7 个月的韵律过程。因此气候预测的可预报性超过 6 个月是可以的。但是,受年变程以及其他因素的影响,很可能不会超过12个月。

四、气候噪声

马丹(Madden)于1982首先提出气候噪声的概念。他认为每1个月的平均温度或月总降水量均由两部分组成,一部分是日变率造成的称为气候噪声。气候噪声是不可预报的。另一部分为年际变化是可预报的,至少有潜在的可预报性。因此,除了上面谈到的时间限制以外,气候预测还有一个准确率的上限。如果一个气候要素的总方差为σ_A^2,而气候噪声的方差为σ_N^2显然$\sigma_A^2 > \sigma_N^2$,因此

$$F = \frac{\sigma_A^2}{\sigma_N^2},$$

F总是大于1的。问题在于大到什么程度。如果$F=2$则表示这个气候要素总方差中有一半是可预报的。如果$F=1$,即总方差中全部为噪声。当然,这是不可能的。如果没有噪声,则$F=\infty$,这也是不可能的。表6.5.1给出不同F值所对应的预报准确率以及预报技巧。显然,这里的预报准确率是潜在准确率,或者说是理论上的准确率上限。即如果把可预报部分完全预报出来,准确率有多高。当然,不仅目前不可能,实际几乎永远不可能把可预报部分百分之百地报对。所以,实际永远也达不到表6.5.1上所列的准确性。但是可预报性却是一个十分重要的概念,它告诉我们预报准确率所能达到的最大限度。因此,从这个角度来看,当有的人宣称,他的气候预报是百分之百地准确时,就可以知道他的话是不可信的。

表 6.5.1　评价预报水平的量(王绍武,1996)

预报准确率	预报技巧分	解释方差	F
50%	0.0	0%	1.00
55%	0.1	1%	1.01
60%	0.2	4%	1.04
65%	0.3	9%	1.10
70%	0.4	16%	1.19
75%	0.5	25%	1.33
80%	0.6	36%	1.56
85%	0.7	49%	1.96
90%	0.8	64%	2.78
95%	0.9	81%	5.26
100%	1.0	100%	∞

当然,气候预测的准确率上限随要素及季节而异。不同作者估计方法不同亦造成差异。例如,总的讲美国气候学家对噪声的估计偏高,一般F值只有1.5左右,因而可预报性较低。而前苏联气候学家的估计则偏低,有时F值达到3~4,所以可预报性较高。这是一个值得进一步探讨的问题。但是,对不同情况作相对比较也是有意义的。例如,马丹与希阿(Shea)的研究表明,月平均气温比季平均气温F值高,暖年比冷年F值高。但对降水量来讲月总量的F值比季总量高。多雨时不如少雨时高。这表明月平均气温及季总降水量好报一些。另外暖、干的年比冷、湿的年好报。这与日常的气候预测经验有许多一致之处,显示出气候噪声研究的重要意义。

五、气候预测准确率

这里,我们想对当前国内外的气候预测水平作一个总的评估。首先要说明世界各国一般采用3种评估方法:

1. 准确率

$$P = n_+/(n_+ + n_-) \times 100,$$

2. 相关系数

如果仅用符号相关,则

$$r = (n_+ - n_-)/(n_+ + n_-),$$

3. 技巧分

$$S = n_+ - n_0/(n_+ + n_- - n_0),$$

其中 n_+ 及 n_- 分别为报对及报错次数。实际 $n_+ + n_-$ 即预报总次数。n_0 为随机预报报对次数,通常取 $n_0 = (n_+ + n_-)/2$。

一般在计算 500 hPa 月平均高度距平与观测值的相关系数时是用完全的公式,而不用符号相关。这里列出符号相关,不过是想说明,如果把相关系数简化为符号相关时,与准确率及技巧分所得结果是一致的。同时在计算技巧分时,也有人用气候预报(即每年均报出现多年平均值)来计算 n_0 而不用随机预报。这里也是为了便于比较,用随机预报,并假定只分错、对两档。

这样,如果我们作了 100 次预报,报对 55 次(n_+),自然报错(n_-)就是 45。预报准确率 P 为 55%,符号相关 r 为 0.1,预报技巧 S 分也是 0.1。依此类推,准确率 P 为 80% 时,相关系数 r 及技巧分 S 均为 0.6。但如果报错的多报对的少,例如,准确率只有 45% 时,相关系数、技巧分均为 -0.1。如果报得更差,则负值还要大(见表 6.5.2)。

表 6.5.2 预报评分方法(王绍武,1996)

准确率	相关系数	技巧分
45%	-0.1	-0.1
50%	0	0
55%	0.1	0.1
60%	0.2	0.2
65%	0.3	0.3
70%	0.4	0.4
75%	0.5	0.5
80%	0.6	0.6

由此,我们可以评估一下当前国内外的气候预测水平。先看月平均环流预报,冬季、北半球 1 个月预报,相关系数在 0.35~0.40 之间,即大体相当准确率 65%~70%。但是全年、全球预报,则相关系数只有 0.20~0.25,即相当准确率 60% 左右。用统计方法作 500 hPa 月平均环流预报,水平亦大体相当。然而,这还不是气候要素,如气温、降水量距平的预报。用统计方法作月或季气温与降水量预报,气温预报的准确率在 60%~65% 之间,即技巧分约 0.2~0.3。降水预报准确率较低,一般技巧分不到 0.1,即准确率在 50%~55% 之间。我国汛期降水量预报,按这个标准检查,准确率约在 55%~60% 之间。即相当技巧分 0.1~0.2。与国际上的情况相比较应该算是较高的水平了。不过我国短期气候预测的重点是汛期预报,国外一般是一年四季的预报,通常四季预报的准确率要低于主汛期的预报。因为对主汛期的预报确实进行了大量的研究。不过总的讲当前气候预测的水平还是不高的,但是这又是一项十分迫切的工作。试看 1998 年的洪涝给我们带来多大的经济损失,就明白积极开展气候预测研究,提高气候预测业务水平的重要意义了。

六、气候要素预报

上面已谈到,用 GCM 作气候预测,其技巧主要表现在月平均环流的预报上。然而,气候预测最终将是提供月或季平均气温及降水量距平。因此,就存在一个问题,如何把已经预报出来的 500 hPa 月平均高度距平转换为气温或降水量距平。这个问题早在纳迈阿斯制作月预报时,就已经提出来了。他首先指出月平均气温及降水级(气温分 5 级、降水量分 3 级)与 700 hPa 环流形势有密切关系。给出概念模式图,并建立了一套完全预报(perfect prediction)方法。即用观测的 700 hPa 资料与气温或降水量建立统计关系,用预报的高度来报气温或降水量距平。所谓完全预报,即假定在高度场能百分之百地预报准确的情况下,气温、降水量预报能达到的水平。

经过了将近半个世纪,500 hPa 月平均高度距平预报已经有了相当大的进步。因此,从高度场预报气温、降水量距平的完全预报问题又一次提上议事日程。陈友民和王绍武应用北半球 500 hPa 月平均高度与中国月气温、降水量的资料,对这个问题作了全面的分析。应用典型相关(CCA)方法作完全预报,发现如果高度场用 10 个主分量,气温用 15 个分量,非独立资料完全预报的相关系数可达到 0.80,用 5 个主分量相关系数也能达到 0.60 以上。但降水量相关系数就比较低,降水用 15 个主分量时相关系数才 0.70,而用 5 个主分量时,相关系数降到 0.40~0.50。这表明其空间尺度比较小,而且与环流的关系不如气温。

然而,最大的问题还在于独立资料的检验。用 1966~1985 年 20 年资料建立 CCA,用 1986~1992 年 7 年资料检验,发现相关系数普遍下降(图 6.5.1)。而且有趣的是,对独立资料阶段,气温用 5 个主分量或 15 个主分量所得结果几乎完全相同,相关系数下降到 0.20~0.40 之间。这表明非独立资料中第 6~15 个主分量所找到的关系,在独立资料阶段几乎均不起什么作用。而且总的预报水平下降非常大,这说明即使对第 1~5 个主分量所找到的关系,也是不稳定的。降水量的情况就更差了,对独立资料,无论用 5、10 或 15 个降水量的主分量,计算的距平与观测值的相关系数一律下降到 0.10~0.20。这就是说,照此推算,就算将来能百分之百地准确预报出月平均高度距平,则月平均气温距平及降水量距平预报的准确率分别不过 60%~70%,及 55%~60%。何况目前月平均高度距平预报的相关系数在北半球冬季也不超过 0.4。

当然,这是最简单的,只考虑 500 hPa 月平均高度的完全预报。还有两个途径可以对此加以改进。首先,是充分利用模式预测的信息,例如可以用模式直接输出气温或降水量,然后利用模式平均计算距平,或再加以统计订正。或者利用模式输出月内的垂直运动、平流等物理量。利用各种物理量建立类似于短期预报 MOS 的方程,作月平均气温及降水量距平预报。其次,还可以考虑高度场以外的因子。用统计方法改进完全预报。例如美国有的研究已经证明,如果冬季增加雪盖的资料,夏季增加土壤湿度的资料,哪怕是上 1 个月的资料,也会对下 1 个月的冬季气温及夏季降水量预报有显著改进。我国在这个方面均已在进行试验。如果将来气候预测以 GCM 为主,开展对完全预报的研究是不可避免的,在一定意义上讲,这也是一个可预报性问题。

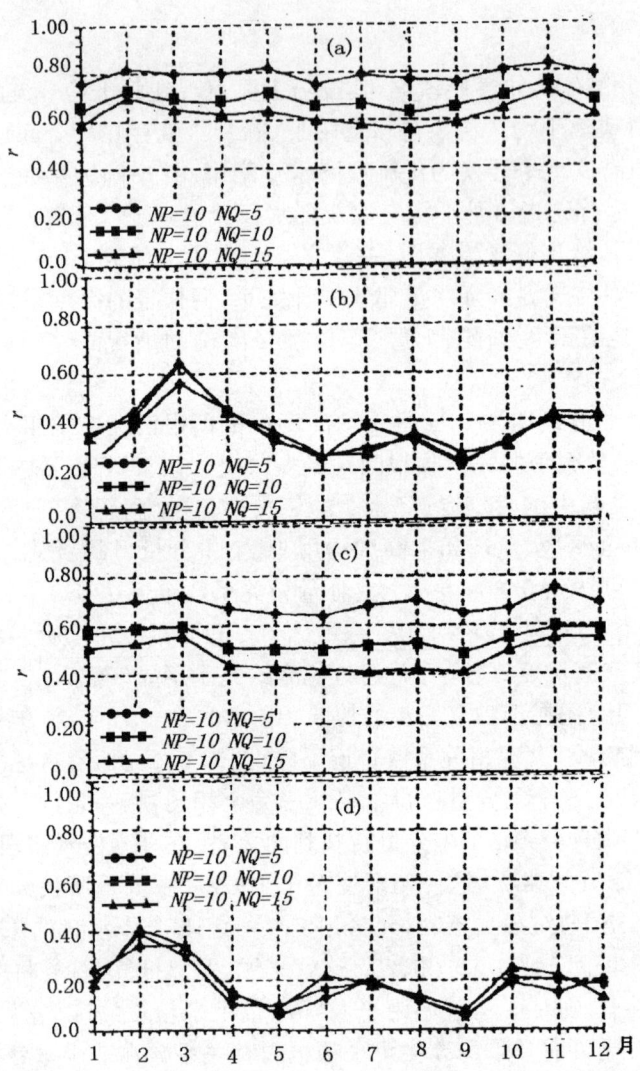

图 6.5.1 用 500 hPa 月平均高度对气温的拟合(a)及预报(b),对降水量的拟合(c)及预报(d)(陈友民等,1996) r:相关系数

第七章 气候系统内的相互作用

第一节 海气相互作用

一、海洋与气候系统

海洋是全球气候系统的重要组成部分,其对大气运动和气候变化的影响,可归纳为4个方面:

首先,对地球大气系统热力平衡具有重要影响。地球表面70.8%为海洋所覆盖,全球海洋吸收的太阳辐射,约占进入地球大气顶的总太阳辐射量的70%左右,其中的85%左右被贮存在海洋表层(混合层)中。这些被贮存的热量将以潜热、长波辐射和感热交换的形式被输送给大气,驱动大气的运动。因此,海洋热状况的变化,将对大气运动的能量供给产生重要影响。

海洋环流在地球大气系统的能量输送和平衡中发挥着重要作用。在地球大气系统中,低纬地区获得的净辐射能要多于高纬地区,因此,为保持全球的能量平衡,必须有能量从低纬地区向高纬地区输送。直到20世纪70年代早期,人们还一直认为这种热量输送主要由大气过程来完成。近年来,随着科学技术的发展,目前估计的结果是海洋与大气大致各自承担一半。对于地球大气的热量平衡来讲,在中低纬度,主要由海洋环流把低纬度的多余热量向较高纬度输送,到了中纬度,通过海气间的强烈热交换,把相当多的热量输送给大气,再由大气环流的特定形势和活动将能量向更高纬度输送。因此,海洋对热量的经向输送的强度和位置变化,将对全球气候产生重要影响。

其次,海洋能够对全球水汽循环产生重要影响。海洋包容了全球几乎所有的液态水(97%),大气中的水汽含量只占总水量的0.001%,陆地上的水含量也不到海洋水含量的1/30,只是由于陆表水循环对人类活动特别是农业生产有着强烈的影响,因而过去人们关于水循环的讨论多集中在和陆表过程相联系的这一相当小的部分。据估计,全球蒸发的86%、全球降水的78%是集中在海洋上的,海洋作为水汽之源,其蒸发和降水形势的微小变化,就足以引起相对较小的陆表水循环的剧烈变化。例如,如果降到大西洋的雨水有不到1%集中到中美洲,则密西西比河的水流量将增加1倍。

第三,海洋对大气运动具有重要的调谐作用。海水具有巨大的热惯性,海水比空气和土壤的比热容要大得多,1 g海水升温1℃所需要的热量为3.9 J,此热量可使同质量的土壤升温1.9℃,可使同质量的空气升温3.9℃。因此,海洋比陆地特别是比空气具有更大的热惯性,是一巨大的热量存贮器。同海洋的热力学和动力学惯性相联系,海洋的运动和变化具有明显的缓慢性和持续性。海洋的这一特性,一方面使其具有较强的"记忆"能力,可以通过海气相互作用,把大气的变化信息贮存于海洋中,然后再对大气运动产生作用;另一方面,海洋的热惯性使得海洋状况的变化具有滞后效应。例如,海洋对太阳辐射季节变化的响应比陆地要滞后1个月左右,表层海温的变化滞后于太阳辐射季节循环约6周左右。另外,通过海气相互作用,还可以使较高频率的大气变化减频,使其频率变低后再作用于大气,在净效果上,相当于大气中的较高频变化转化成为较低频的变化。

第四,海洋对温室效应具有缓解作用。海洋尤其是海洋环流,不仅减少了低纬大气的增热,使得高纬大气变暖,降水量也发生相应的改变,而且由于海洋环流对热量的极向热输送所引起的大气环流的变化,还使得大气对某些因素变化的敏感性降低。例如,大气中 CO_2 含量增加所引起的温室效应,就因海洋的存在而被减弱。

综上所述,海洋对全球气候变化具有重要影响。尽管如此,人类对于海洋的认识,还只是刚刚开始,困扰原因之一是海洋观测资料的欠缺。浩瀚的海洋,广阔无垠,在海洋上建立固定的观测站是一项极度困难而又耗资巨大的事情。迄今为止,人们对海洋以及海洋上的大气状况的了解,比起陆地上要差得多。卫星和其他遥感技术的发展,为改善海洋上的观测状况提供了十分有力的工具,但是,由于目前的卫星遥感技术尚不能测量所有我们感兴趣的海洋和大气参数,同时,现有遥感技术的测量结果还需要海洋上的直接测量结果来标定,故海洋上的直接观测和试验研究是不可缺少的。近年来,国际科学界相继联合开展了一系列大型的海洋观测活动,其中比较有代表性的是 TOGA 计划和 WOCE 计划。

TOGA 计划即热带海洋和全球大气研究计划,始于 1985 年止于 1994 年 12 月,为期 10 a,由世界气候研究计划(WCRP)组织实施。其目的是对由耦合的热带海洋—全球大气系统驱动的年际气候变率进行研究,并把热带和副热带太平洋的厄尔尼诺及相关的南方涛动作为一个突出的重点,以发展实用的季节和年际尺度预报。TOGA 计划的观测范围是 20°N~20°S 之间的热带海洋和全球大气,观测内容为热带海洋和全球大气的基本气象要素场以及它们之间的通量。同时,加强了对 ENSO 的特殊监测。TOGA 计划的一项重要成果是建立起了由浮标组成的横贯整个热带太平洋的实时观测序列,从而为监测和预报 ENSO 奠定了基础。在 TOGA 计划开始实施不久,WCRP 为研究海洋过程对气候变化的影响,从 1989 年起开始实施一项为期 10 a 的世界海洋环流观测试验(WOCE),该计划的目的是:为预报气候变化的海洋模式的设计和检验,提供全球海洋资料,获得全球海洋环流总输送的图象。

可见,随着社会的发展和科学技术的进步,人类加强了海洋上观测试验活动和有关海气相互作用过程的研究,人类对于海气相互作用、特别是热带海洋与全球大气和气候变率关系的理解,有了很大的进步,揭露出许多重要的观测事实,为开展气候预测奠定了坚实基础。但是,由于海气耦合系统的复杂性,我们目前的认识水平尚处于起步阶段,离正确预测海洋和大气的长期变化还有一定的距离,这要求我们继续深入开展观测和理论研究,以期早日揭开海气相互作用与气候变化关系的神秘面纱。

二、低纬度地区的海气相互作用

热带海气相互作用表现最为强烈,热带海洋对气候的年际变化具有突出贡献。大量事实表明,低纬度大气各种尺度的运动,都受到海气相互作用过程的影响。热带大气的大尺度运动基本上是对海洋加热的响应,而次表层以上海洋的运动,则是对大气风应力的响应。赤道海温异常通过某种机制,还进一步影响到中纬度地区的大气环流和天气。

研究表明,海洋对大气风场变化的响应时间,随纬度有明显的变化。若给定一个风场变化,赤道地区海洋所发生的响应,比其他纬度的响应要快得多。同时,大气环流对热带海洋异常的响应,要明显地强于它对中纬度海洋异常的响应。实际观测到的大气物理量月平均值的年际变率,是由两部分组成的:一是大气本身的动力不稳定产生的;二是由边界特别是海洋异常的影响所产生的。中纬度地区的大气年际变率,主要由前者引起;热带地区的大气年际变率,主要由赤道海温异常决定。

热带大气对赤道地区 SST 异常的响应,比较典型的是 ENSO 现象,赤道太平洋 SST 异常还将使得南方涛动和沃克环流发生变化。赤道地区 SST 异常,还能够通过遥相关,影响到热带外大气。研究表明,当赤道太平洋增暖时,其位势高度距平从异常区出发,排列成相隔大约 2000 km 的正负相间的波列,若把各距平中心连接起来,则先是指向北极,然后向东转,最后沿着一个"大圆路径"指向赤道。北太平洋副热带为正距平,其北部为负距平,加拿大西部为正距平,美国东南部为负距平,即所谓的"太平洋—北美"型。

三、印度季风区的海气相互作用

季风是低纬大气环流的一个重要组成部分,由海陆之间大尺度季节性热力差异产生并维持。邓贤峰等(1995)总结指出,印度洋海温分布对季风活动存在明显影响。赤道印度洋存在明显的东暖西冷的水温分布,在7~8月尤为明显。索马里沿岸的负距平可达-2.5~-3.0 ℃,孟加拉湾东部及其以南的正距平为1~2 ℃,东西温差可达5 ℃。在西南季风建立以后,海面等温线也呈明显的西南—东北走向。在非洲沿岸,夏季风离岸而吹,风对海流的作用,使得上层辐散,低层海水强烈上翻,产生著名的"索马里寒流";同时,东部海洋表面产生暖水堆积。海洋东部海温高于气温,海气热通量为大片正值区;在西部海水上翻区,海温低于气温,热通量为负值。上述海气通量的分布,能够对季风环流产生显著影响。同样,反过来印度洋海温分布也能够对季风环流产生影响,使得大气的温度层结产生东西差异;同时,还直接影响到印度洋上空的气压场和风场的变化。

通常情况下,伴随着厄尔尼诺的发生,印度季风减弱,印度和澳大利亚常发生严重干旱。但是,尽管1987~1998的厄尔尼诺是本世纪有观测资料以来最强的,可印度季风并没有减弱,印度和澳大利亚降水仍保持正常,这和通常情况显然不符。同时,观测资料显示,印度洋(20°S~20°N)同期的表层海温达到了自1945年以来最暖的状态。人们怀疑,这次厄尔尼诺事件期间印度季风不同于以往的表现,可能与印度洋海温的异常存在某种联系。因此,有关印度季风区海气相互作用的研究依然任重道远。

四、中高纬度地区的海气相互作用

中纬度地区在盛行的西风气流的控制下,海气相互作用过程有其独特之处。在这里,SST异常主要影响温带气旋的活动频率和强度,影响大气长波的活动,并通过通量向下游的频散,引起整个长波槽的调整,从而影响下游一定范围内天气气候的变化。中纬度海洋不仅对它下游的天气气候有影响,而且对其上游的大陆东部沿海地区的环流和天气也有影响。研究发现,太平洋黑潮海域的变化,能够通过影响副高活动,对我国的梅雨天气产生影响。

需要指出的是,和热带海洋不同,冬季中高纬度海洋上的海气相互作用,主要表现为大气对海洋的强迫作用,而不是相反。在冬季北太平洋的大部分区域,特别是西太平洋,大尺度的大气环流异常在很大程度上决定着 SST 的异常,这种决定作用是通过它对湍流热通量的强烈影响来实现的。另外,在北太平洋的中部,海水的平流作用对海气相互作用也有重要影响,特别是在北太平洋中部从副热带到中纬度的过渡带上,上层海洋的平流过程对 SST 变率具有重要贡献。

在高纬海域,海冰对于海气相互作用贡献显著。在北半球,冰盖的平均界限达到72°N,冰盖面积占半球面积的8%。北极地区基本上是陆地包围的海洋,而南极则以陆冰为主。海冰对海气相互作用的影响可分为两个方面,一是海冰的表面反照率比海水多40%,故减少了洋面对太阳辐射能的吸收;二是在冰冻的洋面上,海洋向大气的感热和潜热输送被削弱,海冰的形成使其上空大气的热量收入减少。因此,冰界的年际变动、海冰的面积以及流冰量等的变化,将首先影响到它周围地区的SST、气温和洋流,进而对高纬度及中、低纬度的大气环流带来影响。

五、洋流区与非洋流区的海气相互作用

就年平均而言,洋流区、非洋流区海洋与大气的相互联系有所不同。据王绍武等(1987)的研究,海温与其上空高度场相关系数最大的区域,主要在明显洋流区,暖洋流区尤为突出;而在广阔的非洋流区,例如中太平洋,正相关则很小。海温与海平面气压场的相关系数,在非洋流区有较大的正值;而在加利福尼亚冷洋流区,则为较大的负值。大西洋的情况与之类似。

洋流区与非洋流区的海气相互作用的季节变化有所不同。在洋流区的海气相互作用中,海洋起主导作用。其中,暖洋流的主导作用在冬季(1~3月)最为明显,而冷洋流的主导作用则在夏季(7~9月)最为显著。冷暖洋流在冬、夏的作用不同,海温变化幅度随季节不同是一个重要的原因。因为暖洋流区海温的方差在冬半年大、夏半年小;而冷洋流区海温的方差在夏半年大、冬半年小。此外,暖洋流还与大气环流联系密切。根据研究,当黑潮海温异常升高时,东亚大槽强度偏弱;而黑潮海温异常降低时,东亚大槽强度则明显偏强,表明黑潮海温的冷暖与东亚大槽的强度有明显的关系。

在非洋流区的海气相互作用中,大气起主导作用,主要表现为两个大气活动中心的作用,太平洋高压的牵引作用十分明显;高压强时中太平洋暖、东太平洋冷;高压弱时,情况相反。阿留申低压在冬半年(10~3月)的作用也比较明显。太平洋非洋流区海温与其上空气压场的相关分布为正相关,且以冬季为最强,夏、秋季为最弱。

大气环流影响海温的具体过程,是牵引、上翻和辐射。对于高压,如果中心气压愈高,则一般反气旋环流愈强,牵引作用必大,因为牵引作用产生的海温距平是西南暖、东北冷。但假如粗略认为高压中心低层辐散也增强,则造成的海水下翻也必然强,海温应该高,同时下沉气流强,云少,太阳辐射强烈,海温亦应在高压中心较高。因此,一个气压系统对海洋的影响,究竟是牵引为主,还是以上翻和辐射为主,可以从相关分布看出线索。根据各季节太平洋高压中心气压与太平洋海温的相关分布,发现在高压中心西北部是正相关区,在高压中心东南部是负相关区,说明太平洋高压在各季节对海温的影响与牵引作用有关,且以冬季(1~3月)最为显著。冬半年阿留申低压中心气压与太平洋海温的相关,在低压中心附近是正相关区,说明阿留申低压范围内不但有牵引作用,而且上翻作用也比较重要。

六、气候系统中的韵律

韵律本指诗词中的平仄格式和押韵规则,将其引用到气候中来,则指相距一定时间的两种天气现象或天气过程之间的联系。韵律与季节有密切的关系,每一种韵律过程只出现在固定的季节。韵律指标的空间分布有一定的规律,主要集中在3个地区:即北太平洋、北大西洋、亚洲

南部到西太平洋。中高纬度大陆上出现的韵律指标寥寥无几。气候中的韵律现象是多种多样的,例如我国劳动人民长期以来在生产活动中,发现了大量的天气现象之间的韵律关系,例如"八月十五云遮月,正月十五雪打灯"、"不见春风,难得秋雨"、"九里一场风,伏里一场雨"、"发尽桃花水,必有旱黄梅"等。虽然对这些现象形成的物理基础还不是很清楚,但天气预报人员根据这些民间流传的天气韵律为基础,来寻求前期预报信息,取得了一定的成功。又如国外学者计算了北太平洋各月海温落后 1~24 个月的相关后发现,落后相关系数不是随着落后月数增加而单调下降,而是经过几个月后,相关突然明显增加,这说明北太平洋海温除具有持续性的特点以外,还明显地具有气候韵律规律。春季北太平洋海温具有大约 6~12 个月左右的韵律,夏季的 6 月有大约 4~9 个月的韵律,7、8 月的韵律活动不明显,而秋季海温则有 14~20 个月左右的韵律。

气候系统存在着明显的韵律活动,但是对韵律的形成机制,我们还不是很了解。我国科学家在研究海气相互作用的长期天气过程时提出,夏季北太平洋西风漂流区海温与冬季海温及环流有明显的韵律关系,认为夏季北太平洋西风漂流区的海温,是影响冬季海温及环流的发源地。由于夏季海洋活动层是上暖下冷,海洋接受大气通过湍流交换输送的热量及太阳辐射,表层海温上升。冬季海洋把夏季储存的热量释放出来,海洋活动层的热力结构逐渐变为等温。因此夏季海温的异常,要到冬季才能反映出其影响。据王绍武等(1996)的统计,我国短期气候预测中应用有一定效果的气象指标共 427 个,其中的 56% 出现在预报月前 5~7 个月,而且大部分指标区在海上或极区。因此,深入研究气候系统中韵律的形成,对于气候预测具有重要意义。

第二节 大洋环流对气候的影响

一、大洋环流概述

海流是海洋中发生的一种有相对稳定速度的非周期性流动。从动力学的角度,海流受两种作用力的影响:一是原生力,它是引起海水运动的本质原因,并决定着海水的流速;二是二级力,它能够影响海流的方向及其流系特性。原生力包括风应力、密度梯度力以及热力膨胀与收缩,二级力包括因地球自转产生的科氏力、重力、摩擦力和海盆地形的作用等。

在实际工作中,人们多根据原生力,将海流形成的主要原因归结为两种:一种是受海面风的应力作用,因动力原因产生的海流,被称作风生海流,在大洋区域因盛行风而产生的海流,具有独立的体系,称之为风生环流;一种是由于海面受热冷却不均、蒸发降水不匀所产生的温度和盐度变化,导致密度分布不均匀形成的热力学海流,被称作温盐流。来自海表的风应力、热通量和淡水通量强迫是大洋环流形成的根本原因。

风生流和温盐流的作用区域有所区别,风生流的影响范围多限于大洋的上层和中层,即在密度跃层以上,而温盐流则主要集中在大洋的深层。总的来说,全球大洋 10% 的水体受风生流的影响,90% 的水体受温盐流的影响。

需指出的是,所谓风生流、温盐流只是出于研究工作需要而形成的一种人为的分类,在实际中,二者是一个有机的整体,很难截然区分开来。温盐流是由热通量和淡水通量强迫的海流,而风生流则可看作是由温盐流产生的背景层结的一种扰动,二者共同作用,构成一个闭合的大洋环流体系。

提及大洋环流,必然涉及到水团和水系的概念。在海洋学中,源地和形成机制相近、具有相对均匀的物理、化学和生物特征及大体一致的变化趋势,而与周围海水存在明显差异的宏大水体,被定义为"水团",而符合某一给定条件的水团的集合则被称为"水系"。海洋中存在着密度层结,最沉的海水位于海底,而相对较轻的海水则位于上部。每一个水团,都有其特定的温度和盐度特征。由于表层水和深水的温差,在温带和热带要远大于在近极地海域,所以密度层结在温带和热带最为显著。

在热带和温带,有5种类型的水团,分别是:(1)表层水系,限于海表至200 m深,主要位于季节性温跃层以上;(2)次表层水系,位于季节性温跃层之下,主温跃层之上,深度随纬度发生变化;(3)中层水系,位于主温跃层之下到1500 m深处,包括低盐的南极中层水和北极中层水、高盐的地中海和红海水团;(4)深层水系,位于中层水之下到4000 m深的水层;(5)底层水系,充溢于各大洋的近底层,主要有南极底层水和北极底层水。

二、风生洋流的基本特征

关于风生洋流,大西洋和太平洋有许多相似之处:南北半球大洋都为反气旋式环流,即北半球为顺时针的,而南半球为逆时针旋转,并且每一环流的东、西两侧都不对称;在赤道海域,由于南、北半球的环流之间有赤道逆流,使得流系较为复杂;在南半球的西风带海域,海流是连续贯通的;在亚北极海域西部,都有来自北方的寒流,从而形成小的气旋性环流,而南极海域则都有弱气旋式环流,印度洋北部受季风气候的影响,环流与大西洋和太平洋有所不同,其冬、夏季洋流的流向相反。

如图7.2.1所示,全球主要的表层流系可概括为(1)西风漂流,由盛行西风所驱动,流向终年向东。在南半球可绕南极大陆一周,故称南极绕极环流。在北半球,受大陆的阻隔,西风漂流包括北太平洋洋流和北大西洋洋流。它们在大洋的东部,均各再分支,前者的分支包括加利福尼亚海流和阿拉斯加海流的源头;后者则分为3支,包括葡萄牙海流、挪威海流和伊尔明格海流。(2)西边界流,包括大西洋中的湾流和巴西海流、太平洋的黑潮和东澳大利亚海流、印度洋的厄加勒斯海流,它们都是大洋西部大陆坡海域的强海流,其突出特点是流速、厚度、流量

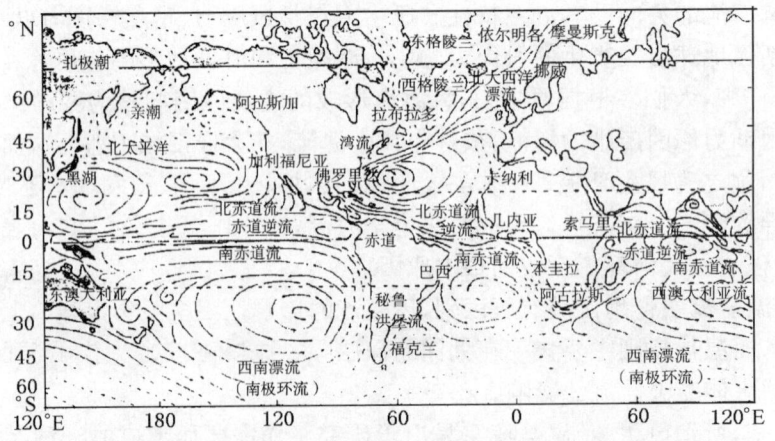

图 7.2.1 北半球冬季全球海洋主要海表流的分布
(引自《气候物理学》,吴国雄等译,1995)
→暖流……→寒流

大,但流幅不宽。(3)东边界流,包括东太平洋的加利福尼亚海流和秘鲁海流、大西洋的加那利海流和本格拉海流、印度洋的西澳大利亚海流,它们都是风生亚热带反气旋式环流东部的海流。与西边界流相反,东边界流的流速小、厚度小,尽管流幅宽,但流量很小。(4)赤道流系,包括南、北赤道流和赤道逆流。南、北赤道流不对称于地理赤道,赤道逆流也不在地理赤道上。此外,还有亚热带逆流和印度洋的季风流等。

三、THC 的基本特征

THC 属于冷水系环流,其形势与大洋水团的形成与分布有关。在两极海域,随着纬度的增高,上层海水急剧冷却,密度增大而剧烈下沉,成为大洋中层、深层和底层水的主要源地。在底层水团中,最为著名的是南极底层水(AABW),充斥全球大洋底部。AABW 主要在冬季形成于威德尔海和罗斯海。强冷却导致海水结冰,盐析作用令海表盐度骤增而沿南极大陆架下沉,期间与来自南极绕极环流的水团混合形成 AABW,后沿深海向北扩展。相对之下,北极底层水较弱且散布范围小。受白令海峡阻隔,它难以进入太平洋,与大西洋的勾通也因受海槛阻隔而较弱。

深层水团是世界大洋中厚度最大的水团,其体积约占全球海水的 30%,其中最为著名的是北大西洋深层水(NADW)。研究表明,从格陵兰和挪威海溢出的低温、低盐的深层水,对 NADW 的形成具有重要作用。由冰岛—法罗群岛间溢出的海水,形成北大西洋东部的深层水;由格陵兰-冰岛溢出的海水,形成北大西洋西部的深层水。前者几经周折蜿蜒西行,在丹麦海峡南面与北大西洋西部深层水混合,转而向南,经拉布拉多海沿大洋西边界南流。至于印度洋和太平洋的深层水团,根据其溶解氧含量的递减规律,证实它们是源自 NADW 的"老龄水",随绕极流进入印度洋和太平洋。

可见,高纬海水下沉只发生在少数相对较为隐蔽的位置,例如北大西洋北部以及南极大陆架。根据热盐特征,目前观测到的大洋底层水团主要有南极底层水和北大西洋深层水。在大西洋,除 40°N 以北地区以外,在所有纬度上,北大西洋深层水都位于南极底层水之上。根据大洋水团的分布,由布鲁克(Broecker,1991)最早提出的全球 THC 输送带的分布型如图 7.2.2 所示,其中的阴影部分表示海洋浅层较暖的、流回北大西洋的洋流,未加阴影的部分表示海洋深层冷而咸的、流出北大西洋的洋流,可见形成于北大西洋的 NADW 在深层以西边界流的形式向南流去,之后围绕着南极绕极急流,NADW 部分和形成于威德尔海的南极底层水混合,流向太平洋和印度洋,在那里上翻穿过温跃层达到上层海洋,它被称作"NADW 输送带"。该输送带由位于北大西洋高纬的海水下沉支驱动。

海水大量下沉与流动,必须有等量的返回流来补偿,但是 THC 从低纬返回高纬的路径,至今仍不明了。按照图 7.2.2,上层洋流是通过印度尼西亚—阿婆罗海域,环绕好望角的南端返回北大西洋的;但据近期研究,洋流的返回路径可能至少有两条:一是沿"暖水系路径",经过南印度洋流入南大西洋;一个是沿"冷水系路径",从南太平洋流入南大西洋。图 7.2.2 强调的是暖水系路径。有证据表明,在太平洋和印度洋,海水的上翻较弱,因而返回大西洋的洋流不可能完全是通过上层海洋的,太平洋和印度洋海水可能在距海表一定深度处流回南极绕极环流,再返回大西洋。环流返回支可能包括两部分:一是大西洋深层水和南极中层水发生混合,之后通过德雷克海峡返回南大西洋;二是剩下的 30% 在北太平洋上翻,以暖水系次表层海流的形式,经由印度尼西亚阿婆罗和南印度洋流回南大西洋,在那里与南极中层水混合后流回北大西

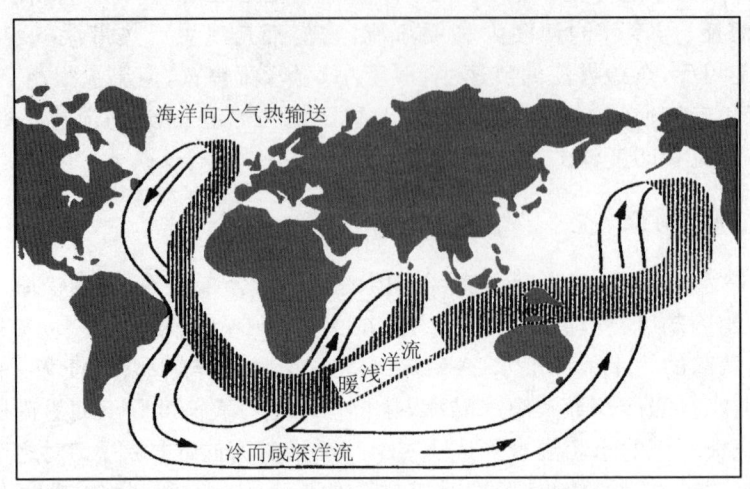

图 7.2.2　全球 THC 示意图(引自 Broecker 1991)

洋,从而构成闭合环流。形成于威德尔海的南极底层水,在北大西洋深层水的下面流向北大西洋,并与北大西洋深层水发生混合。当然,实际情况可能远比上述概念图像复杂。

四、海洋环流的极向热输送

在地球气候系统中,低纬地区获得的净热量要多于高纬地区,因此,为保持全球的能量平衡,必须有能量从低纬地区向高纬地区输送。这种极向的热量输送,是由大气和海洋来共同完成的。大气和海洋热输送的途径不同。在海洋中,由于存在侧边界,极向热输送主要通过经向环流(包括位于风生涡旋下面的较浅的埃克曼环流和深层的 THC)。而低纬大气的极向热输送主要通过哈得莱环流。

海洋环流通过极向热输送对气候系统产生重要影响。海洋环流把低纬的热量向高纬输送,在大约 50°N 附近,通过强烈的海气热交换,把大量的热量输送给大气,再由大气环流把能量向更高纬度输送。所以海洋经向热输送强度的变化,将对全球气候产生重要影响。研究表明,海洋的极向热输送约占海气耦合系统中极向热通量的 50%,峰值约为 1~4 PW[①]。不过,其分布随纬度而不同:在 0~30°N 低纬地区,海洋输送的能量超过大气,极大值在 20°N 附近,海洋输送占 74%;在 30°N 以外的地区,大气输送的能量超过海洋,极大值在 50°N 附近。在当前气候中,大西洋是主要的向高纬度的热输送器。

大西洋区别于其他大洋的一个显著特点是其经向 THC 的存在。根据估算,在 24°N 处,大西洋的热输送为 1.2 PW,而该纬度上海洋的经向热输送总量为 2.0 PW,大气的热输送总量为 3.0 PW。在北大西洋,向高纬的热输送以及冬季的热释放,可以补充年日射的 25%,盛行西风带将这些热量带至相临大陆,使得北欧气候温暖。举例来说,挪威的博德濒临大西洋(67°17′N,14°25′E),其平均温度 1 月份为 −2°C,7 月份为 14°C;而阿拉斯加的诺姆(64°30′N,147°52′W)平均温度 1 月份为 −15°C,7 月份为 10°C。这两地尽管大致处在同一纬度上,且都位于大陆

---

① 1 PW = 1 petawatts = 10^{15} Watts

的西翼，气候却相差很大，其原因就在于大西洋强烈的极向热输送作用的影响，由此可见海洋环流的极向热输送与高纬区域气候联系之紧密。

五、海洋环流的水分输送

根据周天军等(1999)的研究，全球海气间的水交换(即蒸发量减去降水量 $E-P$)具有以下特点：(1)在热带的赤道辐合带(ITCZ)内降水大于蒸发；(2)副热带有过量的蒸发，但南太平洋辐合带例外，在那里从赤道西太平洋向东南方向有一条净降水带延伸；(3)沿着东北-西南方向，穿过北大西洋副热带涡旋 $E-P$ 有减小的趋势，湾流区是主要的净蒸发区域；(4) $E-P$ 的水平梯度很大，例如在大西洋 30°W，5°N 处净降水大于 1 m/a，但向极地方向延伸 10°，净蒸发超过 1.4 m/a；(5)副极地纬度盛行的主要是降水，降水量在北太平洋要大于北大西洋；(6)因为极区空气很冷，大气中水汽容量很低，所以高纬水循环振幅减小，此时结冰、融化过程和海冰输送在水循环中发挥着重要作用。另外，在北印度洋的阿拉伯海盛行蒸发，孟加拉湾盛行降水。

中纬有净蒸发、热带和高纬有净降水这一总体形势，意味着大洋中海盆间存在水输送，海洋输送水到蒸发区，同时从降水区带走水，从而避免局地海平面变化。Wijffels 根据白令海峡水输送的直接测量结果，假设穿过赤道太平洋的水通量为零，计算了每一纬度上的海洋水输送，发现太平洋得到的大部分水量(接近 1 Sv[①])是通过白令海峡输出的。当前全球大洋中，从太平洋到大西洋有淡水循环，它是全球淡水收支中的一个关键分量。与大气中的水汽输送相比，海洋中的淡水通量大致补充了大气中的相应通量，经向河流输送要小 1～2 个量级，即海洋通过输送淡水闭合了地球系统的水循环。

大西洋、太平洋等单个海盆得到或失去的水量相互间的差异很大，北太平洋特别是热带东太平洋有过量降水，大西洋主要是蒸发，太平洋、大西洋间的这种差异，一般认为是由穿过中美洲向西的水汽输送造成的，而从非洲到大西洋却缺乏相似的水汽输送。由于大西洋相对较窄，所以受大陆空气影响大，同时热带西太平洋也能得到来自印度洋的水汽，结果北太平洋比其他大洋特别是北大西洋要淡得多。

六、THC 与气候变率

近年来，数十年/年代际气候变率引起学术界广泛注意。观测发现，全球近地表气温、非洲降水和登陆美国海岸的强飓风、北极海冰的范围、北大西洋海表温度距平等，都表现出数十年/年代际时间尺度的变率。由于年代际变率和观测到的一般认为是由温室效应引起的气候变率的时间尺度相同，因而倍受关注。研究发现，年代际气候变率的源可能是 THC 的内部振荡。实际观测也发现 THC 的确存在着明显的年代际变率，北大西洋深层水 NADW 的形成特征、北大西洋的温度、盐度特征及环流特征等都存在着明显的年代际变率。

最近引起学术界广泛关注的"大盐度距平"事件(GSA)，进一步表现出 THC 年代际变率特征。据观测资料发现，1968～1982 年间，北大西洋副极地涡旋的上层，发生了大范围的海水变淡现象。该变化开始发生在拉布拉多海，随后淡水距平被副极地涡旋平流传播，期间侧向和垂直混合缓慢地侵蚀掉这一淡水距平。淡水帽阻止了强海水深对流的发生，使得淡水距平维持达 10 a 之久，期间北大西洋深层水(NADW)强度减弱。

[①] 1 Sv = 10^6 m^3/s

千年时间尺度的气候变率,可能是和 THC 的中断与重新形成相联系的。根据上一次冰期的冰芯记录,气候系统有两个准定常态,期间气候系统在冰期和后冰期之间振动,而且这两种定常态是以 NADW 的出现或消失为特征的。有证据表明,冰期时的深层洋温要更冷一些,并且有更多的南极底层水流入北大西洋,同时 NADW 的形成则显著减少,因此,目前的 THC 不是惟一可能的型。冰期时不列颠附近的表层海水比现在要冷得多,这是和大西洋温盐环流输送带的中断以及极向热输送的变化相联系的。

近年来,众所关注的是上一次冰期和目前的间冰期之间的气候振动,一个明显的例子是距今大约 11 000～10 000 a BP 发生的新仙女木冷事件。上次冰期结束时,覆盖欧洲和北美大陆的冰盖快速融化,北大西洋深层水 NADW 重新开始形成,同时大气中的灰尘总量开始下降,CO_2 的浓度开始升高,地球开始变暖,高山雪线和冰缘回退。但随后突然间,NADW 的形成中断,又出现一次短暂的冷期,被称为"新仙女木冷期",该事件在许多古气候记录中都得到反映。

据研究,在新仙女木冷期,北大西洋深层水的产生明显减少甚至停止。国外科学家提出,在冰期,当北大西洋北端被冰原包围时,由 NADW 输送带维持的定常态不可能存在。他们假设了千年时间尺度的振荡:当 NADW 输送带关闭并有大冰原生成时,从大西洋向其他大洋很少有盐份输送;假设在大西洋有净蒸发,则其盐度将继续减少,达到一临界值后,深对流和输送带启动,向大西洋输送并释放热量并融化冰原。冰原融化向北大西洋释放淡水将再次切断输送带环流,之后该循环重新开始。

第三节 冰雪圈对气候的影响

一、冰雪圈与气候系统

冰雪圈由地球表面大量的雪和冰构成。它包括格陵兰和南极地区范围很广的冰原、海冰以及北美和西伯利亚的永冻带及冰川等。冰雪圈是地球上最大的淡水储存库,据估计,全球水分的 2% 是冰冻的。这种冰态水占全球可用淡水的约 80%,它按十分不同的比例分布在冰雪圈各分量间。

冰原可分为陆地冰体和海洋冰原。陆地冰体包括格陵兰冰原、山脉冰川以及南极东部冰原的大部。南极西部的海洋性冰原由底部低于海平面的冰组成,一直延伸到罗斯海和威德尔海的两座最大的浮冰架处。南极大冰原的高度在 4000 m 以上,格陵兰大冰原的高度约 3000 m。格陵兰的冰如果全部融化,将使全球海平面平均升高 8 m,而南极东部冰的融化,将使海平面升高 65 m。冰川主要存在于各纬度的山脉区域。它们只占冰雪圈的非常小的部分。冰川范围差别很大,小的只有几十平方公里,大的如北极和南极冰川,达几万平方公里。中高纬冰川在经济上非常重要,它们储存着可观的冬雪,可提供不间断的径流供发电和灌溉之用。

冰盖占全球陆地表面的 11% 和海洋表面的 7%。海冰的滞留期以月和年为时间尺度。冬季海冰布满整个北冰洋,以及格陵兰海、巴伦支海和鄂霍次克海的大部;夏季北方冰盖仅限于格陵兰大冰原和北冰洋的大浮冰。南极地区的海冰覆盖面积的季节变化比北极地区要大得多。冬季海冰分布可达到 60°S,而夏季只局限于 70°S 以南。与北极相比,靠近南极洲的海冰分布更对称、更集中。北极冰受到陆地的限制,南极冰盖的年际变化和区域变化比北极大。南极海冰最大范围出现在 7～10 月,最小范围出现在 2～3 月。北极海冰最大范围出现在 1～2 月,最小范围出现在 8~9 月。北极海冰的消亡慢,增长较快,而南极则恰好相反。

雪盖是冰雪圈的另一重要分量。在北半球冬季,雪覆盖着 50% 的陆面和 10% 的海洋,雪盖在北美和欧亚大陆上可以南伸至 50°N 以南的中纬度。冰雪圈还包括若干主要山脉的冰川系统,例如阿拉斯加冰川系、阿尔卑斯冰川系等。雪盖有显著的年变化,其滞留时间以天和月计,比海冰短。北半球冰雪总覆盖的年变化振幅要比南半球大得多,全球冰雪总覆盖的年变化主要是由于北半球大陆雪盖的变化引起的。北半球雪盖的变化远大于海冰的变化。雪在中高纬度的水循环中发挥着主要作用,是径流和土壤湿度的主要水分来源,欧洲和北美广大地区的水分供应来自雪化融水。

永冻带覆盖的区域范围广阔,总面积约占地球陆面的 15%~20%,主要位于北美及西伯利亚大陆的北极边缘。阿拉斯加、加拿大北部和亚洲东北部的大部分陆地是冰冻的。永冻带妨碍着地面水的运动,限制着植物的生长,并加速着地表径流。

由于冰和雪的性质和物理特征,以及冰雪圈与气候系统其他圈层的耦合,使得冰雪圈在地球气候中起着非常关键的作用,我国学者彭公炳等(1992)对此进行了较为系统的总结和研究。首先,通过较高的反射率和大的溶解潜热,冰雪圈扮演着大气和海洋的有效热汇的作用,全球冰雪分布的变化对行星尺度反射率有着重要的影响,从而进一步影响到全球气候。其次,冰雪的热传导率低,是良好的绝缘体,能减少大气、海洋及陆地之间的热量交换。这种作用在海洋上尤为明显,海冰是冷的极地气团和冰下面相对暖的海洋之间的绝缘层。第三,融冰化雪还能够吸收大量的热量。例如,南极夏季是全球接受太阳辐射最多的大陆,但依然非常冷,其主要原因就在于南极大陆有 98% 的区域常年为冰雪覆盖着。最后,海水结冰时盐分的析出能够增加海洋上层的盐度,而冰的融化则令表层海水盐度减少变淡,从而影响海洋的层结稳定。高纬海域海水的下沉,与南极底层水、北大西洋深层水的形成直接相关,海洋层结的改变,将最终影响到海洋环流结构。

二、雪盖对气候的影响

雪盖对印度夏季风有着明显影响。欧亚春季雪盖面积的大小及融雪的快慢,与印度夏季风活动联系密切。春季欧亚 3~5 月雪盖面积偏大,融雪速度偏慢,将增加下垫面的反射率。高反射率能够间接地引起弱的夏季风活动,对应季风进程偏长。高的大陆地表反射率能够降低气温、增加表面气压,使季风环流减弱。春季欧亚 3~5 月雪盖面积偏小,融雪速度偏快,能够减小地表反射率,增加气温,使得感热增加,夏季风强且季风进程短。印度大部分地区年降雨量的 80% 发生在夏季风季节,因此印度夏季风的进程,直接影响到降雨量。冬、春季欧亚雪盖影响下垫面反射率,进而影响对流层上中层的气温,从而对季风环流产生影响。使得夏季风的强度和推进过程产生差异,最终导致印度夏季风雨量的多寡。冬、春欧亚雪盖面积偏大,春季融雪偏慢,将使得印度夏季风偏弱,夏季风推进偏慢,印度夏季风雨量偏少。

欧亚大陆雪盖不仅对印度夏季风存在影响,对东亚夏季风也存在一定影响。观测研究发现,东亚夏季风强度与欧亚大陆雪盖存在负相关。因此,作为高低纬度,海陆间下垫面热力差异的重要因子之一的大陆雪盖分布,加快或延迟了由冬向夏的季节转换过程,从而影响了季风的形成和发展。青藏高原的热力作用对东亚大气环流和我国天气气候有很大的影响,青藏高原冬、春季的雪盖异常,将直接影响到初夏东亚季风。由于季风的进退同我国雨季的起讫和雨带的移动有着十分密切的关系,季风活动异常往往造成我国一些地区严重的旱涝现象。通常,雨带6月在长江流域,7月中旬以后移到华北。但在多雪年的初夏,由于孟加拉湾低槽维持和西太平洋副热带高压偏南,主要雨带仍徘徊在华南至两湖地区,季节性雨带北移时间迟。可见高原雪盖异常能够影响到我国雨带的北移。另外统计分析也发现,多雪年比少雪年初夏季风要明显偏弱。

雪盖的热力特性决定了其存在还会影响到同一地区的气温分布,雪盖范围大对应着气温低。美国科学家发现,在北达科他州,地面最高和最低气温有雪时比无雪时低10℃左右。另外,研究还发现雪盖不仅影响局地温度,还能够通过大气环流影响到其他地区的温度。例如,美国的佛罗里达州不存在雪盖,但是美国东部冬季积雪多将使得向南流的空气得到的下垫面加热减少;相反,美国东部积雪偏少的冬季,能够导致佛罗里达温度偏高。我国科学家的研究发现,冬、春欧亚大陆积雪面积的变化,对我国东北夏季气温有重要影响:冬、春季积雪面积偏大的年份,夏季东北地区气温偏低;冬、春季积雪面积偏小的年份,夏季东北地区气温偏高。北半球雪盖面积变化对日本东北部的夏季气温也存在类似的影响。此外,北半球雪盖还能够影响到整个北半球的温度变化。北半球雪盖面积增加,对应北半球气温下降;冰雪面积缩小时,气温则上升,其变化趋势基本一致。

三、北极海冰对气候的影响

海冰的存在对中高纬气候有很大的影响。早在20世纪初,国外科学家就发现当冰岛和格陵兰海冰偏多(称为重冰年)时,冰岛及格陵兰一带气压高,而挪威海及挪威北部气压低。相反,在海冰偏少(称为轻冰年)时,气压的分布相反。重冰年的西高东低气压分布型以冬、春季节最为明显,相应的夏、秋季节气旋减少且路径南移。在北极海冰的增长期(8~1月),海冰分布对后期大气状况的影响较为显著,而海冰消融期(2~7月)的海冰分布,对其后大气状况的影响则不显著。北极海冰对大气的影响,与海冰的空间分布状况有关。

白令海的海冰范围与风暴路径间存在一定的联系。在重冰年,风暴中心位于白令海东南,穿过60°N以北地区的风暴数比平常要少。在轻冰年,风暴中心位于白令海西南,主要风暴路径从阿留申群岛以南北移到约56°N,且60°N以北海盆西部的风暴数也有所增加,整个海盆的风暴比平常要多。重冰年和轻冰年风暴最多的地区都出现在冰界以南的区域。气旋最多的经度及主要风暴路径的位置是重冰年和轻冰年的主要差异。

我国虽然与北极相距遥远,但北极海冰的变动,能够改变极地气团的性质,进而通过大气环流和海洋环流影响我国的天气和气候。研究发现,5~8月的北太平洋副热带高压强度及其位置,均与同年3~5月白令海区海冰面积显著相关。3~5月白令海区海冰面积偏大,加利福尼亚寒流区的海温将偏低,导致北太平洋的东南-西北向海温梯度减少,使得北太平洋上空经向垂直环流减弱、纬向垂直环流偏强,最终导致北太平洋副热带高压偏东偏弱。反之,3~5月白令海区海冰面积偏小,将导致北太平洋副热带高压偏南偏强。另外,北极海冰还能够通过影响北极地区极涡的位置和强度,通过一系列的环流调整适应过程,最终影响到北太平洋副热带高压的强度和位置。研究证实,北极冬季海冰与夏季副高存在负相关,而夏季副高又与其后冬季海冰面积呈负相关,北极海冰与北太平洋副高间构成正反馈,但在整个过程中夏季副高处于主导地位。此外,统计分析还发现,北极海冰与东亚夏季风存在一定联系,北极海冰面积偏大,对应东亚夏季风偏弱,反之,则情况相反。

北极海冰能够影响到气候的冷暖。北极海冰与气温和海温的关系,很久以来就被人们所注意到。现在一般认为重冰年气温及海温均低,轻冰年则偏高;海冰与气温最大负相关出现在 3～5 月,与海温的负相关则在 6～7 月最大。我国科学家的研究发现,东、西半球北极海冰对我国气候的影响不同:如果北极的海冰变化在西半球偏多而东半球偏少,则 8～9 个月后我国大部分地区的气温将偏低,而在青藏高原地区气温将偏高。北极海冰面积的变化在初冬(12 月)对我国北方气温的影响大,而在冬末(2～3 月)对南方影响较大。这与极地冷空气在我国的活动规律相一致。

四、南极冰雪对气候的影响

南极是全球最冷的地方,是启动大气热机的最大冷源之所在。环绕南极大陆的南大洋,常年为冰雪所覆盖,无论是海冰的范围还是其季节和年际变化都远大于北极海冰。因此,南极海冰对大气环流和气候的影响应较之北极更为显著。早在 20 世纪初,国外科学家就发现,南半球海冰与气旋的路径有关,其情况与北半球十分相似。当威德尔海海冰北界偏北时,南美的气旋路径亦随之北移。海冰北界南退,气旋路径亦随之南移。

近年来,我国科学家研究了南极海冰与北太平洋副热带高压和我国气候的关系,发现 150～180°W 范围南极海冰的北界与西太平洋副热带高压强度指数的变化趋势有一定的一致性。北界偏南,南极海冰面积小,西北太平洋副高偏弱。北界偏北,南极海冰面积大,副高偏强。有科学家指出,年末南极海冰面积与下年我国梅雨长度存在反相关。海冰面积小,则出梅晚、梅雨期长;海冰面积大,则出梅早,梅雨期短。例如,1969 年梅雨期雨量 2800 mm,梅雨期为 28 d,7 月 21 日出梅。1972 年梅雨期雨量仅为 960 mm,梅雨期只有 10 d,6 月 29 日出梅。1968 年年末南极海冰为低谷,1971 年年末则处于高峰。而这两年北半球冬、春冰雪面积大体相当,赤道东太平洋均处于暖水期。另有科学家指出,南极海冰少时,副高偏弱;梅雨长时,副高多偏南,强度不能太高。南极海冰面积与副高脊线的相关系数可以达到 0.68,即海冰面积小时副高偏南,面积大时副高偏北。同时,海冰面积小时,副高偏南,登陆我国的热带气旋少,反之,则热带气旋多。海冰与登陆热带气旋的相关系数可以达到 0.93。

南极雪盖同样对大气环流和气候具有明显影响。据研究,在南极积雪量增多的年代,北半球气团的经向交换减弱,较高纬度地区不容易受到较低纬度地区暖空气的影响,因此地处较高纬度的我国东北地区较冷,而地处较低纬度的华南则较暖。南极积雪量减少的时期,情形相反。另有学者根据 1900～1970 年南极积雪资料,研究了南极积雪量与我国长江流域梅雨变动间的关系,发现南极积雪多,长江流域出梅早;南极积雪量少,长江流域出梅晚。例如,1902～1920 年、1940～1956 年间,南极积雪量少,相应长江流域出梅日期偏晚(7 月 14 日),其中 1940～1956 年为近 40 年来典型的丰梅雨时期。而 1921～1938 年、1957～1968 年,南极积雪量增多,相应长江流域出梅偏早(6 月下旬到 6 月底)。

第四节　高原积雪与暖池对气候的影响

一、青藏高原积雪的基本时空特征

青藏高原地形复杂,起伏较大,积雪的空间分布差异很大。有些地区为永久性积雪,有些地区积雪很少,甚至没有积雪。青藏高原大部分地区的积雪能持续存在 1 个月以上,为稳定积雪,但不属于永久性或半永久性积雪;中西部的积雪为不稳定积雪,连续积雪日数少于1个月。高原积雪深度的空间分布主要受地形的影响,最大积雪深度的高值中心分别位于喜马拉雅山东部的康格多山、帕米尔高原、大雪山以及巴颜喀拉山—唐古拉山脉。前3个中心最大积雪深度均高于50 cm。主要低值中心位于柴达木盆地和雅鲁藏布江、狮泉河流域,甚至不足10 cm,比同纬度的长江中下游平原还小得多。

青藏高原积雪在时间分布上表现出强烈的年内和年际差异。高原积雪的季节变化主要受降雪和温度的影响。平均而言,前冬积雪较少,1月份以后逐渐增加,2月达到极大值,3月以后迅速减少,至6月消失。高原积雪的年际变化相当显著。少雪年不足50cm,而多雪年却能达到250 cm。一般来说,积雪日数能够较好地反映积雪的分布状况。根据这一指标,10~4月的积雪日数占全年积雪日数的比重很高,大部分地区都占全年的80%以上。就大部分地区而言,10~12月平均积雪日数为每月6 d左右,后冬较多,约为8 d左右。从12~1月,有明显的突变,积雪日数明显增加。高原积雪日数的平均序列表明,积雪最多的年份比最少的年份,积雪日数多1倍以上。

高原积雪日数有明显的年际变化,1960年代2 a周期很明显,在1970年代,积雪日数有增加的趋势。从1951~1980年的30年中,出现了两个正距平期(1954/1955~1957/1958年,1967/1968~1972/1973年)、两个负距平时期(1958/1959~1966/1967年,1973/1974~1975/1976年)。1956/1957、1977/1978年冬季积雪量达到最高峰。

二、冬季青藏高原积雪对季风环流的影响

青藏高原冬、春季积雪对东亚大气环流具有显著影响。我国科学家的研究发现,冬、春季积雪异常多的年份,初夏高原近地层的热低压和高原的暖高压强度都偏弱,而少雪年则都偏强。从各环流系统的季节变化来看,多雪年500 hPa孟加拉湾低槽西撤到印度西北部的时间,伊朗高原地区和我国大陆东部副高北移的时间,都比常年偏迟,100 hPa的青藏高压从西太平洋移上高原的时间也比常年偏迟;而少雪年这些变化均偏早。同样,高原积雪还能够影响到南亚季风的特征。在多雪年,青藏高压南侧的东风急流的位置随着高压本身的偏南而偏南。此时西太平洋副热带高压亦偏南西伸,使得我国华南地区西南风加强。但在多雪年,南半球跨赤道的西南气流,包括印度西南季风都偏弱。少雪年的情况则相反。

研究还发现,当冬季青藏高原多雪时,冬季亚洲到太平洋地区的500 hPa高度场为北低南高的距平型,纬向环流占优势,东亚冬季风偏弱,西太平洋副高偏强;当冬季青藏高原少雪时,亚洲到太平洋地区500 hPa高度场为北高南低的距平型,经向环流占优势,东亚冬季风偏强,西太平洋副高偏弱。对于夏季东亚季风环流,研究发现,当冬季青藏高原多雪时,夏季东亚地区500 hPa高度场从高纬到低纬为"＋－＋"的距平型,经向环流发展,西太平洋副高偏强但位置偏南;反之,当冬季青藏高原少雪时,夏季东亚地区从高纬到低纬为"－＋－"的距平型,纬向环流盛行,西太平洋副高偏弱但位置偏北。

三、冬季青藏高原积雪对中国夏季降水的影响

季风环流的变化,必将导致降水的相应变化。研究发现,青藏高原冬季积雪多,则夏季西太平洋副高位置偏南,长江中上游一带降水偏多,夏季中国主要雨带位置偏南,我国北方降水偏少;反之,青藏高原冬季积雪少,则夏季西太平洋副高位置偏北,长江中上游降水偏少,夏季中

国主要雨带位置偏北。此外,在分析高原测站与卫星云图资料的基础上,有学者研究了高原雪盖异常与我国南方前汛期降水的关系,发现高原中部冬、春季的积雪与我国华南5～6月、特别是6月的降水有很好的相关性。青藏高原冬、春季积雪与华南和洞庭湖、鄱阳湖地区的6月降水为正相关,与长江中游的降水为负相关。

青藏高原雪盖对我国季风雨的影响,突出地反映在其对雨带移动规律的破坏上。观测资料显示,青藏高原冬季的多雪年,我国东部主要雨带的移动具有明显的阶段性和突变性。其季节性北移的进程,一般比常年明显偏迟。6月份雨带的第1次北跳不是从江南移到长江流域,而是从华南只移到江南。7月份雨带的第2次北跳,不是从长江流域跳到黄河流域,而是从江南越过长江跳到淮河流域附近。8月份主要雨带仍在黄河以南至长江以北地区,没有达到它的最北的位置,使得华北少雨。尽管上述结果只是统计特征,每次多雪年的情况不总是如此,但大多数情况下雨带的移动和降水分布的总趋势基本符合该特征。

青藏高原冬季积雪的年代际振荡特点,与中国夏季降水的年代际振荡趋势,有着非常好的一致关系。1961～1976年间,在高原积雪日数处于相对偏少的阶段,中国夏季雨带普遍偏北;而1977～1992年间,在高原积雪日数处于相对偏多的阶段,中国夏季雨带普遍偏南。

此外,研究还发现,冬季青藏高原多雪对应赤道东太平洋海温偏高,西风漂流区海温偏低,即ENSO位相;冬季青藏高原少雪,对应赤道东太平洋海温偏低,西风漂流区海温偏高,即反ENSO位相。而且,冬季青藏高原积雪异常和赤道东太平洋海温异常所激发的北半球主要遥相关型非常相似。因此,有专家提出如下的季风-海温-雪盖-副高之间的可能联系:冬季青藏高原多(少)雪,对应赤道东太平洋海温偏高(低)、东亚冬、夏季风偏弱(强),夏季西太平洋副高强度偏强(弱)、位置偏南(北),中国夏季主要雨带位置偏南(北)、长江流域多(少)雨。

四、西太平洋暖池的基本特征

大气和海洋运动的根本能量来自太阳辐射,当地球固体或海洋边界吸收到太阳短波辐射后,在辐射平衡下,将释放出长波辐射(即红外辐射)加热大气和海洋,并造成它们的温度分布呈南高北低的形势。但是海洋和大气不同,它是有侧向边界的,边界效应使得海水的温度分布比大气要复杂得多。在热带太平洋,表层海温的分布在东西方向是不对称的。正常情况下,赤道东太平洋美洲海岸外,表层海水是冷的,像一"冷舌"向西延伸。而在赤道西太平洋的海洋大陆附近,海表有块水温很高的水域,被称为"暖池",面积大约有美国本土那么大。海洋在几百米深的地方,有一个温度梯度很陡的跃变层,其上是暖水,其下是冷水,这一存在急剧温度变化的层结被称为"温跃层"。"暖池"区的垂直范围就从海表延续到温跃层,厚度约有二三百米。

热带海洋出现这种东西不对称的温度格局,是海洋对大气风应力响应的动力结果。在热带太平洋上空,常年吹的是东北或东南信风。在信风的驱动下,赤道附近形成了向西的南、北赤道流。由于洋流是向西离开美洲大陆的,因此,在美洲沿岸,海洋次表层的冷水就要上翻,形成赤道东太平洋表层的大面积的冷水。另一方面,向西流动的洋流,在地球偏向力的作用下,将产生向极的辐散流,沿着赤道次表层的冷水也要上翻,这样,连同美洲沿岸的冷水就形成了赤道东太平洋表层海水的"冷舌"状结构。而在西太平洋,次表层较冷的海水的上翻很弱,同时该海域的降水较多,使得表层海水的盐度较淡,海洋的层结比较稳定,这非常有利于来自太阳辐射的热量在表层海洋的大量累积。在各种因素的综合作用下,形成西太平洋暖池这一独特的结构。在风力作用下,表层海水被吹向太平洋洋盆的西缘,使得西太平洋的海面高度,较之洋盆东缘要高出几十厘米。

五、暖池与东亚大气环流

暖池的热状况及其上空的对流活动,不仅在维持热带的纬圈环流方面起很大的作用,而且在经向对北半球夏季大气环流的变化也有很大的作用。黄荣辉等(1994)的研究表明,暖池通过影响其上空的对流活动,能够影响西太平洋副高的位置和强度。西太平洋副高对于我国东部、朝鲜半岛、日本等东亚地区的夏季气候有着重要的作用。暖池上空对流活动强,暖池的热源效应增强,使得大气的经向哈德莱环流增强,并且使其在中纬度的下沉支偏北,从而造成了西太平洋副热带高压的位置偏北。与夏季副高的位置偏北相对应,我国江淮流域上空的 500 hPa 高度场偏高,西风带偏北。相反,暖池上空的对流活动较弱,暖池的热源效应减弱,西太平洋副高位置偏南,我国江淮流域和日本本州上空的 500 hPa 高度场偏低,西风带偏南。

西太平洋暖池通过影响其上空的对流活动,不仅影响东亚夏季大气环流,而且影响北半球夏季大气环流的异常。研究发现,在暖池上空对流活动较强的年份,夏季的 500 hPa 高度场有如下异常分布:在菲律宾周围经南海到中印半岛有负距平分布,在我国江淮流域以北以及日本有正距平分布,在鄂霍次克海上空为负距平,阿拉斯加和阿留申地区为正距平。此外,在北美的北部和美国西海岸上空也为负距平,而墨西哥和美国南部则为正距平。可见,当热带西太平洋暖池增暖,其上空的对流增强,从东南亚经东亚到北美西海岸上空的大气环流异常呈现出一种显著的遥相关型,即"东亚太平洋型"。

六、暖池与东亚夏季降水

众所周知,中国夏季降水与西太平洋副热带高压有着极为密切的联系。暖池通过影响西太平洋副热带高压活动,必将影响到中国夏季降水。黄荣辉等(1994)的研究发现,热带西太平洋暖池的表层海温与江淮流域的降水之间存在着明显的负相关关系。当热带西太平洋暖池温度偏低时,我国江淮流域降水偏多。例如,1980、1982、1983 和 1987 年的夏季,热带西太平洋表层海温偏低,同期的江淮流域降水明显偏多。

水温高,水体膨胀,使得海面水位偏高。因此,暖池对降水的影响,从热带西太平洋的海面水位上也可以看出来。我国科学家利用位于热带西太平洋暖池北部的 Yap 岛的海平面水位距平资料,分析了其年际变化与江淮降水之间的关系,发现在江淮流域降水偏多的年份,例如,1980、1982、1983、1987 年,Yap 岛的海面水位偏低,而在 1978、1981、1985、1988 年等江淮流域降水偏少的年份,Yap 岛的水位偏高。因此,热带西太平洋暖池的海面水位与江淮流域降水之间存在着显著的负相关。

热带西太平洋暖池的热状态影响着暖池上空的对流活动。研究表明,在热带西太平洋暖池增暖期,菲律宾周围的对流活动偏强。在菲律宾周围对流活动较弱的年份,例如,1980、1982、1983 和 1987 年的夏季,我国江淮流域降水偏多,有的年份甚至发生洪涝;而在这些年份的夏季,华北和黄河流域以及华南的降水则偏少,往往发生干旱。相反,在菲律宾周围对流活动较强的年份,例如 1978、1981、1984、1985 和 1988 年的盛夏,我国江淮流域降水偏少,常发生干旱,而华北、黄河流域的降水多正常或多雨。根据前文的讨论我们知道,降水形势的上述变化,是和大气环流特别是副热带高压的变化相联系的。当热带西太平洋增暖,从菲律宾周围经南海到中印半岛上空的对流活动增强,西太平洋副热带高压的位置偏北,我国江淮流域夏季降水偏少;

相反,当热带西太平洋暖池变冷,菲律宾周围的对流活动减弱,副热带高压偏南,江淮流域的降水偏多,黄河流域降水偏少,容易发生干旱。

第五节 气候系统相互作用的模拟研究

一、ENSO 的模拟

ENSO 模拟是气候学研究的一个重要领域。早在 20 世纪 80 年代初,人们就开始利用大气环流模式来模拟 ENSO 现象。开始时,人们把赤道东太平洋海温正距平作为固定的强迫,积分大气环流模式,结果成功地模拟出了负南方涛动、弱的沃克环流、强的 PNA 以及各种气候异常。同时,在 20 世纪 80 年代后期,人们开始利用西风应力(负东风距平)来强迫海洋环流模式,结果成功地模拟出了海温的上升、海洋斜温层的变厚等特点。但是,利用单独的大气环流模式或海洋模式来模拟 ENSO,其模拟结果只反映了大气或海洋一方对另一方异常的响应,不能解决 ENSO 的成因问题。近年来,随着海气耦合模式的发展和完善,人们开始用耦合模式来模拟 ENSO 循环,探讨其演变机制。

几乎所有的气候模式都做过 ENSO 影响大气环流与气候的模拟。有些模拟集中在 1982~1983、1997~1998 年厄尔尼诺现象与影响的模拟;有些模拟取 1949~1998 年间几次厄尔尼诺现象的平均状况来做模拟研究;有些模拟则取厄尔尼诺和拉尼娜现象做对照模拟。许多模式的模拟结果表明,在赤道东太平洋 SST 明显增暖期,即发生厄尔尼诺现象时,赤道西太平洋强对流降水带以及主要的蒸发带向东移动,相应地,沃克环流的上升支也向东移动,在赤道中西太平洋,总的大气加热亦加强,沿着赤道西太平洋,低层的西风带明显加强。海平面气压场则是东太平洋气压偏低、而西太平洋与印度洋之间气压则偏高,即呈现弱南方涛动特点。这些模拟特征与观测结果非常一致。模拟研究还表明,在厄尔尼诺期间,最大降水中心位置大约在 160°W 附近,较之正常情况,位置要向东移动 10~20 个经度。不但热带大气环流与气候发生变化,温带大气环流也有相应变化。

由于 ENSO 不仅和区域及全球气候异常有着密切的联系,而且能够对许多国家的经济产生严重影响,因此,对 ENSO 的预测成为国际科学界乃至许多国家政府关注的重要课题。目前,用于 ENSO 模拟和预测的物理海洋-大气耦合模式可以分为两类:简单的海气耦合模式和完善的海气耦合模式。简单的海气耦合模式以策比阿克(Zebiak)和凯恩(Cane)(1987)模式为代表(简称 Z-C 模式),其积分区域仅包含热带太平洋,海洋模式为一个简单的两层模式,而大气模式为包含对流强迫反馈机制的简单模式,模式逼真地模拟了热带太平洋 SST 的年际变化。该模式对 1972~1995 年的每个月都做了预报试验,结果表明其预报技巧可以达到 1 年。该模式成功地预报出了 1986~1987 年和 1991~1992 年的厄尔尼诺,但是对 1993~1995 年厄尔尼诺的预报却完全失败了。

完善的海气耦合模式以美国 NCEP(1993)发展的耦合预报系统为代表,它是由 NCEP 业务中期预报模式发展起来的大气谱模式耦合普林斯顿大学 GFDL 的海洋模式组成的。耦合预报试验把 1983~1992 年 10 年 4~12 月中每 1 个月作为初始时刻,积分 9~12 个月,结果表明预报技巧水平达到 6 个月。该模式成功地预报出了 1997~1998 年的厄尔尼诺事件的发生,但是对随后的拉尼娜事件的预报却失败了。

二、海洋作用的模拟

海洋对气候变化的影响,是国际科学界关注的一个重要的研究领域。这方面的研究除了 ENSO 现象外,主要集中在海温及洋流作用的模拟。关于海温对气候变化的影响,除了赤道东太平洋这一引人注意的海域外,整个太平洋海域的作用亦为科学家所重视。例如,有学者对太平洋 3 种不同海温异常进行了气候模拟试验,这 3 种情况分别是:(1)西暖东冷;(2)只有西暖;(3)副热带西暖。最大海温异常为 12℃,区域平均 6℃。结果发现暖水区海平面气压低,高空气压升高,上升运动强烈,降水增加。在同等程度的异常增暖情况下,太平洋中纬度东部增暖的影响,较之中西部增暖的影响更为明显。

集中在印度洋和阿拉伯海的气候敏感性试验,主要是针对季风气候的。例如,国外科学家的模拟研究表明,当西阿拉伯海面温度异常地变冷时,其下游方向的印度半岛季风环流减弱,即热低压减弱,季风降水减弱。同时,越赤道的风分量明显减弱,由经向风和湿度引起跨赤道水汽通量亦相应减弱。不同海域的表层海温异常,所造成的季风区气候变化存在明显差异。大量模拟试验结果表明,印度洋对于季风区气候变率存在着显著的影响。

我国位处太平洋西岸,又处于东亚季风区,太平洋、印度洋等都直接影响到我国的旱涝。因此,针对不同海域海温变化对我国气候的影响,人们做了大量的模拟试验,发现当赤道东太平洋增暖时,黄河流域下游旱中上游涝,长江流域下游偏旱中上游偏涝;当赤道中太平洋增暖时,黄河流域大范围偏旱,长江流域整个偏旱;当赤道西太平洋增暖时,黄河流域北涝南旱,长江流域偏旱。此外,印度洋不同海域的海温异常,对我国的旱涝也有不同影响。

洋流的作用亦是影响气候变化的重要因素。美国科学家在 20 世纪 80 年代中期曾模拟研究了风生洋流对气候的影响,发现洋流的极向热输送显著增加了高纬度地区的表层海温和气温,从而减少了大气的经向温度梯度。关于 THC 对气候的影响,这方面的工作目前尚处于起步阶段,人们只是推测,THC 的中断可能是导致新仙女木事件的重要原因。由于在全球变暖的形势下,北大西洋地区降水将增多,这有可能导致 THC 强度减弱,从而引起类似新仙女木事件的发生,给欧洲气候带来灾难性影响,因此该问题逐渐为国际科学界所重视。最近,周天军(1999)利用中国科学院大气物理研究所发展的海-气-陆耦合气候系统模式,通过数值模拟手段,发现北大西洋 THC 强度与北大西洋涛动(NAO)存在很好的负相关关系,并在此基础上,根据器测资料信息,指出 20 世纪北大西洋大洋 THC 的活动大致可分为强、弱、强、弱 4 个阶段,转折点分别在 1903、1930 和 1971 年前后。

三、冰雪作用的模拟

有关冰雪在气候变化中作用的模拟研究,大致可分为以下几类:一是假设多冰雪与少冰雪的情况,然后进行气候模拟;二是以古气候时期的一些特殊气候阶段,例如,冰河期(即严寒、多冰雪)、温暖期(即少冰雪)等作为模拟的异常试验背景,从而模拟一些气候异常阶段的特征。近年来,我国学者还针对青藏高原雪盖异常与东亚气候的关系开展了一系列的模拟研究。

有关重冰雪作用的模拟试验,多是以 18 000 aBP 的冰河期的气候状况作为异常重冰雪试验,与现今气候做对比。大量的模拟试验结果表明,在重冰雪的情况下,大气环流和气候主要有以下特征:(1)由于重冰雪的影响,年平均全球气温较之现代的正常冰雪状况下要变冷-3.6~-5.4℃左右。其中大陆表面气温的变冷,较之海洋表面气温的变冷要更为明显,大约低 3℃

左右;(2)由于重冰雪的影响,年全球降水减少大约 10%,其中大陆上减少 30%左右,海洋上则仅减少 1%;(3)在重冰雪的冰河期,地面气温在两半球中高纬度的大约 35~70°变冷最为明显,尤以冬半年各月的变冷为甚;热带区域的变冷较小,全年各月只变冷-1~-2℃;(4)在冰河期,地面和对流层气温明显变冷,但在平流层则有变暖的趋势;(5)冰河期,模拟的 1 月 500 hPa 上北半球极区为正距平,中纬度为负距平,而在 50~70°N 附近,纬向风速明显加强,是寒冬的环流形势;(6)冰期模拟表明,7 月北半球亚洲大陆热低压明显减弱,其低压中心较正常冰雪情况要高 10~25 hPa,相应亚洲季风环流减弱,亚洲季风降水明显减少。上述模拟结果与对古气候时期的考察分析结果是一致的,而通过气候模拟,又使我们进一步了解了冰河期的物理过程以及重冰雪对全球气候的影响。

有关轻冰雪作用的模拟试验,一般是假设全球无冰盖、或者选取古气候温暖期(例如全新世暖期)的冰雪状况来做模拟试验,将结果与现代气候对照。有关这方面的大量模拟研究,大致得到如下的结果:(1)由于轻冰雪或冰雪融化,全球大部分地区地面气温变暖,其中高纬和极区的变暖最为明显,可达+10℃以上。变暖的最大中心在新地岛附近。低纬地区变暖较小。在中纬度地区还有变冷的地带,其中北美可下降-8℃,东西伯利亚可下降-6℃;(2)冰雪融化时,极区的异常增暖主要发生在对流层,而在极区的平流层则出现变冷的特征。中纬度 32~50°地带的变冷则发生在整个对流层与平流层。同时,低纬度对流层中上层也变冷;(3)冰量的改变将使全球大气环流发生明显变化;(4)当全球处于轻冰雪的温暖时期,亚洲季风明显偏强,热低压加深,季风区降水明显增加;(5)极冰反照率与气温反馈过程的研究表明,在众多因子中,例如,水蒸汽和云、海冰与陆冰、CO_2、植被以及轨道参数的变化,陆冰和海冰对全球气温的影响大小排在第 2 位。

针对青藏高原积雪与东亚气候的关系,董敏等(1997)、吴国雄等(1995)的研究表明,高原春季积雪异常对大气环流有很大的影响,它增大了高原地区的地面反照率,减少了地面吸收的短波辐射、地气交界面上的感热和潜热通量,使得低层气温明显降低。积雪异常的增加,将促使该地区低层冷高压的加强和高层气压的降低,对印度低压的发展不利;同时,有利于亚洲地区南支西风急流的加强,使得高原北侧的西风减弱,因此,春季青藏高原积雪增加可能起着推迟由冬至夏季节转换过程的作用。春季化雪迟,将使得高原由冬季的感热汇向夏季的感热源的转换推迟将近 1 个月。积雪异常增多对 5 月份的降水影响较为明显,使得我国江南和华南地区的降水减少,而马来半岛到菲律宾一带的降水则大大增加。此外,高原冬、春季节雪盖异常还影响到南半球的大气环流。

四、自然气候变率的模拟研究

所谓自然气候变率,是指在没有外强迫情况下产生的气候振荡。自然气候变率之所以引起人们的重视,和全球气候变暖问题联系紧密。气候系统是由大气、海洋、冰雪圈、岩石圈和生物圈等相互作用的子系统组成的高度复杂的系统,即使没有人类的影响,地球气候也不是一成不变的。在自然过程控制下,大气温度是变化的,有的时间段温度高,有的时间段温度低;冷暖变化的时间尺度变化很大,可以从几年到千年、万年以上;这种自然的气候振荡即自然气候变率。在人类出现于地球后的数万年发展过程中,绝大部分时间是被动地适应居住环境和相应的气候条件。在此期间,人类并未对环境和气候产生足够大的影响,气候仍在其基本因子的作用下变化着。但在世界工业革命后的 200 年间,地球上人口剧增,科学技术发展和生产规模的迅速扩大，人类对环境的破坏和对气候的影响越来越大。特别是人类活动向大气排放了大量的温室气体，加强了大气的温室效应。目前，这种因人类活动造成的气候变化，在数十年到百年时间尺度的气候变化中，其影响程度已可达到和自然因子影响同等的程度。因此，自然气候变率问题被推到全球变暖研究的前沿。

只有用气候模式才可以反映自然气候变率。对于任何一段观测时间，例如近千年，尽管人们可以舍去近百年以排除人类活动的影响，但不可能排除前面 900 a 中地球大气受外界强迫的影响，例如火山活动和太阳活动等。严格地讲，很难说哪一段时间的气候变率可以认为是自然变率。而气候模式则恰恰相反，可以在高性能计算机上积分大气环流模式或海气耦合模式，不必给定任何外强迫，这样就可以模拟出大气或海气系统系统是如何产生自然振荡，从而认识其自然变率。

根据世界气候研究计划(WCRP)，每隔 5 a 左右出版的"气候变化"公报，有关自然气候变率的模拟研究，根据所用模式的种类，可以分为 3 个方面：一是来自能量平衡模式(EBM)的结果。通过利用接近自然的随机的白噪声热通量来强迫 EBM，可以模拟出逐日天气尺度的强迫所引起的从几年到上百年尺度的模式气候内部变率。这方面的大量模拟研究表明，即使在很短时间尺度的随机强迫下，气候模式中的表面气温也能够产生从年代际到百年尺度的振荡。EBM 模拟的年到年代际的表面温度变率特征非常接近实际观测，但是它可能低估了更长时间尺度的变率的幅度。因为这种类型的模式太简单，不能合理地反映描述海洋环流所必需的热、盐和动量通量的水平与垂直输送。

第二方面的模拟研究是把大气活动用一些统计模型参数化，然后再来强迫的三维海洋环流模式，研究海洋环流的变率特征。大量的模拟研究表明，在随机的大气强迫下，海洋模式存在着显著的从年代际到百年尺度的变率。其自然变率的典型尺度从 10～350 a 甚至更长。引起这种海洋内部变率的最为重要的因子，是来自海气界面的水通量。自然变率存在于全球大洋，但具体特征因地区而不同，其中尤以南大洋和北大西洋高纬海域为最强。不过这类模拟并非尽善尽美，其缺点主要在于强迫海洋的大气是通过统计方式给定的，离真正的大气尚有一定距离，不能真实反映各种反馈机制和水、热的经向输送；同时一些参数的给定人为主观性较大。

第三方面的模拟研究是利用海气耦合模式来进行的。即先将大气模式和海洋模式分别积分到接近当今气候状态的平衡态，然后将二者耦合起来，再积分几百年乃至几千年。由于在耦合积分过程中，海气耦合系统唯一的强迫来自太阳辐射，没有其他外来或人为因子的作用，因此可以利用这长时间的积分结果来近似地表示气候系统自然的演变过程。现在美国和德国科学家已经利用各自的海气耦合模式分别完成了两个超过 1000 a 的积分。其结果表明，表面气温在 1～5 a 时间尺度的变率特点和实际非常接近；模拟的全球平均和区域气温变化之间的关系，也和实际观测相似。在更长的时间尺度上，例如年代际尺度，模拟的北大西洋表层海温的变率型和实际观测的变率型极为相似。将近百年气温观测的谱和模拟结果对比，发现在反映年代际变率的 20～40 a 的周期上，模拟与观测接近，模拟与观测的年代际变率在总变率中所占的比重也很接近，但绝对值要比观测的略低。这说明海气耦合模式有一定的模拟年代际气候变率的能力。但是在反映百年尺度的气候变率方面，模拟结果和实际尚有一定的距离。有人将耦合模式中的多年代到百年尺度的自然变率分布型和强度与古气候资料做对比，发现二者有所不同。有科学家分析其原因指出，这可能是因为古气候资料中所揭示的一些低频强迫在模式中没有得到合理反映；同时，大气模式和海洋模式的耦合方案并非完美可能也抑制了百年尺度变率的振幅。

综上所述,目前气候模式的发展水平还不足以真实再现气候系统的自然变率。人们希望,未来耦合模式的发展能够真实再现气候系统的自然变率,这样,从器测资料中发现的气候趋势中减去模式揭示的自然变率部分,就可以得到完全由人为因素引起的气候变化。

五、自然气候变率的机制研究

目前关于自然气候变率的形成机制主要有两种理论:一是哈塞尔曼(Hasselmann)(1976)认为快速变化的白噪声天气的变率,可能造成气候系统的慢变红噪声响应。以大气对海洋的强迫为例,时刻都处于运动之中的快速变化的大气,能够引起与之相耦合的缓慢变化的海洋产生年代际或更长尺度的运动。大气是气候系统的快变部分,海洋、冰盖等是其慢变部分,快变的大气对慢变的海洋的作用,类似于物理学的"布朗运动"中"大颗粒"随分子碰撞引起的不平衡而发生的移动,二者的变率周期显然是快慢不同的。哈塞尔曼机制最简单的例子是抛硬币,随机的抛硬币,其正反面出现的概率应各为50%,看起来正面减去反面的总数似乎应为零,但实际上并非如此,实际统计结果表明,尽管抛硬币的谱是白色的,但是其总数的谱却是红色的。与抛硬币的例子相似,忽略能够改变海表温度的海洋过程,如果海洋混合层温度受到大气的影响有一扰动,则海洋混合层将延迟表层海温达到大气所需响应温度的时间。因此,海洋的作用是一个阻尼器,阻尼的时间尺度由海表的热通量和混合层的热容来决定,一般为2或者3个月。当受到来自大气的、时间尺度小于1周的高频通量强迫时(这种强迫可以被视为白噪声),结果的功率谱是红波谱。如果考虑这种高频振荡的空间连贯性,则通过海洋过程可使表层海温产生年代际变率,随后又在大气中引起年代际变率。

关于自然气候变率的第二种理论,是洛伦兹(Lorenz,1976)认为混沌性的短期天气变率可产生气候事件尺度的变率。该理论认为,除了外部强迫如太阳、火山和人类活动影响外,气候系统在足够长的时间尺度上可视作一个闭合系统。在该系统中,各种物理过程,如大气对流、辐射交换、土壤湿度变化等都非常复杂。很多与这些物理过程相联系的动力过程对气候系统的内部变化起着非常重要的作用,其中最为重要和最难以捉摸的是那些非线性项,因此各种因子之间存在着复杂的反馈过程,由于这些原因,一个闭合的系统也能产生气候变化。洛伦兹假定一个不存在与长时间尺度变化有关过程的理想气候系统,在该系统中,系统的不稳定是由内在的天气尺度的变化引起的,并由于解的混沌特性而使系统的变化增强。

哈塞尔曼机制和洛伦兹机制两种理论的结果是一致的,即气候可能对快速变化的天气尺度过程产生慢变响应。但是,两种理论对形成机制的认识有所不同。实际上两种机制可能是同时起作用的。国外科学家利用大气环流模式作了3组400 a的积分试验,这3组试验分别是:(1)将太阳辐射固定为春分日的情形,海温固定为1月1日的气候平均值;(2)太阳辐射和海温均设定为包括季节变化的气候平均值;(3)把大气模式和海洋模式耦合。模拟结果显示,3组试验的全球陆面温度距平的功率谱都接近红噪声,说明洛伦兹机制在起作用。但是试验(3)的低频部分要比其他两个强,说明哈塞尔曼机制也有作用。对降水变率的功率谱分析表明,试验(2)模拟的降水变率的大小和试验(3)属于同一量级,但是试验三的变率要略大一些。因此,可以认为降水变率的模拟也说明洛伦兹机制是最基本的,但哈塞尔曼机制在年代际自然气候变率中的作用也不容忽视。

六、20世纪气候变化的模拟

对20世纪气候变化的模拟,集中表现在利用观测的表层海温(SST)来强迫大气环流模式(AGCM)。受科学发展水平所限,当前这方面工作的重点,是检验大气模式对20世纪一些特定气候变化事件的响应,具体来说,就是检验大气模式能否真实再现实际大气对表层海温变化的响应。要成功预测未来,必须真实反映过去,这是利用大气环流模式开展气候预测的基础。刘等(Lau,1985)利用观测的1962~1976年的逐月热带太平洋表层海温作为下边界条件,来强迫美国流体动力学实验室(GFDL)发展的大气环流模式,积分了15 a,发现模式热带大气环流对SST异常的响应,和发生厄尔尼诺期间的真实变化较为一致。格雷厄姆等(Graham,1988)利用1961~1972年的观测SST距平,强迫美国国家大气研究中心(NCAR)的大气环流模式,研究了该模式对热带太平洋风应力的模拟,发现赤道地区的模拟结果在形势上和实际非常相似,但在其他地区则差别较大,另外,在振幅上,模式风应力的响应偏弱。班斯顿等(Barnston,1998)利用1958~1994年的观测SST,分别强迫两个大气环流模式-德国马普的ECHAM3和美国国家环境预测中心的中期预报模式MRF9,比较了模式1~3月(JFM)的平均大气环流响应。将赤道中东太平洋与ENSO密切相关的区域(130~180°W,5°N~5°S)1~3月的SST求平均,得到一个指数序列,然后将它与同期的500 hPa高度场求相关,发现两个模式的相关系数分布形势,和实际非常接近,意味着模式对ENSO事件的响应能力较强。不过两个模式的具体表现又有所不同,ECHAM3中SST-高度场的相关分布,在热带和北半球的热带外地区比实际要高,而MRF9的相关分布则是在热带高于实际,在北半球副热带则低于实际。反映在预报技巧上,ECHAM3的技巧分要高于MRF9;较之MRF9,ECHAM3能够更为真实地反映大气对SST异常的响应。除了对ENSO事件的响应外,ECHAM3还能够较为真实地模拟出北大西洋涛动的特征,而MRF9则不能。总体而言,ECHAM3对SST强迫的响应,对大气内部动力过程反映,都和实际非常接近;较之MRF9,ECHAM3对真实大气年际变率的模拟,能力要更强一些。拉蒂夫等(Latif,1990)利用1970~1985年的观测SST强迫欧洲中期天气预报中心(ECMWF)的大气模式,将模拟结果与观测资料进行了详细对比,重点比较了表层风异常的模式响应。发现模式能够真实地再现南方涛动的特征,特别是其在年际以上的低频变化,但模拟的南方涛动的强度,较之实际要偏弱一些;其低频变化主要限于赤道中西太平洋,在赤道东太平洋则非常弱。关于表层风年际循环的模拟,以110°W处的纬向风为例,其年循环近于实际,但是最小值的出现时间比观测要提前1~2个月,作者认为这是由于模式对赤道辐合带的模拟较差,对赤道东太平洋的高频变率明显低估造成的。对于表层风距平的模拟,较之110°W,模式对140°W处表层风距平的模拟非常成功。对于850 hPa赤道纬向风异常的模拟,其位相和实际非常一致,只是强度和空间范围要偏弱一些。对于特定事件而言,模式能够成功再现1972/1973和1982/1983年的暖事件以及1970/1971的冷事件的大气响应,但对1973/1974和1975/1976年冷事件以及1976、1977年中等规模的暖事件的响应,模拟的要偏弱一些。近年来,利用耦合的气候系统模式,在给定的温室气体、气溶胶、太阳常数实际变化的情况下,气候系统模式基本能够成功模拟出20世纪全球平均气温的逐年变化。

第八章 10年～100年尺度气候变率

第一节 大气环流的年代际变率

一、研究年代际变率的意义

年代际气候变率(inter decadal climatic variability)是1990年代初期才提出来的一个问题。1992年9月在美国召开了十年到百年自然气候变率讨论会。1995年出版了文集,这是在国际上首次对年代际这个时间尺度的气候变率进行专门的讨论。1995年建立CLIVAR计划,10年到100年尺度气候变率才成为一个子计划。但是,在不到10年的时间内,已经发展成20世纪末气候学研究的一个新热点。这充分说明年代际气候变率这个问题具有很强的生命力。

为什么人们对这个问题产生了这样广泛的兴趣呢?首先,1985～1994年TOGA 10年取得了巨大成绩。对年际气候变率的中心问题ENSO有了比较深入的了解,无论预测模式还是理论探讨,都有了一定程度的突破。但是,也发现ENSO的频率有年代际变率,20世纪20年代到40年代厄尔尼诺频率较低,1920年之前及1950之后,厄尔尼诺频率都要高得多。另外,1980年代到1990年代只发生了2次拉尼娜事件。但19世纪70年代到80年代共发生7次拉尼娜事件,因此,从认识年际变率的长期变化来看,研究年代际变率也是十分必要的。其次,在研究人类活动对气候的影响这个20世纪70年代及80年代的热门问题时,人们也发现,只考虑人类活动的影响,无法解释许多气候变化的重要事实。例如,第二次世界大战之后,各国工业迅速发展,能源消耗以指数形式增加。但是在北半球环大西洋及欧亚大陆,气温却从1950年代开始下降,并一直持续到1970年代中期。显然,这是与温室效应加剧的理论预测背道而驰的。温室气体增加为什么气温反而下降呢?看来也是年代际气候变率的影响。所以,为了检测人类活动的影响,也需要研究年代际气候变率,及其形成原因与机理。第三,年代际变率问题的提出有重要理论意义。一方面提出温盐环流在年代际气候变率的形成中有重要作用,另一方面也激起了关于自然气候变率形成机制的探讨。

年代际有人也称10 a间气候变率,究竟指多长的时间尺度,还没有统一的规定。从各种研究结果来看,至少可以分为两种时间尺度:15～35 a,50～70 a。此外,也有人把10 a尺度的气候变率如8～13 a的变率也称为年代际变率,这是不很恰当的,应该称为年代气候变率(decadal climatic variability)。另外,时间长度更长,例如,70～80 a的气候变率,也可以称为百年气候变率(century-scale climatic variability)。

年代际气候变率可能主要是自然气候变率,即气候系统的振荡。当然,现在还不能排除外强迫的作用,如太阳活动、火山活动也有年代际变化。例如,太阳活动有22～23 a周期,火山活动有70 a周期。这是一个尚未解决的问题。

谈到年代际变率,首先就是气候要素,如气温、降水量的变化。但是近来对大气环流的年代际变率研究有了飞速的发展。通过研究大气环流的变化,可以把不同地区气温、降水量的变化联系起来,所以,本章重点讨论大气环流的年代际变率。

二、世界三大涛动

在没有天气图之前,人们不可能形成天气系统的概念。对天气变化的了解主要是从一个单站来看云的发展。后来,绘制了天气图。特别是无线电的发明,使得气象信息能迅速传递,才能及时收集大范围的气象报告绘制天气图。天气图的绘制促进了天气学的发展,人们逐渐认识了气旋、反气旋,也就是低气压与高气压及锋面。从此天气预报摆脱了单站预报的束缚,一直发展到今天能用大型电子计算机,预测未来 24 h 乃至 240 h 气旋,反气旋及锋面的发展演变,并从而作出各地的天气预报。

同样,平均环流的研究,也把气候学研究提到了一个新的高度。开始人们对气候的了解仅限于一个地区。后来积累了大量的资料,逐渐认识到地球上不同地区气候的差异。因此,划分了气候带,定出了各种气候型。不过,很长时间以来,谈到气候,仍指一个地点的气温、降水量与气压,认为这是气候的基本因子。后来在天气学发展的基础上,有了大气环流的概念。把大气环流列为一个地区气候形成的三个要素之一。这时才对气候的形成有了进一步的认识。

但是,对流层的大气环流图是在 20 世纪中期才开始系统绘制的。所以,在此之前人们主要是通过海平面气压图来了解大气环流。19 世纪末开始绘制大范围的月平均海平面气压图。后来,逐渐扩大到北半球,甚至部分南半球。月平均海平面气压图上有一些高压区及低压区。这反映反气旋与气旋活动最频繁的地区。所以把这些高压区及低压区称为大气活动中心。一般以中心所在地区命名,如冰岛低压、亚速尔高压等。本书中第二章第一节图 2.1.1 给出 1961～1990 年平均 1 月及 7 月全球海平面气压分布,从中可以明显地看出南、北半球大气活动中心。

后来,人们发现大气活动中心的变化不是孤立的。例如,北大西洋上冰岛低压与其南部的亚速尔高压的气压变化就经常是相反的。低压中心的气压高(表示低压弱)时,高压中心的气压低(表示高压弱)。低压中心的气压低(表示低压强)时,高压中心的气压也高(表示高压强)。沃克后来总结了前人的研究,把北大西洋上两个大气活动中心的这种变化称北大西洋涛动(NAO)。同时,还提出北太平洋涛动(NPO)及南方涛动(SO)。沃克提出的世界三大涛动是气候学研究中的一项重要成果,至今仍有巨大的理论意义与实际意义。

三、北大西洋涛动

北大西洋涛动主要反映冰岛低压与亚速尔高压气压变化此起彼伏的现象。当低压中心强时,高压中心也强,这种情况称为强涛动。当低压中心弱时,高压中心也弱,称为弱涛动。涛动强时低压中心与高压中心之间气压梯度大,这相当于西风强,而涛动弱时气压梯度小,西风弱。涛动强时强劲的暖湿气流从大西洋吹向欧洲,西欧及北欧气温高、降水量大。但这时由于冰岛低压强,在低压西北部有强的冷空气侵入北美洲的东北部,所以那里气温低,降水量少。同时,由于亚速尔高压强,因此在高压西南部的暖湿气流来到美国东部,在那里造成暖湿气候。但在亚速尔高压东部多冷空气进入南欧及地中海,所以气候干冷。涛动弱时气候情况相反。

这样沃克认为他找到了控制大范围气候的环流因子。确实三大涛动对地球上广大地区的气候有巨大影响。这种观点使人们脱离开只看局地气候的狭窄观点,也提出了大气环流变化的基本空间特征,有重要的意义。但是,沃克对涛动的定义则过分复杂。他并没有局限于只用两个活动中心的气压,同时还加上了一些站的气温。在定义其他涛动时,还应用了降水量及河水径流量。也许当时由于资料不足或者是要寻找一个控制大范围气候变化的机制（或因子），所以才用统计的方法选择定义涛动的因子。由于当时还没有逐步回归技术。因此，沃克是靠偏相关来选择这些因子的。

在20世纪20～30年代沃克定义了北大西洋涛动之后，涛动的研究受到了冷落。这可能有两个方面的原因：一方面从科学上讲，天气学理论尚未建立，因此很难对涛动的动力学意义有进一步的了解；另一方面，可能是社会原因，1940年代的世界大战及战后的恢复阶段影响了气候研究。但是从1960年代开始大气涛动的研究有了明显的进步。(1)用统计分析方法(EOF)证明涛动确实是月平均海平面气压变化的最主要空间特征。通常北半球月平均海平面气压图的EOF1即与NAO类似。(2)用500 hPa月平均图证明在大西洋上，对流层中层高度场的EOF与海平面气压图的EOF相似。不过与冰岛低压联系的负高度变化扩展到整个北极。所以，近来有人提出北极涛动。很可能就是NAO在对流层中层的反映。(3)用大气模式，不加海洋强迫，也可以模拟出NAO，并且也能产生一定的年际振荡，这说明NAO是大气本身固有的特征，是海陆分布影响下形成的大气环流基本状态。

观测资料及代用资料分析表明，NAO有24 a、8 a及2.1 a周期，以及70 a周期。特别最后一种周期，很可能与气候变暖有密切关系。因为，大家知道北半球在本世纪1920～1940年代气温偏高。但1960年代到1970年代气温下降。1980年代之后气温又猛升。而NAO指数变化的规律大体与北半球气温一致。计算表明NAO可以解释34%的气温变化方差。当然，这并不能说明是NAO变化引起了变暖，或反之变暖造成了NAO变化。但是，说明NAO变化可能是气候变暖的一种机制。

四、北太平洋涛动与南方涛动

北太平洋涛动(NPO)是沃克定义的另一个大气涛动。其主要特征是北太平洋北部阿留申群岛附近的低压中心（称为阿留申低压）与北太平洋南部夏威夷附近的高压中心（称为夏威夷高压）之间的翘翘板式的气压变化。与北大西洋上类似，低压中心气压与高压中心气压变化相反。这样就形成了强涛动与弱涛动两种基本状态。罗斯贝(Rossby)在1930年代提出了大气长波理论，把对流层中层行星波的波长与西风强度联系起来。所以，确认西风强度是大气环流的基本特征。由于海洋上，大气环流为准正压特点，即高层的环流与低层环流地理分布基本一致。所以，强涛动与弱涛动，即对应对流层中层的高指数（强西风）与低指数（弱西风）。

与NAO类似，沃克对NPO的定义也是比较复杂的，一方面包括夏威夷气压，及加拿大西部的气压，但也包括加拿大西部的气温。涛动强时，加拿大中、西部气温偏高。这也类似于NAO强时，北欧气温的升高。但这时阿留申地区气温下降。沃克曾指出，NPO的变化与NAO有所不同。NAO强时冰岛低压深，亚速尔高压强，且两者位置均向北移。但NPO强时，阿留申低压偏东，夏威夷高压偏西。不过后来，人们发现与NPO相联系的两个气压变化相反的地区，气压变化的强度不像NAO那样对称，而是集中在北太平洋北部阿留申地区。所以有人提出一个北太平洋指数NPI来代替NPO，NPI即30～65°N，160°E～140°W海平面气压的加权平均值。NPI表现出很明显的年代变化。1978～1987年为明显的低值，虽然有很强的2～3 a振荡。但1977年之前大约有30 a左右（直到1946年），高压占很大优势，而且2～3 a振荡大为减弱。

华莱士等于1981年提出太平洋北美型(PNA)。这是根据月平均500 hPa高度场，得到的一种波列特征。包括北太平洋副热带地区为高中心，阿留申地区为低中心，北美洲西北部为高中心,美国东南部为低中心。这样高-低-高-低,形成一个波列。由于这符合波沿大圆传播的理论,而且发现与 ENSO 有密切关系,同时对北美气候有显著的影响。所以 PNA 的研究几乎代替了 NPO 或 NPI。

ENSO 即厄尔尼诺与南方涛动的联合名词。在第五章有详细介绍。这里只是指出南方涛动(SO)是沃克定义的三大涛动之一。是近 30 年来大气科学研究的一个热点。而且 PNA 与厄尔尼诺有很强的正相关。由于厄尔尼诺均发生于 SO 的负位相时,或厄尔尼诺发生时 PNA 为正位相,即高-低-高-低。而 SO 为正时,PNA 为负位相,即低-高-低-高。不过,人们也发现有时不是厄尔尼诺年,PNA 也很强,模拟研究证明,不用海温强迫,只用大气环流模式,也能模拟出 PNA 型。这说明 PNA 是大气环流固有的特征。当然这不排除,热带 SST 的强迫(如发生厄尔尼诺时),会使 PNA 加强。不过无论 NPO、NPI,还是 PNA 或 SO 均有年代际变化。1976~1977 年的突变,1920~1940 年代 ENSO 减弱都是很明显的。

五、南极涛动

沃克在 20 世纪 20~30 年代提出了世界三大涛动。其原意是要找到控制大范围气候变化的因素。由于每个涛动均与其邻近相当大范围的气候有密切关系。因此,其目的应该说已经达到。但是,如果仔细分析一下这三个涛动的范围,就可以看出,全球还有许多空白地区。例如南半球 40°S 以南与 SO 关系就很小了。另外,北半球亚洲大陆也是一个空白区。

其实沃克早就指出:"正如北半球北大西洋亚速尔与冰岛气压有相反的变化趋势一样,横贯智利和阿根廷的高压带地区的气压,和威德尔海和别林斯高晋海一带气压变化也是相反的"。当时也有人根据少数测站的气压观测,推测南半球中高纬地区可能存在新的涛动,但是由于南半球缺少系统性的海平面气压资料,这个问题一直没有得到进一步的研究。以后基德孙和罗杰斯先后利用 10 a 以上的南半球月平均海平面气压及 500 hPa 高度图作了 EOF 分析。指出 50~60°S 为节点,70°S 与 40~45°S 之间气压变化相反。

龚道溢和王绍武利用 1974 年 1 月到 1996 年 12 月的完整再分析资料,对南半球海平面气压场作了 EOF 分析。其 EOF1 反映了 40~50°S 及南极大陆气压变化相反,节点在 55°S(图 8.1.1)。而且正区呈带状环绕南极,只在东南太平洋即南美洲西海岸之外有小的缺口。负区则呈圆形复盖了南极大陆,包括了 60°S 以南的全部地区。这个 EOF 特征在全年均很稳定,3 月最低也能说明总方差的 28.7%,12 月最高达到 67.6%,全年平均为 43.1%。所以用 40°S 平均海平面气压,减去 65°S 气压作为指数,称为南极涛动指数(AO)。为了消除半年周期的影响,对两个纬圈气压先各自求距平,然后全年统一标准化。这样得到的序列有 4 个月、2.7 个月及 3.3 a 周期。再分析序列较短,无法看出更长时期的变化。但是,王绍武等整理的 1873 年以来海平面气压图表明,AO 可能有年代或年代际变化。

AO 的控制范围在 40°S 以南,而 SO 的影响范围在 20°N~40°S 之间。所以,这是两个不同的涛动系统。其同期相关系数只有 0.05,可见彼此基本是独立的。因此,可以认为 AO 是第四个涛动系统,AO 与南半球的气温、降水有密切关系,而且其影响不只限于南半球高纬。涛动强时,南半球的三个大陆,南非、南美及澳大利亚气温高,而南极洲及其临近地区气温低。AO 对降水的影响是,当 AO 强时环南极低压带降水增加,但南极大陆降水减少。同时,副热带高压地区,因副高增强,降水也减少。

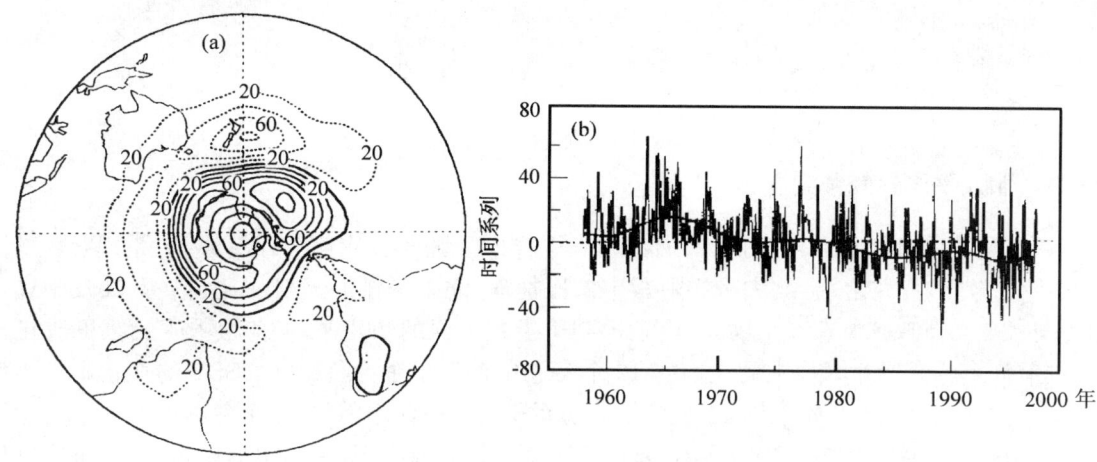

图 8.1.1　南极涛动型(a)及时间序列(b)(龚道溢,1999)

六、季风变率

上面提到,世界三大涛动所不能复盖的主要是南半球中高纬及亚洲大陆。有了 AO,南半球中高纬的海平面气压变率得到了很大程度的解释。60°S 以南解释率达到 40%~50%以上。但是,南美洲中部除极东北及极东南地区以外,北美洲,欧洲东部及几乎整个亚洲,这四个涛动所能解释的海平面气压变率均不到 10%。这说明亚洲、北美及南美的气压变化,在相当大程度上独立于四个涛动之外。

为了全面地了解大气环流的变化,特别是为了解释这些地区的气候变化,需要研究亚洲、北美、南美的气压变化。下面以东亚地区来说明。冬季亚洲大陆上只有一个大气活动中心,即西伯利亚高压。经过试验,取 30~70°N,60~130°E 范围内,≥1028 hPa 的点数代表西伯利亚高压的强度。据分析 20 世纪 10 年代末到 20 年代中是一个高压持续偏弱的时期。30 年代后期到 50 年代初为一相对弱期,80 年代后期以来为一个显著的弱期。与中国冬季气温计算相关系数,大约在 35°N 以北相关系数均在 -0.4 或更低,最低 -0.6。说明这个指数与中国冬季气温有很密切的关系。西伯利亚高压强时气温低,弱时气温高。西伯利亚高压强,一般可认为冬季风强,弱时冬季风弱。所以,西伯利亚高压指数,在一定程度上反映了冬季风的变化。其明显的年代际变化,与近百年中国冬季气温的变化是一致的。

关于夏季风,中国许多作者以降水量来反映。因为,从天气学定义的夏季风很难建立一个长的序列。而大量的研究证明,当夏季风较强时,华北多雨、长江少雨、华南降水也偏多。由于夏季风强时,方可能向北伸展。因此,华北降水是对夏季风最敏感的要素。据分析 19 世纪 70 年代及 80 年代夏季华北多雨,说明那时夏季风强。从 1890 年代末到 1940 年代中,是一个大约持续 50 a 的漫长干旱期,应该是夏季风偏弱的时期。20 世纪的后半期,华北降水较前半个世纪为多。但是,后半个世纪内华北降水为由多到少的变化。根据近 40 a 海平面气压计算的夏季风指数(10~50°N 上 160°E 与 110°E 气压差),夏季风确实有减弱的趋势。特别 20 世纪 80 年代明显减弱,这也是华北比较干旱的一段时期。20 世纪 50 年代前半期,60 年代前半期及 70 年代前半期夏季风较强,华北降水也较多。所以,无论夏季风还是与之有密切关系的华北降水均有明显的年代及年代际变化。

第二节 北太平洋的年代际变率

一、北太平洋的气候突变

1980年代末到1990年代初,人们对北太平洋发生的气候突变作了许多研究。以1976~1977年冬为界,在此之后,北太平洋阿留申低压加深,北太平洋中部SST下降。从1976~1977年冬开始13个冬季中有6个海平面气压NPI指数为强的负距平,4个为弱的负距平或正常值,仅有3个为正距平。而在此之前的12个冬季中仅有1个为负距平。SST的变化则更为明显。从1976~1977年开始连续13个冬季为负距平。而在此之前的12个冬季中有8个为正距平。可见这次发生在1976~1977年冬季的气候突变是海温下降、阿留申低压加深,同时在突变后PNA型愈加明显。

二、气候突变的模拟

为了研究这次气候突变的形成,格雷厄姆(Graham,1994)用ECHAM1作了模拟。用1970~1986年40°S~70°N SST观测场作强迫,积分大气模式。得到的700 hPa高度距平场与观测场非常相像,两个典型场的相关系数0.74。而且模拟的空间场的时间系数在1976~1977年冬季前后有明显的差异,即也表现出突变的特点。

为了检查不同海域SST的作用。格雷厄姆等又作了3组实验。对1970~1988年作积分,但SST强迫分为3组,即(1)热带地区(25°N~25°S)SST取观测值,其他地区用气候平均值。(2)在中纬度地区(31°N以北及31°S以南)SST取观测值,其余地区用气候平均值。(3)全球SST用观测值。结果表明,虽然3个试验均能说明一定的大气环流变化,但北太平洋,特别在其东部,主要对热带SST反应最敏感。只用中纬度观测SST作强迫时,虽然也能模拟出1970年代中的突变,但数值要比用热带观测SST强迫所得到的结果小得多。甚至用全球观测SST作强迫,虽然从北半球整体看效果较好,但对北太平洋中部及东部,还不如只用热带SST观测结果好。这表明,热带SST在北太平洋气候突变中有重要作用。

三、海洋突变的模拟

同样,人们也在试验用大气参数强迫OGCM,来模拟这段时期北太平洋的SST变化。米勒等(Miller,1994)进行了成功的试验。他们用太平洋地区(70°S~65°N,120°E~60°W)8层等比重OGCM,先用气候平均作强迫,对模式进行35 a调整适应性积分,达到准平衡状态之后再积分5 a,然后加上外强迫距平,从1970年积分到1988年。作为外强迫,考虑了风应力距平、动量输送距平及热通量距平。发现能较好地模拟出SST变化。中太平洋、加州沿岸及整个北太平洋SST的模拟值与观测值的相关系数分别达到0.67、0.71及0.44。特别是能模拟出中太平洋SST的突变。进一步分析表明,这里热通量异常有重要作用。这项工作表明,如果大气参数有明显的年代际变化,则受到大气的强迫,SST也产生年代际变化。

但是,上面这两个例子并不能回答北太平洋气候突变,或年代际气候变率的形成原因。因为,都是给定了海洋或大气一方的年代际变化,看另一方的反映。

四、耦合模式

有鉴于作单方面模拟的局限性,拉蒂夫等(Latif et al.,1996)用耦合模式进行了模拟。耦合模式的大气部分为 ECHAM3,即欧洲中心的业务天气预报模式的汉堡版本。这是一个低阶全球谱模式,三角形截断,波数为 42,水平分辨率 $2.8°×2.8°$。对流层低层为 σ 面,对流层上层及平流层为 p 面,共 19 层。模式记为 $T_{42}L_{19}$。海洋部分称作 HOPE,即汉堡海洋模式,原始方程,覆盖全球,海底为实际地形。在 10°N 与 10°S 之间经向分辨率为 0.5°,在此区域之外向两极逐渐与 T_{42} 的分辨率吻合。纬向分辨率为常数,与大气模式相同。垂直方向为 20 层,10 层在表层 300 m 之内。模式中不包括海冰。从 60°向极地 SST 及盐度(SSS)均用气候值。大气与海洋模式均未采用通量订正,在 60°N~60°S 之间相互作用、海洋模式受大气模式所产生的风应力、热通量及淡水通量的强迫。而大气模式受海洋模式产生的 SST 强迫。耦合为同时,每两个小时交换一次信息。模式包括太阳辐射的季节变化,从 1 月 1 日起积分 125 a。

首先,对 1950~1990 年北太平洋的 SST 观测进行分析。取 25~45°N,170°E~160°W 区域平均。从低通滤波(5 a 以上)曲线(图 8.2.1a),可以明显地看出 20 a 尺度的变化,1950、1970 及 1990 年为峰值,而 1960 及 1980 年为谷值。这个区域的 SST 与赤道东太平洋 SST 为负相关,但与南太平洋中部 SST 为正相关(图 8.2.1b)。然后,对同样的 SST 指数的模拟结果作分

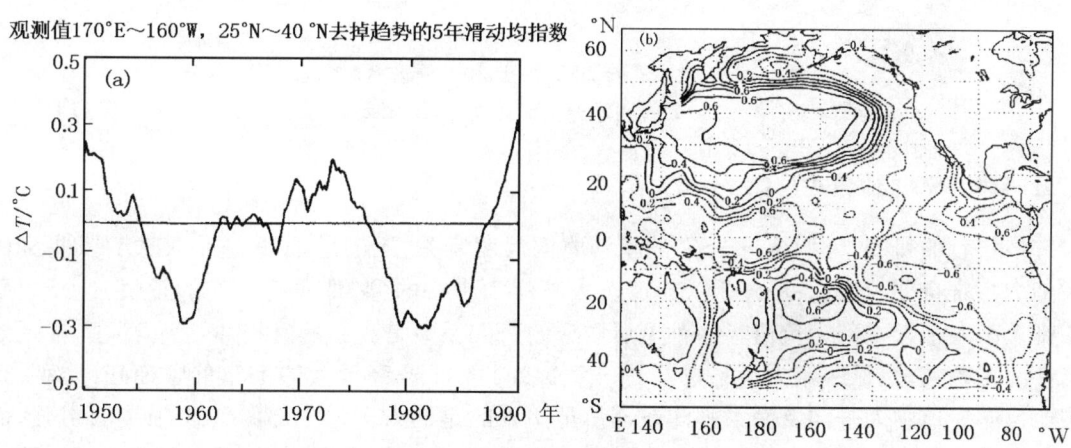

图 8.2.1 1950~1990 年北太平洋 SST 的准 20 a 振荡
(a)时间序列;(b)空间型(Latif et al.,1996)

析,第 43~83 a 的变化与 1950~1990 年的变化非常一致(图 8.2.2a 及 8.2.2b)。在一个未给定任何外界强迫的海气耦合模式中,也能产生与观测类似的 SST 变化。这一方面表明,这种 SST 变化及与之相应的大气环流变化(PNA 型)是海洋与大气固有的特征。另一方面说明,海气耦合系统能自动产生 20 a 左右的年代际振荡。

关于这种耦合振荡的机制,拉蒂夫等提出一种设想。他们认为耦合系统中,这种振荡来源于中纬度大尺度海气相互作用。不过耦合系统的记忆力存在于海洋中,并与副热带海洋涡旋(gyres)的慢变有关。当副热带海洋涡旋异常强时,把暖的热带海水输向中纬,在中纬度造成正

SST 距平。大气对 SST 正距平的响应是风暴减弱,从而进一步加强正 SST 距平,形成正反馈。然而,大气的响应还包括风应力旋度的减弱。这个风应力旋度的减弱使副热带海洋涡旋减弱,从而减弱向极地的热量输送,使 SST 下降,形成负反馈。海洋的变化稍落后于大气,因此产生振荡。当然,这只是一种设想。拉蒂夫等(1996)曾提出可能产生年际变率的 6 种机制。这不过是其中的一种设想,由于气候模拟只能给出结果,并不能直接揭示气候变率形成机制。所以,尽管已经能够用耦合模式模拟出年代际气候变率,但是并不等于我们就完全了解了这种变率形成的机制。为了作到这一点还要作更多的工作。

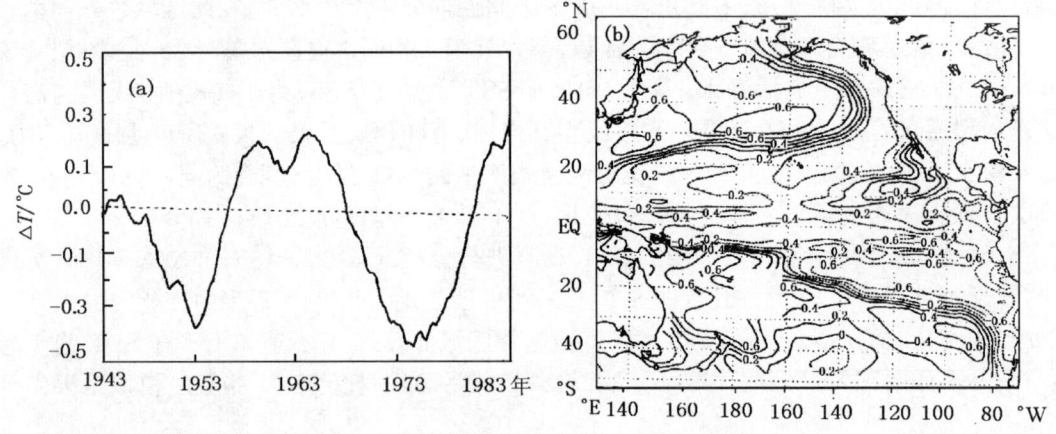

图 8.2.2　北太平洋 SST 的准 20 a 振荡模拟结果
(a)时间序列;(b)空间型(Latif *et al.*,1996)

五、与 ENSO 类似的型

许多作者的研究,证明全球 SST 的型与时间尺度有关。无论是 EOF 还是 REOF 均得到两个类似的特征向量:EOF_1 为一个以赤道东太平洋为中心的型,那里有很高的正值,但北太平洋中部及南太平洋中部为负值。这种型所对应的时间系数是高频的,以年际变化为主,在厄尔尼诺年为正系数,拉尼娜年为负系数。另一个 EOF_2 太平洋 SST 大体上分布与 EOF_1 类似,但正中心偏向赤道中太平洋及南太平洋东部。更主要的是北太平洋中部的负 SST 中心更强,而且与印度洋,特别是南印度洋符号相反,即北太平洋中部冷时,印度洋、赤道太平洋东部及北大西洋热带区到整个南大西洋暖。EOF_2 的时间系数为一个以低频变化为主的曲线,从 1950 年代到 1970 年代中期为负值,1970 年代末以后则正距平占优势,反映了气候变暖的趋势。

所以,EOF_2 反映的是年代际变率,有人把这种型在北太平洋部分称为太平洋年代际振荡(PDO),也有人称为与 ENSO 类似的太平洋年代型(Pacific Decadal ENSO-like Pattern)。张和华莱士等(1997)的研究表明,这种型对应的 SLP 型与 EOF_1(ENSO)对应的类似,即整个太平洋大部为负距平,印度洋及太平洋西部为正距平,这正是弱 SO 的形势。但北太平洋的 SLP 负中心更强。这个 EOF 的时间系数在 1976~1977 年冬之后的持续正值与上面谈到的北太平洋上的气候突变是一致的。在 1940 年代初,时间系数也有很高的正值,说明那时阿留申低压也较深,但持续时间不如 1980 年代长。同时,与这个 EOF 对应的 500 hPa 图上 PNA 也十分明显,特别是阿留申地区的负中心很强,这是与 1980 年代海平面气压图上阿留申低压的加深是一致的。

六、西边界洋流的变化

受大洋西边界海岸的阻挡,从低纬流向高纬的暖洋流如西太平洋的黑潮,及从高纬向南的冷洋流,如西北太平洋的亲潮,对北太平洋的气候有很大影响。这些洋流对 10 a 尺度的风应力的变化是很敏感的。一旦洋流发生变化,就会直接影响到局地的气候。例如黑潮大湾、以及亲潮强度及位置的变化对日本气候就影响很大,还可以直接影响到渔业。

这些西边界洋流可造成很强的 SST 平流例,如黑潮及亲潮均影响北太平洋中部的海温,那里正是西风漂流区的中心,其 SST 变化是北太平洋与 ENSO 类似的 SST 型的代表,而且直接影响 PNA 的强度。黑潮有大湾或者是没有大湾有年代尺度的变化。阿留申低压深时,大湾明显。这时暖平流强,特别冬季热通量大。亲潮是沿日本北海道东岸南下的冷洋流,盐度低营养丰富。有证据表明,其强度的年代际变化与阿留申低压的年代际变化有关。

南半球的东澳大利亚洋流,直接影响澳大利亚东部珊瑚海与塔斯曼海的海温。据信这支洋流的强度受南太平洋副热带涡旋的控制。洋流的强弱可通过影响澳大利亚东部的海温而影响澳大利亚气候。位于印度尼西亚的贯穿流(Indonesian Through Flow)对年代际气候变率也有重要意义。这支洋流把热带太平洋的暖水带到印度洋。而且,不仅在表层,在上层海洋这也是全球 THC 的重要一支,一直到大西洋才折向北。海洋环流模式的模拟证明,印度洋的 SST 与这支贯穿洋流的强度有密切关系。这也可能是印度洋 SST 与 PNA 型有关的原因。澳大利亚西南的降水在近 40 年有减少的趋势。据分析这同印度洋的 SST 有关。SST 受贯穿洋流的影响,而贯穿洋流又受西太平洋信风强度的控制。因此印度洋的年代尺度变率可能与太平洋的年代尺度变率有联系。

总之,太平洋的几支西边界洋流不仅影响 SST,对气候也有直接影响。但是洋流的变化特别年代尺度的变率可能与风应力的年代尺度变率有关。有时形成遥相关,例如,南印度洋 SST 与太平洋 PNA 环流有联系。因此,在研究年代或年代际气候变率时,洋流的变化也是一个重要的研究对象。

第三节　北大西洋涛动与温盐环流

一、NAO 的研究

如上所述,北大西洋涛动是指亚速尔高压与冰岛低压之间的翘翘板式的气压变化。但是,如何表征 NAO 的变化呢?沃克最初所给的定义是比较复杂的,其中包括亚速尔群岛的百慕大的气压与冰岛斯提基斯荷耳默尔的气压差,也包括北欧的气温与格陵兰气温的差。当然,下面还要讲 NAO 与北大西洋及其邻近地区的气候有密切的关系。但是,作为大气环流的一个重要成员的 NAO 很可能是气候异常的成因,而不是结果,至少在月、季时间尺度是如此。因此,把气候影响结果与产生气候影响的因子放在一起是不合适的。所以,后来的作者,一般只采用亚速尔高压及冰岛低压范围内的各一个站的气压作气压差,代表 NAO 的强度。不过,用单站气压除了代表性问题之外,就是气压观测序列的长度与观测质量,即序列的均匀性。不同作者用不同的站得到 NAO 序列长度亦有不同。

表 8.3.1　不同作者的 NAO 序列(CLIVAR,1995)

计算气压差所用测站	序列起始年	作者	发表年
亚速尔—冰岛	1873	Rogens	1990
里斯本—冰岛	1865	Hurrell	1995
直布罗陀—冰岛	1821	Jones 等	1997
西班牙加的斯—冰岛雷克雅未克	1701	Jones 等	1998

表 8.3.1 中最后一个指数是根据天气记录得到的。这些可以认为是从观测得到的 NAO。图 8.3.1a 为里斯本—冰岛气压差,图 8.3.1b 亚速尔—冰岛气压差,图 8.3.1c 为根据树木年轮重建的 NAO 指数。图中 a 的虚线及 c 中的粗线为低频变化。显然可以看出,NAO 的变化有高频变化(年际变率)也有低频变化(年代际变率)。高频变化集中在两个频率带、准两年及 6～8 a。低频变化的时间尺度在几十年之间。1900 年之前为弱涛动,1900～1930 年为强涛动,1930～1970 年涛动减弱。1960 年代际达到近 1 个多世纪以来的最低值。但是从 1970 年代到 1990 年代,NAO 指数持续上升,成为历史上 NAO 最强时期。

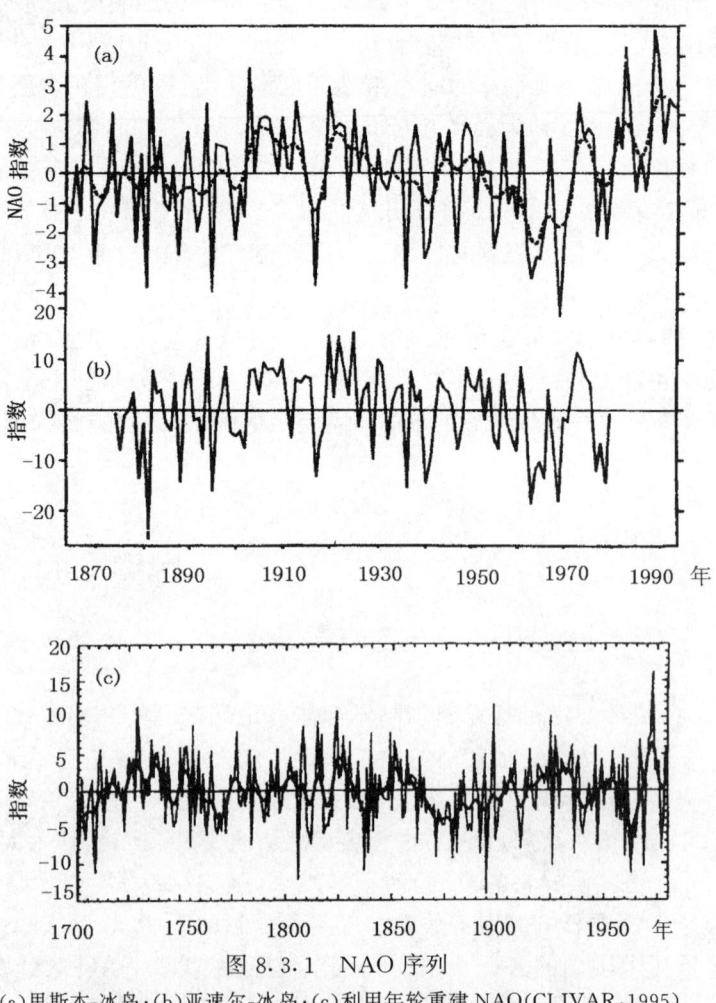

图 8.3.1　NAO 序列
(a)里斯本-冰岛;(b)亚速尔-冰岛;(c)利用年轮重建 NAO(CLIVAR,1995)

根据树木年轮重建NAO序列有一定的难度,因为NAO在冬季最强,与气温及降水量的关系也较密切。但是,树木年轮更大程度上是反映的生长季的气温、降水量变化。然而库克(Cook等,1998)根据环大西洋10个序列所重建的NAO序列,还是抓住了变化的主要特征。比较图8.3.1c与图8.3.1a就可以证明这一点。近来,有的作者用摩洛哥阿特拉斯山雪松,重建了近千年NAO序列。因为,雪松的生长与降水有密切关系。而当地的降水可以很好地反映NAO的强度。此外,格陵兰冰芯$\delta^{18}O$,西大西洋大陆架牡蛎的$\delta^{18}O$均可提供温度信息,亦可用来重建历史NAO序列。根据这些序列,可以进一步研究NAO的年代际变率。

二、NAO与气候异常

从沃克研究世界涛动时起,人们已经了解到NAO对环大西洋地区的气候有重要的影响,否则也不会被列为世界三大涛动之一。本来研究涛动的目的,就是寻找控制世界气候的因子。况且NAO的环流结构非常清楚,即包括冰岛附近的低压及亚速尔群岛附近的高压。凡涛动强时,低压加深,这时低压东部盛行偏西南的异常气流(即气流对多年平均气流的偏差),所以北大西洋东北部及北欧气温偏高,其影响可向东伸展到乌拉尔山。但这时加拿大东部处于低压的后部,低压加深时,冷空气比较强。所以涛动强时加拿大东部到格陵兰气温偏低。后来有人发现北欧的气温与格陵兰的气温有此高彼低,此低彼高的翘翘板式的变化。其实这就是NAO活动的结果。

由于涛动强时处于北大西洋中部的气压也比较高,南欧到地中海,再到北非一带异常气流为西北气流,所以气温较低。而这时美国东部气温较高,因为异常气流为东南方向。NAO与降水的关系大体与气温类似。但主要有两个区最突出,涛动强时北大西洋东部到北欧西部降水增加,而南欧、中欧、地中海到北非西北部降水明显减少。由此也可以看出用北非的降水重建NAO是非常适合的。NAO不仅影响到气温与降水,对海洋状况也有很大作用。拉布拉多洋流强度、极冰、冰山、海水盐度均受NAO影响,甚至可能影响到深海对流。

NAO的年代际变化与全球气温变暖有密切关系。这是研究NAO长期变化时,最值得注意的问题。胡瑞尔(Hurrell,1996),分析了1935~1995年NAO变化与北半球气温变化的关系。发现NAO与SO合计能解释气温变化的50%方差。其中NAO占34%,SO占16%。这就是说有大约1/3的气温变化与NAO的变化是同步的。当然,这种比较还很难直接说明是NAO引起了气温变化,还是气温变化引起了NAO变化。但是从气候变暖的地理分布来看,近来的变暖在欧亚大陆及北美大陆最为明显。而这种分布与NAO同地面温度的相关分布十分一致。这表明,NAO的增强可能是变暖的直接机制。也就是说,至少有相当一部分变暖是通过NAO增强实现的。虽然,这里还不可能对变暖是人类活动影响或自然变率,或者两者兼有作出判断。

近来汤普生和华莱士(Thompson and Wallace,1999)指出与强北大西洋涛动对应北半球对流层中高纬度(50~70°N)西风增强,而副热带(20~40°N)西风减弱。甚至于南半球也有类似的现象。这表明NAO不仅是地面大气环流的一个主要模态,在对流层中也是一个主要模态。两个半球的类似,更说明这是大气环流的基本模态。实际上1990年代中期以来已经有几位作者注意到平流层的气旋涡旋与北大西洋对流层环流的变化有一致性。涛动强时,极涡也强,反之亦然。有人根据这个结论进一步推论,认为近来NAO的增强可能与火山爆发,或温室效应造成的平流层降温有关,但尚有待于进一步证实。

三、NAO 年代际变率的形成机制

上一节已经讲到,大尺度海气相互作用可能是 NPO 或 PNA 年代际变率形成的机制。因为,无论如何用海气耦合模式已经能够成功地模拟出 NPO 的准 20 a 周期性振荡。

对 NAO 也有类似的情况。从 1990 年代初,人们就开始用海气耦合模式,模拟 NAO 的变化。最先如哈密德与皮塔尔瓦拉(Hameed and Pittalwala,1991)对耦合模式作了 23 a 积分。发现北大西洋上海平面气压有翘翘板式的变化,即南部气压高时北部气压低,南部气压低时,北部气压高。节点在 40~50°N 之间。在模式所作的 23 个冬季模拟中不同年份亚速尔气压可差 5 hPa,冰岛气压可差 10 hPa 以上。这表明用耦合模式能很好地模拟出 NAO 的年际变化。

后来拉蒂夫等(1996)成功地用海气耦合模式模拟出 NAO 的年代际气候变率。他们先对模拟的结果作 5 a 低通滤波,滤去高频的年际变率。再对北大西洋 SST 及 500 hPa 场作 EOF 分析,根据前 5 个 EOF 作典型相关分析(CCA)。得到的第 1 典型相关在 500 hPa 场为明显的 NAO 特征,即北大西洋 30~40°N 为正区,50~70°N 为负区。而与之对应的 SST 场,表现为东负正西。但在 50°N 负区一直扩展到纽芬兰。正中心则集中在大洋西部 30~40°N,40~60°W 地区。这两个场的典型相关系数达到 0.9(见图 8.3.2)。其时间系数表现出明显的 17 a 周期。德赛尔与布赖克曼(Deser 与 Blackmon,1993)对 20 世纪以来北大西洋冬季气温作了 EOF 分析,第 1 分量占总方差 21%其空间分布特征与上面谈到的模拟的 SST 变化非常相似。只不过谱分析得到的主要周期为 12 a,比模拟的周期长度要短,趋向于年代变率而不是年代际变率。有人认为北大西洋气候变率的周期性短于北太平洋是由于北大西洋空间尺度比北太平洋小的缘故,但是,这种观点尚未得到进一步证实。

上面谈到 NPO 与 NAO 的形成机制时,仅提出这可能是海气相互作用的结果。但是究竟海洋与大气又是如何相互作用的,这取决于大气与海洋的性质。一般认为大气的记忆力不超过 1 个月,而海洋的持续性在半年以上,个别地区个别时期海温异常能持续 1~2 a。大气的变化以天气尺度为主,所以经常称为快变。海洋变化则称为慢变。劳伦兹(Lorenz)首先提出大气的快变可能影响海洋的慢变,这就是劳伦兹机制。后来海塞尔曼(Hasselmann)提出,海洋的慢变可以受大气的快变影响,但是,这个慢变又反过来影响大

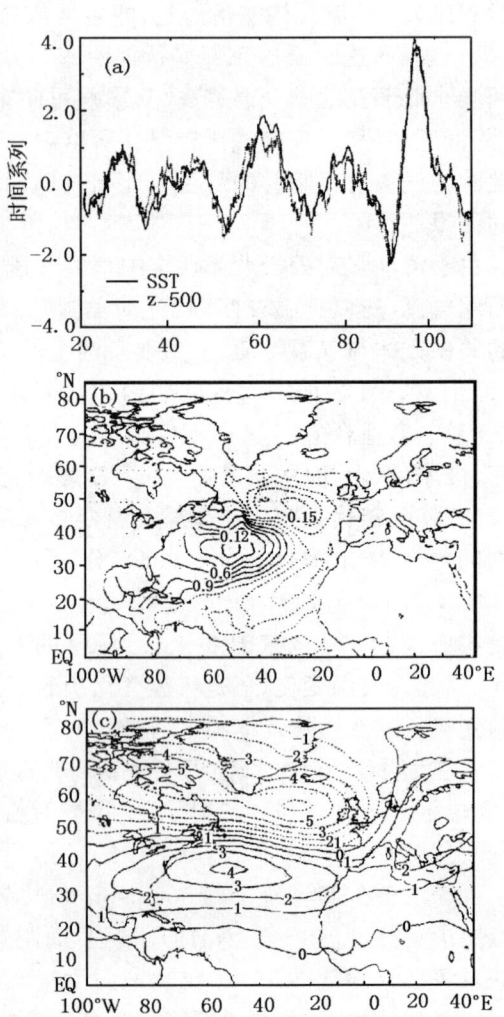

图 8.3.2 北大西洋 SST 与 500 hPa 高度场的典型相关(a)时间系数;(b)SST 场;(c) 500 hPa 场(Latif et al.,1996)

气的快变,形成正反馈,使过程加强。这就是海塞尔曼机制。目前,大多数人都同意,NPO 的 20 年振荡,NAO 的十几年振荡,就是海塞尔曼机制在起作用。当然,这也不排除,气候系统的各个成员,也会发生慢变,从而造成气候年代际变率,THC 变化就是一个例子。

四、温盐环流(THC)

THC 是由于密度梯度造成的洋流,一般为深层洋流。THC 与表层主要由风应力形成的洋流完全不同,后者主要在表层,如北太平洋与北大西洋的涡旋。

可能至迟在 20 世纪 60 年代就提出了这个概念。但是,只是在近 10 年才对 THC 有了一个粗略的认识。第七章图 7.2.2 给出一个全球 THC 的概略图。从中可以看出,在北大西洋北部为一个下沉区,上层自南向北的暖水冷却下沉。在 2000 m 或更深的海洋中沿北美洲及南美洲的东岸向南,一直深入到南极圈,在 50°S 左右形成一个几乎闭合的环南极冷而高盐度的深水洋流。深海洋流自西向东流向北太平洋及印度洋,在那里上升汇合,逐渐形成暖的浅层洋流,绕过非洲、穿过南大西洋、越过赤道,直达北大西洋的北部。

北太平洋水温约比北大西洋低 5℃,可能就是因为缺少 THC 向北输送热量的缘故,全世界穿过 24°N 向北输送的热量有 60% 是由大西洋完成的。由此,可以看出北大西洋 THC 在全球气候形成中的重要性。

气候突变的名称是人们研究最后一次冰期瓦解时,发现在气候已经开始回暖的过程中,又在大约 10000 年前出现短时气候变冷而提出来的。这种出现在北大西洋及邻近地区的寒冷事件被称作新仙女木事件。有的作者认为其形成原因即与 THC 的改变有关。气候变暖过程中,北美洲,欧洲及格陵兰及复盖在北极的冰大量融化。融冰形成一层很厚的冷而盐度极低的冷水。这层冷水浮在北大西洋北部,从而抑制了海水的下沉,减弱了 THC。由于 THC 受抑制,所以向北的暖水输送也急剧减弱。这样就形成了一个短暂冷期。不过由于在冰后期全球气候普遍变暖,所以这个冷期也未能维持太长时期,大约几百年就结束了。在全球回暖过程中只有北大西洋北部出现了短暂的冷事件。所以,人们认为这可能是 THC 改变的结果。

THC 对年代际气候变率的影响,是近年来才提出来的一种观点。德尔沃斯(Delworth)等在 1993 年用海气耦合模式作了 600 a 的积分。他设计了一个 THC 指数,即 52~72°N 的流函数梯度,用以反映在北大西洋下沉洋流的强度。发现这个指数有很明显的年代际变化,在 600 a 的模拟中前 200 a 约有 40~50 a 周期,后 400 a,周期稍长约 60 a,这是第一次用模式证明 THC 有年代际变率。近来梯墨曼等(Timmermann et. al.,1998)分析了 ECHAM3/LSG 海气耦合模式 800 a 模拟的结果,也发现明显的 THC 年代际变率,不过周期峰值在 35 a,他们强调这个模态是海气耦合的。

不过 THC 的年代际变率又是如何形成的呢?斯托克(Stocker)提出来一种解释,他认为在北大西洋上层向北的洋流(有时人们称为北大西洋传送带)把大量表层暖海水带向极地,如果 THC 减弱,就会减少低纬度暖而盐分高的海水向北输送,在北大西洋中部形成一个冷的淡水池。由于热力对密度的影响比盐度的影响高 3 倍,冷水域在海表形成气旋式环流,使北美东北部沿岸的冷淡水与较低纬度的暖盐水交换。这个涡旋流叠加在向东北流的传送带上,使传送带加强。盐度增加后,密度较大的水来到下沉区,通过平流把低纬度较多的热量向北输送。使大西洋中部的冷水逐渐减弱,最终在同一地区形成一个暖池。地转涡旋又变成反气旋式,与传送带方向相反,把较淡的冷水向南输送到大洋中部,从而减弱 THC,完成一个循环。

五、THC 与气候异常

THC 有年代际变率,得到了耦合模式的证实。在运行耦合模式时,并没有给定任何固定的外强迫。所以,模拟出年代际变率这个事实表明,大气与海洋所构成的气候系统可以自身产生年代际变率。如果 THC 有年代际变率,人们自然希望知道,THC 的年代际对气候的年代际变率有什么影响。

格瑞(Gray,1997)在这方面作了开创性的工作。他指出从 1960 年代末到 1970 年代初全球气候有如下 6 个特征:(1)南半球海温高、北半球海温相对较低;(2)大西洋及北太平洋中纬度西风增强;(3)强厄尔尼诺频率增加;(4)非洲的萨赫勒干旱;(5)大西洋强飓风减少;(6)全球温度上升。他认为这可能说明 THC 较弱。然后,他进一步把近百年划分为 4 个阶段;2 个阶段 THC 强,2 个阶段 THC 弱。表 8.3.2 给出根据不同气候要素变化,对 THC 强度变化阶段性的估计。格瑞指出,THC 弱时北大西洋西风增强。如上所述,NAO 的涛动反映了北大西洋的西风强度。所以,THC 弱时 NAO 应该较强。这个推论,在周天军的博士论文中得到了证实。周天军利用大气物理所开放实验室的耦合模式,作了 200 a 积分。然后分析了 THC 的变化及其与 SST 和大气环流的关系。首先他发现 THC 有明显的年代际变率,周期长度在 45~50 a 左右。其次,THC 与北大西洋 SST 有密切关系,相关分布基本上是东北正西南负。第三,THC 与 SLP 的相关分布正好与 NAO 的型完全一致。THC 与 60°N 以北 SLP 有正相关,与 40~50°N SLP 有负相关。这就清楚地证明:THC 与 NAO 有负相关。这个结论十分重要。因为,这样就直接把 THC 与大气环流的变化联系起来。当然,作为耦合模式的结果,并不能直接得到结论:THC 变化影响了 NAO,或者 NAO 变化影响了 THC。但至少可以肯定,THC 与 NAO 的变化是有密切关系的。

表 8.3.2　北大西洋温盐环流(THC)与气候要素变化趋势比较(王绍武,1999)

	第 1 阶段	第 2 阶段	第 3 阶段	第 4 阶段
THC	1870~1899	1900~1942	1943~1967	1968~1994
	强	弱	强	弱
SST		1900~1929	1930~1965	1966~1968
		冷	暖	冷
SLP		1900~1919	1920~1969	1970~1988
		高	低	高
NAO	1867~1903	1904~1930	1931~1972	1973~1995
	弱	强	弱	强

NAO 是控制北大西洋及其邻近地区的气候变化的重要因素。NAO 强时北欧气温高,而格陵兰气温低。但在北大西洋南部则恰恰相反,南欧到地中海一带气温低,北美洲南部则气温高。降水也有差不多类似的关系。所以,在耦合模式的模拟中,发现了 NAO 的年代际变率,而且证明与 THC 的年代际变率有关。因此,至少存在一种可能性,即 THC 的年代际变化,是北大西洋地区气候年代际变率形成的一个原因,至少是原因之一。当然,这其间的物理机制还需要进一步研究。

六、THC 与 ENSO

格瑞(1998)把 ENSO 的年代际变率与 THC 的变化联系起来,他首先指出 THC 强时厄尔尼诺频率低,THC 弱时厄尔尼诺频率高(表 8.3.3)。

表 8.3.3　温盐环流(THC)强度与厄尔尼诺频率(Gray,1998,引自王绍武,1999)

年　代	年数	THC	厄尔尼诺年数	占总年数比
1870～1899	30	强	4	4/30＝0.13
1900～1919	20	弱	6	6/20＝0.30
1920～1969	50	强	7	7/50＝0.14
1970～1997	28	弱	11	11/28＝0.39

为什么会有这样的关系呢? 格瑞是从能量学角度来看这个问题的。他指出,如果把 20°E～160°W 作为东半球,160°W～20°E 作为西半球。则由于西半球比东半球降水少,大气少得到的凝结潜热平均为 16 W/m²。同时,东半球陆地多,又有世界上最大的青藏高原,因此大气比西半球多得到 14 W/m² 的感热。同时,由于暖洋流东半球又多得到 5 W/m² 的热量。这样东半球相对于西半球就总计得到 35 W/m² 多余的热量。这个量究竟有多大,可以与太阳辐射作个比较,太阳常数为 1372 W/m²,但是接受辐射的是一个圆面积,而热量分配给全球,球面积为圆面积的 4 倍。所以,全球平均接受的太阳辐射约为 343 W/m²。因此,东半球相对于西半球多余的热量约为太阳辐射强度的 1/10。这当然不能算作一个很小的量。

如果用这个热量来加热大气相当于 0.35℃/d,即每天加热 0.35℃。显然,这个多余的热量由另外一些过程得到消耗,否则东半球就会愈来愈热。但是卫星观测表明,东、西两个半球的热量都保持相当稳定。那么,又是什么物理过程使能量得到平衡呢? 格瑞认为这样的过程可能有 3 个,即位能输送,THC 及 ENSO 过程。其中最主要的是位能输送,其贡献可能达到－30 W/m²。其余 THC 可能有－4.5 W/m²,而 ENSO 有－0.5 W/m²。THC 的输送过程是在(西半球)大西洋北部有下沉,下沉的海冰到(东半球)西太平洋及印度洋上升。东半球得到的是深层的冷水而输出的是上层的暖水,因此失去热量。ENSO 使东半球暖池的暖水输出给西半球,但是,其所输出的热量,远较 THC 为小。

THC 强时,可输送－4.7 W/m² 的热量,这时,由于暖池 SST 下降,所以 ENSO 输送的热量减少到－0.3 W/m²。当 THC 弱时,输送下降到－4.3 W/m²。不过,这时暖池水温上升,厄尔尼诺频率增加,ENSO 输送的热量可达－0.7 W/m²。总的热量输送仍大体维持平衡,但 THC 与 ENSO 输送的热量彼此消涨,互为补偿。形成表 8.3.3 中所列的关系。

不过。经验资料分析表明,ENSO 的年代际变化可能比 THC 落后 5～6 a。如果以北大西洋(45～65°N,20～60°W)SST 代表 THC 强度,1995 年出现了很高的 SST,如果这意味着前一段时期弱 THC 阶段的结束,则在 2000～2001 年前后开始一个强 THC 阶段。那时厄尔尼诺活动的频率将大为下降。

第四节　热带大西洋偶极型

一、热带大西洋偶极型

热带大西洋偶极型(Tropical Atlantic Dipole,简称 TAD)是近年来人们研究较多的一个热量大西洋海气现象。众所周知,在北大西洋中高纬,NAO 对气候起着控制作用。而在热带大西洋,人们发现北半球与南半球热带 SST 的变化经常是相反的。图 8.4.1a 给出 SST 与风的联合主分量(a),及 1963 年 9 月到 1987 年 8 月的时间系数。很明显强大 SST 正距平(图中涂黑区)在 10~20°N 之间,而大的负距平(图中灰色区)在几内亚湾西南的热带南大西洋。从图 8.4.1b 来看这 25 年正好完成两个循环,似乎有 12~13 a 的周期,这是典型的年代气候变率。

梅塔(Mehta,1998)对 30°S~30°N SST 作 EOF 分析,EOF_1 占总方差 31.93%,显示出与图 8.4.1a 十分类似的偶极型。北半球的正中心在 25~45°W,15°N,南半球的负中心在 5°W~10°E,5~15°S。他用的资料,长达 100 a 以上。因此,可以说 TAD 是一个比较稳定的模态。而且,他对时间系数作富氏谱及最大熵谱分析,证明 12~13 a 的周期超过了 95% 的信度界限。这个模在南、北热带大西洋的变化中心,能够解释 50% 左右的方差。可见这个模态在气候变化中占有很大优势。

人们之所以特别关心 TAD,一个重要的原因就是 TAD 与热带大西洋的气候变率有密切关系。最突出的就是非洲萨赫勒的降水及巴西东北部的降水。

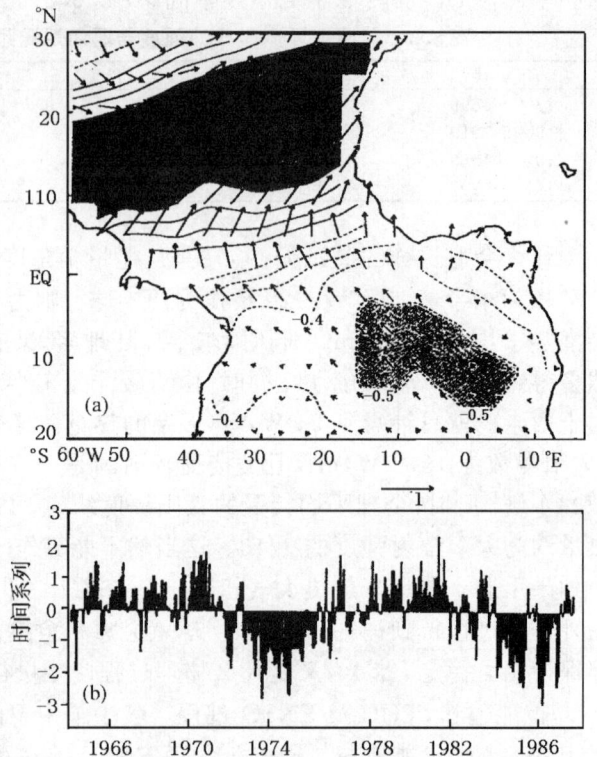

图 8.4.1 热带大西洋耦极型的 SST 及风异常分布(a),及 1963 年 9 月~1987 年 8 月的时间系数(b)(CLIVAR,1998)

当热带大西洋的 SST 为南正北负时,ITCZ 偏南,所以巴西东北多雨,萨赫勒干旱,而 SST 为北正南负时萨赫勒多雨,但巴西东北干旱。这两个地区的气候异常是非常引人瞩目的。所以,热带大西洋 SST 梯度的变化,也就成了一个热门的研究问题。

TAD 是在 1990 年代中期才提出来的。但是,1980 年代中期,人们就注意到热带大西洋 SST 异常在两个半球的不同。当时,萨赫勒干旱已持续了十几年,近二十年。开始人们认为可能与厄尔尼诺有关,因为几个萨赫勒严重干旱年如 1972、1976 及 1982~1983 年都是厄尔尼诺年。但是,后来进一步研究发现,萨赫勒干旱与大西洋的海温关系更密切。南大西洋暖、北大西洋冷时干旱,反之南大西洋冷、北大西洋暖时多雨。所以 TDA 与降水关系的研究在前,是这些研究才推动人们去研究 TAD 本身。

二、TAD 的模拟与形成机制

张(Chang et al. 1997)用拉蒙特的 Z-C 简化耦合模式进行了模拟,张称为 ICM (Intermedite Coupled Model,即中等耦合模式)模拟出来很有规则的 12~13 a 周期。这表明这个模式系统,能自身产生稳定的振荡。但是,对混合耦合模式模拟结果的分析表明,模式得到的 TAD 空间分布,与观测有一定差别,北半球的 SST 变化中心比观测偏南,而南半球的 SST 变化中心强度较弱。但是无论如何,南北两个半球的 SST 异常有相似的趋势。把 20~35°W,10~20°N 作为北半球热带,0°W~5°E,5~20°S 作为南半球热带,用其 SST 差值得到偶极指数。

100 a 的模拟中有 6～7 个循环,即大约有十几年的周期。对南半球与北半球的 SST 分别作功率谱,并与同一区的 100 a 观测 SST 谱作比较。南半球的模拟与观测的峰值均在 16 a 左右,但模拟的谱峰比观测的要高,北半球模拟的谱峰也在 16 a,而观测在 12～13 a,因此,也是模拟的谱峰比观测的高。造成这样结果的一个原因是,在实际观测的 SST 谱中尚有准两年、3～5 a 的谱峰,尽管达不到信度,但表明有一定的年际变化分量。但在模拟中不包括 6～7 a 以下的年际变率。不过,研究也表明模拟结果与参数的选择有很大关系。选择完全不同的参数时,可能只出现年际变率,而没有年代变率。不过无论如何,利用简化耦合模式在一定条件下能模拟出 TAD 的年代振荡,说明这种振荡的成因可能在系统内部。

在研究 TAD 形成机制时,首先要指出大西洋与太平洋的不同。热带太平洋 SST 的变化特征是东西向的对比,纬向风应力与 SST 的相互作用是主导过程,热通量则对过程产生阻尼,即起负反馈作用。但热带大西洋则不同,主要的 SST 变化特征为南、北半球的对比,这里热通量变化可能是过程形成的主导因素。

现在对 TAD 机制的描述就是在这个指导思想下建立的。当热带大西洋北半球暖,南半球冷时,海平面气压异常的分布与 SST 相反,即南半球为正,北半球为负,这样形成一个顺时针的气流,南半球东南信风强。但是过赤道后,东南信风转为西南风,使北半球的东北信风减弱。风力强时蒸发大,热输送增加,SST 下降,风力小时蒸发小,热输送减小,SST 上升。因此,风应力的变化造成的热输送变化加强原有的 SST 型,即起正反馈作用,使过程加强。当热带大西洋北冷南暖时情况相反,这里可能洋流起着负反馈作用。当热带大西洋北暖南冷时,风成洋流自南向北,使南北 SST 梯度减弱。当热带大西洋北冷南暖时,风成洋流自北向南,也使 SST 梯度减弱。有正反馈使过程发展,有负反馈使过程衰减,因此形成循环。不过,这只是一种设想,或假说,目前尚不能用以具体说明,为什么热带大西洋 SST 产生强烈的南北对比,以及为什么产生周期为 12～13 a 的年代变率。

三、萨赫勒干旱

撒哈拉(Sahara)大沙漠雄踞北非,是不毛之地,有的地方降水量几乎近于零。大沙漠的南侧大约在 15～18°N 之间,称为萨赫勒(Sahel),是半干旱地区,年降水量在 100～500 mm 之间,每年雨季只有 2～3 个月。但是降水量的年际变化可达 30%～50%,是一个降水量非常不稳定的地区,本来降水量就不多,一旦发生干旱,农牧业甚至人民生活都会带来严重影响。

萨赫勒的年降水量等值线近于东西走向,100 mm 线与 300 mm 线之间平均距离为 280 km,即每向北 1.4 km,年降水量减少 1 mm。有人发现 1960 年为 165 mm 的站,1970 年下降为 100 mm,10 a 下降 65 mm,这约相当大沙漠在 10 a 之间向南推进了 90 km,这当然是一个令人触目惊心的数字。而且确实大约从 1968 年开始,西非萨赫勒就进入了一个少雨期。连年发生干旱,这种情况至少持续了 20 a,到 1988 年降水量才又一次接近多年平均。以后,降水量仍是偏低,不过干旱程度稍有缓解,1990 年才出现了较为明显的多雨年。

开始人们由于几个干旱年都是厄尔尼诺年,因此认为可能萨赫勒的干旱也是受厄尔尼诺影响。但是后来发现相关系数不高,萨赫勒降水与 SOI 及 SST 的相关分别为 0.27 及 −0.26。特别是对 1950 年以前的半个世纪 SST 与萨赫勒降水比较发现相关很小,甚至在赤道东太平洋不是正相关。这表明萨赫勒干旱与 ENSO 的关系是不稳定的。其实,1968 年以来萨赫勒地区持续干旱就已经说明,与 ENSO 不可能有非常高的相关。因为 1968 年之后不仅有 1972 年,

1982~1983年的厄尔尼诺年,也有1970~1971,1973~1974及1975的拉尼娜年。但是萨赫勒却连年干旱。

最早指出萨赫勒干旱成因可能是热带大西洋SST异常的是福兰德等(Folland et al.)。他们作了萨赫勒少雨年与多雨年全球SST的差。把资料分两组,一组为1950年之后,一组为1950年之前。结果,无论在那段时期少雨年减多雨年SST的差在热带北大西洋为负,在热带南大西洋为正。这说明热带大西洋SST的南北对比可能是萨赫勒降水异常形成的原因。至少从统计角度看,关系是相当稳定的。瓦尔特(Wolter)研究了萨赫勒降水异常产生的环流条件。发现第2转动主分量(SST北高南低,SLP南高北低等)与萨赫勒降水(Lamb指数)的相关系数高达+0.53。但有人估计更高,认为热带南北大西洋的海温差,可解释80%的降水量差。不过,无论如何,这些工作进一步支持了萨赫勒降水与热带大西洋海温关系的结果。

罗沃尔(Rowell等)的数值模拟,应该是对这一关系的进一步证明。他们利用大气环流模式,根据观测的SST作萨赫勒7~9月降水的试验研究。结果表明,无论用何年的大气初始场,只要用当年的SST即可模拟出萨赫勒降水的异常。这不但表明大气初始场不重要,也说明SST对决定萨赫勒降水异常有决定性的作用。当然,真正的预报,需要正确的预报SST。但是,已经试验用3月或4月的SST持续积分作降水预报,也有一定效果。这属于预报问题,这里不再进一步讨论。

四、巴西东北部的干旱

从1970年代人们就注意到巴西东北的干旱与热带大西洋的SST异常有密切关系。对巴西的雨季(2~5月)降水与全球海温求相关,最大相关在热带大西洋,北部为负相关,南部为正相关,最大的相关系数达到0.5以上。研究表明,无论是巴西东北的降水,还是热带太平洋SST均有准两年振荡(QBO)及年代振荡(12~13 a),有人指出可能有27~28 a周期,也许这是前者的两倍。

不过,虽然从形式上看,巴西东北的降水变化可能与萨赫勒对立。因为,当热带大西洋海温北正南负时萨赫勒多雨,巴西东北干旱;而北负南正时,巴西东北多雨,萨赫勒干旱。但是,实际上一个地区多雨时,另一个地区却不一定少雨。下面还要讲到,有人认为热带大西洋SST的变化也并不总是在两个半球相反。可能这就是两个地区降水变化并不总是相反的原因。况且,萨赫勒的雨季主要在6~9月,而巴西东北则在2~5月,即均在热带辐合带(ITCZ)达到该半球最高纬度的阶段。处于两个半球的萨赫勒与巴西东北雨季出现的月份不同,因此ITCZ的异常也不一定一致。所以尽管萨赫勒降水与巴西东北降水均与TAD有关,但是这两个地区的降水变化特征却并不一致,最主要的差别就是萨赫勒出现了持续20年的干旱,而巴西东北并没有发生类似的多雨的趋势。

近来的研究表明,影响巴西东北降水有两种机制:一种为ENSO,主要影响年际变化;另一种为TAD,影响年代变率。至于TAD影响巴西降水的机制,可以从湿年减干年的SST及环流形势看出来。其差值很明显地反映ITCZ偏南,热带大西洋SST南暖北冷,SLP则北正南负,这样造成逆时针的异常气流,使南半球东南信风减弱,而北半球东北信风加强。

对气候异常形成原因的最好检验就是预测。格雷厄姆(Graham,1994)的研究有重要的意义。他先用观测的SST(包括太平洋与大西洋)强迫大气环流模式,计算1970~1991年6~8月的降水,发现巴西东北部,至少15°N以北的地区,模拟的降水与观测降水的相关系数在0.4~

0.6 之间。进一步又用 5 月 SST 持续不变,预报 6~8 月的降水。结果发现水平无明显下降。这表明巴西东北降水有很大的预报潜力。同时,研究表明与太平洋比较,大西洋的 TAD 更为重要。而且用一个混合耦合模式作 TAD 预报,其中北半球的 SST 中心在提前 24~36 个月仍有一定技巧,特别能反映出其年代变率。这进一步说明,巴西东北降水的年代变率也有一定的可预报性。

统计预报试验也表明,对巴西东北 3~6 月降水而言,前期 10~1 月的降水也是一个预报因子。但是,更重要的还是 TAD。利用这两个因子建立的回归方程,其相关系数能达到 0.8 以上。最近的研究表明,无论是用 GCM 还是用统计方法,巴西东北的降水预报技巧以 3~5 月最高。可能这时是雨季,各种物理过程比较明显。6 月以后,预报技巧迅速下降,统计方法 7~8 月最差,GCM 模拟 10~11 月最差。但是,用 2 月 SST 持续作 3~5 月降水预报,1982~1993 年的年际变化报得相当好,1987 年到 1998 年的实际预报,用 5 级检查,也很少差 1 级以上。这表明由于抓住了 TAD 这个重要因子,所以巴西东北降水的预报技巧达到了较高的水平。

五、对 TAD 的质疑

虽然对热带大西洋偶极型有了这么多的研究,有诊断分析,也有模拟研究,甚至还有预测试验。而且大家所得到的结果基本一致。但是,对此也有怀疑。恩菲尔德(Enfield)提出了确凿的证据,说明热带大西洋南、北两部分的 SST 变化基本上是独立的。

他们首先利用卡普兰(Kaplan)新近建立的 1856 到 1991 年共 136 a 的 SST 建立了热带北大西洋(TNA)及热带南大西洋(TSA)的序列。每个序列为 20°纬度×40°经度(TNA 为 5~25°N,55~15°W,TSA 为 20°S~0°,30°W~10°E)的 SST 平均。这两个地区是根据 REOF 分析决定的。为了排除 ENSO 的影响,事前从原序列中扣除了 ENSO 信号。从整个热带大西洋对 TNA 及 TSA 的相关分布可见,赤道以北及以南的对比并不十分明显。只有几内亚湾对 TNA 有微弱的负相关。在巴西北部的大洋上,对 TSA 也有很弱的负相关。总之,这种相关分布绝不像 NAO 中的两个相反部分。对 TNA 与 TSA 序列求相关,结果甚至不是负相关,不过相关系数十分小(0.05),几乎可以认为没有关系。恩菲尔德作了列联表(表 8.4.1)。表中是 TNA 及 TSA 出现高、正常、低 3 级相互组合的概率。分级的原则是正常占 50%,高或低各占 25%。表中括弧内数字为随机概率。如 TSA 高的概率为 0.28。TNA 低的概率为 0.25,则 TSA 高× TNA 低的概率为 0.062。但是观测到的概率正好也是 0.062。这说明尽管也有时 TSA 高、TNA 低,但概率并未超过随机概率。同样 TSA 低,TNA 高的情况(0.069)也同随机概率(0.063)相差不多。两种情况合起来只占 12.5%。但 TSA 高或低,而 TNA 正常,以及 TSA 正常,TNA 高或低,则占到了总数的一半左右,即 48.9%。可见更多的情况是赤道大西洋南或北一方出现异常,而另一方面为正常。

表 8.4.1　TNA 与 TSA 列联表(Enfield et al.,1999)

TSA＼TNA	高	正常	低	总计
高	0.069(0.063)	0.117(0.123)	0.062(0.062)	0.248(0.248)
正常	0.125(0.127)	0.254(0.249)	0.121(0.125)	0.500(0.501)
低	0.059(0.063)	0.126(0.125)	0.067(0.063)	0.252(0.251)
总计	0.253(0.253)	0.497(0.497)	0.250(0.250)	1.000(1.000)

括弧中为随机概率

然而,为什么有的作者得到了相反的关系,可能与海域的选取及所用资料的季节有关。进一步分析表明,如果用 1~5 月 SST 而不是用年平均,则在 8~12 a 谱段,变化是相反的。这与其他作者得到的 TAD 的 13 a 周期是一致的。同时,如果把 SST 区取小一些,例如,只取 10°经度、10°纬度,则也可能发现负相关。因此,并不能就完全否定了前面所讲到的关系。只不过这说明,大西洋偶极型的范围不很广,南半球偏东,在几内亚湾,北半球偏西,在巴西北部的洋面上。而且偶极型有季节变化。

第五节 10 年~100 年气候变率的可预报性

一、天气可预报性

为了说明气候可预报性,先从天气预报谈起。众所周知,大气与海洋状况,可以用一系列的动力学与热力学方程式来描述。给定了初条件及边界条件,即可通过一步一步的积分,计算出来未来某个时刻的大气及海洋状态。这就是目前的数值预报。然而大气与海洋充满了不稳定与非线性,这就是说,气候系统是混沌的。因此,从两个仅有微小差别的初始场开始计算,随时间之增加分歧将逐步增大。据估计,大尺度大气运动的误差加倍的时间约为 2~3 d。当然,在一定时间之后误差将达到饱和,这时任何具体的预测均失去意义。这个时间估计为 2~3 周,即逐日确定性预报的可预报性(上界),这仅仅是对大气而言。对海洋应该也存在一定的可预报性,由于海洋中大尺度运动误差增长较慢,可能其可预报性能达到几个月,即远高于大气的可预报性。

二、气候可预报性

对大气而言,逐日天气预报的上限可能是 15~20 d。更长时间的预报,只可能是气候预报。即报天气的平均特征,而不是报逐日天气。所以长期天气预报这个名词是不确切的。天气是不可能作长期预报的。因此,现在国内一致使用气候预测这个名词。

为什么有可能作气候预测,这是因为大气的长期行为在很大程度上依赖于下垫面,特别是海洋表面的物理状况。如果某个时刻的大气状况可以视为相空间的一个点,当我们用动力学及热力学方程积分时,就得到这个点在相空间运动的轨迹。初始场的细小差别,亦可以造成轨迹的发散。然而,在一定时间之后,这些轨迹又受下垫面影响而限制于一定的范围。因此,当我们不再寻求预报某一个点,而是相空间中的一个范围时,这种预报是可能的。

因此,气候预测的关键就在于能不能对下垫面状况的变化作出长时间的预测。当然,如果除了下垫面的影响之外,还有其他因子起作用的话,如火山爆发造成的气溶胶影响,则也应该同时作出预报。显然,这是更困难的。因此,目前气候预测中所考虑的主要是下垫面的影响,而且大部分仅限于海表温度。

三、短期气候预测

现在通常把月、季、年 3 种时间尺度的气候预测合称短期气候预测,即它的预报对象是气候变率中最短的时间尺度。月时间尺度的预测近来受到冷落,这有两方面的原因:(1)过去人们曾寄予厚望的 500 hPa 月平均高度距平预测,在近 10 年来没有显著的进展。北半球冬季的预报与实况的相关系数可达0.40左右。对全年则下降到0.25～0.30。如果对全球统计,相关系数可能进一步下降。距离业务预报0.50的要求相差甚远。(2)分析表明,对未来1个月的预报,技巧主要限于前10 d。美国试验把前15天排除,改作第16～45天的30 d平均预报,相关系数仅0.11,大大低于第1～30天的0.27。这就是说,目前的模式没有表现出预测低频变化的能力。

所以,现在如美国国家气象中心(NMC)、英国气象局(UKMO)等单位均致力于500 hPa季平均高度的预测研究。试验表明用观测的SST作强迫,季预报与实况的相关系数在0.25～0.30之间。这低于用统计方法(CCA)所作预报的水平。而且是用观测的SST强迫,不能作为正式预报。但是,这终究指出了作季气候预测的可能性。

目前,一般认为预报技巧高的是热带太平洋SST。所以NMC是先预报SST,然后再用计算出来的SST强迫大气环流模式,作季度预测。不过分析表明,只有SST距平较大(El Nino或La Nina)时,在PNA地区效果较好。通常认为ENSO,或者说热带太平洋SST已经能够作提前6～12个月的预测。但是,这是对所有月份平均而言,由于ENSO有很大持续性,一旦El Nino或La Nina开始,则比较容易预报。而对于El Nino或La Nina开始,还做不到提前6～12个月能作出预报。不过,似乎也存在着一定的潜在能力。所以CLIVAR计划,把季到年际尺度气候变率的预测合为一个分支。并且提出建立大气—陆地—海洋耦合模式,而不仅仅是海气耦合模式。这也反映了国际上对这个问题的见解。

这里,需要说明,很可能不同的预报对象有不同的可预报性,ENSO的主旋律为年际变化。因此,有作年度预测的可能性。但亚洲季风降水等现象与季节有密切关系,根据中国多年气候预测的经验,可能其可预报性在2～3个季之间,韵律研究就是很好的证明。

四、10年～100年尺度气候预测

美国国家研究理事会(NRC)组织编写的《十年到百年尺度气候变率与变化》一书,把年度以内的气候预测称为短期,10 a尺度为中期,100 a尺度为长期。这是在气候学文献中,第一次明确把气候预测分为短、中、长3种尺度。该书作者认为,区分初值化气候预测与非初值化预测是十分重要的。所谓初值化预测(initialized prediction)是指从某个初始值开始积分,这与数值天气预报中的"初值化"有所不同。显然,短期气候预测是初值化预测。而长期气候预测是非初值化预测。但是中期气候预测就比较复杂了。因为用非初值化的方法来作,可能考虑的因子主要是温室效应的加剧。但是10年期间温室效应加剧的影响还很难判断。而用初值化方法,一年一年的积分则很明显是一个十分困难的课题。当然,从原理上讲也许这不是不可能的。现在已经有的模式从某个初始状态出发,积分10 a以上。问题在于初始海洋状态的影响,能在海洋中以及具有强的高频噪声的大气中有多久的生命力,这是一个至今未解决的问题。甚至连最初步的解答也没有。这是对10～100 a尺度气候变率研究的巨大挑战。

五、10年～100年气候预测的前景

如上所述,10～100 a尺度气候变率的可预报性依赖于其形成机制。100 a尺度的温室效应大约只能作非初值化的预测。因此,这里还是集中讨论10 a尺度气候变率的可预报性。前面已经谈到北太平洋、北大西洋、热带大西洋、以及ENSO的10 a尺度变率。可惜对这些海气耦合模式的形成机制还了解得很少。因此,还不能直接估计其可预报性。但是,如果海洋在这里起

主导作用,而海洋环流又是非常缓慢。因此也许有可能作10 a尺度的预测。有的作者认为北大西洋SST及海面高度就有可能作10 a预测。ENSO预报已经能作到2 a,也许将来可能逐步延伸到10 a。

作初值化预测的前题就是大气与海洋有密切联系。海洋过程决定了振荡的时间尺度。而海洋的初值化能够抓住对形成海气耦合振荡最主要的信息,例如,对ENSO的短期气候预测来讲,斜温层是最重要的特征。把斜温层作为初值,即可预测热带表层海温。大西洋副热带偶极型的情况也类似。又如THC有几十年尺度的变率,如果掌握其变化规律,亦可有助于作十年到几十年尺度的气候预测。

六、初值化气候预测的用途

降水 大西洋副热带偶极子一方面影响巴西东北的降水,一方面影响非洲萨赫勒的降水。ENSO则影响环太平洋地区印度、印度尼西亚、澳大利亚等地区的降水。这两种环流机制已经作了数月到年的预测,有可能进一步延伸到数年乃至十年。一旦可以进行这种预测,则可以因之作出降水预报。大西洋副热带偶极子的活动主要取决于热带辐合带(ITCZ)的位置,而后者又决定于SST。ENSO也是反映了赤道东太平洋的SST。SST,特别是热带SST可能是气候可预报性最大的一个量。因此,上述地区降水有最大的可能作数年乃至十年的气候预测。

气温 气温对融冰化雪十分重要。因此,对靠冰雪融化补给水源的河流,对气温变化十分敏感,我国西北新疆一些干旱半干旱地区就是这样。因此,对未来5~10 a气温的预测有助于水源管理。高温也会影响植被及土壤湿度,特别在夏季蒸发量增大,使土壤变干。因此,当预测未来会出现高温少雨期时,要特别注意抗旱、灌溉、选择耐旱品种。

台风 已经有充分的证据说明台风的生成(大西洋上的热带风暴也一样)与ENSO有密切关系。因此,如果能对未来10 a的ENSO活动作出预测,则有可能预测未来西太平洋的台风活动。

生态系统 温度变化可以改变海洋的稳定度,从而改变富有营养物质的涌升流。发生厄尔尼诺时,就是在南美洲海岸这种涌升流受到抑制。例如,已经有证据说明阿拉斯加的鲑鱼捕获量与北太平洋海温的10 a尺度变率有很大一致性。

七、非初值化气候预测的用途

降水 一般公认全球气候变暖,将使水的循环加快,初看这似乎对增加降水有利。但是高温使陆地蒸发增加,土壤变干、使陆地降水减少。也有的研究认为气候变暖使极端降水频率(如暴雨)增加。但是,气候变暖对区域或局部地区降水的影响仍是一个未解决的难题。这需要更精细的模式,特别要精细的地形及下垫面。这可以通过嵌套区域模式,或用统计降尺度分析来解决。

气温 以前对未来气候预测的研究集中于估计温室效应加剧的结果,后来又考虑对流层污染物的影响。近年来人们逐渐认识到自然气候变率也很重要。然而,要在预测中包括自然变率,就要认识自然变率,探讨其变化规律,特别要知道自然变率是否受人类活动影响。所以现在人类活动影响的检测(detection)是一个重要的研究课题。这在最后一章再讨论。

海平面高度 这可能是长期气候预测中可预报性最高的一个量。然而,海平面高度变化至少是4个因子的综合结果,有局地变化、有全球变化、有陆地高度变化、也有海面高度变化。由于末次冰期之后冰盖的逐渐消融,地幔产生慢的反弹,这是全球性的。另外一个地区也可能因为过度开采地下水,或沉积速度有变化而造成陆地高度变化。局地海面高度则受风、河流径流量及海浪的影响,全球性海面高度变化主要决定于全球海水量及海水的热力结构。扣除了地幔反弹等因子的影响之后,目前海平面上升的速度为 1.8 mm/a。其中海水热力膨胀的影响大约在 0.2~0.7 mm/a 之间。99%的陆冰在格陵兰及南极,但初步分析表明,气候变暖南极冰可能消融,而格陵兰冰却相反可能增加。然而,这里包含有很大的不确定性。进一步发展海-气-冰耦合模式,是十分必要的。

生态系统 预测全球气候变暖形势下生态系统的变化是一个非常复杂的问题。过去的研究只是按照大气环流模式预测的气象条件去描绘未来的生态系统分布,一些最新的模式,已经包括了植被与营养、CO_2 施肥以及林火之间的相互作用。另外,在最近的一些气候变暖模式中也考虑了气候与植被,碳循环与植被,以及土地应用的变化。模式是改进了,但是,仍然有很大不确定性,土地应用就是一个例子。不过应用这些初步的模拟,也可以大体上了解气候变化对碳循环的影响,以及大尺度植被反照率及地面粗糙度变化对气候的影响。

第九章 影响气候系统的外强迫因子

第一节 太阳活动

一、什么是太阳活动

从结构上看,太阳从内向外分为核反应区、辐射区及对流区 3 个层。核反应区只占太阳中心到 0.25 个半径处,体积仅占太阳的 1.6%,温度达 1500×10^4 K,中心压强 3300 亿个大气压,质量占太阳总质量的 50%。自 0.25 到 0.8 个半径处为辐射区,在这个区内通过对光子的吸收和再发射,可以进行能量的传递,把核反应区能量向外输送。辐射区外是对流区,厚度约 14×10^4 km,这一层中自内向外温度从 70×10^4 K 下降到 6600 K。由于温度、压强和密度的垂直梯度都很大,所以在对流层中物质的上下对流运动十分强烈。太阳的最外层部分是可见的太阳大气,也可以分为 3 层,即光球、色球和日冕。通常人们看到的是太阳大气的最底层光球。光球大约厚 500 km,虽然只占太阳半径的万分之 4.7,但太阳光能几乎全部来自光球。太阳光谱也是在光球内形成的。色球位于光球之上,平时不易观测到,过去只是在日全食,才可以看到日轮边缘有一层玫瑰红的绚丽色彩,色球的名称也由此而来。色球层约 2000 km,在这层里温度是随离开日面距离的增加而升高的,底层约 4560 K,在高层则急剧上升到 10×10^4 K 以上。太阳大气的最外层为日冕层,厚度至少有几个太阳半径大,这层物质极其稀薄,但温度却很高,可达 100×10^4 K。

太阳活动是太阳上各种物理活动的总称。目前观测到的各种太阳活动都是仅仅限于最外层的太阳大气区,太阳内部的活动及内外层的关系都还有待更深入的研究。这些太阳活动主要包括以下方式。

太阳黑子,即太阳光球上的暗黑斑点,是一种涡旋,这是至今观测最多及记载最为久远的一种太阳活动。当光球表面为 6050 K 时,黑子中部的本影部分大约为 4240 K,四周半影部分为 6050 K。由于温度相对比周围的光球低,所以看起来是太阳表面的一个黑点。最小的黑子直径才 1000 km,大的可达 20×10^4 km 以上。黑子的寿命与其大小有关,小的黑子几小时就会消失,大的可以存在几天到几十天。黑子是成群出现的,一个黑子群少则几个到十几个黑子,多的达几十甚至上百个黑子。但每个黑子群中总有两个是主要的,阳面西部(从地球上正视的右侧)的黑子称为前导黑子,东部的称为后随黑子,一般前导黑子稍大。

光斑与谱斑,光斑是出现在日面边缘的大块明亮组织,比光球温度高 100~300 K。光斑平均长 5×10^4 km,宽 $5\times 10^3\sim 1\times 10^4$ km,它的变化与太阳黑子有密切关系,但平均寿命比黑子长 3 倍。观测表明太阳黑子多时光斑也多,光斑增加造成的太阳辐射增加,可以抵销掉黑子增加造成的辐射减少。因此,太阳活动强时,太阳辐射也增加。谱斑是用单色光观测到的色球上大块增亮的区域。光斑向上延伸到色球就是谱斑,谱斑向下发展就是光斑。谱斑也同黑子有密切关系。

耀斑,也称色球爆发。这是出现在色球-日冕过渡区中的一种不稳定过程,表现为阳面上突然出现的迅速发展的亮斑。可以在短时间内释放出大量的能量、粒子和电磁辐射。耀斑的寿命不长,一般在几分钟到几十分钟之间,面积越大寿命越长。耀斑是太阳活动中最激烈的现象。耀斑也同黑子有密切关系。在太阳活动的 11 a 高峰,耀斑活动也比较频繁,数目增多。

日珥,出现在太阳边缘,因为与太阳光球相比,日珥的总光度很小,所以用肉眼观测的机会不多,只有在日全食时才能见到。一般每次日珥喷发过程约持续几十分钟。

射电辐射,太阳的辐射包括米波、厘米波及毫米波段。米波主要来自日冕内层,厘米波产生于色球的低层,毫米波产生于光球。太阳的爆发射电多发生在太阳活动激烈的时候,这时的太阳射电强度可猛增几百万倍。

二、太阳常数

"万物生长靠太阳",从能量学角度来说,太阳辐射是地球气候系统的惟一能源。因为,人类活动如燃烧煤、石油、天然气等所产生的热能与此相比,几乎是微不足道的。来到地球大气上界的太阳辐射强度为 1372 W/m^2,称为辐照度。来到大气上界的太阳辐照度是否常定不变这是一个老问题,也是一个有过激烈争议的问题。早在 1837 年布依列特(Pouillet)就提出来"太阳常数"的概念。他认为到达大气上界的太阳辐射是常定不变的。为什么强调到达大气上界,是因为大气对太阳辐射有削弱。而这个削弱依赖于大气的厚度及大气浑浊度。早晨及傍晚太阳高度较低,由于阳光是斜着穿过大气,因此太阳辐射在到达地面之前受到的削弱就较大。当大气中水汽及云较多,或者因受到污染大气中悬浮颗粒物增多均会大大减少达到地面的太阳辐射。所以,讨论太阳辐射的强度,一般以达到大气上界为标准。

但是,太阳常数是否真的是常数呢?这个争论已经持续了 100 多年。在太阳常数这个名词出现后的第 2 年,就有人提出了反对,认为不是常数。然而,很遗憾,由于没有足够精确的观测,始终无法准确地回答这个问题。不同的作者以及不同时间所得到的结果在 8.12~8.33 $J/(cm^2 \cdot min)$ 之间,即能够差到 2%~3%。但是由于观测都是在地面上进行的,尽管大部分观测是在经过精心选择的高山天文台进行,却仍不能避免观测误差及大气削弱订正误差的影响。据分析这些误差的数量级大约在 1%左右,与不同作者在不同时间所得到的结果的差异属同一数量级。从 1960 年代开始有了卫星观测以及火箭观测。然而,情况并没有因此而有根本的改善。因为,这些外层空间的观测虽然基本不受大气削弱的影响,但仪器观测误差却较大,不确定性仍在 1%左右。因此,仍然无法证实太阳常数是否真的是常数。直到 1978 年在雨云 7 号卫星上安装了空腔辐射仪,这种仪器观测太阳常数的精度能达到 0.05%。而根据 1978~1981 年 971 d 的观测,太阳常数有 0.2%~0.5%的变化,这才第一次证实太阳辐照度是变化的,太阳常数不是一个真正的常数。

然而,接下来的一个问题就是,太阳常数是否在太阳黑子多时而减少。由于黑子比光球表面温度低,因此看起来是一个黑点,或一块黑斑。当然,很容易想象,当太阳黑子多时,太阳辐照度低。美国天文学家阿包特(Abbot)就是这种观点的最有力的支持者,他曾经给出明显的例证,说明太阳大黑子过日中时,太阳常数激烈下降。1978~1981 年的卫星观测也证明太阳常数的谷值与逐日太阳黑子的峰值相对应。但是,这个观点却与多少年来对太阳活动历史及气候变迁关系的研究结果相矛盾。因为当太阳黑子多即表示太阳活动强时,地球气候偏暖,而太阳黑子少时,太阳活动弱,地球气候较冷。从 1979~1991 年,已经能看到一个大约 11 a 的太阳黑子周期。虽然这不是经典的从最低开始到下一个最低,但是能够明显地看到伴随黑子增长,太阳常数增加,在一个太阳黑子 11 a 周期内,太阳常数有大约 0.2% 的变化。但是,这又如何解释阿包特的论点呢?分析表明,太阳大黑子过日中,确实可以使太阳辐照度短时下降。因此,阿包特的观点及后来的卫星观测都是正确的。而且,太阳黑子的确对太阳常数起了削弱作用。但是,太阳黑子只是太阳活动的一部分。太阳黑子多的确反映太阳活动较强。不过,太阳活动强时,太阳光斑也增多。由于比光球温度高不太多,所以在阳面中心部分很难观测到,而只能在日面的边缘部分看到。太阳活动增强,光斑增多,却使太阳常数增加。因此,除了大黑子在日中时以外,大部分时间光斑所造成的太阳常数增加可以抵销太阳黑子对太阳常数的削弱还有余。因此,计算月平均太阳常数,或对逐日太阳常数作低频滤波就可以看出与太阳黑子变化是一致的,而不是相反的关系。这样从 19 世纪 30 年代到 20 世纪 90 年代,经过了一个半以上世纪的科学探索,才对这个问题有了较为准确的回答。

三、太阳黑子周期

我国早在汉朝时期就有用肉眼观测黑子的记载。当然不是直接用肉眼去看太阳,那会伤害眼睛,一般是通过一盆墨水去看。2000 年来断断续续,有很多看到黑子的记载。不过可惜这些记载不定量,而且只有当黑子较大时才能看到。所以关于黑子的系统性记录,还是在望远镜发明之后才出现。伽里略于 1610 年 8 月,第 1 次用天文望远镜看到太阳黑子。以后许多文天学家,以及天文爱好者陆续用各种天文望远镜观测了太阳黑子。后来 1961 年瓦尔德梅尔 (Waldmeir) 广泛收集了这些观测记录,建立了公元 1610 年以来的太阳黑子序列。

不过,自从有了太阳黑子观测,直到公元 1843 年施瓦布 (Schwabe) 才首先指出太阳黑子有 10 a 周期。即在 10 a 左右出现一个由少到多,再由多到少的循环。然而,定量地描述太阳黑子并不容易,因为有时黑子似乎是一团,不容易计算其数量。随后 1849 年沃尔夫 (Wolf) 制定了一个计算太阳黑子的公式

$$W = k(10g + f),$$

其中,W 为太阳黑子数,实际表示太阳黑子的一个指数,所以也称为相对黑子数,或沃尔夫数,g 为黑子组数,f 为黑子数,k 则是与天文台观测条件有关的常数。对苏黎士天文台 $k=1$,世界其他天文台均以苏黎士天文台为标准进行校正。但实际现在国际上均采用苏黎士天文台公布的太阳黑子数。其他天文台尽管有观测,但一般研究中只供参考。

施恩怀斯整理的公元 1500 年以来的太阳黑子数序列是目前最完整的,也是最长的序列(图 9.1.1)。其中公元 1610 年以后主要依靠观测记录。1610 年以前用代用资料插补。除了 17 世纪后半期到 18 世纪初的一段时间以外,11 a 周期十分有规律。不过,如果对逐年的资料进行分析,就会发现,虽然周期平均长度为 11.2 a,但个别周期长度变化于 8~16 a 之间。由于太阳黑子最少时,黑子总是出现在太阳的两个半球的 30~40°纬度,以后再随着黑子的增多,黑子的纬度逐步降低(但不会接近赤道)。而且,新出现于较高纬度的黑子,与以前出现在低纬的黑子磁场相反。因此,以太阳黑子最少,为一个 11 a 周期的开始,一般记为 m 年。当太阳黑子数达到极大时,称为 M 年。从 m 年经 M 年到下一个 m 年出现为 1 个周期。国际统一规定以 1755 年为第 1 周期开始。最近几个周期是第 19 周 1954~1963 年、第 20 周 1964~1975 年、第 21 周 1976~1986 年、第 22 周 1978~1997 年。1998 年开始了新的第 23 周。由于习惯,人们一般称之为 11 a 周期,但是从概念上讲,应该称为循环。

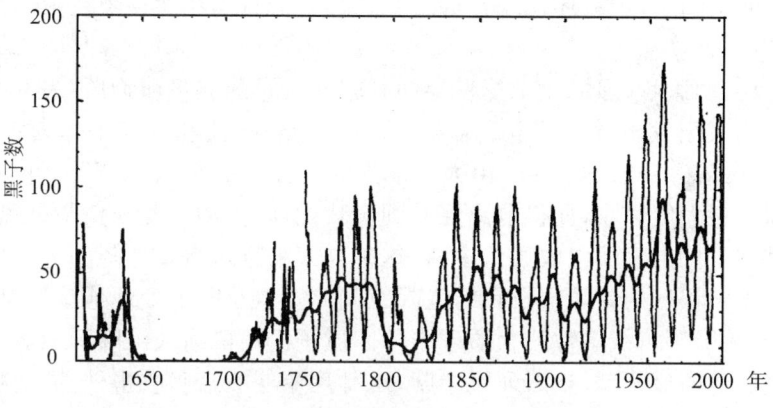

图 9.1.1　年平均太阳黑子数(Reid,1997)

四、如何判断古代太阳活动的情况

太阳活动能影响地球物理环境,也必然会留下大量的"证据",人们可以利用这些线索来直接判断或间接推测出从前太阳活动的强弱。

太阳黑子仪器观测,这是太阳活动的直接证据。可以回溯到 17 世纪初。

极光观测,极光是太阳粒子辐射轰击地球高层大气产生的,与太阳黑子的 11 a 周期关系非常密切。根据古代的极光记载可以判断太阳活动的强弱。如在蒙德尔极小期的 70 多年里全球仅观测到 77 次极光,其中 37 a 1 次记载也没有。而在 18 世纪则平均每年都有约 60 次。

古代黑子的目测记录,在一些历史文化悠久的国家,都有大量黑子目测记载,不过这些记载很可能有遗漏,而且受天气影响也很大,在连续性上不完整。

古代日冕记载,一般在太阳活动高值时日冕是丰满的,呈圆形,还充满了冕流,即像一缕缕头发一样的光辉。在太阳活动低值年日冕多呈扁平状,主要沿太阳赤道向外伸展。通常用肉眼不能直接观测日冕,但在日全食就可以看到日冕。

利用树木年轮中^{14}C和^{12}C之比可以考察从前太阳活动水平的变化。平常情况下地面空气中只有^{12}C,放射性^{14}C是不存在的,只有当高能银河宇宙线与地球上层大气粒子碰撞才能产生出^{14}C。人们已经知道银河宇宙线受太阳活动的调制,在太阳活动高年,入射地球大气的银河宇宙线增强,放射性^{14}C的产生率降低,而在太阳活动低年,入射地球大气的宇宙线增强,就会产生更多的放射性^{14}C。如果能够知道远古以来地球上放射性^{14}C是如何变化的,也就可以间接推断出当时太阳活动的变化。大气中的放射性^{14}C可以以CO_2的形式通过光合作用进入植物体内,也保存在树木的木质中。树木年轮可以比较精确地确定时代,通过^{14}C和^{12}C的比值可以推测出当时大气中^{14}C的含量,因此人们借助上千年的树木年轮,建立相应的太阳活动序列。不过,人们注意到树木年轮中的^{14}C看不到 11 a 周期变化,这是因为^{14}C是在高层大气中产生的,而树木生长在地面,^{14}C由 20 km 的高空传播到地面需要一个过程,因此大气圈相当于一个过滤器,^{14}C小于 20 年的变化经过"过滤"都被大大削弱了,而更长时间尺度的变化则保留了下来。

五、太阳活动如何影响地球

很早人们从生活经验就已经知道太阳对地球和人类的影响非同寻常,这不仅是体现在太阳带来光明、使植物繁茂等,还体现在许多其他显著的日地相关现象。太阳活动影响地球物理环境的方式有两种途径。

一种是直接的影响,强的太阳爆发会向外辐射大量的能量和物质(表9.1.1)。例如当太阳耀斑爆发时,由太阳发出增强的电磁辐射、高能带电粒子流和等离子体云等会到达地球,造成电离层扰动和磁暴等现象的发生。由太阳发出的增强的X射线和紫外线以光速8.3 min传到地球,被地球上层大气吸收,使得电离层受到突然扰动,其中主要现象是电离层电子密度增高,对电波吸收增强,使向日面电波通讯中断,这种与太阳耀斑爆发伴随的电离层扰动现象叫突然电离层骚扰。太阳辐射的高能粒子在行星际空间旅行数小时后到达地球,在地球近地空间观测到通量较大的太阳宇宙线事件称为质子事件。质子沿地磁力线沉降到地球两极地区的上层大气,使极盖地区电离层扰动,电波通讯中断,这种现象叫极盖吸收事件。太阳喷射的等离子体云在行星际空间运行速度约1000 km/s,它压缩太阳风等离子体形成激波,约1.5 d到达地球,与地球磁层作用引起磁暴、磁层亚暴、极光亚暴和电离层暴等扰动。此外,太阳活动还可以改变到达地球的短波辐射,即太阳常数的变化,其直接后果是造成地球气候系统的热量收入偏多或偏少,而从太阳获得的热量是驱动天气和气候的最根本的能量来源。

表 9.1.1　强的太阳爆发向外辐射的能量估计(宋礼庭,1994)

方　式	能　量(J)
总电磁辐射	10^{25}
行星际等离子体云	2×10^{25}
快电子	5×10^{24}
太阳宇宙线	3×10^{24}
太阳亚宇宙线	2×10^{24}
其他粒子	10^{23}
总能量	4×10^{25}

太阳活动还可能对地球大气密度、温度、运动等产生间接的影响。例如,强的太阳耀斑可以引起中高纬度大气环流的变化;耀斑后第3天和第4天雷暴活动增强;在磁暴期间高纬地区300 hPa大气低压槽的面积增大而且变深等。

第二节　太阳活动对气候的影响

一、11 a周期对气候的影响

太阳活动有十分明显的11 a左右周期性变化,很容易想到,地球的气候如果受太阳活动调制的话,地球气候要素的变化也应该有11 a周期。早在17世纪中叶就有人提出地球的温度随着黑子的增加而下降,以后著名气候学家柯本在20世纪初也指出全球年平均温度在黑子峰年比谷年低。但是,后来许多的研究结果都表明,除了雷暴与11 a周期有比较稳定的关系外,大多数的气候要素都很少发现有稳定的11 a周期。经常是偶尔有一段时间关系较好,而另一段时间则关系又受到破坏。非洲维多利亚湖水位与太阳黑子的联系就是一个典型的例子,1899~1924年间水位与黑子的正相关系数达到0.84,一直被当做太阳与地球气候关系的典范。但1925~1936年期间主要由于水位振动周期缩短1倍,相关系数变为-0.42。因此,又被人用来作为否认太阳活动可能影响地球气候的证据。

是否太阳活动11 a周期对地球气候没有影响呢？回答却可能是否定的。这主要有两个方面的证据，即气候的5～6 a周期与22～23 a周期。前者即所谓的"双振动"，后者即"海尔周期"。许多作者证明气候有5～6 a周期，而且每个11 a周期中包括两个5～6 a周期。在这方面贡献最大的是德国的鲍尔(Baur)。他在1950年代初发表了两本专著，论述北大西洋在($m-2$)年，即m年前的2年与M年经向环流强、纬向环流弱，而在这两个极值年之间纬向环流强、经向环流弱。北大西洋纬向环流强时，欧洲冬暖夏干，北美也冬暖夏热。所以许多气候要素的变化表现出5～6 a的周期性。后来大气环流资料进一步证实了鲍尔的结论，并且强纬向环流多出现在($m+2$)年，即m年后的2年及($M+2$)年，即M年后2年。不少作者研究了世界上其他地区的气候，也得到了类似的结论。王绍武曾分析了北半球的气温与太阳黑子11 a周期的关系。发现在($m+2$)a及($M+2$)a气温较低，而在($m-1$)年及($M-1$)年气温较高。另外在($m-1$)年及($M-1$)年北京的夏季降水少，而在($m+1$)年及($M+1$)年降水多。这些均反映在一个11 a周期内气候出现两个波动的情况。如果承认这种现象确实与太阳活动11 a周期有关。则必须解释为什么不是直接出现11 a周期。当然，过去不少科学家总是寻找气候与某个外界因子的直接联系，即一一对应的关系。这在科学上常称为线性关系，现代大气科学证明，大气中存在许多非线性的关系。因此，也不是不可能作为大气对太阳活动11 a周期的响应，气候要素表现出5～6 a周期。鲍尔也曾提出过一个解释，认为太阳辐射不仅与太阳黑子有关，还与光斑有关。不过太阳活动11 a周期与地球气候双振动间的联系机制还需要进一步研究。

二、22 a 周期

大量研究发现气候要素普遍存在22～23 a左右的周期，这种周期的长度是11 a周期的两倍。最早是在研究太阳活动11 a周期的影响时，发现11 a周期中由m年到M年或由M年到m年的气候要素变化，并不是一个常数，而是随周期变化。后来人们发现这就是22～23 a周期的影响，威利特(Willet)指出太阳活动的单周，即第9、11、13、15及17周由m年到M年北大西洋西风减弱。但在太阳活动的双周，第10、12、14及16周，由m年到M年北大西洋西风增强。因此，形成西风强度的22～23 a周期。海尔(Hale)早就指出太阳黑子11 a周期M年的黑子数值交替上升的现象。近来M年太阳黑子最高的是第19周，然后向前第17周、第15周、第13周、第11周及第9周的峰值也较高，而第16周、第14周、12周及第10周则较低。所以，也把太阳活动的单周称为主高周，双周称为次高周。根据威利特的研究，主高周北大西洋西风弱，次高周北大西洋西风强。所以进入主高周由m年到M年西风减弱。但进入次高周西风增强。王绍武研究了北半球的西风，也得到相同的结论。此外，还发现中国地区的夏季降水也有22～23 a周期，并且中国的旱涝与北美大平原的旱涝变化相反。主高年(即主高周的M年)中国涝、美国旱。次高年(次高周的M年)中国旱、美国涝。类似的研究还有不少。这表明22～23 a周期是地球气候振动的一个比较主要的周期。不过，可惜目前还无法证实太阳辐射在两个11 a周期之间如何变化。因为，到现在只有一个11 a周期的可靠的太阳常数观测。另外，也有的作者指出由于从1个11 a周期到下1个11 a周期，太阳黑子的磁场反转。因此，对再下1个周期，就可以再反转回来。所以，也有人把22～23 a周期称为太阳黑子的磁周期即"海尔周期"。但是现在还不清楚黑子磁场的变化对太阳辐射有什么影响。

三、世纪周期

太阳活动的 80~90 a 周期称为世纪周期或格莱斯堡周期(Gleissberg),18 世纪末,19 世纪中和 20 世纪中 11 a 周期的峰值均较强,而在 19 世纪初和 20 世纪初则 11 a 周期的峰值均较弱,这都体现了世纪周期变化的特点。在 1930 年代,就发现西欧的气候变量也有世纪周期,如德国柏林 1768 年以来的温度就有 89 a 左右的周期。1950 年代后,很多研究发现全球许多气候要素都存在世纪周期,如汉城 5~6 月雨量,中欧降水,大西洋沿岸的海平面高度,白令海的冰量等的长期变化都与太阳活动的世纪周期有很好的关系,格陵兰冰芯的氧同位素含量的功率谱分析也清楚显示出 79 a 周期。最近洛克乌德(Lockwood)等也发现太阳日冕磁场的长期变化与近百年来全球温度的变化有很好的一致性。

一些研究发现太阳活动的世纪周期对我国大范围的降水也有一定影响。根据 500 a 旱涝等级资料,当太阳活动世纪周期的高峰之后,我国自北向南会进入多雨期。长江流域的梅雨开始日期、梅雨期的长度、汉口站的年最高水位、黄河陕县年最大流量以及西太平洋台风数的距平累积曲线均与太阳黑子的距平累积曲线有很好的对应关系,说明当太阳活动世纪周期增强时,长江流域梅雨开始日期推迟,梅雨期缩短,长江最高水位上升,黄河流量增大,西太平洋台风数目减少。

四、蒙德尔极小期

太阳活动 11 a 周期不仅长度有较大的变化,而且 11 a 周期的振幅变化也是很大的。1957 年的黑子数峰值,达到 190,而 19 世纪初的峰值,如 1804 年为 48,1816 年为 46,只有 1957 年的 1/4 左右。m 年的黑子数也有差别,1810 年的黑子数为 0,1913 年为 1,1823 年为 2,但是 1944 年为 11、1976 年为 13、1986 年为 14。有时太阳活动 m 年没有太阳黑子,有时也可以达到 10 以上。不仅 M 年的黑子数有长期的变化,例如 19 世纪初较低,20 世纪中、后期较高。而且,有时如 17 世纪中、后期到 18 世纪初,几乎看不到 11 a 周期。有人认为这也是为什么伽里略在 1610 年就观测到黑子,而过了两百多年才发现太阳黑子的 11 a 周期(开始认为周期为 10 a)的原因。英国天文学家蒙德尔于 1893 年发现 1645~1715 年这 70 余年的时间太阳活动十分平静。一般只有个别黑子,而从未多于 1 组。同时黑子的寿命亦较短,经常为单个黑子,所处纬度也较低,且只在太阳上出现 1~2 次,即绕太阳 1 周。但其他年份太阳黑子有时能绕太阳 2 周乃至 4~5 周。这也说明这段时期太阳活动比较弱。过了 30 a 到 1922 年蒙德尔再次发表文章,论述他的发现,可惜仍未得到科学界的重视。直到 1976 年天文学家埃迪再次研究了这个问题,才引起广泛的注意,并以蒙德尔命名这段太阳活动极弱期,称为"蒙德尔极小期"(The Maunder Minimum)。

埃迪认为有许多证据,说明蒙德尔极小期太阳活动确实比较弱。(1)太阳黑子观测值。瓦尔德梅尔于 1961 年发表了第 1 个经过细心整理及计算的太阳黑子数序列。月平均黑子数的序列开始于 1749 年。所以国际上从这年以后第 1 次出现的 m 年,即 1755 年定为第 1 个 11 a 周期的开始年(m 年)。1700~1748 年仅有年平均值。因为,观测数据较少,不足以得到各月的黑子数。1700 年之前,只有一些零星的间断的观测。但是也可以看出来,在蒙德尔极小期太阳黑子数非常低,看不出任何 M 年。(2)极光也是一个判断太阳活动的重要现象。太阳活动强时,地球上出现的极光多。太阳活动弱时,极光出现的就少。北半球极光出现最多的地方在北磁极,即 69°W,78.5°N。距北磁极愈远则出现极光的机会愈小。一般在北欧,俄罗斯北部,加拿大观测到极光的机会最多。福利茨曾广泛收集了各国古代极光的记载,编制了极光年表。根据这个表,蒙德尔极小期只有 77 次极光记载,其中有 37 a 1 次也没有,说明蒙德尔极小期太阳活动很弱。(3)古代太阳黑子记录。古代中国、日本、朝鲜有许多肉眼观测到黑子的记录,神田茂曾收集了这几个国家的记录。根据这分记录,1584~1770 年间无记载。而通常每年总有 5~10 次。由于肉眼只能看到极大的黑子,所以这至少说明包括蒙德尔极小期在内的一段时间,太阳上没有出现强大的黑子群。(4)古代日冕记载。在蒙德尔极小期,人们对日冕的描述是暗淡苍白的光环、宽度不均匀、颜色微红、宽度狭窄。这与现代人们看到的日冕形状大不相同。因此,这也是蒙德尔极小期太阳活动减弱的有力证据。(5)^{14}C 丰度分析显示在蒙德尔极小期内 ^{14}C 含量很高,说明这期间太阳活动大大减弱。

在蒙德尔极小期时,欧洲正处于小冰期时期(Little Ice Age),当时欧洲出现了严寒记录,如英国泰晤士河历史上的 3 次封冻(1684、1694 和 1709 年)就都发生在这个时期。清朝顺治到康熙年间是近 500 年来我国最寒冷的时期,也发生在这个时期。在蒙德尔极小期中的 1650~1700 年的 50 年间,太湖、汉水和淮河都结冰 4 次,洞庭湖结冰 3 次,江西的柑橘园在 1654 和 1676 年的两次寒潮中完全被毁。当然,大量证据表明小冰期是一个全球尺度的气候寒冷事件,而很多科学家认为在小冰期的形成中,太阳活动的减弱可能是一个重要的原因。

五、太阳活动对气候的长期影响

关于太阳活动对地球气候的影响,长时期以来始终是一个有很大争议的问题。在 1970 年代初,曾经在前苏联展开了一场激烈的论战。持否定态度的以著名的天气学家赫洛莫夫及海洋学家莫宁为代表。后者甚至在他的一本著作中写到"如果太阳活动能影响地球气候,那将是一个悲剧",因为在作气候预测之前先要作太阳活动的预测。不过,现在看来悲剧是不可避免的。但是,在争议中似乎没有注意到时间尺度问题。太阳活动能影响气候的支持者,有时把天气也混了进来,这显然是不恰当的。由于大气本身的天气尺度变化激烈,而这些变化对长期的大范围的太阳辐射变化均可视为噪声。所以受到太阳活动影响的可能主要是气候,而不是天气。在对气候的影响中,还要再区别两个范畴,即几年到几十年的变化,以及百年以上的长期变化。这里要讨论的是百年或更长时间尺度太阳活动可能对气候变迁的影响。

埃迪(Eddy)根据古树木年轮中 ^{14}C 含量的变化,给出了近 5000 年的太阳活动强度序列(表 9.2.1),确定了 12 个太阳活动的异常期(包括极盛期和极弱期)。绍夫(Schove)在 1955 年发表了近 2000 年的 M 年太阳黑子数。绍夫是收集了大量有关古代黑子、极光等记载而制定这个年表的。至少有 3 个明显的极小期,即蒙德尔极小、施珀雷尔极小和沃尔夫极小,不过最后一个极小期的强度比较弱,另外一个中世纪极大。由于这两个序列所根据的是完全不同的资料来源。但是能有这么好的一致性,说明对太阳活动变化的推断是有很高的可靠性的。

把近千年的太阳活动与气候变迁作个比较是很有趣的。分析表明近千年中共有 5 个冷期分别出现于公元 1100~1150 年代,1300~1390 年代,1450~1510 年代,1560~1690 年代,及 1790~1890 年代。这是综合分析了东亚、前苏联、欧洲、北美、北极地区及南半球的记录,得到的结果。可见蒙德尔极小期与施珀雷尔极小期均与冷期对应。中世纪极大期也同中世纪暖期(公元 900~1300 年)有相当的重合。而且,近 5000 年的太阳活动与气候变化趋势基本是一致的。5000 年开始时仍处于大暖期的晚期,气候温暖,连续出现了 3 个太阳活动极大期。以后一直到中世纪极大期之前出现了4个极小期,仅有1个极大期。这正反映了气候最适宜期之后气候的逐渐变冷。当然要定量分析太阳活动对气候变迁的影响还需要详细的诊断分析和数值模拟研究。

表 9.2.1　5000 年来太阳活动异常期(Eddy,1976)

编号	名　称	^{14}C 记录起迄年份	可能的时间范围
1	现代极大期	公元 1800(?)~	公元 1780(?)~
2	蒙德尔极小期	公元 1660~1770	公元 1640~1710
3	施珀雷尔极小期	公元 1420~1570	公元 1400~1510
4	中世纪极大期	公元 1140~1340	公元 1120~1280
5	中世纪极小期	公元 660~770	公元 640~710
6	罗马极大期	公元 1~140	公元前 20~公元 80
7	希腊极小期	公元前 420~300	公元前 440~360
8	荷马极小期	公元前 800~580	公元前 820~640
9	埃及极小期	公元前 1400~1200	公元前 1420~1260
10	石柱极大期	公元前 1850~1700	公元前 1870~1760
11	金字塔极大期	公元前 2350~2000	公元前 2370~2060
12	苏马极大期	公元前 2700~2550	公元前 2720~2610

第三节　火　山　活　动

一、全球火山活动

大地板块之下地壳熔融形成岩浆,岩浆沿地壳破碎的裂缝向上喷发形成火山。火山爆发或火山喷发是地球上的重要自然灾害。火山爆发时,上千度高温的火山熔岩,以每小时几十公里的速度向山下蔓延。同时,向空中喷发出碎石、岩块,通常称为火山弹,小的直径几厘米、几十厘米,大的可达几米,重几十吨甚至百吨。但是,更多的则是火山灰,直径只有 0.01~0.02 mm,有的在 0.01 mm 之下。大一些的火山灰很快下落,复盖了火山附近地区。公元 79 年爆发的维苏威火山,埋没了庞贝古城就是一个典型的例子。这些熔岩及稍大一些的火山灰主要是给当地居民带来灾难。当然,有时灾难是惨绝人寰的。1883 年印度尼西亚克拉卡托火山爆发把整个岛屿的 3/4 均崩塌,发生强烈的海啸,死亡人口在 3600 以上。1815 年有记载以来最强的印度尼西亚坦博拉火山爆发,直接死亡人数达 12 000 人,间接死亡人数可能有 80 000 人。这可能是灾难最大的 1 次喷发。火山喷发时,经常伴随地震、海啸、火山泥流等等。火山泥流是火山岩屑与水混合,有时与冰混合造成的泥石流。例如 1982 年厄尔·奇冲火山爆发后的泥流就席卷了周围 100 km^2 以上的村庄,造成 2000 人死亡。

1991 年有 62 座火山爆发,1980~1989 年期间共 165 座火山爆发,人类历史上有喷发记载的火山数量有 500 多座,全新世(最近约 1 万年)以来喷发过的火山可能有 1300 座。有些火山已经沉寂了多年,有些则仍在活跃,称为活火山。据统计目前全球有活火山 516 座。但是,这些火山并不是均匀分布在地球表面的。其中 60% 分布在环太平洋地区。一个集中地区是西北太平洋、堪察加半岛、千岛群岛、日本共有 83 座活火山,其次为阿留申群岛及阿拉斯加,共有 39 座活火山。太平洋东部北美洲的墨西哥、中美洲的尼加拉瓜、南美洲的智利的活火山均在 10 座以上。

二、火山活动与阳伞效应

过去人们只知道火山爆发所带来的直接或间接的生命财产损失。但是,还没有注意到火山爆发对气候的影响。1783~1784年北美出现了严冬,纽黑文1781~1810年30年1~2月平均气温为-2.5℃。而1784年为-6.4℃,比平均低了3.9℃。美国大发明家富兰克林首先提出,这可能是上1年冰岛火山爆发造成的。这时他正出使法国。1783年冰岛莱基火山爆发后巴黎阳光暗淡,太阳升到地平线上20°高度仍是古铜色,当年冬季即出现了严冬。为什么火山爆发能造成气候变冷呢?主要是火山爆发时,不但喷发出大量熔岩、碎石、火山灰,还喷发出一些十分细微的可称为火山灰的微粒,直径不过0.5~2.0 μm,以及大量气体。这些气体与大气中的水汽结合形成液体状浓硫酸盐滴,称为气溶胶。当火山爆发十分强烈时细小的火山灰及气溶胶,可喷发到30~40 km高,在平流层中漂浮2~3 a,个别可能存留10 a以上。这些火山灰和气溶胶可以散射太阳辐射,使地面接受到的太阳辐射减少,气温下降。所以火山爆发对气候的影响也称为"阳伞效应"。当然,这种阳伞效应不仅是影响火山附近的地区,还可能对半球甚至全球气候都有影响。因为由强大的火山爆发形成的火山灰和气溶胶能长期存留在平流层,因此在喷发后,能逐渐传播到全球,而且传播的速度很快。例如在赤道地区30 km高空纬向风很强,因此,如果火山位于赤道附近,火山爆发后的气溶胶可能在20~30 d的时间围绕地球1圈。1982年厄尔·奇冲火山爆发时已有卫星观测,可以精确地描绘出火山灰和气溶胶自东向西的传播。在爆发后20 d即形成一个环绕地球的火山灰和气溶胶带。其实早在1883年克拉卡托火山爆发时,火山灰自东向西传播,并追踪了其环绕地球两圈,并由此推算出高空的风速为32 m/s。所以,一个火山爆发,如果其强度足够大,则不只是影响本地,而是可以对大范围地区产生影响。特别是在赤道附近爆发的火山,一旦气溶胶进入平流层,就会随强劲的纬向气流传播,形成一个气溶胶环,再向极地两方扩散,可以影响到全球。所以低纬的火山爆发的影响往往较大,而较高纬度的火山,则可能主要影响本半球(图9.3.1)。

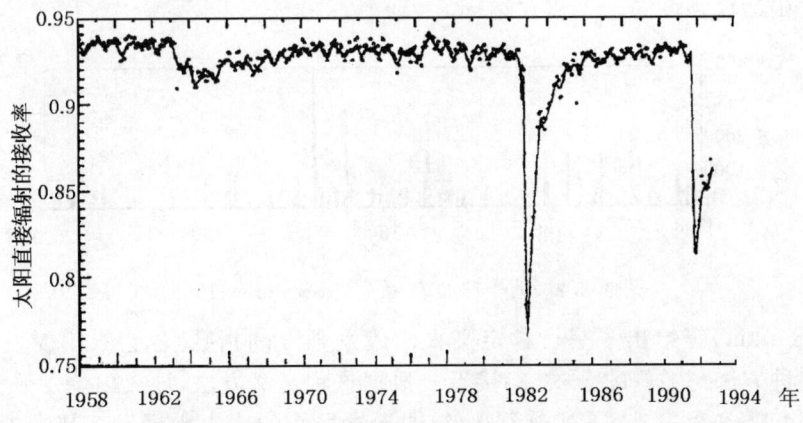

图9.3.1　火山喷发后夏威夷观测的地面太阳直接辐射的接收率(CPC,1994)

三、火山活动指数

为了研究火山爆发对气候的影响,就要给火山爆发一个定义,或者如通常所说给它一个指数,用这个指数来衡量火山爆发的强弱。英国气候学家兰姆(Lamb)最早建立了描述火山活动的指数,称为尘幕指数(dust veil index),缩写为 DVI。由于古代缺乏火山爆发的定量资料,兰姆设计了 3 种等效的评估公式:

$$DVI = 0.97 R_{Dmax} E_{max} t_{mo}, \quad (1)$$

$$DVI = 5.25 T_{Dmax} E_{max} t_{mo}, \quad (2)$$

$$DVI = 4.4 q E_{max} t_{mo}, \quad (3)$$

其中 E_{max} 为影响范围。在 20°N～20°S 之间为 1.0,20～35°N 及 20～35°S 为 0.7,35～40°N 及 35～40°S 为 0.5,>40°N 及>40°S 为 0.3。这是为了反映火山爆发造成的影响的范围。t_{mo} 为火山爆发的时间长度,以月为单位,从开始爆发到看不见火山云漂浮在高空为止。式中 R_{Dmax} 表示火山爆发后中纬度太阳辐射最大下降量,以%表示。式中 T_{Dmax} 为火山爆发后中纬度的最大温度下降,单位为℃。式中 q 为喷发出固体物质,单位为 km^3。这样,只要能知道火山爆发造成的太阳总辐射减少量,或者气温下降幅度,或者喷发物三者之一,再加上火山爆发影响时间,就可以对每次火山爆发可能产生的影响大小作出定量的评估。公式中的系数是以 1883 年克拉卡托火山爆发为标准确定的。因为,对这次火山爆发有比较完整的资料。克拉卡托火山在 6°9′S,所以 $E_{max}=1.0, t_{mo}=38, R_{Dmax}=27, T_{Dmax}=0.5, q=6.0$。假定这次火山爆发的 DVI=1000,就可以算出各个公式的系数。应该说这是一个非常聪明的设计。一方面考虑到古代资料的不完整,一方面又考虑到能有一个前后统一的均匀的序列。但是,不少学者对这个指数提出了批评。因为,(1)式及(2)式看来似乎合理,但应用中却有不少问题。例如,气温下降及辐射下降以什么地区的为标准。中纬度范围很大,特别是对气温下降的估计有很大的任意性。因此,兰姆本人及其他一些学者曾试图提出一些修正方案。但是,对 DVI 均没有本质改变。另外火山爆发产生于某一时间,但是其影响则是长期的。为了能建立一个考虑火山爆发影响的序列,兰姆假定每次火山爆发的影响时间为 4 a。然后,把用上面公式计算得到的 DVI 按一定比例分配到火山爆发后的 4 年:第 1 年占 40%;第 2 年占 30%;第 3 年占 20%;第 4 年占 10%。这样兰姆建立了公元 1500 年以来的 DVI 序列(图 9.3.2)。虽然,至今仍有不少作者认为这个序列不够客观,但仍不失为判断火山活动强度的一个重要指标。

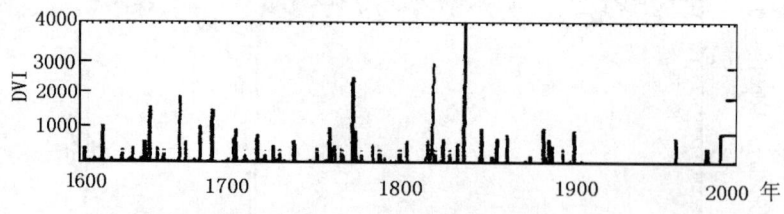

图 9.3.2　北半球 DVI 系列(Rownteree,1998)

西姆金(Simkin)等给出了另一种定义火山爆发强度的指数,称为火山爆发强度指数,用 VEI 表示。这种方法与兰姆的公式(3)接近。根据这种定义方法,把火山爆发分为 8 级。实际是 9 级,因为除 1～8 级之外,还有一个 0 级,即无爆发性的小火山爆发。其中 1～2 级火山爆发,喷发高度在 5 km 以下,估计对大范围气候影响不大,4 级喷发达到 10 km 以上,故一般研究火山爆发对气候的影响时,大多只考虑 VEI 达到 4 级以上的火山爆发。根据这份档案,至今只有 1 次 7 级,即 1815 年坦博拉火山爆发,尚没有发现到达 8 级的火山爆发。西姆金等同时指出,各级火山爆发有一定的发生频率。VEI=2 的每年几十次、VEI=3 的每年几次、VEI=4 的每年 1 次、VEI=5 的每 10 年 1 次、VEI=6 的每百年 1 次。这样 VEI=7 的几百年到千年 1

次、VEI=8出现的概率就更低了。这大体与过去几千年来的火山活动情况一致。

除了上述DVI和VEI外，有人建议用其他一些指标表示火山活动，如冰芯导电率或酸度、大气光学厚度等。但是代表性更好、应用最广泛的还是尘幕指数和火山爆发强度指数。

四、古代火山活动的证据

现代观测手段已经发展得很完善，如通过卫星可以对全球范围的火山活动进行实时的监测，但是在早期科学水平还很低，有些强度较小的火山或者是偏远地区的火山喷发，都可能不为世人所知。但是，不管是强或弱的火山喷发，总会在自然界留下蛛丝马迹，因此现在人们可以得知最近几千年或上万年火山活动的情况。

火山喷发到平流层的直径较大的火山灰尘在数月内就会降落，但火山气溶胶则能存留更长时间，随风远飘，慢慢沉降到各地。格陵兰岛大部分地区为厚厚的冰雪所覆盖，这是除南极大陆外地球上最大的陆地冰盖，气溶胶作为雪的凝结核降落下来，积压成冰。冰芯有很好的年层，可以定年。因此，可以根据冰芯的酸度或导电率来判断古代的火山活动。如汉莫(Hammer)首先注意到格陵兰冰芯导电率可能与火山爆发后酸雪的下降有关。而格陵兰冰芯可以回溯到上万年至几十万年，因此，可以分析冰芯中的导电率或酸度来推测古代火山活动。当然，火山喷发的距离、喷发的季节、喷发持续的时间及喷发物的性质可能会有影响，但这毕竟为人们提供了一个可靠的途径。而且全球还有很多地区如南极、青藏高原、美洲安底斯山脉等都有冰盖或冰川，可以用来对古代火山活动的记录进行对比和补充。

罗博克(Robock)等曾建立了冰芯酸度或含硫量的序列。北半球共用8个冰芯序列，南半球用5个冰芯序列。把每个序列标准化再平均得到一个序列，即冰芯反映的火山指数(称为IVI)。最后，为了找到强火山爆发的记录，把IVI作10 a滑动平均去掉低频变化。然后凡IVI比前3 a平均大2倍方差(2σ)，比后3 a平均也大2倍方差的为强火山爆发。这样发现了公元400年以来北半球有十几次强火山爆发，例如，公元933、1259、1783、1809~1815年等。其中1815年的爆发在DVI及VEI序列中均有明显的表现。1783年DVI有峰值，而VEI仅为4级。其余IVI中早期峰值无法与DVI比较，因为后者最早只到公元1500年。VEI有2000 a的序列，但与IVI所发现的峰值不一致。这说明由于资料的限制，要准确确定何年曾发生强大火山爆发还有不少困难。但无疑现代科学技术的发展已为进一步研究打下了良好的基础。

五、近500年火山活动

人们建立了一些长的火山活动强度序列，如兰姆的DVI向前延伸到了1500年；美国斯密森研究所的西姆金(Simkin)等也在1981年出版了近万年火山活动档案，其中记录了公元前8300年到20世纪初的5564次火山爆发及其VEI指数。由于VEI指数4级喷发在10 km以上，即达到了平流层的高度，因此一般研究火山对气候影响时多考虑4级及4级以上的火山喷发。根据西姆金等的这份VEI资料，则近万年来没有发生8级的火山喷发，只有1次7级火山喷发，即1815年的坦波拉(Tambora)火山爆发，到目前为止，也只记录到17次6级爆发。当然，以前的记录受种种限制还有较大的不确定性，最为可靠和详细的还是近500 a来的火山活动情况，尽管如此，分歧还是比较大的，如有不少VEI达到6级，DVI只有500，即使是相同的活动指数不同的作者之间的看法，有时也有很大的差别。下表中给出了公元1500年以来VEI$\geq$6或者DVI$\geq$1000的强火山喷发(表9.3.1)。

表 9.3.1　公元 1500 年以来 VEI≥6 或者 DVI≥1000 的强火山喷发(李晓东,1995)

编号	年	月	名称	纬度(°)	经度(°)	VEI	DVI
1	1500		爪哇	7S	110E		1000
2	1586		克鲁特	8S	112E	4	1000
3	1593		容格	8S	114E	4	1000
4	1601		大岛	34N	139E		1000
5	1614		小桑达	8S	118E		1000
6	1641	1	阿武	4N	126E	5	1000
7	1660		乌美特	17S	71W		1000
8	1673	5	伽马库罗拉	1N	128E	4	1000
9	1680		东可可	2N	125E	4	1000
10	1700		长岛	5S	147E	6	
11	1752		小桑达	8S	118E		1000
12	1755	10	喀特拉	64N	19W	5	1200
13	1766	7	马永	14N	124E		2300
14	1775	7	帕卡亚	14N	90W		1000
15	1783	5～6	莱基	64N	23W		2300
16	1795		珀格罗里	55N	165W	4	1000
17	1815	4	坦波拉	8S	118E	7	3000
18	1835	1	科斯圭拉	13N	88W	5	4000
19	1846		阿马各拉	18S	174W		1000
20	1875	3	阿斯科加	65N	17W	5	1000
21	1883	8	克拉卡托	6S	105E	6	1000
22	1895	12	汤普森	53S	5E	4	1300
23	1902	10	圣玛利亚	15N	92W	6	600
24	1912	6	卡特迈	58N	155W	6	500
25	1991	6	皮纳图博	15N	120E	6	1000

第四节　火山活动对气候的影响

一、火山活动影响气候的途径

　　火山喷发对气候造成影响的途径是多方面的。首先,最直接和最明显的就是通过火山灰和气溶胶的扩散,对太阳辐射和长波辐射的影响。由火山灰和气溶胶组成的火山云增大了反照率,大大地减少了到达地面的直接太阳辐射。1912 年 6 月阿拉斯加的卡特迈火山爆发后,1912 年 9 月美国及欧洲一些测站的太阳直接辐射减少 20% 以上。另外有证据表明,1883 年克拉卡托火山爆发,1902 年佩勒与圣玛利亚火山爆发后直接太阳辐射亦可能减少了 20%～30%。不过火山云虽然阻挡了到达地面上的直接太阳辐射量,但是火山云却使散射辐射增加,1963 年 3 月印度尼西亚的巴厘岛阿贡火山爆发。这并不是近几十年最强的一次爆发,但是却有了较完备的辐射观测资料,而且绘制了火山云漂移扩散图。能够准确地知道火山云何时入侵澳大利亚。这样利用澳大利亚墨尔本的太阳辐射观测。就可以比较精确地知道,由于火山云太阳辐射受到的影响。这次观测表明,阿贡火山爆发后直接太阳辐射减少 23%,但是散射太阳辐射则增加 1 倍以上。不过,因为散射辐射绝对值小。所以把直接辐射与散射辐射合起来的太阳总辐射仍下降 6%。1982 年墨西哥湾的厄尔·奇冲火山爆发,这次不仅有系统的太阳辐射观测而且有了卫星观测。因此,很清楚地看到火山云是如何自东向西扩散,在 20 d 左右的时间环绕地球 1 周。这次测得的直接辐射减少 33%,散射增加 77%,总辐射减少 6%。火山灰尘与气溶胶对辐射的影响,必然会对全球地—气系统的热量平衡产生很大的影响。

其次,火山平流层气溶胶可以引起许多反馈过程,这些反馈过程涉及到许多方面,如气溶胶的多重散射可导致臭氧的光解作用增强使臭氧总量下降,使得平流层上部冷却;与水汽及温度,反照率间等都存在复杂的反馈作用。此外,火山活动对气候还有间接的影响,如平流层气溶胶辐射强迫造成温度场的变化和能量的重新分配,进而造成大气环流的变化,最明显的例子是大气平均动能减小,对流层纬向风减弱,使得大气的经向热输送发生变化,热带辐合带南移。

二、火山活动影响的信号检测

虽然火山活动对气候有很明显的影响,最直观的如火山灰尘的阳伞效应使地面气温下降,但是要从气温观测中找到火山爆发的信号是比较困难的。在科学上,这叫作检测。之所以困难是因为并不只是火山一个因子在影响气温变化。除了正常的由地球相对太阳引起的日变化及年变化以外,影响气温变化的因子可以分为 3 类。第 1 类是天气因子,如寒潮到来气温下降,副热带高压控制产生热浪。然而这些因子只能产生短时间的天气尺度变化。如果我们计算月或季平均气温距平,就可大体上除去日变化、年变化及天气影响。因此在气候研究中可以不考虑这类因子。第 2 类因子是地球气候系统内部的成员之间的相互作用。例如,海气相互作用中的 ENSO 就是一个例子。但是,这很容易判断。所以,一般在研究中可以把这一部分分离出来。第 3 类是外界影响,即地球气候系统以外的因子的影响。根据过去大量的研究,人们已经逐渐取得共识,外界因子主要有 3 个方面:这就是太阳活动、火山活动及温室效应。最后一个即人类活动对气候的影响。所以如果从气温变化中能去掉 ENSO 的影响,然后再用长期趋势分离出温室效应的影响。则不难对太阳活动或火山活动的影响作出判断。

实际研究中,从观测气温变化中检测出火山爆发信号的方法主要有两类:一是先确定一些强的火山爆发,然后用时序叠加的统计方法寻找火山爆发影响的信号;另一类是先建立火山活动指数序列,如 DVI,VEI 等,再进行火山活动和气候要素序列间相互关系的研究。

大量的研究表明,就全球平均来看,在强火山爆发之后 3～5 个月降温比较明显,低温可持续到 10～15 个月。但主要是 1～2 年内影响较显著,大约经过 4～5 年如果没有新的火山爆发,则逐渐恢复正常。但是火山活动影响有明显的地区和季节差别。首先,不同半球的火山喷发影响是不同的。根据西尔(Sear)等的研究,北半球的喷发往往使全球气温在 3 个月之后即产生最大降温,而南半球的喷发则要迟到 19～20 个月之后降温才达到最大。不过北半球喷发影响的时间短,南半球喷发影响时间长。北半球的喷发可以影响到南半球的气温,但南半球的喷发却对北半球影响不大。其次,从季节上看,火山喷发后受到影响最大的是夏季气温。如日本气候学家认为日本夏季低温与火山活动有密切关系,日本历史上著名的四大冷害年(1695、1755、1783 和 1837 年)均与强火山爆发有关。

三、火山活动与气候的长期变化

近年来,随着火山资料和气候记录的日益丰富及研究的逐步深入,人们已经认识到,在气候的长期变化中,火山活动至少是和太阳活动变化、温室效应影响等具有相同量级的强迫因子,对气候的长期变化有十分重要的影响。波特(Porter)曾把格陵兰冰盖的冰芯酸度的变化与山岳冰川的进退做了非常有趣的比较。他发现大约从公元 1200 年到 1900 年冰川前进,雪线下降,这表示气候寒冷。而在此之前公元 1100~1200 年之间有一段明显的冰川后退雪线上升。他认为这段时间即中世纪暖期。当然,他这样定出的中世纪暖期可能稍短一些。但是却在冰芯酸度上有明显的表现,这时冰芯酸度减少,说明火山活动减弱,气温上升。更为有意义的是 16 世纪前半期,冰川有明显的后退,18 世纪中又一次较弱的后退。这可能意味着大体上在这两次后退的前、后即在 15 世纪、17 世纪及 19 世纪有 3 次冷期。这与前边讲到的小冰期中的气候变迁基本上是一致的。而且,这个特征在冰芯酸度变化中有非常明显的表现。此外,值得注意的是,波特的冰川变化曲线中在公元 1000 年前有一个短暂冷期。而在公元 900 年前为一弱的暖期,这些均在冰芯酸度变化中有所表现。同时,大体上与中国的气候变迁是一致的。这说明气候变迁的空间一致性可能较大。欧洲的冰川与中国东部的气候变迁有较好的一致性。汉莫(Hammer)也曾比较了自公元 550 年以来的英格兰温度、加利福利亚树木年轮宽度、格陵兰冰芯氧同位素、北半球气温和格陵兰冰芯的酸度变化特征,发现温度大的冷暖波动在冰芯酸度曲线上都有很好的表现。这些都说明,温度变化与火山活动可能是气候变迁形成的重要原因,至少是重要原因之一。

四、皮纳图博火山喷发及其影响

1991 年 6 月菲律宾的皮纳图博火山爆发。这可能是 1980 年代以来最强的一次火山爆发,DVI 为 6 级,此前有记录以来才发生过 16 次 6 级火山爆发。这次火山爆发又进一步有了各纬度带的大气光学厚度,反映了大气的浑浊度。根据观测,在爆发之后 3 个月即 1991 年 9 月 20°S~30°N 的大气光学厚度已达到峰值。说明这时已在低纬形成了一个广泛的火山灰幕。南半球中纬度(40~60°S)的大气光学厚度在 1991 年 11~12 月达到峰值,北半球中纬度(40~60°N)则直到 1992 年 4 月才达到峰值(图 9.4.1)。皮纳图博火山在北半球,但是南半球的气溶胶却先到达峰值,这可能与大气环流的季节特征有关。这两个半球气溶胶均在春、夏之际达到峰值,因为这时最有利于火山云的传播。从这次大气光学厚度的观测可知大约经过两年的时间到 1993 年夏季,皮纳图博火山的影响趋于消失。这就是说像这样强的一次火山爆发大约能对其后两年的气候产生影响。

克里斯蒂(Christy)等在研究皮纳图博火山爆发的影响时,对 1979~1993 年卫星观测的全球对流层气温变化作了分析。首先求月平均气温距平,去掉年变化的影响。其次用 Nino 3 及 Nino 4 区海温去掉 ENSO 影响。剩余的序列包括两部分,一部分是长期气候变暖趋势,另一部分则明显的显示出 1982~1983 年及 1992~1993 年两次降温。这两次降温正好发生在 1982 年 4 月厄尔·奇冲及 1991 年 6 月皮纳图博火山爆发之后。根据这项研究,火山爆发之后的全球平均降温幅度约 0.5°C,降温最强发生在火山爆发之后的 5~15 个月。

凯利(Kelly)等研究了 1902、1907、1912、1956 及 1982 年 20 世纪 5 次火山爆发,发现爆发之后 3~10 个月降温最明显。但降温幅度仅 0.3°C。不过发现夏季降温较明显,冬季气温反而有所升高。他们认为这可能是火山云在冬季产生了温室效应的结果。实际上 1993 年夏欧洲大陆及北美大陆夏季气温都明显偏低。与上述研究的结果是一致的。

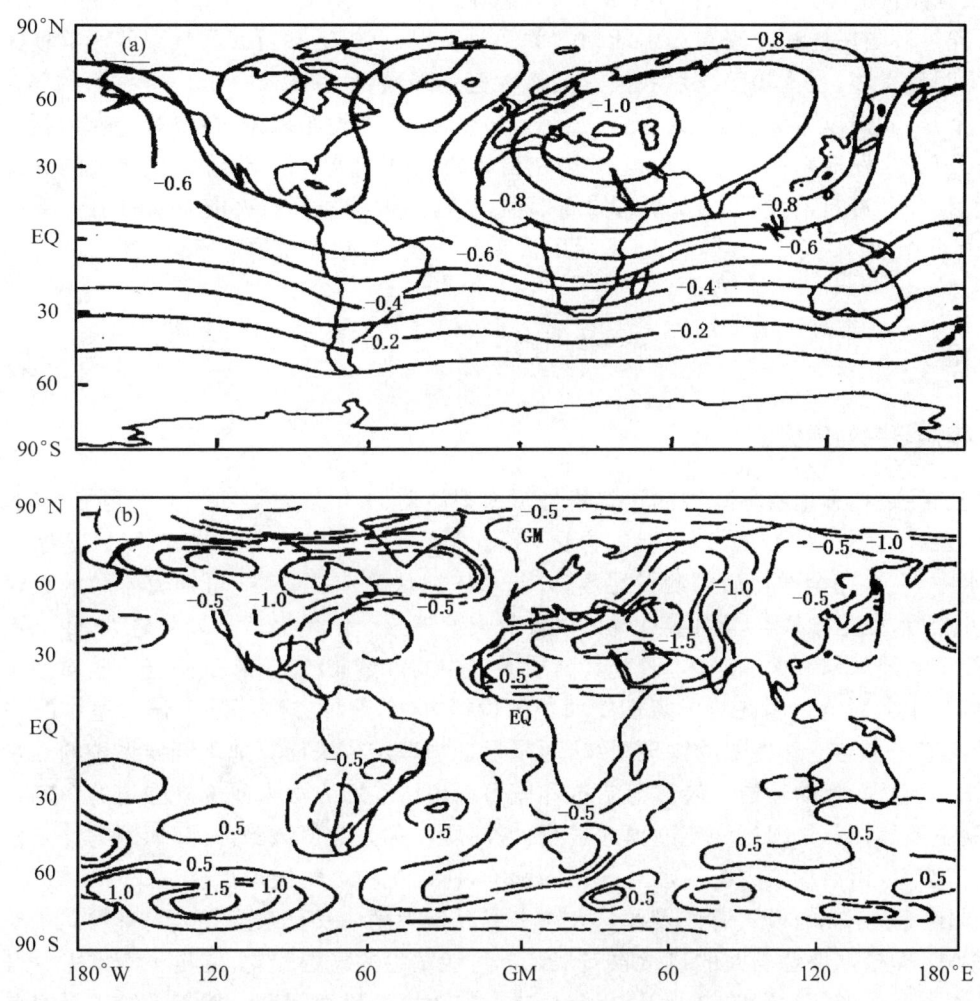

图 9.4.1 皮纳图博火山爆发后 10～15 个月对流层下部温度距平
(a)模拟；(b)观测（李晓东 1995）

五、火山活动对中国气候的影响

历史上强火山活动对我国气候影响的例子也是很多的。有史以来最强火山喷发，即坦波拉火山 1815 年 4 月的喷发，其影响遍及全球，中国也不例外。据历史文献记载，其对中国气候的影响在喷发之后 2 年即 1817 显现，这年夏季中国很多地区出现异常严寒。如彭泽"六月下旬北风寒，廿九日尤甚"，甚至"浩山见雪，木棉多冻伤"。江西星子"七月初大风雨，寒甚，有衣裘附火者"。东至"七月二日雨雪，平地寸许"。可见夏寒的程度非常严重。1980 年 5 月美国圣海伦斯火山喷发（VEI 达 5 级），夏季我国 5 个站观测到的太阳直接辐射下降了 15%，当年 7～8 月江淮流域就出现显著冷夏。1982 年 4 月厄尔·奇冲火山喷发（VEI 达 5 级），当年冬天我国及日本观测的直接太阳辐射减少了 20% 左右。近百年长江下游的气温分析和近 70 年我国的气温等级图资料，也说明在大的火山爆发后两年内，我国夏季和秋季大范围气温的确明显偏低，同时盛夏我国东部的季风雨带也趋向于南移,容易导致北旱南涝的现象。张先恭利用 500 a DVI 指数,研究过我国旱涝和冷暖与火山活动的关系时发现,火山活动对我国气温的影响要比对降水的影响明显得多。在火山喷发后我国有两次大范围降温,分别出现在火山爆发后的第 8 个月和第 12 个月,其中以第 2 次更为明显。王绍武曾研究了 17 世纪以来东亚的冷夏,包括中国东部、朝鲜及日本,发现东亚地区的冷夏 67% 在当年的上半年或上 1 年,都发生过强的火山喷发事件。而且,东亚冷夏有大约 70 a 左右的周期性,这与高桥等强调的火山活动的 70 a 周期也相吻合。20 世纪 20 年代到 50 年代,正是火山沉寂的一段时期,冷夏的频率也较低。

第五节 外强迫作用对气候影响的模拟

一、模拟研究的重要性

人们已经很熟悉用实际观测的资料来分析太阳活动、火山喷发等对气候的可能影响,但是科学研究上存在另一种方法,即实验的方法,例如我们要知道冰的溶解热,就可以把冰块放在一瓶温水中,在冰完全融化后再测量温度,并与放入冰块之前比较,即可知道冰融解吸收了多少热量。然后,根据冰块与水的重量就可以计算出溶解热。但是地球是如此之大,我们不可能作一个像真的地球那么大的球体,改变其高层大气中的气溶胶浓度,来试验气溶胶对地球表面温度可能产生的影响。因此科学家们发明数值模拟方法,这种方法不同于试验室中的物理试验,不是构造一个与地球类似的物理系统,而是根据物理定律来计算地球气候系统的热量的收支、物质的运动、能量的输送与转化等。这样就可以用试验的方法来研究外强迫的影响。由于这种试验主要靠计算机根据一定的模式进行计算,所以称为数值试验。同时,因为这是根据气候模式"仿造"火山活动或太阳活动对气候的影响,所以也称为气候模拟。

用于作气候模拟的模式有许多种。大体上可以分为简单及复杂两类。简单模式主要是能量平衡模式,即根据地球表面的热量收支来计算可能发生的气温变化。这里不考虑大气是如何运行的,海洋又是如何运行的。所以,只能从热力学角度来研究问题。能量平衡中最简单的是所谓零维气候模式,即把地球只看成一个点。例如,如果只考虑地球到太阳的平均距离,以及地球的反照率,就可以计算出地球表面的平均温度应该是 254 K 即 $-19°C$。这就是根据零维能量平衡模式得到的结论。但终究这是一种较为简单的模式。考虑大气运动,又考虑海洋的运动,当然也考虑能量收支的是大气-海洋耦合模式,有时也称为耦合总环流模式。这种模式是 3 维模式,即不只考虑到能量、运动在地球表面各点的不同,也考虑到不同高度大气与不同深度海洋。有上下、东西、南北 3 个方向的变化,所以称为 3 维模式。这种模式有时大气分为 18 层,海洋分为 20 层,一般百公里左右一个格点,可以想象计算量有多么大。因此,国际上作气候模拟时也往往用层次较少,例如 4~9 层,空间网格也较稀,例如格点距 400~500 km 的"粗"模式,这样在研究气候变化中积分几十年也往往要用几天到几十天的计算机时。这还是已经有了每秒运算亿次以上大型电子计算机。如果是在前 10 年,作这种试验也是不敢想象的。由此,可以知道气候模拟是一件十分复杂的研究工作。所以,目前大多数人还尽量应用简化模式,何况简化模式也有自己的优点,比较容易判断某个物理因子的作用。

二、模拟外强迫影响的两类途径

人们很关注自然气候变迁,通过利用数值模拟的方法来研究外强迫在气候变化中的作用时,通常有两种途径。第一,利用气候模式研究太阳常数变化及火山活动可能造成的气候变化;第二,利用已经掌握的气候变迁资料,以及太阳常数与火山活动资料,根据气候模式或者用统计方法进行检测,即检查是否已知的气候变迁能够用太阳常数变化及火山活动的变化来解释。

第一类工作也称为敏感性实验,即研究地球气候对某个因子的敏感性。具体作法经常是利用气候模式,按现代观测的太阳常数作为辐射收入,计算出全球平均温度,当然也包括全球不同地区的温度乃至不同月份,不同季节的温度。然后在模式中其他条件不变的情况下,使太阳常数增加1%,再计算全球平均温度。用后面计算的结果,减去前面计算的就是太阳常数增加1%所产生的气候影响。进行这类研究,并不要求知道具体何年何月太阳常数增加1%或减少1%。只是研究假定太阳常数发生这样大的变化时,气候能发生的变化。所以称为敏感性实验。不过,对火山活动影响作敏感性实验研究就比较困难。因为太阳常数变化的影响是全球性的,而一次火山爆发是有时间地点的,火山灰及气溶胶在大气中的传播也需要一定的时间。因此,每一次火山爆发的气候影响可能都有自己的特点。但是一般认为1次强大的火山爆发,可能造成的半球到全球平均气温下降在0.5~1.5℃之间。当然,这是指一次火山活动的影响。火山活动有时非常集中,有时则相对沉寂。例如,20世纪20年代到40年代就几乎没有发生任何强大的火山爆发。因此人们认为这可能是这段时期气候变暖的原因,至少是原因之一。如中世纪暖期的温暖程度可能与20世纪相当,或较之略暖,而小冰期的温度大约低0.5~1.5℃。因此,至少从数量级上看,太阳常数的变化及火山活动的变化可能是中世纪暖期及小冰期的成因。

第二类工作就是要在第一类工作的基础上,分析可能的成因。根据气候模式来模拟全球平均气温的演变。我们先来看对近百年气温变化的拟合。对近130年全球平均气温变化进行分析。共考虑了4个因素,即太阳常数,火山活动,温室效应及ENSO。前3个因子前面已经讨论得很多了。ENSO这里用来反映海气相互作用。因为,这里时间分辨率为年,而ENSO是年际气候变率的重要因子,所以把ENSO考虑在内。这样拟合的气温变化与观测气温的相关系数达到0.88,可见关系十分密切了。这就是说用这4个因子基本可以解释过去一百多年来的气候变化。

三、阳伞效应的模拟

对火山爆发的气候影响模拟研究可以分为两类:一类是对个别实际火山爆发的模拟,一类是理想的模拟,不针对某一次火山爆发。在第一类工作中亨特首先模拟了1883年克拉卡托火山爆发的影响。结果发现热带地区气温下降0.7℃,北半球下降0.3℃。与观测事实较为接近。汉森等模拟了1963年阿贡火山爆发的影响。很好地模拟出澳大利亚的降温。值得注意的是,在这个试验中第一次模拟了平流层的升温。由于火山云在平流层造成气温上升,所以强火山爆发后,对流层气温下降,但平流层气温上升。这个推论已经得到观测资料的证实。由于1957~1958年国际地球物理年之后,加强了对平流层的观测。因此,1963年已经有了平流层气温的资料。这个试验计算出来的平流层升温与观测结果非常一致。1982年罗博克对厄尔·奇冲火山爆发进行了模拟。指出全球气温的降温幅度约0.4℃,其影响最大在第3~4年,其影响完全消失可能要10年的时间。同时,他指出北半球高纬的反映可能比较明显,这是因为高纬冰雪反照率增强了这种影响。李晓东用二维能量平衡模式模拟了1991年皮纳图博火山爆发的影响。计算出来的火山爆发后 10~15 个月气温距平与观测结果十分一致,在欧亚大陆及北美降温达到 0.5~0.6℃。如果考虑到还有其他因子在控制气温的变化,这些模拟就可以认为是很成功的了。例如 1982~1983 年发生了强大的厄尔尼诺事件,有的作者认为这可能是 1982 年厄尔·奇冲火山爆发造成的实际降温过程较短的原因。

四、太阳活动影响的模拟

模拟太阳活动对气候的影响有许多的困难。其中最大的困难是对太阳辐射值的估计,首先因为目前比较精确的卫星观测资料很短,仅有 20 a 左右的长度,即大致相当包括 1 个磁周期循环,而在此前的地面天文台站的辐射观测精度很低,而历史时期连地面辐射观测也没有。其次,是对太阳辐射变化的幅度的估计也很困难,因为根据最近卫星观测的结果,在一个周期内太阳常数的变化最大只有 $2 W/m^2$,即与其平均值 $1372 W/m^2$ 相比只有大约 0.15% 的变化量,可以说是很小的一个量。瑞德(Reid)特别强调太阳黑子 11 a 周期的包络线的变化可能对气候长期变化有更重要的意义,即考虑的尺度越长则太阳辐射的变化幅度也越大。据此,他推测在蒙德尔极小期太阳辐射可能比现在低 1%,这是一个很大的量,因为其他很多作者的估计大多认为当时的太阳辐射比现在低 0.1%~0.7%,因此瑞德的这个估计可能是一个最高上限。根据这个估计,许多作者设计了能量平衡模式来作敏感性试验。当然,计算结果依赖于选用的模式。大部分结果表明太阳常数如果增加 1%,全球温度可能会增高 1.5 ℃ 左右,太阳常数如果增加 2%,全球平均气温可能上升 3 ℃。这个结果大体上与小冰期温度变化接近。不过,模拟结果也表明,太阳常数增加或减少对气候的影响是不对称的。如当太阳常数减少 2% 时,全球平均气温可能下降 4 ℃ 以上。

瑞德(Reid)最近又利用能量平衡模式模拟了太阳活动对近百年来全球变暖的贡献(图 9.5.1)。首先,将观测到 17 世纪以来的太阳黑子数转换成太阳常数值,在确定转换关系时他人为地给定蒙德尔极小期时全球温度比现在低 1 度,再看在模式中要达到这个幅度的降温,太阳常数该有多大的变化,结果发现蒙德尔极小期时的太阳常数比 1980 年水平低 0.65% 左右,这也与根据其他途径作出的估计相符合。然后,再利用转换得到的太阳常数来强迫模式,因为最前面和最后一段时期被用来"拟合",所以只用中间辐射来强迫。结果发现,在 1900 到 1955 年

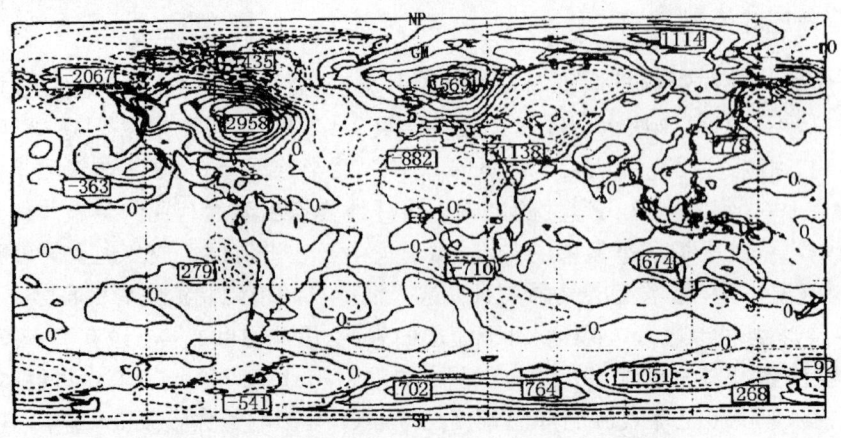

图 9.5.1 模拟的太阳活动强与弱时对流层低层温度的差值(Reid,1999)

期间,太阳辐射和温室效应对全球温度的贡献大约各占50%,这远高于以往人们对太阳活动贡献的估计。因此,瑞德进一步指出,最近几十年全球温度变化的因子分析中,人们可能低估了太阳活动所起的作用。

五、近千年气候变化的模拟

王绍武、毕鸣、李晓东用零维能量平衡模式模拟了近千年的气候变化。为了检查模拟的结果,首先建立了全球平均气温序列。共选用了30个单站序列,其中有20个在北半球,10个在南半球。虽然,在海上还缺少资料,但是大体上覆盖了世界各大洲。30个序列之中有8个是冰芯氧同位素,8个为树木年轮及7个史料序列,其余为冰川、孢粉序列。为了统一,对每个序列标准化,分辨率为25 a,即100 a中有4个点;即公元1000年、1025年、1050年……,依此类推,直到公元1975年。根据这份资料,中世纪暖期大多出现于公元1000~1200年之间,小冰期冷期则主要在公元1600~1650年及1800~1850年。公元1950~1975年为现代暖期。中世纪暖期最高气温距平0.63 ℃,小冰期为-0.69℃,现代暖期为0.63℃。这表明中世纪暖期的气温与现代暖期相近。当然,如果取全球或半球平均,气温距平绝对振幅可能比这个低,因为不同站的最高气温或最低气温出现时间彼此有差异,因而气温距平相互抵销了一部分。

有了这个气温序列,进一步就是进行模拟研究。这里采用最简单的模式,即只考虑全球平均气温。外强迫的因子主要有3个:即火山活动、太阳活动、温室效应。火山活动用北半球的冰芯酸度及南半球南极冰芯杂质质点数作代表。太阳活动用^{14}C代表太阳辐射强度,温室效应取CO_2浓度,但其中扣除了近几十年大气污染物的影响。结果相当成功地模拟出来近千年的气温变化,包括中世纪暖期及小冰期,当然也包括现代暖期。模拟气温与用代用资料得到的气温序列之间的相关系数高达0.85。这表明、火山活动与太阳活动可能是中世纪暖期及小冰期形成的主要原因。而现代气候变暖则主要是温室效应加剧的结果。但是20世纪中的变暖可能同时受火山活动沉寂影响。现代变暖亦可能在一定程度上与太阳活动增强有关,有的作者考虑了几个因子,模拟效果更好(图9.5.2)

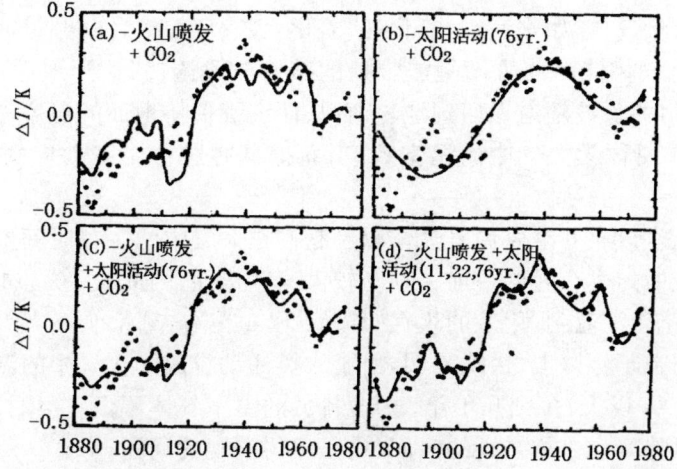

图9.5.2 用不同因子模拟的温度

(黑点是观测温度,实线是模拟温度)(Gilliland,1982)

第十章 人类活动对气候的影响

人类活动对气候变化的影响以及二者之间的联系是20世纪后20年的热门话题。由于近百年来全球气温有变暖的趋势,同时科学家们又注意到人类向大气中排放的微量气体浓度明显增加。二者之间是否有因果联系等,是各国科学家,公众和政策制定者关注的问题。预计这个热门话题在21世纪仍将是主要研究议题。本章则围绕这些问题进行论述。

第一节 人类活动

人类活动是全球气候系统中的重要成员之一,也是联系气候变化,社会与经济发展的不可忽视的一个环节,人类活动与气候变化之间存在相互反馈过程。在讨论人类活动与气候变化的联系以前,首先要对温室效应以及大气中的温室气体和全球增暖潜势等有初步认识。

一、温室效应(greenhouse effect)

在寒冷地区的农业生产中,为使农作物如蔬菜等能够在寒冷气候中正常生长,经常建造玻璃(或透明塑料)房屋,将农作物种植在里面。利用玻璃可以让太阳短波辐射通过的原理,保持白天室内足够温暖的温度。又利用夜晚室内地面长波辐射被玻璃返回地面的原理,继续保持室内夜间温暖的温度。人们称这样的玻璃房屋为温室。

科学家们把玻璃能够起到让太阳短波辐射进入房间,阻止地面长波辐射放射到空间(室外),从而保持室内温暖的这种作用与现象称作温室效应。

二、大气中的温室气体

大气中有些微量气体,如水汽、二氧化碳、氧化亚氮、甲烷等,能够起到类似玻璃的作用,即这些大气中的微量气体能够使太阳短波辐射的某些波段透过,达到地面,从而使近地面层变暖;又能使地面放射的长波辐射返回到地表面,从而继续保持地面的温度。科学家们把大气中微量气体的这种作用称为大气中的温室效应,而把具有这种温室效应的微量气体称作温室气体。

大气中具有温室效应的重要温室气体以及它们在大气中的生存时间给在表10.1.1中。由于温室气体在大气中的生存时间目前还存在较大不确定性,因此表10.1.1中还给出其不确定性范围。从表10.1.1注意到,甲烷的生存时间为12 a左右,氧化亚氮为120 a,有些排放的温室气体的生存时间在千年以上。由此表明,由于人类活动排放到大气中的温室气体在大气中一般至少可以生存10 a以上,多则几千年。因此排放的温室气体不但在当时对气候变化有影响,而且其后效应可以持续一个相当长的时间,这是值得重视的问题。

表 10.1.1　大气中重要温室气体及生存时间和全球增暖潜势(GWP)举例

各国政府间气候变化专门委员会科学评估报告(IPCC,1996)

主要温室气体	生存时间(a)	全球增暖潜势(GWP)		
		20 a	100 a	500 a
CO_2(二氧化碳)	可变	1	1	1
CH_4(甲烷)	12+/−3	56	21	6.5
N_2O(氧化亚氮)	120	280	310	170
HF_3	264	9 100	11 700	9 800
CH_2F_2	5.6	2 100	650	200
C_2HF_5	32.6	4 600	2 800	920
$C_2H_3F_3$	3.8	1 000	300	94
SF_6	3200	16 300	23 900	34 900
CF_4	50 000	4 400	6 500	10 000

三、温室气体源汇与人类活动

大气中温室气体的源汇主要由两大类组成,即自然的源与汇以及由于人类活动造成的源与汇。

自然的源汇即指非人类排放产生的温室气体的源与汇。例如,由于闪电造成的森林大火致使大气中二氧化碳等温室气体浓度增加;海水吸收大气中的二氧化碳,即海洋是其汇;森林则是吸收碳的另一个重要的汇。

科学家们更重视研究由于人类活动造成大气中温室气体浓度的变化,特别重视人类的哪些活动有可能造成大气中温室气体的浓度增加。目前注意到的有:能源与工业排放造成大气中碳等的增加;人类居住与生活用煤、煤气、石油、汽车等造成大气中碳等的浓度增加;制冷业等造成大气中氟化物浓度的增加;稻田与牲畜粪便等造成甲烷等的增加等。另一方面,由于人类大量砍伐森林,则将吸收碳的自然汇减弱,相应效应也使大气中碳浓度增加。反之,如果人类大量种植树木,则有可能增加或扩大吸收碳的汇,其效应是减少大气中碳与二氧化碳的浓度。

自工业革命以来,由于工业的发展与现代化程度的发展,人类活动造成的大气中温室气体的浓度明显增加。图10.1.1与图10.1.2分别给出用冰芯等计算得到的近1000年大气中二氧化碳浓度变化和在美国夏威夷冒纳罗亚(Mauna Loa)观测的自 1958～1994 年大气中二氧化碳的浓度变化。从图中明显注意到,二氧化碳以每年 $1.5×10^{-6}$ 的速率增加,已经从工业革命

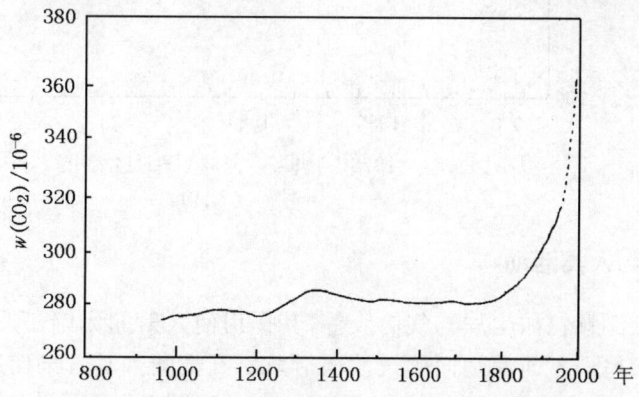

图 10.1.1　近 1000 a 大气中二氧化碳浓度的变化

(资料来自冰芯纪录等)(IPCC,1996)

前 280×10^{-6} 增加到 1994 年的 358×10^{-6} 和 1999 年的 367×10^{-6}。研究还表明,有些温室气体如氯氟碳化物(CFC)在工业革命前大气中根本不存在这些气体,但是近 50 年来不但大气中测到这些气体,而且浓度明显增加,图 10.1.3 给出全球 CFC-11 浓度从 1978~1994 年随时间的变化就是一个例证。从图中注意到,1978 年全球大气中 CFC-11 浓度只有 150×10^{-12},到 1994 年已经达到 265×10^{-12}。

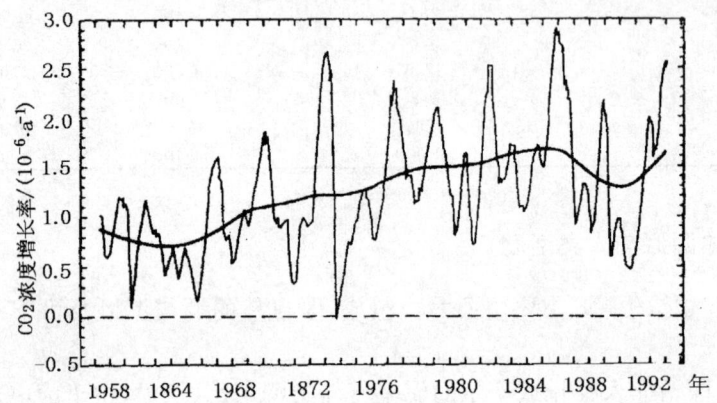

图 10.1.2　冒纳罗亚大气中二氧化碳浓度 1958~1994 年的增长率
(单位:10^{-6}/a),图中光滑曲线表示 10 a 滑动平均值(IPCC,1996)

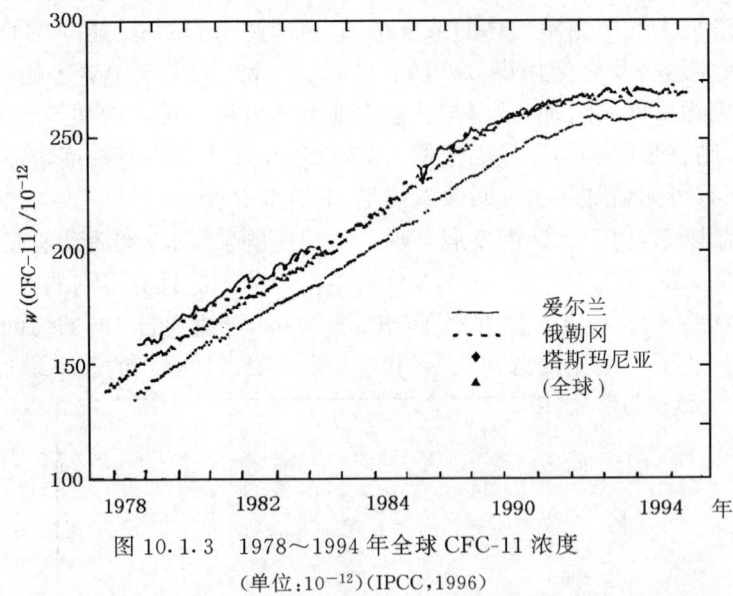

图 10.1.3　1978~1994 年全球 CFC-11 浓度
(单位:10^{-12})(IPCC,1996)

四、阳伞效应与人类活动

大气中有些悬浮颗粒如尘埃与气溶胶等,其作用使入射的太阳短波辐射被反射到空间,而不能到达地表面。另一方面使地面的长波辐射散射到空间。其效果使近地面层接受太阳短波辐射减少,同时放射的长波辐射不能回到地面,致使近地面层变冷。科学家们称这种作用与现象为阳伞效应,是与温室效应正好相反的一种过程。这是气溶胶等的直接效应。另一方面,在大气中的气溶胶等的间接效应是，修正云的光学性质，云量和生存时间等。气溶胶的辐射效应取决于它的颗粒大小，形状和化学成分以及其在空间的分布。

造成大气中悬浮颗粒的增加或减少的源汇也包括两类，即自然的和由于人类活动造成的。其自然的源如，火山爆发喷发出大量气溶胶与硫化物等，是明显的自然源。人类活动同样能够造成大气中气溶胶类含量增加，近几十年的观测事实已经证实了这一点。例如，一些工业排放大量硫酸盐气溶胶(包括硫化物，燃料燃烧，生物质燃烧的有机气溶胶等)进入大气，计算估计其总的直接辐射是-0.5 W/m^2(范围在-0.25～-1.0 W/m^2之间)(IPCC, 1996)。由于人类活动排放气溶胶增加造成云的性质的变化所引起的间接效应，估计的辐射强迫变化在0～-1.5 W/m^2之间(IPCC, 1996)。又如由于人类活动造成沙漠化与干旱化，被大风刮起的尘埃颗粒等沙尘暴，也是产生尘埃与气溶胶的源。人类活动排放气溶胶对气候变化的影响，同样也已经引起各国政策制定者，科学家和公众的极大重视。

五、辐射强迫

造成气候变化的因子很多，如何来衡量各种因子对气候变化的贡献大小，科学家一般用辐射强迫来表示，即把各种因子对气候变化的影响转换为一个共同指标——辐射强迫，认为辐射强迫是计算各种强迫机制潜在的气候重要性的一阶逼近。辐射强迫可以用来衡量如人类活动造成二氧化碳等温室气体的辐射效应，人类活动造成排放的硫酸盐气溶胶的辐射效应，火山活动喷发的气溶胶等的辐射效应，对流层与平流层臭氧变化引起的辐射效应等。

辐射强迫可以分成直接效应和间接效应，科学家对人类活动造成的各种因子的辐射强迫进行了较为详细的估算。例如，温室气体如二氧化碳、甲烷、氧化亚氮等的直接效应约为$+2.45$ W/m^2，对流层臭氧是在$+0.2$～$+0.6$ W/m^2之间，平流层臭氧是-0.1 W/m^2。对流层气溶胶总的直接效应是-0.5 W/m^2。由于人类活动引起气溶胶改变，造成云的变化，带来辐射强迫的间接效应在0～-1.5 W/m^2之间(IPCC, 1996)。

但是，需要指出的是，用辐射强迫来表征人类活动对气候变化的影响存在局限性，如辐射强迫只能表示全球平均，而不能给出区域尺度的作用。而排放一般是区域尺度的活动，不同区域的人类活动状况是非常不一样的。辐射强迫的计算不可能分区进行。另一方面，当辐射强迫为0时，并不一定表示无辐射强迫，而可能是几种因子的正反馈辐射强迫与负反馈辐射强迫的合成作用为0。此外，辐射强迫的表达方式为物理学含义，难于为政策制定者和公众所接受，从辐射强迫转换成通俗方式如气温等，其在计算过程中又会带来较大的误差。

六、全球增暖潜势(global warming potential)

由于人类活动造成大气中温室气体的浓度增加，究竟对全球气候系统会产生什么样的影响呢？其评估方法很多，目前应用较多的是用一个指标"全球增暖潜势"(GWP)来衡量。全球增暖潜势试图对人类排放的各种温室气体的相对辐射强迫效应提供一种简单的测量方法。

全球增暖潜势的定义是，大气中目前排放的单位质量某温室气体相对于一种参照气体(一般常用二氧化碳)在未来选择的时间段(如20 a, 100 a等)的累积辐射强迫值。因此，利用该定义可以分别计算人类排放的每一种温室气体相对于二氧化碳的辐射强迫值。

科学家们估算的人类活动排放的一些主要温室气体相对于二氧化碳在时间段分别为20 a, 100 a和500 a的全球增暖潜势值。以20 a段为例计算表明，甲烷和氧化亚氮的GWP值明显低于 CFC 类的 GWP 值。由于温室气体在大气中的生存时间和空间分布的不确定性,由于各种温室气体谱的计算的不确定性,由于各种温室气体之间可以相互作用与反应,产生其他气体等多种原因,致使 GWP 值的计算结果存在很大的不确定性,其不确定性范围在正负 35%(IPCC,1996)。又由于计算中以二氧化碳作为参照气体,而二氧化碳的生存时间是可变的,因而带来计算的更大不确定性。尚需指出的是,由于 GWP 值并没有给出各种温室气体直接造成全球温度变化的值,而对于各国政策制定者和公众,更需要直观给出温度变化,因此在从 GWP 转换成温度的计算过程中,又存在较大的不确定性。

第二节 全球气候变暖的检测

一、全球气候变化和变率

全球气候系统的变化与变率从空间尺度来看,是指全球范围气候的平均变化;从时间尺度来看则面对季以上的时间,包括了非常宽广的时间频带。

气候变率是指气候从一种状态变到另一种状态的速度,即气候变化的速度。气候变化则多指长期气候(大约几十年以上)的改变。某时段相对于多年气候平均值有较大的偏差,则称为气候异常。在两个较短的时间段之间气候存在极大的差异,则称气候突变。

全球气候变化与变率研究的对象主要有气候要素如气温与降水的变化;大气环流的诸多变量的变化;海洋上则重视海平面温度和高度的变化,混合层海温的状况以及洋流和上翻等的变化;陆地上则重视土壤湿度、径流量与蒸发等的变化。此外,冰雪状况也是不可忽视的。气候变化与变率的研究中更多的涉及到一些气候灾害如台风、热带风暴、洪涝、严重干旱、寒冬与酷暑等事件的变化规律。此外,气候变化中更需要注意对气候变化敏感和脆弱的地区。

全球气候变化的诸多变量中与人类活动有最直接联系的是全球气温与降水的变化。人们经常关注的是全球气候变得更暖了还是更冷了,在全球气候变暖(或变冷)的背景下,洪涝或干旱等各种气候灾害是否出现更频繁了等各种有关问题。

二、区域气候变化与变率

如上节所述,全球气候变化研究的空间尺度是全球范围,或是取全球平均,或是取半球平均或纬向平均等。实际上全球气候变化带有极强的区域性,即在不同的地区,气候变化的差异可以相差极大。

区域气候变化研究的空间尺度范围大到一个洲,小到一个国家内的一个地区。研究的对象则更侧重于该区域内的特殊气候变化问题。例如,中国的气候变化研究最重视的是夏季(6~8月)洪涝与干旱出现的时间,地区与强度;登陆和影响中国的台风个数,强度以及发生的时间和路径。夏季冷害与酷暑也是中国气候研究中关注的重要问题。此外,霜冻和春季的连阴雨以及大风寒潮等也是中国气候研究的问题之一。

不同区域的气候变化特征有明显的不同,其影响不同区域的气候变化的物理过程,物理机制及相应的因子也很不相同。例如,考虑中国夏季降水原因,要综合考虑 ENSO,赤道西太平洋暖池,青藏高原积雪,中纬度阻塞环流系统,夏季季风变化等的相互作用与相互影响。因此在研究全球气候变化的同时,对于不同地区及国家,还需要研究本区域气候变化与全球气候变化的联系和差异以及造成局地气候变化的原因。

三、近百年全球气候变暖

近百年来全球大范围有了气象仪器观测记录,因此积累了较为精确和丰富的观测资料,为研究自 1860 年以来全球气候变化提供了有利条件,其中尤以气温记录更为翔实。IPCC 的几次评估报告(IPCC,1990,1992,1996,2001)在作了各种误差订正后指出近百年全球年平均气温增加 $0.6 \pm 0.2 ℃$。

尚需指出的是,东亚地区($70 \sim 140°E, 15 \sim 60°N$)年平均气温近百年变暖 $0.8℃$ 左右,高于全球平均。其中冬季变暖最明显,夏季变暖最小。东亚地区近百年气温的变化与全球气温变化的相关系数为 0.67,东亚与北半球气温的相关系数为 0.71。表明东亚地区的变暖与全球和北半球的变化是基本一致的(Hulme et al.,1992)。中国近百年来也有变暖趋势,注意到部分地区如中国西南地区有变冷趋势(王绍武,赵宗慈,1995)。局部地区变冷的现象如在北大西洋靠近格陵兰地区也被注意到(IPCC,1996)。

对近百年全球变暖相联系的其他证据和特征的考察表明(IPCC,1996):近百年全球气温的变暖不仅表现在表面层,而且从近几十年观测记录分析得到,一直到对流层低层和中层均表现为增暖的特征,陆地土壤温度及海洋表层海温也变暖。另一方面注意到对流层高层与平流层低层有变冷的趋势。此外研究表明,在全球陆地大部分地区日最低温度明显变暖,因此日较差明显减小。近百年全球海平面平均上升 $20 \sim 30$ mm;全球中高纬度冰雪融化,其范围向高纬度收缩,尤以北美与欧亚大陆北部明显,高山雪线也明显收缩。近百年全球平均降水没有明显的变化趋势,但是某些地区出现洪涝或干旱的频数有所增加,有些地区注意到台风或热带风暴的频率或强度似乎也有所增加或减少。

四、气候模式和气候模拟

用数学物理方程来定量描述全球气候系统是 20 世纪 70 年代以来在世界上发展极快且应用很广的方法。由此建立的一整套全球气候系统模式简称气候模式。

气候模式包括早期应用较多的简单的模式如能量平衡模式,这类模式主要用于对某个过程进行分析或对全球气候系统作简单处理与研究。近 20 年来,随着计算机的发展,应用更多的是复杂的模式,即全球气候系统模式。这种模式包括各个分量模式,如全球大气环流模式(AGCM)、全球海洋环流模式(OGCM)、耦合全球大气海洋环流模式(AOGCM 或 CGCM)、海冰模式、陆地生物圈模式、大气化学模式等,以及区域气候模式。这些分量模式相互耦合与嵌套,从而形成复杂的全球气候系统模式。

气候模式可以用来作多种气候模拟研究,如对目前气候状态的数值模拟;作各种个例模拟,如对洪涝的模拟等;作气候变率与变化的模拟;对各种特殊气候现象如 ENSO 等或气候灾害如严重干旱和洪涝等的数值模拟;还可以用气候模式作物理过程的模拟研究等。由于气候模式可以从事多方面研究,因而在美国、英国、德国、法国、澳大利亚和日本等国应用较为普遍。中国在 20 世纪 80 年代后期开始,在引入国外气候模式的基础上,发展了中国自己的气候模式,这些气候模式在研究全球和中国的气候变化中起了很大的作用。需要指出的是,由于对许多气候过程与机制研究还不透彻,因而气候模式存在较大的不确定性尤其在对区域尺度的模拟中的不确定性更大。

五、气候变化的检测与检测方法

如前面所述,产生短期全球气候变化的原因主要有太阳活动,火山活动与人类活动。而利用气象仪器观测的各种气候变量如气温等是各种因子的综合作用的结果。科学家们很希望能够通过一些检测手段来区别各种因子对气候变化的贡献,即检测气候变化的哪一部分是由于太阳活动造成的,另一部分是由火山活动造成的,再一部分由人类活动造成的。从而构成了对气候变化的检测问题。

气候变化的检测方法分为两大类,即一类为用数量统计方法进行检测,另一类用气候模式来进行检测。也可以用两类方法结合起来进行检测。检测中还要利用一些物理关系来判别其检测的可信程度。在检测中经常使用指纹法(fingerprint)。指纹法的核心思想是,利用数学物理方法在各种检测因子造成气候变化中寻求与观测的气候变化值最接近的组合。由于类似核对指纹,因而称指纹法。

利用气候模式检测的基本原理是,首先用气候模式运行,作目前气候的控制试验,然后再用该气候模式运行,只改变模式中的一个或几个影响因子如二氧化碳等温室气体,则这次运行结果表示由于二氧化碳等温室气体变化造成的全球气候变化,称为该因子(或几个因子)变化的敏感试验。最后用敏感试验减控制试验,可以得到由于某种因子的改变有可能造成的气候变化。利用这种方法可以逐个检测二氧化碳等温室气体浓度变化,硫化物气溶胶排放的增加,太阳辐射变化,以及火山活动等造成的全球气候变化的贡献大小。

研究近百年中国气温变化特征时注意到大范围变暖特点,尤以东北与西北明显,而西南则变冷。利用指纹法注意到,西南的变冷可能与工业排放较多的硫酸盐气溶胶有联系(Hulme et al.,1992;Li et al.,1995)。当然这还需要用更多的证据来加以证实。

第三节 全球气候变暖的模拟研究

一、未来人类活动和气候变化情景(scenario)

由上所述,人类活动与气候变化有联系。因而,各国政策制定者和科学家们很希望了解由于人类活动对未来全球气候变化的可能影响。这种分析未来人类活动的气候影响带有预测的性质,但是由于未来人类活动取决于各国的社会与经济的发展状况等多种因素,因此存在极大的不确定性。因而把研究未来由于人类活动造成对气候变化的可能影响的估计,称作气候变化情景,而一般不称为气候变化预测。

根据世界各国人口变化,土地利用与经济发展等多方面的当前与未来的发展状况,IPCC 1992 年的科学评估补充报告中对未来人类活动(主要考虑人口增长,能源排放和土地利用造成的温室气体变化)作了 6 种排放构想设计方案。表 10.3.1 给出部分估算结果。其中,方案 IS92A 与 IS92B 为中等排放构想,IS92C 与 IS92D 为低排放构想,而 IS92E 与 IS92F 则为高排放构想。未来温室气体的排放状况将取决于各国采取不同的发展政策。例如比较最高与最低构想,到 2100 年,二氧化碳排放量可以相差 7 倍,这是值得引起各国政策制定者的极大注意。

二、人类活动气候影响的模拟试验设计

人们最关心的问题是,由于人类活动造成大气中温室气体的浓度增加,将会引起未来气候有多大的变化?要回答这个问题是非常困难的。因为,从仪器观测记录得到的是各种因子影响的综合测量结果,即观测记录不能专门测出由于人类活动造成的气候变化的那个部分。目前科学家们只能利用全球气候系统模式作模拟试验,来试探性的回答这个问题。

人类活动气候影响的数值模拟试验设计主要包括以下 3 个部分:(1)全球气候系统模式的控制试验,即目前气候试验;(2)全球气候模式的人类活动影响试验。根据未来人类活动构想方案计算由于人类活动造成的气候状况;(3)计算未来人类活动造成的全球气候变化。即用试验(2)得到的各种结果减去试验(1)得到的相应结果,其差值为由于人类活动造成的未来气候的可能变化。

人类活动气候影响的模拟试验在 20 世纪 70 年代到 80 年代,主要使用简单的气候模式和分辨率较低的全球大气环流模式或全球大气耦合混合层海洋模式来作 CO_2 加倍数值试验。自 1990 年代以来,使用的全球大气耦合海洋环流模式的分辨率提高,由于复杂的陆地生物圈模式,冰模式和大气化学模式等的加入,一些模式已经形成全球气候系统模式。人类活动试验的考虑,除了有二氧化碳和其他温室气体的瞬时变化外,还加入人类活动排放的硫酸盐气溶胶等的瞬时变化,因而使数值试验更接近实际的全球气候系统(表 10.3.1)。

表 10.3.1 IPCC 1992 报告 6 种温室气体排放构想设计方案的部分计算结果(IPCC,1992)

方案名	主要构想	1990,2025 年与 2100 年排放					
		CO_2 (GtC)	CH_4 (Tg)	N_2O (TgN)	CFCs (kt)	SO_x (TgS)	
基准	照常排放	7.4	506	12.9	827	98	(1990)
IS92a	中等排放	12.2	659	15.8	217	141	(2025)
		2.03	917	17.0	3	169	(2100)
IS92b	中等排放	11.8	659	15.7	36	140	(2025)
		19.1	917	16.9	0	164	(2100)
IS92c	最低排放	8.8	589	15.0	217	115	(2025)
		4.6	546	13.7	3	77	(2100)
IS92d	低等排放	9.3	584	15.1	24	104	(2025)
		10.3	567	14.5	0	87	(2100)
IS92e	最高排放	15.1	692	16.3	24	163	(2025)
		35.8	1072	19.1	0	254	(2100)
IS92f	高等排放	14.4	697	16.2	217	151	(2025)
		26.6	1168	19.0	3	204	(2100)

三、温室气体增加气候影响的数值试验

人类活动气候影响的基础试验是考虑由于人类活动排放到大气中二氧化碳浓度加倍时,对气候变化的影响。IPCC 1990 年的科学评估报告和 1992 年的补充报告给出大约 30 个全球大气耦合混合层海洋和海冰模式计算的结果。综合 30 个模式当达到二氧化碳浓度加倍时,全球年平均表面气温值和降水量的变化的平均值和上下限,计算表明,二氧化碳浓度加倍造成全球表面平均变暖约 3.8℃,上下限分别为 5.2℃ 和 1.7℃;降水平均增加约 7.8%,上下限分别为 15.0% 和 2.5%。需要指出的是,30 个模式一致模拟二氧化碳浓度加倍时全球气温增加并且降水也增加。

人类活动排放温室气体更为接近实际的方案是考虑二氧化碳等温室气体的浓度按每年增加1%或1.5%来计算。据IPCC(1996)17个复杂的大气海洋耦合模式模拟结果,当气候模式考虑了全球海洋环流模式,且二氧化碳等温室气体按每年增加1%或1.5%,则当浓度达到加倍时,其全球温度的变暖平均只有1.98℃,其上下限分别为3.80℃和1.35℃。注意到平均来说,瞬变增暖只是加倍变暖的61.5%。同样注意到,17个模式一致模拟温室气体浓度瞬时变化达到加倍时,全球气温增加和降水增加。即IPCC几次评估报告给出的47个GCM模式一致模拟温室效应造成全球平均变暖和变湿的特点。

四、近百年变暖与未来百年变化的模拟

一些GCM模式组试图利用气候模式来模拟近百年的全球变暖现象。例如德国马普气象研究所(MPI)和英国气象局(UKMO)的全球大气耦合全球海洋环流模式作了1880～2100年共约200 a的模拟试验。两个模式的模拟试验都包括温室气体和直接的硫酸盐气溶胶强迫,图10.3.1给出其模拟结果。从图中注意到,如果只考虑二氧化碳等温室气体的作用,则从1880年到1995年全球表面年平均气温大约增加1℃,大大超过观测增暖0.3～0.6℃。但是如果考虑二氧化碳等温室气体与硫酸盐气溶胶的联合作用,两个模式的模拟表明,近百年增暖约0.5～0.7℃,较为接近观测的变化。由此认为,近百年的全球变暖可能与二氧化碳等温室气体和硫酸盐气溶胶的联合作用有关。

从图10.3.1两个模式模拟还可以看到,如果只考虑由于人类活动造成大气中温室气体浓度增加,则未来到2100年全球年平均气温约增加4.3℃,在达到大气中温室气体浓度加倍时(大约2050～2060年),全球变暖约3.0℃;若同时考虑温室气体与硫酸盐气溶胶的联合作用,

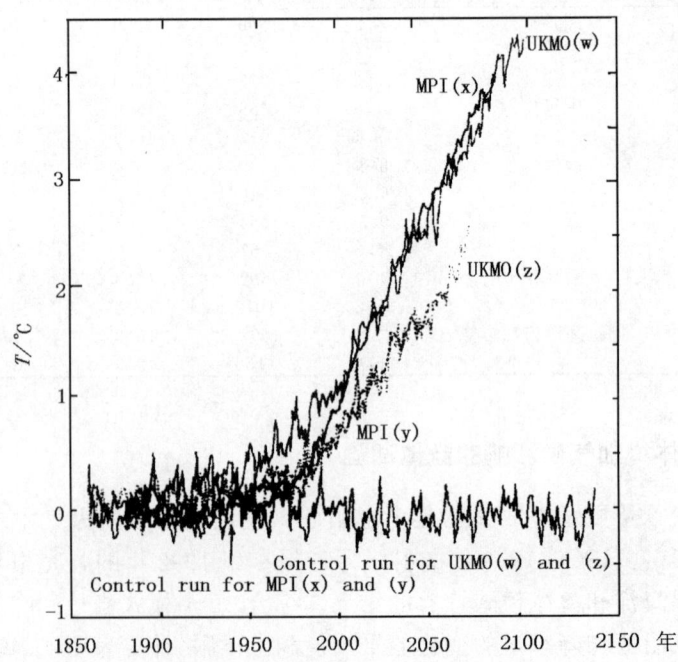

图10.3.1 MPI和UKMO两个全球大气耦合全球海洋环流模式模拟
1880～2100年全球年平均气温变化(IPCC,1996)

则到 2050~2060 年时,全球气温约增加 1.8~2.0 ℃。这应该引起各国政策制定者、科学家和公众的极大注意。

以上给出的是由于人类排放温室气体等增加造成全球年平均气温的可能变化,研究还给出用两个全球大气耦合全球海洋环流模式(BMRC,CSIRO)模拟温室气体按照每年增加 1%,到大气中的浓度达到加倍时全球年平均气温的地理分布。注意到,全球中高纬度气温增暖明显,在 2.0~5.0 ℃,热带地区增暖较小,在 1.0~2.0 ℃。还注意到中国北方增暖较多约 2.0~2.5 ℃,南方增暖较少只有 1.0 ℃左右。

近些年研究进一步提出,有新的和更有力的证据表明,过去 50 年的全球变暖是来自人类活动的贡献。多个全球气候模式考虑 IPCC SRES 排放方案,到 2100 年相对于 1990 年,全球年平均气温将由于人类活动变暖 1.4~5.8 ℃,其中北半球高纬度变暖更明显,可能高达 8~12℃(IPCC,2001)。

五、其他人类活动影响的模拟试验

人类活动影响的最主要方面是工业发展能源排放造成大气中温室气体浓度增加,人类活动还包括了其他方面,如砍伐森林,过度用水与过度种植造成土地盐碱化和沙漠化,水稻发展与畜牧业发展等造成甲烷的大量排放,等等,也会对气候变化造成影响。气候模式同样可以用上述类似方法来作模拟试验。

一些气候模式模拟南美亚马逊河流域热带雨林大量砍伐对全球气候的影响。模拟结果表明,由于森林大量砍伐,造成草地和干旱土壤的增加,致使地面反照率增加,其结果是在该地区附近气温明显升高约 1~3 ℃,降水则明显减少。研究还注意到,对全球大气环流和气候的影响并不明显(IPCC,1990,1996,2001)。

气候模式的模拟试验还集中在研究由于人类活动造成土壤湿度变干或变湿,反照率增加或减少对大气环流和气候变化的影响。模拟试验的结果表明,陆地干湿程度的变化和反照率的变化,对局地的大气环流和气候变化的影响非常明显,而对其他地区的影响则主要是通过大气环流的遥相关联系所致。

六、人类活动对东亚与中国气候变化的影响

中国的模拟研究主要分两方面:一是利用 IPCC 几次科学评估报告给出的多个全球环流模式的模拟结果,专门分析对东亚地区和对中国的影响;一是利用中国科学家们发展和自建的全球环流模式和中国区域气候模式来做温室气体排放对全球和中国区域气候变化影响的模拟研究(Hulme et al.,1992;王会军等,1992;Zhao,1994;Zhao and Li,1997;Zhao et al.,2000)。

综合 IPCC 第一工作组给出的大约 15 个 GCM 模式的模拟结果表明,由于人类活动,当大气中二氧化碳等温室气体的浓度增加到加倍时,东亚地区(70~140°E,15~60°N)年平均气温将可能增加 2.6 ℃,其中冬季增暖最高,夏季变暖较小(见表 10.3.2)。从地理分布来看,东亚地区北部增暖明显,南部增暖较小。15 个 GCM 模式模拟二氧化碳等温室气体浓度增加对东亚和中国降水的影响相差较大,比较多的模式模拟温室气体的作用是使中国东北和西北降水增加,中国中部地区降水可能减少(Zhao and Li,1997)。中国科学家们的模式研究结果与上述结果大体相当(Zhao et al.,2000)。

表 10.3.2　IPCC 第一工作组 15 个模式模拟二氧化碳等温室气体浓度加倍时东亚地区年与各季气温变化(单位:℃)(Zhao and Li,1997)

	年	春季	夏季	秋季	冬季
平均	2.61	2.50	2.33	2.55	2.80
最高	3.09	3.50	4.00	4.00	4.00
最低	1.37	1.56	0.90	1.50	1.42

此外,中国科学家利用区域气候模式研究沙漠化对东亚气候变化的影响。数值试验结果表明,沙漠化将可能使东亚地区表面气温上升,大部分地区变干,这将对农业生产是极为不利的(赵宗慈,罗勇,1998)。

七、全球变暖模拟可靠性评估

气候模式的模拟试验表明,由于人类活动造成大气中温室气体浓度增加和硫酸盐气溶胶增加,将可能使全球变暖,相应其他气候要素和大气环流也可能发生明显变化。人们自然会提出,气候模式模拟的结果是否可信? 要回答这个问题,就需要对气候模式进行可靠性评估。对模式进行可靠性评估可以用以下几种方案:凡有观测记录的变量,评估一般采用模式模拟结果与观测对比;对于没有观测记录的变量,一般利用多个模式的计算结果进行对比,以表示模式之间的差异大小;有时也可将模式计算结果与理论分析作对比,从而验证模式的可靠性。

IPCC 几次科学评估报告中用了大量的篇幅来总结与分析目前全球几十个气候模式在模拟当代气候上的可靠性。评估研究表明,气候模式模拟全球,半球和洲际尺度以及纬向平均值的可靠性较高,模拟区域尺度如一个国家或地区的可靠性较低;气候模式可以较好的模拟出季节变化,年内和年际变化,其中冬季模拟效果最好,夏季模拟效果较差;气候模式模拟海面温度、气温、海平面气压场、高度场等较好,模拟降水场、土壤湿度场、雪盖等效果较差。模式可靠性研究还表明,气候模式不但可以较好地模拟出现代气候特征,而且还能较好地模拟出古气候冰期与暖期的特征。近些年来,一些气候模式还试验模拟气候异常和极端事件。需要指出的是,截至目前为止,尚没有一个模式被公认为模拟效果是最好的。这表明,对气候模式的研究尚需做更多的工作(IPCC,1990,1992,1996,2001)。

八、全球变暖模拟的不确定性

值得特别强调的是,对全球变暖模拟研究中存在较大的不确定性。其不确定性主要包括以下几个方面:(1)人类活动的不确定性。即未来各国的能源排放,人口增长以及土地利用等多方面的发展状况是非常复杂的,取决于多种因素;(2)人类活动排放的微量气体在辐射过程中的作用的复杂性,如在大气中的存留时间的不确定性,这些微量气体之间还可以起化学反应,形成新的气体等;(3)气候模式的不确定性。对全球气候变化的检测主要用气候模式,对气候模式的可靠性评估表明,模式模拟全球变化的可靠性较高,但对区域气候变化的模拟则可靠性较低。

尚需强调的是,尽管 IPCC 几次科学评估报告给出了许多近百年全球变暖的证据,并且给出气候模式模拟的人类活动对全球变暖的可能因果联系。但是仍有一些不同见解。因此,各国科学家们面临着更加严峻的挑战,需要做更多的分析与研究。

第四节　全球变暖对人类与社会发展的影响

气候变化与各国经济(如农业、林业、水资源、环境、沿岸、海平面、人类居住、健康和交通等)和社会的发展息息相关,因此近百年的全球变暖引起政策制定者,科学家和公众的广泛注意。正如模式的模拟结果表明,未来由于人类活动排放微量气体,致使大气中温室气体的浓度增加,将可能造成全球变暖。因此更要求研究全球变暖对人类社会经济发展的影响。

一、气候影响的研究方法

气候影响的研究方法一般是将全球或区域气候模式计算的控制试验和敏感试验的结果分别输入到气候影响模式,相应计算其控制试验和敏感试验,然后用敏感试验减去控制计算得到的差值即为由于人类活动造成未来可能的气候影响。

气候影响模式包括农业模式、林业模式、水资源模式、海平面模式等等。每一类模式中又包括许多模式,如农业模式中有作物产量模式(如小麦模式、水稻模式等),作物生产制式模式等。需要强调指出的是,这种模式带有极强的区域性,在不同区域,模式的参数值可以相差很大。由于主要研究对象是在局地区域,因此要求这种模式的水平分辨率是很高的。而现在的气候模式分辨率还较低,从全球气候模式输入到局域气候影响模式需要将结果作降尺度(downscaling)处理,即从粗网格(大约 $5°×5°$)降到细网格(大约 $0.1°×0.1°$)。一般利用数理统计方法或套入高分辨率区域气候模式等来实现降尺度处理。

需要指出的是,由于大量研究工作针对近百年全球变暖的气候影响,因此以下几节着重讨论气候变暖的气候影响。

二、气候影响评估方法

气候变化对社会经济和环境的潜在影响应该进行评估。其评估包括以下几步:问题的定义,分析方法的选择,方法的检验,气候和社会经济的未来情景的发展,潜在影响的评估,技术调整的评估,以及政策行动对策。

问题的定义。这是在研究气候影响时必须做的第一步工作。包括确认评估的目的,感兴趣的问题,研究的空间和时间尺度,需要哪些资料,以及研究的内容。例如,研究中更关心对气候敏感与脆弱的地区,因此首先要确定哪些地区属于这样的地区,如干旱与半干旱区,沿海地区等。

分析方法的选择。气候影响研究方法是多样的,可以是定性的分析,半定量分析(经验分析)与诊断分析,定量分析以及预测和估测。一般的分析方法可归纳为:实验性分析、影响方案设计、经验类比分析和专家判断。

方法的检验。在选择了大量的方法进行计算后,必然要对这些方法的可靠性进行评估与检测。包括:可行性研究(个例分析等),资料获取手段及完整性,模式与模型检测。例如,对设计的模式与模型计算的结果,一般应该与观测的结果进行对比,如果模式模拟的结果愈接近观测实况,则表明这个模式模拟的可靠性愈高。

情景选择。注意到环境,社会和经济的变化是复杂的。它们既受气候变化的影响,又在无气候变化时,也是变化的。因此,研究一般设计:(1)目前气候、环境、社会与经济状况,即基准状况(baseline);(2)无气候变化未来环境、社会和经济变化情景;(3)有气候变化未来环境、社会和经济变化情景。最后这三者之间的对比可以分析气候变化对环境、社会和经济的影响。

影响评估。主要包括影响的地理分布的分析、标准参照物、定性与定量分析、价值和利益分析和不确定性分析。

判断的可靠性。主要包括影响对气候的反馈,在企业水平上的判断和评估。

对策行动的考虑。对气候变化的响应的重要方面是考虑对策行动。可以建立对策模型计算与模拟未来应采取的对策行动,另一方面是对策训练,即在科学家们给出的各种气候变化情景下,政策制定者们选取不同的对策方法。

三、气候变暖对农业影响

人类活动造成大气中二氧化碳等温室气体的浓度增加,其直接效应是起到对农作物的施肥作用;其间接效应是造成全球变暖,考虑其气候效应对农业的影响。后者的研究较为详细的计算了气候变暖对适合农作物生长的积温分布的可能变化,农作物产量的可能变化,农作物耕作制的变化等。

研究中通过建立气候对农业影响的模式来计算未来由于人类活动造成大气中温室气体浓度增加,气候发生变化,进而对农业的影响。这些模式大多是根据经验或半经验关系,利用数理统计方法建立的。有些模式较为简单,只考虑月平均气温一个因子的影响。较复杂的模式则考虑的气候变化要素一般包括表面温度、最高与最低温度、降水量、辐射或日照、蒸发以及土壤湿度等。有些考虑月平均值,有些则考虑日平均值。

有两种设计:第1种是人为设定未来气温上升1℃、2℃等,降水增加或减少10%,20%等,用这些设定数值分别代入到农业模式中,由此可以计算出未来各种可能发生的情况。第2种是将农业模式与气候模式联系起来,首先将气候模式控制试验的计算结果输入到农业模式中,相应计算出现代气候状况对应的农业特征;然后将气候模式在未来人类活动的某种方案下模拟得到的气候未来情景输入到农业模式中,计算得到相应的未来农业的可能情景;最后用后者减去前者的差值,即为未来由于人类活动造成气候变化对农业的影响。

利用上述两种设计方案一些科学家计算了人类活动在一些地区和国家的农业影响。例如,中国科学家利用7个GCM模式计算了人类活动造成全球和东亚变暖对我国农作物耕作制度的影响。计算表明,将使中国一季耕作面积明显减少,二和三季耕作面积将明显扩大和北移。当然,由于在耕作制模式中只考虑了气温一个因子,而未考虑降水等其他因子的作用,同时在计算中忽略了由于变暖造成蒸发明显增加等其他因子的作用,因此不能认为由此得到全球变暖对中国农作物生产有利的不正确结论(Zhao and Wang,1994;Lin,1996;丁一汇,高素华,1995)。又如,一些研究注意到,在一些农业生产下降的高度脆弱区,由于全球变暖,虫害增加等,将可能对农业生产造成更大的危害和脆弱性。在高纬度地区,由于全球变暖,使生长季节延长,生产能力有可能提高,但是也许相应要改种其他品种。有些粮食高产区,全球变暖和干旱,也可能造成粮食减产,从而有可能改变粮食贸易格局。以上分析表明,全球变暖对农业生产的影响是非常复杂的。尚需强调指出的是,目前国内外的科学研究还不能最后确定,由于人类活动造成大气中二氧化碳等温室气体浓度增加,对全球农业生产能力平均而言是增加还是减少(IPCC,1990,1992,1996,2001)。

四、气候变暖对植被和林业的影响

由于人类活动造成大气中二氧化碳等温室气体浓度增加,全球变暖,对植被特别是林业也会有影响。研究针对不同的森林分布,考虑未来全球变暖,对各种类森林的可能影响。研究中还考虑各种植被状况对全球变暖的可能响应。通常建立气候对林业或植被影响的模型。类似对农业影响的计算方法,可以得到现代气候状态下林业或植被分布,温室效应造成植被和林业分布的变化。

中国科学家利用全球环流模式和植被模型或林业模型计算了由于人类活动造成大气中二氧化碳等温室气体浓度增加,全球变暖,对中国植被分布和森林状况的影响。计算和分析表明,考虑到温度和水分的变化,将对植被与森林有明显影响(Gao and Zhang,1997;王绍武,赵宗慈,1995)。IPCC(1990,1992,1996)报告中分析了全球变暖对不同纬度带的影响。例如,将使针叶林与阔叶林的分布发生变化。由于全球变暖,水分循环的改变,造成森林面临越来越不适应的气候环境,其影响将可能是非常复杂和深远的。

另一方面,还需要指出的是,一些研究集中在由于人类活动如砍伐森林和植树造林等对气候变化的影响。人类一直在砍伐森林,本世纪初主要集中在温带地区,自1970年代以来则主要集中在热带地区。由于砍伐森林,造成大气中氮和碳循环的改变,地面反照率也会发生变化,同时还会影响水分循环和地表粗糙度,从而影响大气环流和气候变化。气候模式的敏感试验表明,若南美亚马逊河流域的所有森林被绿草地取代,该流域降水将减少20%,表面气温将增加几度(IPCC,1990,1992,1996,2001)。因此,人类活动砍伐森林对气候变化的影响也应该引起足够的重视。

五、全球变暖对自然地球生态系统的影响

IPCC的报告(1990,1992,1996,2001)表明,由于人类活动排放大量温室气体到大气中,使大气中温室气体浓度明显增加,造成全球变暖;再考虑相应降水的变化,估计大约50年后,全球气候带将可能向两极方向移动数百公里,全球动植物区系将滞后于气候带的移动,一些动植物还保留在原有地区,一些动植物则可能移动到新的适应区,因而可以在不同的气候带发现它们。在一些易于生存的气候带,动植物种族的生产率可能增加,而在不利于生长的区域,生长率可能减少。注意到生态系统并不是整体移动,由于物种分布的改变,因而全球生态系统的分布可能形成新的结构和格局。

在考虑人类活动造成大气中温室气体浓度增加全球变暖时,另一个重要的问题是其气候变化的速率。气候变化速率的不同,决定了气候变化对自然生态系统影响的类型和程度。有些物种可能响应快,另一些物种则可能响应较慢,甚至在尚未来得及响应前已经死亡,由此导致一些物种的灭绝。因此,对全球生态系统中的不同物种的影响也可能极为不同。对于一些突发性的气候变化,有些物种可以迅速响应,而有些物种则是逐渐响应,还有一些物种则来不及响应或不能响应而消亡,造成全球生物多样性的减少。尚需说明的是,遭受风险最大的是适应性选择非常有限的物种群落,从而构成更加复杂的自然生态系统图像,有些情况是科学家们目前可能估计不到的。这是值得政策制定者应该更加注意的。

人类活动造成大气中温室气体浓度的增加除了有上述的间接效应外,其直接效应是二氧化碳浓度增加的施肥效应和对环境的污染。科学家们对这方面的研究较少,应该引起进一步的

重视。

应该指出的是,自然生态系统的影响造成的社会与经济后果将是非常严重的,特别是对于上述生态脆弱区。这些地区的社会经济发展依赖于自然地球生态系统,当生态系统改变时,粮食、燃料、医药和建筑材料等都会发生明显变化,构成对人类的极大威胁。

六、全球变暖对水文学和水资源的影响

由于人类活动造成大气中温室气体浓度增加,从而引起全球变暖和相应的降水与水循环等的一系列气候变化,因而对水文学和水资源有明显的影响。

科学家们的研究利用建立的全球气候模式作现代气候控制试验和温室效应敏感试验,用其计算结果输入到根据水与气候之间建立的水文或水资源模型中,由此计算出相应现代气候和温室气体作用情况下的水文或水资源特征,最后可以给出由于人类活动排放温室气体造成气候变化对水文和水资源的影响。

中国科学家们利用上述方法计算了中国长江、淮河、珠江、黄河、海河、辽河与黑龙江等由于人类活动造成的水资源的变化。研究表明,由于气候变暖,蒸发增加,有可能造成地面径流量减少。当然,由于几条大河处在不同纬度区,在全球变暖的条件下,有些地区降水增加,则有利于河流量加大,甚至发生洪涝和河水泛滥。但是在全球变暖和变干的地区,则可能使河流流水量减少甚至干枯(Liu,1997)。研究还注意到,全球变暖对水循环的影响在脆弱的干旱与半干旱地区更加明显。例如,中国的干旱和半干旱地区近50年来有明显变干趋势,一些河流和湖泊已经变干枯,根据气候模式模拟结果,如果全球变暖,中国华北地区将可能变暖和变干,这样将可能造成已经变干的地区更加干旱,水资源更加短缺,这是值得重视的严重问题(Zhao,1996)。

国内外科学家们的研究工作表明,较小的气候变化可能引起许多地区水资源的严重问题,特别是在干旱和半干旱地区以及由于水需求或水污染引起水短缺的那些湿润地区。模拟研究表明,由于人类活动造成大气中温室气体浓度增加全球变暖,将可能引起水循环的明显变化,有些地区降水、土壤湿度、径流量和水储存可能增加,从而改变了农业、生态系统和其他方面的用水方式。而有些地区降水减少或获得水的可能性减小,则对于已经处于边缘地区如非洲撒赫勒地区将可能造成水资源供应,农业和水力发电等的严重后果。有些计算表明,当温度变暖1~2℃,降水减少10%,则有些地区年径流量将可能减少40%~70%。一些对水资源脆弱和敏感的地区,将可能承受不了这种压力(Watson et al.,1998)。

水资源由于与气候变化有密切联系,因此对水资源的管理和合理使用也是一个重要问题。例如节水,城市地下水位下降,海水入侵造成淡水短缺,水利工程等都应该列入政策制定者的议事日程中。

七、全球变暖与人类健康

由于人类活动造成大气中温室气体浓度增加,全球气候变暖以及相应一系列的气候变化,对人类健康也会有明显影响。包括气候变化对人类健康的直接影响,如高温对心脏病和高血压病人的影响;还包括许多间接影响,如由于气候变化造成细菌繁生,病虫害增加等对人类疾病和健康的影响;由于气候变化造成一些药物种植的损失,也间接影响到人类健康;大气平流层臭氧减少和臭氧洞造成对人的皮肤的影响等。

科学家们的一些研究表明,由于全球变暖,夏季高温日数将可能明显增加,心脏病和高血

压病人犯病和死亡率都将可能增加。在气候突变和急剧变化的条件下,如寒潮爆发,入秋或春季强冷空气的入侵等,对人的健康会有影响,尤其是一些病人和敏感与体弱的人群。

由于全球变暖可能引起病虫害增加,细菌繁殖,对人类健康的危害极大。例如高温与高湿有可能造成蚊蝇孳生,导致霍乱病,疟疾病和黄热病等发病率增加。高温与干旱可能导致一些传染病增加。这种现象在人口聚集和高密度区则更加明显,危害更大。温度和降水的变化可能从根本上改变病媒传染的疾病和病毒性疾病的分布,使其移向较高纬度地区,导致更多人口面临疾病危险。许多发展中国家由于抵御疾病的医疗设备和药物条件较差,因而面临更大威胁(Watson et al.,1998)。

一些研究注意到全球增温以及平流层臭氧耗减造成的紫外线辐射增强,可能对大气质量产生不利影响。例如在某些城市的污染地区,造成地面臭氧含量增大,地表面紫外B辐射强度的增大,将会增加对眼睛和皮肤的危害,并且可能使海洋食物链中断。

中国科学家研究了气温增加或降水增加对一些传染病如疟疾和霍乱等的可能影响,还研究了冬半年冷空气活动与心脏病等的可能联系(赵宗群,赵宗慈,1997)。

八、全球变暖对海洋和海岸带的影响

全球变暖造成冰雪大量融化和海水热膨胀,将可能加快海平面上升,改变海洋环流和海洋生态系统,从而对社会和经济造成重大损失。近百年的观测事实已经证实,全球海平面平均上升 10~25 cm。计算与分析表明,贡献于海平面上升的主要因子是海水热膨胀和冰雪融化所致。利用气候模式和海平面模型计算当大气中二氧化碳等温室气体的浓度加倍时(大约2050年),全球海平面将可能上升 30~50 cm,到2100年左右,全球海平面将可能上升 1m(IPCC,1996,2001)。

科学家们的研究工作指出,若全球海平面上升,则将可能直接危及到低岛屿和低海岸带。住在这些地区的居民将可能要被迫迁移到其他地区,有些岛屿将不复存在。海平面上升还将严重危及地势低洼的地区,尤其是许多城市座落在海岸附近,那里人口密集,工农业发达。海平面上升,洪水可能淹没农田,污染淡水供应,也还可能改变海岸线。有些地区由于全球变暖,造成台风和热带风暴可能增加或强度加大,则对沿岸地区影响更大。有些地区则因全球变暖致使热带风暴和飓风频率降低或强度减弱,导致本来潮湿多水的气候变得更加干旱(Watson et al.,1998)。

中国科学家的研究也指出,对中国 18 000 km 的海岸线来说,有些海拔高度低的海岸附近正是人口稠密的大城市如天津和上海等,或主要农业区。还有一些岛屿海拔高度很低,如果全球变暖、冰雪融化、海平面上升,则有些岛屿将可能被淹没(Hulme et al.,1992;杜碧兰等,1995)。

九、全球变暖对人类居住环境、能量、运输和工业等部门的影响

人类居住环境包括:住房或掩蔽所;周围社区、邻里、村庄或个人生活在其间的社会单位;生活保障基础设施,如供水、卫生服务和通信线路;社会和文化服务条件,如保健服务、教育、警察保护、文娱服务、公园和博物馆等(IPCC,1990,1992,1996,2001)。全球变暖间接对人类居住环境等会发生明显影响。

人类居住环境对于迅速的气候变化的潜在脆弱性是值得重视的。例如,人类居住环境对海

平面升高的脆弱性,最明显的是世界上一些三角洲地区,如埃及的尼罗河三角洲、孟加拉国的恒河三角洲、中国的长江和黄河三角洲、中印半岛的湄公河三角洲、缅甸的伊洛瓦底江三角洲、巴基斯坦的印度河三角洲、南美的亚马逊河三角洲、美国的密西西比河三角洲、以及欧洲的波河三角洲等。海面上升,海水入侵等,使沿海人口密集的工业区经济蒙受极大损失,如巴西、阿根廷和中国等。全球变暖海面上升还会影响到耕地被淹没,导致人口大规模迁移,同时还会影响渔业生产。人类居住环境对于热带气旋的脆弱性也是值得注意的。由于人类活动全球变暖,海面温度升高,使能够产生热带气旋的海区预计会增加,导致飓风灾害增加(Watson et al., 1998)。

十、气候影响的不确定性

气候变化对环境,社会和经济的影响研究存在极大的不确定性。至少包括:

(1)未来人类社会与经济发展的不确定性。社会-经济发展的因子如人口变化,经济发展,以及技术变化,在超过15～20年时间很难制订一种可信方案。社会与经济的发展中有许多因素是难以预测的,如战争等。而气候影响的研究是建立在对未来情景的设计的基础上的。

(2)未来气候变化的不确定性。如上所述,气候变化由气候的自然变化和人类活动造成的气候变化两部分组成。限于目前的科学水平,气候的自然变化在1年以上是难以预测的。而人类活动对气候变化的影响只能用气候模式来做模拟和估计,前面有关章节已经说明气候模式的不确定性,因而,人类活动对气候的影响也是难于准确预测的。

(3)气候影响模式的不确定性。做气候影响研究主要要建立气候影响模式。众所周知,农业、水资源、人类健康等诸方面的变化不仅受到气候变化的影响,而且还受到其他多种因素的影响。而目前建立的模式难于综合考虑多种因素的联合作用和影响反馈。就是计算气候变化的影响,一般也只是考虑温度一个因子或温度和降水两个因子,这是远远不够的。

(4)气候影响的局地性很强。处在不同的纬度带和气候带的区域对气候变化的响应及其受到的影响是非常不同的。区域性的影响特别对气候脆弱地区和敏感地区应该更加引起注意。如海岸农业区、人口稠密地区和旅游区;又如半干旱和干旱地区;再如气候过渡地区;还有高山地区和高纬度地区等,气候影响应该进行更多的研究(Watson et al., 1998)。

IPCC的几次评估报告提出,科学家们希望通过大量研究和深入的多学科的综合研究以及世界各国的共同努力,以期进一步缩小与减少不确定性。

第五节 全球气候变暖的对策

近百年由于人类活动向大气中排放二氧化碳等温室气体,致使大气中温室气体浓度增加。一些研究注意到对气候变化可能有影响,另一方面对人类社会和经济发展也有影响。因此,引起各国政府和公众的重视。20世纪80年代末期成立各国政府间气候变化专门委员会(IPCC),开始面对气候变化的科学评估,气候影响以及气候对策的研究与讨论。其后,召开了一系列各国政府部长级或首脑级会议,研讨有关气候变化的对策问题,涉及的范围很广,如气候变化的对策和策略、能源排放清单以及减排技术与措施、臭氧洞与臭氧层的保护、过度砍伐与土地利用、气候脆弱性与敏感性区的经济发展与对策、可持续发展、发展经济与保护环境、水资源利用与保护、贫困国家的生存与发展等。在此基础上形成了联合国气候变化框架公约,因此各国政府也将气候、环境与对策问题列入自己国家的议事日程中。有关对策问题涉及的面极广,由于篇幅有限,仅就几个重要问题加以介绍。

一、能源排放与减排对策

人类活动造成大气中二氧化碳等温室气体浓度增加的一个主要来源是各国能源使用和排放。因此,研究的焦点集中在各国如何限制和减少能源排放。即包括定期给出:国家排放清单,计算各国未来排放方案,制订减排和限排方案,能源排放交易和纳税,以及技术改革和转让等。

首先,要求各国定期给出国家排放清单。这是基础和出发点。因为只有有了确切的世界各国目前和过去历史阶段能源排放的具体数字,才有可能计算全球总和排放的各种温室气体如二氧化碳,甲烷和氯氟碳化物等的数值。

在有了各国排放清单的基础上,需要计算未来排放方案。从而可以提供给气候模式做未来气候变化情景模拟研究。一般是相应建立排放模式。排放模式分两类:一类是宏观大经济的集成模式;另一类是研究能源广泛领域的工程价值,可能的预测技术变化,详细描述能源排放。

在分析历史阶段和目前的排放状况以及考虑未来的各种排放可能性时,要求发达国家和发展中国家要制订各自国家的限排和减排计划和方案。一般首先要求发达国家制订减排计划,因为发达国家已经向大气中排放温室气体百余年,而且至今人均排放量远远高于发展中国家。另一方面,发达国家经济更为发展,技术更新较快,也有能力和资金来改变和更新技术。发展中国家一方面人均排放量很低,能源排放的时间很短,再加上资金短缺和技术落后,急需发展经济,摆脱贫困落后状况,因而难于在短期内更新技术和参与限排与减排。

能源排放贸易和纳税。由于各国经济发展状况不同,因此排放情况很不一样。一般来说,在有关限排和减排公约中,对发达国家的排放数值有一定的限额,这就要求发达国家首先执行减排计划。但是有些发达国家要求多排放,而许多发展中国家在短期内还不用减排或还达不到预定的排放限额,因此,在这些发达国家和发展中国家之间将可能开展能源排放贸易,即发展中国家用一定方式出售自己国家的排放限额给发达国家。另一方面,有些发达国家继续排放大量温室气体到大气中,根据各国签定的公约,这些排放多的发达国家就应该向国际社会交纳排放税和污染费。

技术改革和技术转让是控制减排的一个积极措施,因为,由于科学家们的努力,对能源生产的有关技术进行改革,将可能大大减少能源向大气中的排放,这样既可以保证发展经济,又不会破坏人类生存的环境。

二、风险评估

人类活动与气候变化和气候影响之间的关系尚未研究清楚,存在很大的不确定性。因此,需要进行对气候对策的风险评估。风险评估从全球范围和区域范围来看至少包括以下几个方面:(1)如果人类活动对气候变化、环境、社会和经济有影响,而我们的各项政策也建立在认为有影响的基础上,其风险评估;(2)如果人类活动对气候变化、环境、社会和经济有影响,而我们的各项政策建立在认为没有影响的基础上,其风险评估;(3)如果人类活动对气候变化、环境、社会和经济没有影响,而我们的各项政策建立在认为有影响的基础上,其风险评估;(4)如果人类活动对气候变化、环境、社会和经济没有影响,而我们的各项政策建立在认为没有影响的基础上,其风险评估;(5)人类活动对气候变化等有一定影响,其影响程度随时间,地区和考虑的问题不同而改变,而我们的估计也可能严重了或估计过轻,其风险评估;(6)风险与保险分析。由于气候变化,影响与对策研究存在极大的不确定性,即有较大的风险,因此,必然要与保险事业和保险市场有紧密联系。在风险评估中,需要给定承受风险的最大最小原则、预防原则、以及可能发生的最坏结果等。

在风险研究中有其特殊的方面,例如,人类对这个领域的认识的极端贫乏。又如,人类活动对气候变化的影响是人类自己内部产生的并且是受其自身行动的影响的,而且人类活动造成的全球变暖是一种累积风险,即人类排放随时间逐年增加,大气中由于人类排放的温室气体浓度不断增加,其累积效应是全球变暖。需要强调的是,这种累积是由大量人类活动造成的,因此,风险在统计上不是独立的。再如,风险是不可逆的,即人类活动造成的气候影响是不可逆转的,换句话说,由于估计的失误造成的风险和损失是不可弥补的。因此,有些政策和措施是建立在可能出现最坏结果的基础上的。

三、气候变化的集成评估

由于气候变化与影响研究涉及的领域很多,不但涉及到能源各部门,而且还涉及到气象、海洋、环境、水利、农业、林业、土地、交通、居住、健康与医药等诸多部门,还间接涉及到政策与策略的许多部门以及人口、社会与经济发展的各部门。因此,一些科学家想建立一种集成模式或称一揽子模式,把与气候变化有关系的各种部门和行业通过一个统一模式定量地联系起来。

集成评估的目的是:集成评估可以帮助估价对气候变化的潜在响应,再现对气候变化造成的物理、经济、生态和社会过程的后果,特别是政策响应;还可以提供对目前认识有关的系统性的结构框架;还可以有助于提出有关全球气候变化涉及到的最基本的政策问题。

对于一个一般的集成评估模式主要包括以下几个重要成分:(1)人类活动,包括能源系统、农业、畜牧业和林业、其他人类系统、沿岸系统等之间的相互作用;(2)大气成分,包括大气化学和海洋碳循环;(3)气候和海面,应该包括气候与海温和海面在内;(4)生态系统,至少应该有陆地碳循环、农作物和森林、水文学、以及无序的生态系统等。这些部分之间相互联系,相互作用,形成一个复杂的集成模式。

在集成评估模式中大体上计算这样一些量值,如二氧化碳和其他温室气体,气溶胶等;计算的区域可以是全球、大陆、多个国家、或某个地区;社会经济动力可以涉及到外部作用、经济学、技术选择、土地利用、人口学等;地球物理模拟包括温度和降水变化等;影响评估涉及到温度和海面变化、农业、生态系统,健康和水资源等;对于不确定性的处理,有些不考虑不确定性,有些给出不确定性,有些给出变率,有些给出随机性或期望值等;对于制作决定的处理,一般或是择优选择,或是通过模拟确定,或是既模拟又考虑适应选择来决定。

四、减排与维持发展

尽管尚未有足够的证据证明观测到人类活动排放到大气中的温室气体等浓度增加与全球变暖有因果联系,但是减排问题还是提到各国政府和公众议事日程上来了。显然,如果各国要达到减排或限排,必然要放慢经济发展速度,而且至少要投入一定的人力和财力用于技术改造和保护环境方面来。这样就会影响到经济的发展。因此,对于一个国家的发展来说,减排和维持发展是矛盾的。特别是对于发展中国家,由于经济的落后和贫困,又加之人口众多,因此急需经济发展,这样必然难于实现减排目标。

但是为防止人类向大气中排放的温室气体继续增加,各国需要减排。另一方面,各国又要维持发展,因此要在减排和维持发展之间寻求一条适中路线,兼顾减排和维持发展。目前的对策有:发展清洁能源来代替原有的煤、煤气、石油等。对排放温室气体的工业如冰箱制造业和农业如水稻田等方面进行技术改造,以减少温室气体向大气中的排放,对排放的废气以及产生的废物和垃圾等进行有效处理,以减少对环境的污染。另一方面,有些国家正在研究设法增加对碳的吸收汇。

五、限排与公平

在讨论如何减少人类向大气中排放的温室气体时涉及到的一个重要问题是,有关限排和减排。这里包括的内容很多,如限排和减排的对象,对谁限排和要求减排,限排和减排的程度,限排和减排的时间,最终要达到的目标等。由于人类排放涉及到世界上各个国家,因此减排与限排也与每个国家有关,每个国家也有权利和义务来关心这个关系到子孙万代的地球环境问题。

人类自工业革命以来,明显地向大气中排放温室气体和硫酸盐气溶胶等,已有 200 a 的历史,因此要仔细的区分各国的排放状况和相应应该承担的义务和责任。对于发达国家,由于经济发展得早,发展速度也快,因此,向大气中排放的温室气体的开始时间早,排放历史长,排放的量更大。发展中国家由于工业化开始得很晚,因此排放历史较短,排放量较小。这是长期以来的公认历史事实。因此,涉及到减排和限排问题时,一个重要的问题是公平。公平的含义至少应该包括排放时间上的公平,排放总量的公平和人均排放量的公平。

从时间公平的角度出发,由于发达国家已经排放了 200 年,而发展中国家只排放了 50 年或更短,因此减排和限排首先应该从发达国家开始,这样才能达到时间公平。从排放总量公平出发,一般是发达国家排放总量占全球比例最高,因此,限排也首先应该从排放量大的国家开始。从人均公平出发,是考虑到排放的人均贡献,因此,人均排放量大的国家也是应该列入首批减排和限排的名单中的国家。需要指出的是,在公平问题上各个国家的政策制定者的观点是很不一样的,因此,围绕着减排与限排问题上的斗争也是非常激烈的。

六、展望

保护人类赖以生存的地球环境是世界各国人民共同关心的问题,但是要想达到和实现这个目标也是一个非常困难的问题。大量事实表明,气候变化明显地影响着与人类息息相关的环境、生物多样性、社会与经济的发展。而人类活动又有可能反过来影响气候变化。因此,人类活动、气候变化与环境变化之间形成相互作用和相互反馈的复杂过程,涉及到多学科的交叉。因此,要想攻破这个难关,需要多学科的科学家们和管理人员以及政策制定者的共同参与和努力,才有可能解决这个重要问题。

气候与环境问题涉及到各个国家,例如,能源排放不只限于几个国家,而是所有的国家都在排放,而气候变化也不仅只是在几个国家,而是全球气候都在变化。因此,解决这些问题必须世界上各个国家都要参加,都要作出最大的努力,都要正确处理保护环境与维持发展之间的关系。只有经过所有国家的努力,保护环境才有可能成为现实。人类应该有信心经过几代人的努力来实现这一伟大目标。

参 考 文 献

第一章

[1] 姜达雍,杨大升,包澄澜.参加世界科学计划,促进我国大气科学的发展.新疆气象,1998,21(2):1~5
[2] 王绍武,赵宗慈.长期天气预报基础.上海:上海科学技术出版社,1987.1~201
[3] 王绍武.气候诊断研究进展.北京:气象出版社,1993.1~263
[4] 王绍武.气候系统引论.北京:气象出版社,1994.1~250
[5] 王绍武,朱锦红.大气模式比较计划(AMIP).应用气象学报,1997,8(增刊):92~99
[6] 王绍武.PAGES 计划与 CLIVAR 计划中的交叉科学问题.气象学报,1997,55(6):662~669
[7] 王绍武.短期气候预测的可预报性与不确定性.地球科学进展,1998,13(1):8~14
[8] 王绍武.20 世纪气候学理论研究的十项成就.地球科学进展,2000,15(3):277~282

第二章

[1] 陈敏连,金传达.寒潮.北京:气象出版社,1987
[2] 高由禧等.东亚季风的若干问题.北京:科学出版社,1962
[3] 龚道溢,王绍武.西伯利亚高压的长期变化及全球变暖可能影响的研究.地理学报,1999,54(2):125~133
[4] 国家科学技术委员会.中国科学技术蓝皮书第 5 号:气候.北京:科学技术文献出版社,1990
[5] 国家自然科学基金委员会等.现代大气科学前沿与展望.北京:气象出版社,1996
[6] 何敏,宋文玲,陈兴芳.厄尔尼诺和反厄尔尼诺与西北太平洋台风活动.气候通讯,1998,1,23~26
[7] 黄荣辉,徐予红,王鹏飞等.1998 年夏长江流域特大洪涝特征及其成因探讨.气候与环境,1998,3(12):300~313
[8] 黄荣辉,吴仪芳.关于 ENSO 循环动力学研究.见:曾庆存主编,海洋环流研讨会论文集.北京:海洋出版社,1992.41~51
[9] 黄荣辉,臧晓云,傅云飞.东亚季风与 ENSO 循环相互作用.气候与环境,1996,1(1):38~54
[10] 李崇银.频繁强东亚大槽活动与 El Nino 的发生.中国科学(B),1988,667~674
[11] 李崇银.厄尔尼诺影响西太平洋台风活动的研究.气象学报,1987,45,229~236
[12] 李宪之.东亚寒潮侵袭的研究.见:李宪之主编,中国近代科学论著选刊:气象学(1919~1949).北京:科学出版社,1955.35~117
[13] 钱自强,邓先瑞著.梅雨.北京:气象出版社,1985
[14] 陶诗言,张庆云,张顺利.1998 年长江流域洪涝灾害的气候背景和大尺度环流条件.气候与环境,1998,3(12):290~299
[15] 王绍武编著.气候系统引论.北京:气象出版社,1994
[16] 王绍武,赵宗慈编著.长期天气预报基础.上海:上海科学技术出版社,1987.1~201
[17] 颜宏.1998 年中国特大洪涝灾害的天气气候特点、成因分析及气象预报服务.气候与环境,1998,3(12):323~334
[18] 叶笃正,曾庆存,郭裕福主编.当代气候研究.北京:气象出版社,1991
[19] 中国科学院大气物理研究所.东亚季风和中国暴雨.北京:气象出版社,1998
[20] 中国大百科全书:大气科学海洋科学水文科学.北京:中国大百科全书出版社,1987
[21] Tao S Y, Chen L X. The East Asian Summer Monsoon. Proceedings of International Conference on Monsoon in the Far East. Tokyo, Nov. 5~8, 1985.1~11

第三章

[1] 国家科学技术委员会. 中国科学技术蓝皮书第 5 号: 气候. 北京: 科学技术文献出版社, 1990. 367p

[2] 龚道溢. 气候变暖与我国夏季洪涝灾害风险. 自然灾害学报, 1999, 8(3): 30～37

[3] 龚道溢, 王绍武. 近百年来 ENSO 对全球陆地及中国降水的影响. 科学通报, 1999, 44(3): 315～319

[4] 龚道溢, 王绍武. 西伯利亚高压的长期变化及全球变暖可能影响的研究. 地理学报, 1999, 54(2): 128～133

[5] 王绍武, 龚道溢, 陈振华. 近百年来中国的严重气候灾害. 应用气象学报, 1999, 10(增): 43～53

[6] 王绍武, 叶瑾琳, 龚道溢等. 近百年中国年气温序列的建立. 应用气象学报, 1998, 9(4): 392～401

[7] 王绍武. 近百年气候变化与变率的诊断研究. 气象学报, 1994, 52(3): 261～273

[8] 严中伟, 季劲钧, 叶笃正. 60 年代北半球夏季气候跃变 I. 中国科学(B), 1990, (1): 97～103

[9] 严中伟, 季劲钧, 叶笃正. 60 年代北半球夏季气候跃变 II. 中国科学(B), 1990, (8): 879～885

[10] 中国科学院地学部. 中国自然灾害灾情分析与减灾对策. 武汉: 湖北科学技术出版社, 1992. 149～165

[11] Angell J K. Variations and Trends in Tropospheric and Stratospheric Global Temperature, 1958～1987. *J. Climate*, 1988, (1): 1297～1313

[12] Dai A G, Trenberth K E, Karl T R. Global Variations in Droughts and Wet Spells: 1900－1995. *Geophy. Res. Letters*, 1998, 25(17): 3367～3370

[13] Hansen J E, Lebedoff S. Global Trends of Measured Surface Air Surface Temperature. *J. Geophy. Res.*, 1987, 92, 13345～13372

[14] Hulme M. Estimating Global Changes in Precipitation. *Weather*, 1995, 50 (2): 34～42

[15] Hulme M. Recent Climatic Change in the World's Dryland. *Geophy. Res. Letters*, 1996, 23(1): 61～64

[16] Jones P D. Hemispheric Surface Air Temperature Variations: A Reanalysis and an Update to 1993. *J. Climate*, 1994, 7, 1794～1802

[17] Oort A H, Liu H. Upper-air Temperature Trends over the Globe, 1958－1989. *J. Climate*, 1993, 6, 292～307

[18] Ropelewski C F, Halpert M S. Global and Regional Scale Precipitation Patterns Associated with the El Nino/Southern Oscillation. *Mon. Wea. Rev.*, 1987, 115, 1606～1626

[19] Spencer R W, Christy J R. Precision Lower Stratospheric Temperature Monitoring with the MSU: Validation and Results l979～1991. *J. Climate*, 1993, 6, 1194～1204

[20] Vinnikov K Ya, Groisman P Ya, Lugina K M. The Empirical Data on Modern Global Climate Changes (Temperature and Precipitation). *J. Climate*, 1990, 3, 662～677

[21] Vose R S, Schmoyer R L, Steurer, P M, et al.. The Global Climatology Network: Long-term Temperature, Precipitation, Sea Level Pressure, and Station Pressure Data. ORNL/CDIAC-53, NDP-041, Carbon Dioxide Analysis Center, 1992. 100p

第四章

[1] 布德科(翁笃鸣, 刘惠兰译). 气候的过去和未来. 北京: 气象出版社, 1986. 1～349

[2] 费雷克斯(赵希涛译). 地质时代的气候. 北京: 海洋出版社, 1984. 1～327

[3] 龚高法, 简慰民. 我国植物物候期的地理分布. 地理学报, 1983, 38(1): 33～40

[4] 龚高法, 张丕远, 吴祥定等. 历史时期气候变化研究方法. 北京: 科学出版社, 1983. 1～302

[5] 黄春长. 环境变迁. 北京: 科学出版社, 1998. 1～209

[6] 康兴成, Graumlich L J, Sheppard P. 青海都兰区 1835 年来的气候变化——来自树轮资料. 第四纪研究, 1997, (1): 70～75

[7] 满志敏. 关于唐代气候冷暖的讨论. 第四纪研究, 1998, (1): 20～30

[8] 施雅风, 孔昭宸, 王苏民等. 中国全新世大暖期气候与环境的基本特征. 施雅风主编,《中国全新世大暖期气

候与环境》,北京:海洋出版社,1992.1～118

[9] 施雅风总主编,本卷主编张丕远.中国气候与海面变化及其趋势和影响,①中国历史气候变化.济南:山东科学科技出版社,1996.1～533

[10] 王绍武,赵宗慈.近五百年我国旱涝史料的分析.地理学报,1979,34(4):329～341

[11] 王绍武,赵宗慈,陈振华.公元950～1991年的旱涝型.见《长江黄河旱涝灾害发生规律及其经济影响的诊断研究》,王绍武,黄朝迎等著.北京:气象出版社,1993.55～66

[12] 王绍武.气候系统引论.北京:气象出版社,1994.1～250

[13] 王绍武.小冰期气候的研究.第四纪研究,1995,(3):207～212

[14] 王绍武.PAGES计划与CLIVAR计划中的交叉科学问题.气象学报,1997,55(6):662～669

[15] 王绍武,叶瑾琳,龚道溢.中国小冰期的气候.第四纪研究,1998,(1):54～64

[16] 威廉斯等(刘东生等编译).第四纪环境.北京:科学出版社,1997.1～304

[17] 姚檀栋,谢自楚.敦德冰帽中的小冰期气候记录.中国科学(B辑),1990,(11):1197～1201

[18] 姚檀栋,杨志红,皇翠兰等.近2ka以来高分辨率的连续气候环境变化记录-古里雅冰芯,2ka记录初步研究.科学通报,1996,41(12):1103～1106

[19] 竺可桢.中国五千年来气候变迁的初步研究.中国科学,1973,16(2):226～256

[20] 中央气象局气象科学研究院主编.中国近五百年旱涝分布图集.北京:地图出版社,1981.1～332

[21] Hameed S,龚高法.中国历史时期温度的变化.张翼等主编《气候变化及影响》,中国科学院地理研究所,全球变化研究系列文集.北京:气象出版社,1993.57～69

第五章

[1] 格兰茨(王绍武、周天军等译).变化的洋流-厄尔尼诺对气候和社会的影响.北京:气象出版社,1998.1～234

[2] 郭其蕴.中国华北旱涝与印度夏季风降水的遥相关分析.地理学报,1992,47(5):394～402

[3] 龚道溢,王绍武.南北半球副热带高压对赤道东太平洋海温变化的响应.海洋学报,1998,20(5):44～53

[4] 王绍武,石伟.两类ENSO及其对中国夏季降水的不同影响.见:《海洋对气候变化调节与控制作用学术研讨会论文集》,国家海洋局科学技术司编.北京:海洋出版社,1992.76～87

[5] 王绍武,龚道溢.近百年来的ENSO时间及其强度.气象,1999,25(1):9～14

[6] 王绍武.第23届气候诊断与预测年会.气象科技,1999,(3):1～10

[7] 臧恒范,王绍武.赤道东太平洋水温对低纬大气环流的影响.海洋学报,1984,6(1):16～24

[8] Angell J K. Comparison of Variation in Atmospheric Quantities with Sea Surface Temperature Variations in the Equatorial Eastern Pacific. *Mon. Wea. Rev.*,1981,109(2):230～243

[9] Battisti D S, Hirst A C. Interannual Variability in the Tropical Atmosphere/Ocean System: Influence of the Basic, Ocean Geometry and Nonlinearity. *J. Atmos. Sc.*,1988,46,1687～1712

[10] Bjerknes J. Atmospheric Teleconnections from the Equatorial Pacific. *Mon. Wea. Rev.*,1969,97(1):163～172

[11] Chen D, Zebiak S E, Busalacchi, Cane M A. An Improved Procedure for El Nino Forecasting: Implications for Predictability. *Science*,1995,269,1699～1702

[12] Chen D, M A Cane, Zebiak S E, et al. The Impact of Level Data Assimilation on the Lamont Model Prediction of the 1997/98 El Nino. *Geoph. Res. Lett.*,1998,25,2837～2840

[13] COLA. *Experimental Long-lead Forecast Bulletin*,1998,7(1):1～85

[14] CPC, Climate Diagnostics Bulletin, U S Department of Commerce,1989～1998

[15] Flohn H, Fleer H. Climate Teleconnections with the Equatorial Pacific and the Role of Ocean/Atmosphere Coupling. *Atmosphere*,1975,34(1):96～109

[16] Latif M, Barnett T P, Cane M A, et al.. A Review of ENSO Prediction Studies. *Climate Dynamics*, 1994, 9 (4/5):167~179

[17] Meehl G A. Coupled Ocean-Atmosphere-Land Processes and South Asian Monsoon Variability. *Science*, 1996, 265, 263~267

[18] Neelin J D, Battisti D S, Hirst A C, et al. ENSO Theory in The TOGA Decade, Edited by DLT Anderson, E S Sarachik, P J Webster, et al., Reprinted J. Geophysical Research, Published by Geophysical Union, 1998. 14261~14290

[19] Rasmusson E M, Wallace J M. Meteorological Aspects of the El Nino/Southem Oscillation. *Science*, 1983, 222, 1195~1202

[20] Ropelewski C F, Halpert M S. Global and Regional Scale Precitaion Patterns Associated with the El Nino/Southern Oscillation. *Mon. Wea. Rev.*, 1987, 115(8):1606~1626

[21] Suarez M J, Schopf P S. A Delayed Action Oscillator for ENSO. *J. Atmos. Sci.*, 1988, 45, 3283~3287

[22] Wang Shaowu. Reconstruction of El Nino Event Chronology for the Last 600 Year Period. *Acta Meteor. Sinica*, 1992, 6(1):47~57

[23] Webster D J, Magan V O, Palmer T N, et al.. Monsoons, Processes, Predictability, and the Prospects, for Prediction. in The TOGA Decade, Edited by Anderson D L T, Sarachik E S, Webster P J, et al., 1998. 14451~14501

[24] Zebiak S E, Cane M A. A Model of El Nino-Southem Oscillation. *Mon. Wea. Rev.*, 1987, 115(10):2262~2278

第六章

[1] 陈烈庭. 青藏高原冬春季异常雪盖与江南前汛期降水关系的检验和应用. 应用气象学报, 1988, 9(增刊):1~7

[2] 陈友民, 王绍武. 气候可预报性的诊断研究. 见:《气候预测研究》, 王绍武主编, 北京:气象出版社, 1996.139~159

[3] 大气物理所长期预报组. 太平洋海水温度异常对东亚大气环流和我国旱涝影响的若干事实. 气象科技资料, 1973, (3):14~23

[4] 廖荃荪, 陈桂英, 陈国珍. 北半球西风带环流和我国夏季降水. 见:《长期天气预报文集》, 全国中长期预报经验交流会编辑组, 北京:气象出版社, 1986.3~114

[5] 吕炯. 海水温度与水旱问题. 气象学报, 1950, 21(1~4):1~16

[6] 赵振国. 我国汛期旱涝趋势预测进展. 见:《气候预测研究》, 王绍武主编, 北京:气象出版社, 1996.84~93

[7] 赵宗慈, 王绍武, 陈振华. 韵律与长期预报. 气象学报, 1982, 40(4):464~474

[8] 王绍武, 赵宗慈. 长期天气预报基础. 上海:上海科学技术出版社, 1987.1~16

[9] 王绍武. 短期气候预测研究的历史及现状. 见:《气候预测研究》, 王绍武主编, 北京:气象出版社, 1996.1~17

[10] 王绍武, 朱锦红. 大气模式比较计划(AMIP). 应用气象学报, 1997, 8(增刊):92~99

[11] 王绍武, 叶瑾琳, 龚道溢等. 中国东部夏季降水型的研究. 应用气象学报, 1998, 9(增刊):65~74

[12] 臧恒范, 王绍武. 海温韵律与海冰的长期预报. 海洋学报, 1983, 5(2):163~171

[13] 朱锦红, 卢咸池, 王绍武. PKUL5 AGCM 延伸预报的试验研究. 见:《气候预测研究》, 王绍武主编, 北京:气象出版社, 1996.36~49

[14] CPC. Climate Diagnostics Bulletin. U S Department of Commerce. 1998

[15] Madden R A, Shea K J. Potential Long-range Predictability of Precipitation over the North America. in Proceedings of Seventh Annual Climate Diagnostics Workshop, 18~22 October 1982, NOAA, 1983, 423

~426
[16] Ji Ming, Kumar A, Leetmaa A. A Multi-season Climate Forecast System at the National Meteorological Center. *Bul. Amer. Meteo. Soc.*, 1994,75(4):569~577
[17] Namias J. Thirty-day Forecasting: A Review of a Ten-year Experiment. *Meteorological Monographs*, 1953,2(6):1~83
[18] Rowell D P, Folland C K, Maskell K, *et al*. Modelling the Influence of Global Sea Surface Temperatures on the Variability and Predictability of Seasonal Sahel Rainfall. *Geophys. Res. Lett.*, 1992,19(9):905~908
[19] Sawyer J S. Notes on the Possible Physical Causes of Long-term Weather Anomalies. WMO Technical Note,1964,66,227~248
[20] Shea D J. Sensitivity Studies on the Estimates of Climate Noise and Potential Long-range Predictability of January Temperature and Precipitation over the U.S. and Canada. in Proceedings of the Eighth Annual Climate Diagnostics Workshop,17~21 October 1983, NOAA, 1984,313~321
[21] *von* Neumann J. Some Remarks on the Problem of Forecasting Climatic Fluctuations. in Dynamics of Climate, Edited by R L Pfeffer. Pergamon Press,1955.9~11
[22] Марчук Т И, Г П Курбаткин. Физические и Математические Аспекты Анализа Прогноза. Метеор. и Гидро., 1977(11):25~33

第七章

[1] 邓贤峰,曾文华.中长期天气预报,北京:气象出版社,1995
[2] 董敏,余建锐.青藏高原春季积雪对大气环流影响的数值试验.应用气象学报,1997,8(增刊):100~109
[3] 黄荣辉,孙凤英.热带西太平洋暖池的热状态及其上空的对流活动对东亚夏季气候异常的影响.大气科学,1994,18(2):141~151
[4] 李崇银.气候动力学引论.北京:气象出版社,1995
[5] 彭公炳,李晴,钱步东.气候与冰雪覆盖.北京:气象出版社,1992
[6] 王绍武,赵宗慈.长期天气预报基础.上海:上海科学技术出版社,1987
[7] 王绍武,林本达等.气候预测与模拟研究.北京:气象出版社,1993
[8] 王绍武.气候预测研究.北京:气象出版社,1996
[9] 吴国雄,薛纪善,王在志.青藏高原化雪迟早的辐射效应对季节变化的影响.甘肃气象,1995,13(1):1~8
[10] 叶笃正,曾庆存,郭裕福主编.当代气候研究.北京:气象出版社,1991
[11] 周天军.大洋温盐环流与气候变率的模拟研究.博士论文,北京大学地球物理系,1999
[12] 周天军,张学洪,王绍武.全球水循环的海洋分量研究.气象学报,1999,57(3):264~282
[13] 中国科学院大气物理研究所.东亚季风和中国暴雨.北京:气象出版社,1998
[14] Broecker W S. The Great Ocean Conveyor. *Oceanography*,1991,4(2):79~89
[15] Bamston A G, Peng P, Kumar A, *et al*.. Comparison of SST-forced Global Climate Responses and Specification Skill of the Seripps/MPI ECHAM3 and the NCEP/MRF9 MODELS in Jan-Feb-Mar. Proceedings Of the Twenty-third Annual Climate Diagnostics and Prediction Workshop, Miami, Florida, Oct. 26~30,1998. 186~189
[16] Graham N E, Barnett T P, Chervin R M, *et al*.. Comparison of GCM and Observed Surface Wind Fields over Tropical Indian and Pacific Oceans. *J. Atmos. Sci.*, 1998,46,760~788
[17] Glantz 著.王绍武,周天军等译.变化的洋流——厄尔尼诺对气候与社会的影响.北京:气象出版社,1998
[18] Latif M, Biercamp J, *von* Storch H, *et al*.. Simulation of ENSO Related Surface Wind Anomalies with an Atmospheric GCM Forced by Observed SST. *J. Climate*,1990,3,509~521

[19] Lau N C. Modelling the Seasonal Dependence of the Atmospheric Response to Observed El Nino in 1962～1976. *Mon. Wea. Rev.*,1985,113,1970～1996

[20] Peixoto,Oort 著. 吴国雄,刘辉等译校. 气候物理学. 北京:气象出版社,1995

第八章

[1] 龚道溢,王绍武. 南极涛动. 科学通报,1997,(3):296～301

[2] 王绍武. 对四本关于年代际气候变率的书的评述. 气象学报,1999,57,(4):510～512

[3] 王绍武. PAGES 计划与 CLIVAR 计划中的交叉科学问题. 气象学报,1997,55(6):662～669

[4] 王绍武,赵宗慈. 长期天气预报基础. 上海:上海科学技术出版社,1987.3～4

[5] 周天军,王绍武. 大洋温盐环流与气候变率研究:科学界的一个新课题. 气候通讯,1999,(2):27～37

[6] Chang P,Ji L,Li H. A Decadal Cimate Variation in the Tropical Atlantic Ocean from Thermodynamic Air-Sea Interactions. *Nature*,1997,285(6616):516～518

[7] CLIVAR. A Study of Climate Varability and Predictability. Science Plan, August 1995. WCRP—89, WMO/TD No,690

[8] Delworth T,Manabe S,Stouffer R J. Interdecadal Variations of the Thermohaline Circulation in a Coupled Ocean-atmcsphere Model. *J. Climate*,1993,6(11):1993～2011

[9] Enfield D B,Mestas-Nunez A M,Mayer D A,et al.. The Dipole Tropical Atlantic SST:Common? Random? Intrinsic? in "Proceedings of the Twenty-third Annual Climate Diagnostics and Prediction Workshop". October 26～30,1998. US Department of Commerce,NOAA,1999,223～226

[10] Folland C K,Palmer T,Parker D. Sahel Rainfall and Worldwide Sea Temperatures:1901～1985. *Nature*,1986,320(6063):602～606

[11] Graham N E. Decadal-scale Climate Variability in the Tropical and North Pacific during the 1970s and 1980s:Observations and Model Results. *Climate Dynsmics*,1994,10(3):135～162

[12] Graham N E,Barnett T P,Wilde R. On the Roles of Tropical and Mid-latitude SSTs in Tropical Forcing in Interannual to Interdecadal Variability in the Winter Northern Hemisphere Circulation. *J. Climate*,1994,7(9):1416～1441

[13] Gray W M. Forecast of Global Circulation Characteristics in the Next 25～30 years. in "Proceedirigs of the Twenty-first Annual Climate Diagnostics and Prediction Workshop". October 28—November 1, 1996,US Department of Commerce,NOAA,1997,219～222

[14] Gray W M. The Atlantic Ocean Thermohaline Circulation as a Driver for Multi-Decadal Variations in El Niño Intensity and Frequency in "Proceedings of Twenty-third Annual Climate Diagnostics and Prediction Workshop". October 26—30,1998,US Department of Commerce,NOAA,1999,54～57

[15] Hastenrath S. Prediction of Northeast Brazil Rainfall Anomalis. *J. Climate*,1990,3(7):893～904

[16] Hurrell J W. Influence of Variations in Extratropical Wintertime Teleconnections on the Northern Hemisphere Temperature. *Geoph. Res. Lett.*,1996,23(6):665～668

[17] Latif M. Dynsmics of Interdecadal Variability in Coupled Ocean-atmosphere Models. *J. Climate*,1998,11(4):602～624

[18] Martinson D G edited. Decade-to-Century-Scale Climate Variability and Change:A Science Strategy. Washington:National Academy Press,1998,DC:39～47

[19] Miller A J,Cayan D R,Bamett T P,et al.. Interdecadal Variability of the Pacific Ocean:Model Response to Observed Heat Flux and Wind Stress Anomalies. *Climate Dynamics*,1994,9(6):287～302

[20] Nobre P,Shukla J. Variations of Sea Surface Temperature,Windstress, and Rainfall over the Tropical Atlantic and South America. *J. Climate*, 1996,9(10):2464～24792

[21] Wallace J M, Gutzler D S. The connections in the Geopotential Height Field during the Northern Hemisphere Winter. *Mon. Wea. Rev.*, 1981, 109(4):784～812

第九章

[1] 国家科学技术委员会. 中国科学技术蓝皮书第 5 号:气候. 北京:科学技术文献出版社,1990.367
[2] 李晓东. 火山活动对全球气候的影响. 北京:中国科学技术出版社,1995.143
[3] 宋礼庭. 从太阳到地球. 长沙:湖南教育出版社,1994.154
[4] 王绍武. 气候系统引论. 北京:气象出版社,1994.250
[5] 王绍武. 大气环流振动的周期与太阳活动的关系. 见:"气象学若干问题的进展",气象学报编委会编,北京:科学出版社,1963.48～67
[6] Eddy J A. Climate and the Changing Sun. *Climatic Change*,1977,1,173～190
[7] Foukal P V, Lean J. An Empirical Model of Total Solar Irradiance between 1874 and 1988. *Science*,1990,247,556～558
[8] Gilliland R L. Solar, Volcanic and CO_2 Forcing of Recent Climatic Change. *Climatic Change*,1982,4,111～131
[9] Hammer C U, Caulsen H B, Dansgaard W. Greenland Ice Sheet Evidence of Post-Glacial Volcanisim and Its Climatic Impact. *Nature*,1980,288,230～235
[10] Haugh J D. Modelling the Impact of Solar Variability on Climate. *J. Atmos. Solar-Terrestrial Physics*,1999,61,63～72
[11] Kelly P M, Wigley T M L. Solar Cycle Length, Greenhouse Forcing and Global Climate. *Nature*,1992,360,328～330
[12] Lamb H H. Update of the Chronology of Assessments of the Volcanic Dust Veil Index. *Climate Moniter*,1984,88～89
[13] Lean J, Rind D. Evaluating Sun-Climate Relationship since the Little Ice Age. *J. Atmos. Soar-Terrestrial Physics*,1999,61,25～36
[14] Lockwood M, Stamper R, Wild M N. A Doubling of the Sun's Coronal Magnetic Field during the Past 100 Years. *Nature*,1999,399,437～439
[15] Reid G C. Solar Forcing of Global Climate Change since the Mid-17th Century. *Climatic Change*,1997,37,391～405
[16] Reid G C. Solar Variability and Its Implications for the Human Environment. *J. Atmos. Solar-Terrestrial Physics*,1999,61,3～14
[17] Robock A, Free M P. Ice Cores as an Index of Global Volcanism from 1850 to the present. *J. Geophys. Res.*,1995,100,11549～11567
[18] Robock A. The Little Ice Age:Northern Hemisphere Average Observations and Model Calculations. *Science*,1979,206,1402～1404
[19] Rownteree P R. Global Average Climate Forcing and Temperature Response since 1750. *Int. J. Climatology*,1998,17,355～377
[20] Schonwiese C D. Northern Hemisphere Temperature Statistics and Forcing. Part A:1881—1990AD. *Arch. Met. Geophys. Biocl. Set.* B,1983,32,337～360
[21] Shove D J. The Sunspot Cycle,649BC to AD2000. *J. Geoply. Res.*,1955,60,127～146

第十章

[1] 丁一汇,高素华主编. 痕量气体对我国农业和生态系统影响研究. 北京:中国科学技术出版社,1995.507

[2] 杜碧兰,田素珍,沈文周等.气候变化对沿海地区海平面影响的适应对策研究.特别报告,1995.25

[3] 王会军,曾庆存,张学洪.二氧化碳加倍对气候变化影响的数值试验.中国科学 B.1992,6,663~672

[4] 王绍武,赵宗慈:未来五十年中国气候变化趋势的初步研究.应用气象学报,1995,6,333~342

[5] 赵宗慈,罗勇.二十世纪九十年代区域气候模拟研究进展.气象学报,1998,56,225~246

[6] 赵宗群,赵宗慈.我国水灾发生对传染病发病率及死亡率的影响及对策.中国减灾,1997,7(4):45~48

[7] Bruce J P, Lee H, Haites E F, (eds). Climate Change 1995, Economic and Aoeial Dimensions of Climate Change. Cambridge University Press,1996.1~448

[8] Gao Qiong, Zhang Xinshi. A Simulation Study of Responses of Northeast China Transect to Elevated CO_2 and Clirmate Change. *Ecological Applications*,1997,7(2):470~483

[9] Houghton J T, Meira Fdho L G, Callander B A, et al., (eds). Climate Change 1995: The Science of Climate Change. Cambridge University Press, Cambridge, UK,1996.1~572

[10] Houghton J T, Jenkins G J, Ephraums J J, (eds). Climate Change, The IPCC Scientific Assessment. Cambridge University Press, Cambridge,1990.1~364

[11] Houghton J T, Callander B A, Varney S K, (eds). Climate Change 1992, The Supplementary Report to the IPCC Scientific Asessment. Cambridge University Press, Cambridge, UK,1992.1~200

[12] Houghton, J T, Y Ding, D J Griggs, et al. (eds). Climate Change 2001: The Scientific Basis, Cambridge University Press, Cambridge, UK,2001, pp900

[13] Hulme M, Wigley T M L, Jiang T, et al.. Climate Change due to the Greenhouse Effect and Its Implications for China, WWF International, Gland, Banson Production, London, UK, 1992. 1~57

[14] Li X, Zhou X, Li W, et al.. The Cooling of Sichuan Province in Recent 40 Years and Its Probable Mechanisms. *Acta Meteorologica Sinica*, 1995, 9, 57~68

[15] Lin E. Agricultural Vulnerability and Adaptation to Global Warming in China. Climate Change, Vulnerability and Adaptation in Asia and the Pacific. Lin E, Bolhofer W C, Huq S. et al., (eds.), *Water, Air and Soil Pollution*. 1996, 91(1~2):63~73

[16] Lin C. The Potential Impact of Climate Change on Hydrology and Water Resources in China. *Advances in Water Science*, 1997, 8(2):21~32

[17] Wang Futang, Zhao Zongci. Impact of Climate Change on Natural Vegetation in China and Its Implication for Agriculture. *J. Biogeography*, 1995, 22, 657~664

[18] Watson R T, Zinyowera M C, Moss R H, (eds). The Regional Impacts of Climate Change, An Assessment of Vulnerability. Cambridge University Press,1998.1~517

[19] Zhao Zongci. Climate Change in China. *Wold Resource Review*, 1994,6(1):125~130

[20] Zhao Zongci, Wang Futang. Climate Change and Cropping System in China. *Bulletin of CNC-IGBP*, 1994, 3(1):52~62

[21] Zhao Z C. Climate Change and Sustainable Development in China's Semi-arid Regions, Climate Vulnerability, Climate Change and Social Vulnerability in the Seme-arid Tropics. Cambridge University Press, Cambridge, 1996. 92~108

[22] Zhao Zongci, Li Xiaodong. Impacts of Global Warming on Climate Change Over East Asia as Simulated by 15 GCMs. *World Resource Review*, 1997, 10, 17~21

[23] Zhao Zongci, Luo Yong, Gao Xuejie. Advances on Impacts of Human Activities on Climate Change as Simulated by the Climate Models in China. *Acta Meteorologica Sinica*,2000,14:247~256